Information Utilization & Academic Skills

情報活用と アカデミック・スキル Office 2016

松山恵美子・黄海湘・八木英一郎
黒澤敦子・石野邦仁子・堀江郁美 著

共立出版

【執筆担当者】

第 1 章　黄 海湘
第 2 章　八木 英一郎
第 3 章　松山 恵美子（3.1-3.5，3.8），黒澤 敦子（3.6），黄 海湘（3.7）
第 4 章　石野 邦仁子
第 5 章　黒澤 敦子
第 6 章　堀江 郁美
第 7 章　黄 海湘，石野 邦仁子
第 8 章　松山 恵美子

教材データサービスのご案内

本書で使用している練習問題ファイルとデータベースファイルは，以下のサイトからダウンロードできます。どうぞご活用ください。

URL：http://www.kyoritsu-pub.co.jp/bookdetail/9784320124295

まえがき

大学の情報リテラシー教育にWindowsが導入されはじめて四半世紀ほどになる。「これからの情報リテラシー教育はWindowsが主流となるだろう。実践的なテキストが必要だ」と，故 前田功雄先生（元 獨協大学経済学部），高柳敏子先生（元 獨協大学経済学部）を中心に意見交換を重ね，1995年に初版『Windowsを活用した情報処理』が出版された。その後，WindowsおよびOfficeのバージョンアップとともに内容の充実を図りながら出版を重ね，2012年『Windows7と情報活用』の出版をもって最後とした。執筆者のひとりでもある松山は当初からかかわらせていただき、先生方の熱い思いを受け継ぐべく新たな執筆者とともに後続版としていくテキストを目指した。本書で2冊目となる。

本書で扱うOSはMicrosoft Windows 10，アプリケーションソフトウェアはMicrosoft Office 2016のWord 2016，Excel 2016，PowerPoint 2016，Access 2016，そしてMicrosoft Edgeとなる。高校における情報教育が必修化された2013年以降は，小・中学校の義務教育課程において，そして高等学校でPC環境を活用する機会が増えてきている。そのような環境のなか，大学ではどのような情報教育が求められているのか，どのようなテキストが必要とされているのかを改めて考える機会となった。その結果，学生自らが考えて活用していくテキストを目指し，Web上に多くの練習問題を用意することにした。URL：http://www.kyoritsu-pub.co.jp/bookdetail/9784320124295 を参照されたい。

各章について簡単に述べる。

第1章は「WindowsとOfficeの基礎」の解説である。コンピューターの基礎部分である構成やコンピューターの種類について学び，次にWindowsおよびOfficeについて学習していく。またWord 2016，Excel 2016，PowerPoint 2016に共通するオブジェクトの基本的な機能・操作について学習できる内容となっている。

第2章は「インターネット」の解説である。インターネットの概要について，インターネット上の様々なサービス，情報セキュリティについて，インターネットの歴史など，基本的な知識から利用するうえでの注意点などを幅広く学習できる。

第3章は「Word 2016の活用」の解説である。文書入力から編集および印刷までの基本となる一巡りを学習する。さらに画像や図形，表を取り込んだ文章の作成，長文作成に欠かせない機能について学習していく。例題と練習問題を通して学習していく内容となっている。

第4章は「Excel 2016の活用」の解説である。ワークシートの概念，入力，グラフの作成，印刷といった基本となる一巡りから，計算式と関数，目的に合ったグラフの編集などを学習する。特に，これまでの経験から質問を多く受けた機能についてはより詳細な解説を心掛け，練習問題を通して理解していく内容となっている。

第5章は「PowerPoint 2016の活用」の解説である。PowerPointを使ってプレゼンテーションを行う機会は多々あるが，それ以外にも資料作成用としての利用など，その活用の幅は広がりつつある。聞き手に合わせた情報収集の手法，収集した情報の視覚化，スライドの構成など，制限ある時間内で効果的なプレゼンテーションを行うための準備から発表まで学習できる内容となっている。

第6章は「データベースの活用」の解説である。Excel 2016 によるデータベースの活用法，フォームを利用したデータベースの作成，さらには Access 2016 によるデータベースの活用について学習していく。ここでは数値データとして国政調査の結果をまとめた国勢調査データベース，例題の相撲力士という文字データを中心とした相撲力士データベースを通して学習をしていく。

第7章は「Web ページの作成」の解説である。基本的な Web ページの作成から公開までを学習する。様々な拡張子の扱い，Web ページの構造，HTML・CSS の基本，またネットへのアップロード（転送）についても詳しく解説していく。さらに，利用端末の機種に依存することなく，どのような環境でも誰でも同じように Web ページから情報を得るためのアクセシビリティについても学習できる内容となっている。

第8章は「Excel 記録マクロの活用」の解説である。記録マクロは Excel の基本の理解があればすぐに活用できる。毎回同じ操作が必要な処理については，正確に早く結果を得ることができる便利な機能である。ほかにも多くの機能があるので，ぜひ活用してほしい。

本書の執筆では，できるかぎり用語や表現を統一するよう心掛けたが，皆様にはご満足いただけない点もあるかと懸念している。お気づきの際は忌憚のないご意見をいただきたい。より良い進化を目指し，今後へと繋げていく所存である。

最後に，本書の完成までいろいろとお世話をいただいた共立出版株式会社の寿日出男氏および中川暢子氏に深謝する。

2018 年 1 月

著者一同

目　次

1 Windows と Office の基礎

この章は，コンピューターの基礎を学び，Windows が搭載されたパソコン（以降，PC）の基本的な知識と操作方法，および活用していくための技法や PC を扱うための基礎を身に付けることを目的とする。基本とする Windows は Windows 10 である。さらに，以降の章で扱う Word 2016（以降，Word），Excel 2016（以降，Excel），PowerPoint 2016（以降，PowerPoint），Access 2016（以降，Access），といった Microsoft Office 2016（以降，Office）に共通する操作方法や PC 用語を学ぶと同時に，ファイル管理，トラブルシューティング（困った場合の対処法）についても学習していく。本章では PC を活用していくための基本的スキルの習得を目指していく。

1.1 コンピューターの基礎

コンピューターは，計算機（あるいは電子計算機）とも呼ばれ，あらかじめ決められた手続きに従ってデータを処理する装置である。1946 年，アメリカのペンシルベニア大学で開発された「ENIAC（エニアック）」が世界最初と言われている。当初は主に科学計算を目的としている。技術の進歩により，計算以外に，文字，画像，動画など，様々なデータの処理ができるようになって，今は我々の生活の基盤として欠かせない装置になっている。

1.1.1 コンピューターの構成

コンピューターで情報を処理する場合は，まず対象データの入力から始まる。次に必要な処理を行って，最後に結果を出力する。典型的なコンピューターは５つの機能を備えていると言われている。「入力」，「出力」，「記憶」，「演算」，「制御」である。これらの機能を担当する装置は以下のようになっている。一般的にはコンピューターのハードウェアと呼ぶ。

- 入 力 装 置：「入力」をつかさどる。例えば，キーボード，マウスなどである。
- 中央処理装置：「演算」と「制御」をつかさどる。CPU（Central Processing Unit）とも呼ぶ。
- 記 憶 装 置：「記憶」をつかさどる。主記憶装置と補助記憶装置に分けられる。主記憶装置はメモリーとも呼ばれ，補助記憶装置は外部記憶装置とも呼ぶ。ハードディスクや USB フラッシュメモリーなどは補助記憶装置である。
- 出 力 装 置：「出力」をつかさどる。例えば，ディスプレイ，プリンターなどである。

コンピューターの内部では，マザーボードと言われている基板で各装置をつなげている。一般的には，上記装置の中で、コンピューターの処理速度に強い影響を及ぼすのは CPU とメモリーである。CPU の速さは演算の速度を決める。メモリーの大きさは同時処理できる手続きの数を決める。なお，コンピューター内の情報表現は２進数を利用している。情報量の多さは bit（ビット）や byte（バイト）を使って表す。２進数については 1.2 節後のコラムを参照されたい。

1.1.2　コンピューターの種類

コンピューターは様々な観点から分類することができる。規模や処理速度，用途などを着目する場合は以下のような種類がある。

(1)　スーパーコンピューター

処理・演算を行うCPUを数千～数万個使い，高い計算能力と処理能力を持つコンピューターである。主に気象観測や宇宙開発などの用途で使われている。

(2)　汎用コンピューター

事務処理や科学計算など、あらゆる処理に利用可能な大型コンピューターである。「メインフレーム」とも呼ぶ。特にネットワークにつながっている場合は「ホストコンピューター」の役割もある。

(3)　パーソナルコンピューター

我々が普段よく使うコンピューターである。主に個人で利用することを想定して作られたコンピューターである。「パソコン（PC）」ともいわれ，本書の説明対象である。パソコンの形態として，デスクトップ型，ノート型，一体型などがある。

(4)　マイクロコンピューター

家電製品，自動車，自販機などに搭載されている小さな１枚の基板から構成しているコンピューターである。

(5)　サーバ

メールやホームページなどのネットワークサービスを提供するコンピューターである。

上記５つの種類以外には，iPadのような携帯端末やスマートフォンなども立派なコンピューターである。さらに，運動や健康などを測定するウェアラブル端末も一種のコンピューターである。

1.1.3　ソフトウェア

コンピューターを動かすためには，ハードウェアを組み立てるだけではできない。ソフトウェアが必要である。コンピューター中のソフトウェアは大きく２種類に分けられる。

１つは，**OS（Operating System）**である。主にキーボードやディスプレイ，プリンターといった入出力機能やディスクやメモリーの管理など，コンピューターのハードウェア全体を管理する。そのために，「基本ソフトウェア」とも呼ぶ。本書で説明するPC環境のOSはWindowsである。Windowsには Windows 7，Windows 8.1，Windows 10などの名称が付けられ，名称によってOSのバージョンがわかる。新しいバージョンになるに従い新たな機能が追加されていく。したがって，使っていて何らかのトラブルが起こった場合の対処法はOSによって異なる部分がある。自分のPCのOSを正しく把握して利用していくことは基本のひとつといえる。1.2節後のコラムでOSの種類について紹介している。

もう1つは，アプリケーションである。基本ソフトウェアとなるOSが提供する機能を使い，何らかの専門性に特化した機能を提供するソフトウェアである。「応用ソフトウェア」とも呼ぶ。本書で扱うアプリケーションは，文書の作成に特化したWord，計算やグラフの作成に特化したExcel，プレゼンの機能として特化したPowerPoint，大量のデータ処理に特化したAccessである。これらはOffice（オフィス）と呼ばれる商品群に含まれている。Officeは提供形態により商品群に含まれるアプリケーションが異なる。Officeの商品群として他にはニュースレターやパンフレット等の作成に特化したPublisher，メール機能に特化したOutlookなどがある。図1.1.1はコンピューターのハードウェアと基本ソフトウェアおよび応用ソフトウェアの関係を示している。

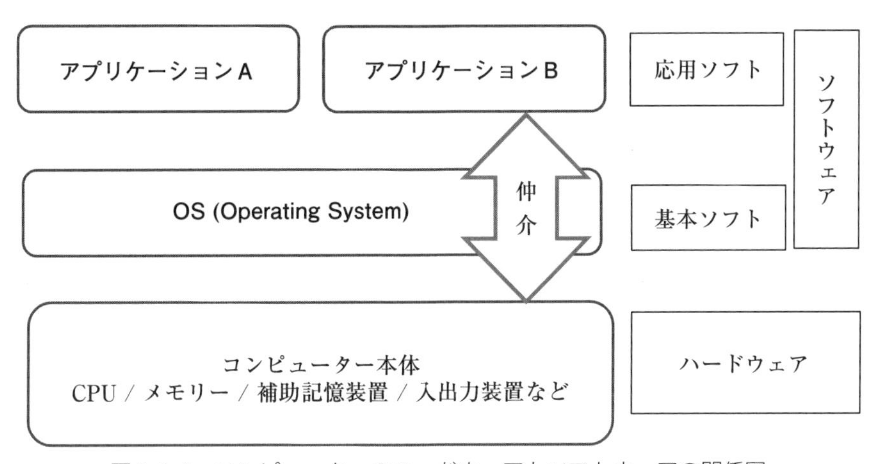

図1.1.1　コンピューターのハードウェアとソフトウェアの関係図

練習問題1.1　URL：http://www.kyoritsu-pub.co.jp/bookdetail/9784320124295 参照

1.2 Windowsの基本操作

Windowsの基本的な使い方と，本書で説明するWord，Excel，PowerPoint，Accessなどのアプリケーションに共通するいくつかの機能について学習する。

1.2.1 Windowsの初期画面

図1.2.1右図はWindows 10のスタート画面になる。旧バージョンのWindows 8.1のスタート画面は図1.2.1左図のように，様々なサイズのタイルが並んでおり，タッチ操作を前提にした「**モダンUI**」スタイルと呼ばれるインターフェースである。このように，バージョンが変わると画面構成や文言が変わることはあるが，基本的な操作に大きな変更はない。Windowsのバージョンに左右されない基本的な考え方を理解することが大切となる。

またWindowsでは，これまでのWindows環境で利用されていた「**ローカルアカウント**」でサインインする方法と，「**Microsoftアカウント**」でサインインするという2通りの利用が可能となっている。Windows にはクラウドサービスの機能が OS に統合されているが，ローカルアカウントでのサインイン時は利用できないなど，一部の機能に制限がかかる。Windows を利用する環境によっては本書の内容とは一部異なる場合もある。本書では，ローカルアカウントでサインインし，マウスとキーボードを利用するデスクトップ画面の環境下に基づいた解説を進めていく。

図 1.2.1　Windows 8.1 のスタート画面と（左）と Windows 10 のスタート画面（右）

1.2.2　Windows の起動と終了

PC の電源を入れ，サインインすると図 1.2.1 のようなスタート画面が表示される。ここではデスクトップ画面からの終了方法について学習する。

操作 1.2.1　Windows 10 の終了

1. スタートボタンをクリックし，メニューから〔電源〕をクリックする（図 1.2.2）。
2. 〔スリープ〕〔シャットダウン〕〔再起動〕から該当の終了方法をクリックする。

- **サインアウト**：サインインして利用していた人の処理は終了するが，電源はオンにしておく場合に使用する。続けて新たな人がサインインして利用することができる。
- **スリープ**：少しの間 PC から離れ，すぐ利用する場合に使用する。電源ボタンを押すと離れたときの状態で表示される。
- **シャットダウン**：完全に電源を切る場合に使用する。
- **再起動**：一度完全に電源を切ったあとに，再び起動する場合に使用する。

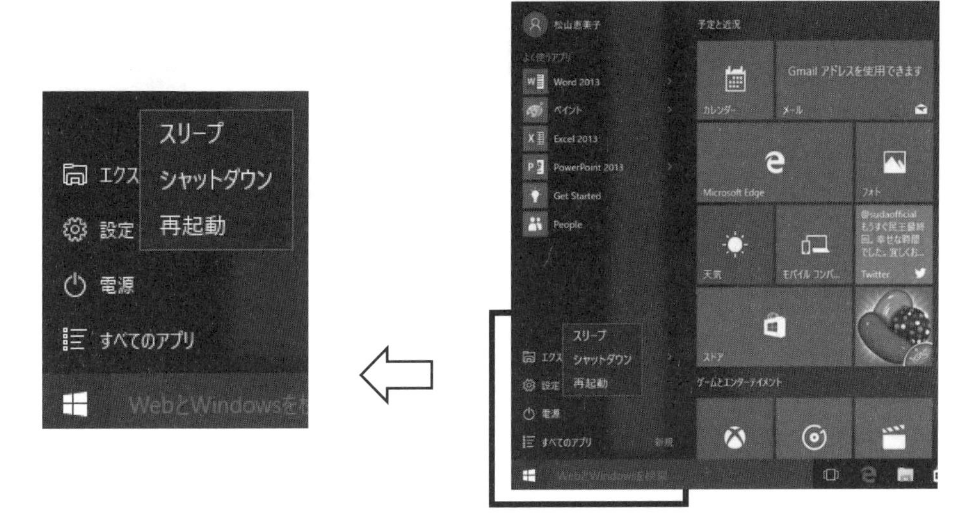

図 1.2.2　Windows 10　スタートメニューと終了

1.2.3　アプリケーションの起動

Windows が提供する**アプリケーション**には Office のほかにも絵が描けるだけでなく，画像のトリミングや編集ができる「**ペイント**」や文字のみの文書が作成できる「**メモ帳**」などがある。

図 1.2.2 のように，Windows 10 では利用したアプリケーションはスタート画面の上部に表示される。ペイントとメモ帳は Windows **アクセサリ**のフォルダーから起動する。

操作 1.2.2　Windows 10 アプリケーションの起動

1．スタートメニューを表示し，一覧から該当アプリケーション名をクリックする。

1.2.4　アプリケーションの切り替え

アプリケーションの切り替えについて，キーボードからの**ショートカットキー**で表示される **Windows フリップ**とマウスから行う方法について学習する。

操作 1.2.3　アプリケーションの切り替え

次のいずれかの方法で起動する。

方法 1（マウスでの方法）

1．タスクバーアイコンから該当のアプリケーションをクリックする。

方法 2（キーボードでの方法：ショートカットキーの利用）

1．Alt キーを押しながら Tab で切り替える（図 1.2.3）。

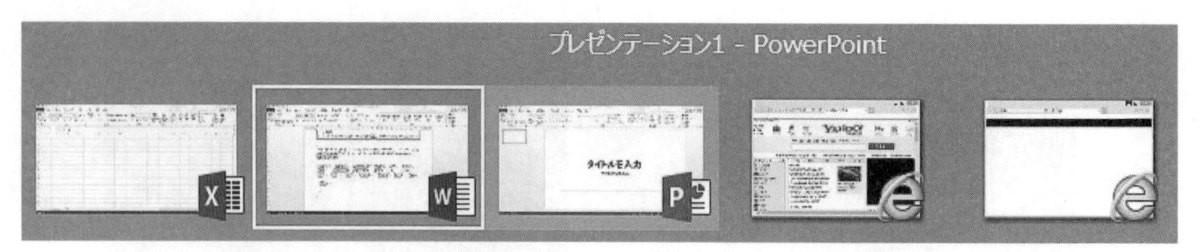

図 1.2.3　Windows フリップによるアプリケーションの切り替え

1.2.5　マウスによるウィンドウ操作

複数のウィンドウを同時に開くことは可能だが，作業できるウィンドウは1つであり，そのウィンドウのことを**アクティブウィンドウ**という。ウィンドウ操作は環境により幾通りかの方法があるので，環境に適した方法を選択する。メモ帳を起動し，ウィンドウ操作を学習していく。

(1)　ウィンドウの最小化・元に戻す（縮小）・閉じる

画面右上のボタンからは，以下の操作内容を確認し，該当ボタンを選択する。

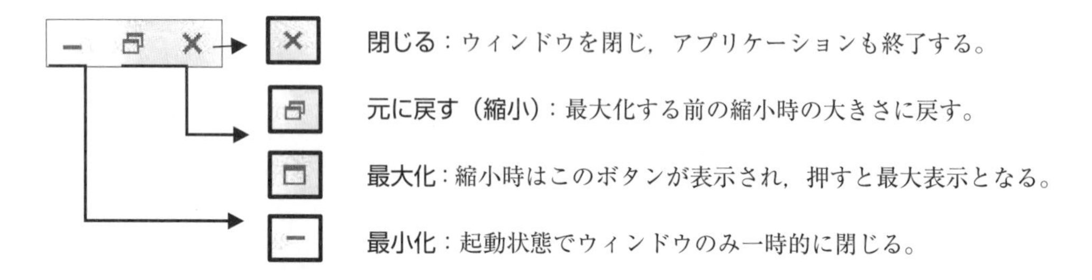

図 1.2.4　画面右上のボタンからのウィンドウ操作

アクティブウィンドウの**タイトルバー**（アプリケーション名が表示されているバー）をマウスでドラッグ（マウスの左ボタンを押したまま動かす）しても同じことができる。

- **縮　小**：タイトルバーをドラッグする（最大表示の状態から縮小する場合）。
- **最大化**：タイトルバーを上にドラッグする。
- **最小化**：タイトルバーを下にドラッグする。

(2)　ウィンドウの移動

タイトルバーを移動方向にドラッグする。

(3)　ウィンドウの大きさを変える

ウィンドウの周辺をポイントし，マウスポインタの形状が両矢印の状態でドラッグする。

(4)　アクティブウィンドウ以外のウィンドウの最小化と復元

アクティブウィンドウのタイトルバーを左右にドラッグして振ると，アクティブウィンドウ以外のウィンドウが最小化となる。再度，同じ操作を行うと元の状態に復元する。

(5) 複数のウィンドウの最小化と復元

タスクバー右端に表示されている日付と時刻の右側をクリックすると，起動しているウィンドウすべてが最小化される。再度クリックするとウィンドウは復元される（図 1.2.5）。

図 1.2.5　タスクバーの右端

(6) ウィンドウをディスプレイの左右半分に表示

縮小した状態でタイトルバーを左端または右端までドラッグする（図 1.2.6）。

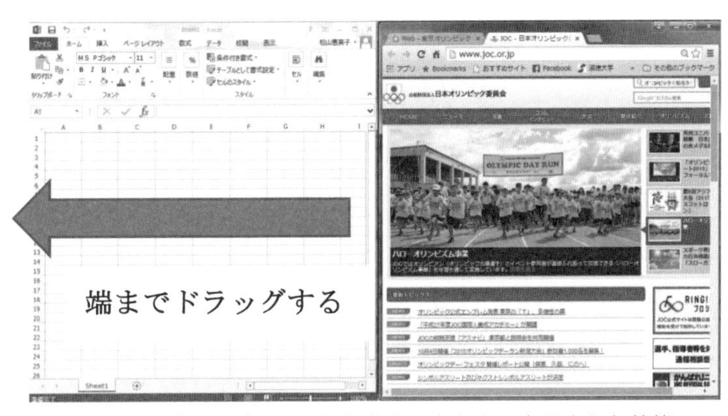

図 1.2.6　ディスプレイの左右半分の大きさで表示された状態

1.2.6　PC の環境設定

PC の環境の確認，また設定を変更するには**コントロールパネル**から行う。デスクトップの表示方法や接続しているプリンターの状態確認，不要となったアプリケーションの削除（**アンインストール**）などができる。共同で PC を利用する環境では制限がある。自宅の PC で確認しよう。

操作 1.2.4　コントロールパネルの表示

1．スタートボタンを右クリックし，一覧から〔コントロールパネル〕をクリックする。

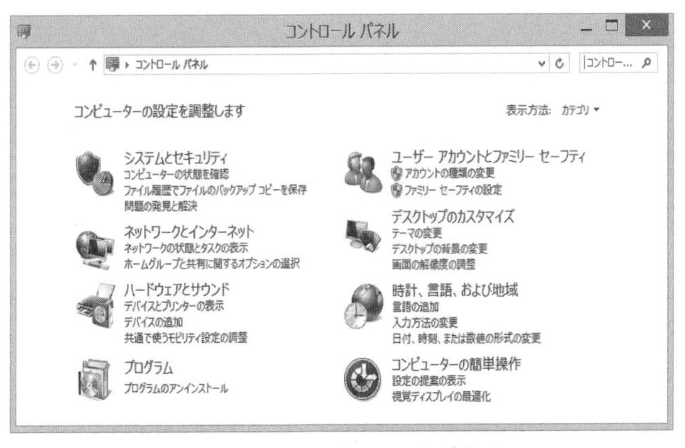

図 1.2.7　コントロールパネル

1.2.7　PCと保存状態の確認

エクスプローラーを図1.2.8の①のボタンから起動するとWindowsが内蔵している**ファイル**や**フォルダー**の状態を確認できる。ファイルやフォルダーはアイコンとファイル名で表示される。ファイルとは入力した文書やデータなどのまとまった情報のことであり，作成したアプリケーションでアイコンが異なる。フォルダーとは関連するファイルをまとめて保存する場所であり，フォルダーのなかにサブフォルダーを作成することもできる。図1.2.8の左側のナビゲーションウィンドウから選択すると，詳細が右側に表示される。図1.2.8はPCが選択され，そこには6個のフォルダーが存在していることがわかる。

「デバイスとドライブ」のローカルディスク（C:）と（D:）は「ドライブ」と呼ばれ，Windowsのプログラムやアプリケーションのプログラムなどが保存されている。その他にもPCに接続されているドライブが表示される。

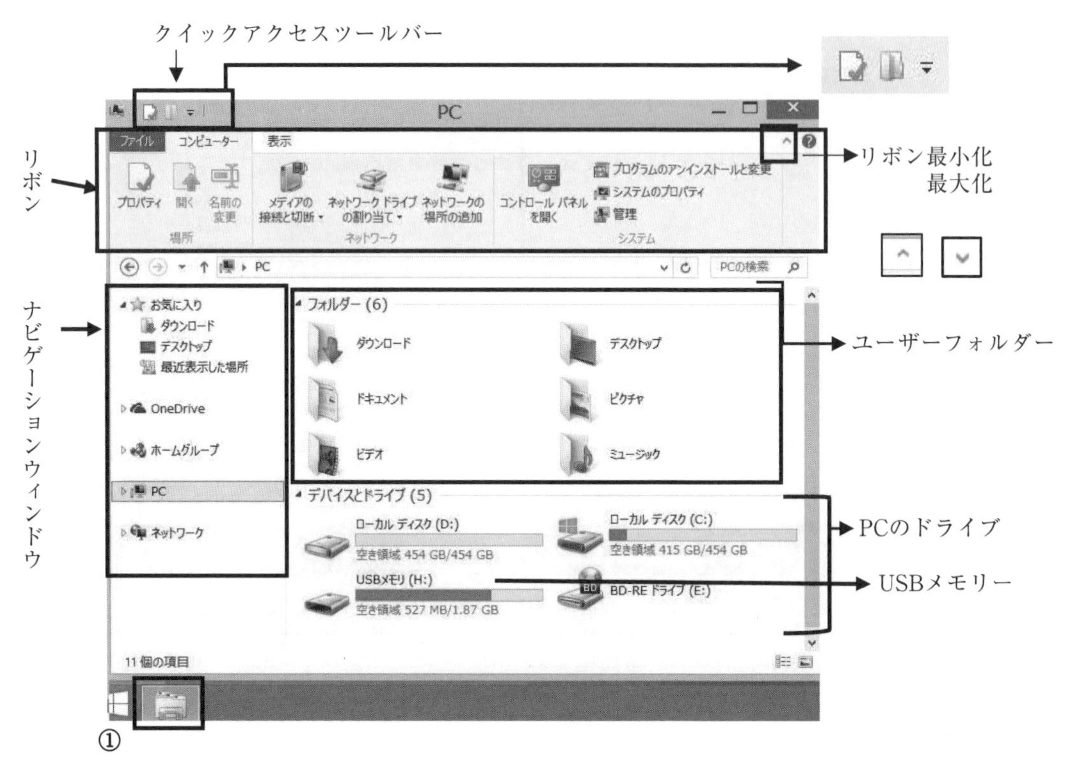

図1.2.8　エクスプローラーの初期画面と部位名称

(1)　画面構成

エクスプローラーの画面構成はWordやExcel，PowerPointにも共通する**リボンインターフェース**となっている。リボン上部にある「ファイル」，「コンピューター」，「表示」は**タブ**といい，クリックすると関連する機能がグループごとにまとまっているリボンが表示される。名称を覚えよう。

(2) クイックアクセスツールバー

頻繁に利用する機能のアイコンを設定する。右側の▼をクリックすると図1.2.9のようなメニューが表示される。チェックが付いている項目が**クイックアクセスツールバー**に表示される。

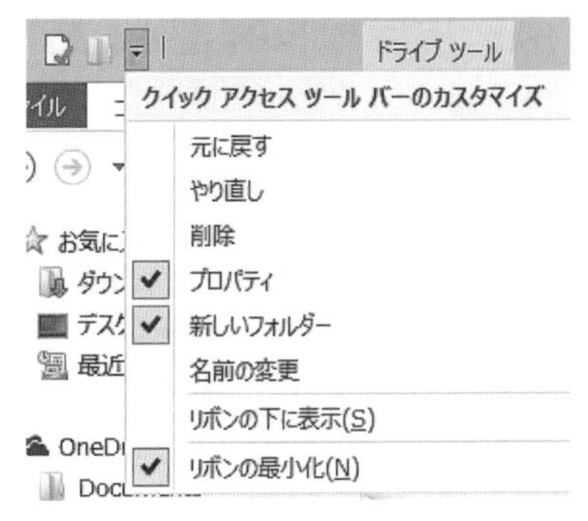

図1.2.9　クイックアクセスツールバー

(3) ファイル名と拡張子

ファイル名は「ファイルの名前」と「.（ピリオド）」と「拡張子」という構成からなる。拡張子は作成したアプリケーションで決まるため，拡張子を削除するとファイルとアプリケーションの関連付けができなくなる。

図1.2.10はエクスプローラーの〔表示〕タブから〔詳細〕レイアウトを選択した場合の状態である（①参照）。ファイルやフォルダーを表示するレイアウトには「詳細」の他にも〔特大アイコン〕〔小アイコン〕などがあり，その表示内容も異なる。初期設定では拡張子は非表示となっているが，図1.2.10②から表示することができる。

操作1.2.5　拡張子の表示／非表示

1. エクスプローラーを起動し，保存場所を指定する（図1.2.10）。
2. 〔表示〕タブの〔表示／非表示〕グループの〔ファイル名拡張子〕にチェックを入れると，拡張子が表示される。同様の操作で非表示となる。

表1.2.1　主なアプリケーションと拡張子一覧

Word…docx doc	PowerPoint…pptx ppt	ペイント…jpg jpeg png gif bmp
Excel…xlsx xls	メモ帳…txt	

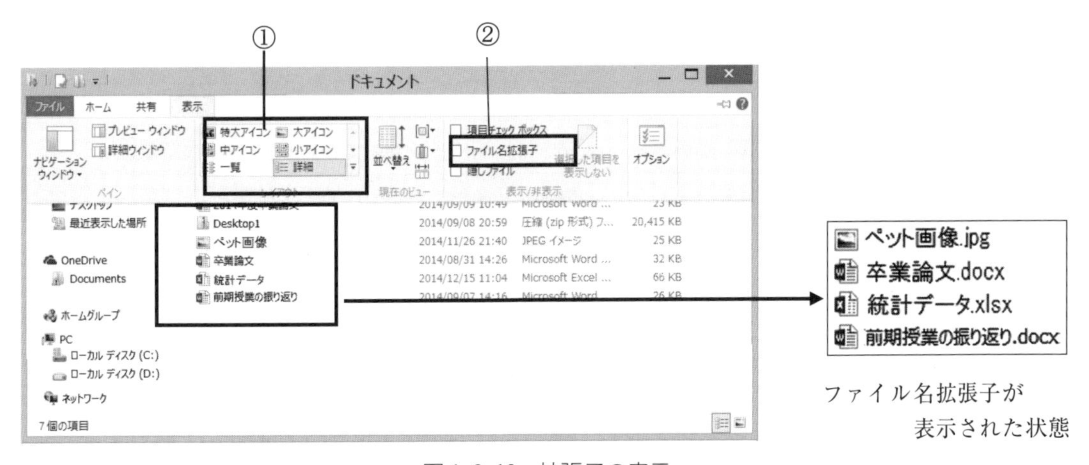

図1.2.10　拡張子の表示

1.2.8　ファイルの容量と記録メディア

Windows で作成したファイルを**記録するメディア**とファイルの**容量**について学習する。

(1) ファイルの容量

ファイルの大きさを示す**容量**はエクスプローラーから確認できる。容量の単位で最も小さいのは**1b（ビット）**という単位である。8b で半角文字 1 文字分の**1B（バイト）**となる。全角 1 文字は 2B（バイト）となる。表 1.2.2 に単位の一覧を示す。

表 1.2.2　容量の単位の一覧　（※ 1.2 最終ページのコラムを参照）

<table>
<tr><td>1KB（キロバイト）= 1024B</td><td rowspan="4">コンピューターは 2 進数で処理されるため，
2 の 10 乗 = 1024B
を基本として単位が定められている。
（小）　B < KB < MB < GB < TB　（大）</td></tr>
<tr><td>1MB（メガバイト）= 1024KB</td></tr>
<tr><td>1GB（ギガバイト）= 1024MB</td></tr>
<tr><td>1TB（テラバイト）= 1024GB</td></tr>
</table>

(2) 記録メディア

ファイルを保存する**記録メディア**としては，PC の場合は保存の初期設定がこれまでの PC 内蔵の「ドキュメント」からクラウドの OneDrive に変わった。大学や企業など PC を共同で利用する環境の場合は，指定された保存場所以外はシャットダウン時に削除されるので気を付ける。

保存できる記録メディアには **CD** や **DVD**，**BD（Blu-ray Disc）**，**SD カード**，**USB フラッシュメモリー**などがある。記録する内容や容量，利用目的により使い分ける。

■光ディスク（CD，DVD，BD）

ディスクにレーザー光線でデータを記録・読み取る記録メディアであり，以下の種類がある。

表 1.2.3　光ディスクの種類

記録メディア	容量	備考
CD	700MB	静止画像や文書やデータの保存や受け渡しをする際などに使用する
DVD	4.7GB	標準画質の動画であれば 2 時間，ハイビジョンでは 40 分程記録できる
BD	25GB	約 3 時間のハイビジョン動画の記録ができる　BD 対応の機種が必要

（注）容量はあくまでも標準であり，各記録メディアの種類によって異なる。

■フラッシュメモリー

USB フラッシュメモリーや SD カードなどのメモリーカード類を総称してフラッシュメモリーと呼ぶ。USB フラッシュメモリーは PC の USB 端子に挿入して利用する。持ち運びも容易で使いやすい反面，紛失しやすい面もあるので注意する。SD カードはデジタルカメラやゲーム機，スマートフォンなどに利用されている。SDHC や SDXC など多くの種類があるので確認して利用する。

操作 1.2.6　USB フラッシュメモリーの取り外し

1．通知領域の〔ハードウェアを安全に取り外してメディアを取り出す〕をクリックする。
2．一覧から該当 USB メモリーを選択する。メッセージを確認して外す。

1.2.9　PC を安全に使うには

Windows はセキュリティ機能が強化されており，Windows8.1 以降は Windows Defender というセキュリティソフトが導入され，ウイルス対策ソフトの機能を持ち合わせウイルス検知だけでなく駆除まで行う機能がある。しかし，ウイルスやスパイウェアなど悪意のあるソフト（マルウェア）の脅威から身を守るためには，市販のセキュリティソフトを利用するなどの対応が必要となる。

(1) ウイルス対策ソフトの利用

ウイルス対策ソフトはウイルスの情報を持つ**ウイルス定義ファイル**をもとに対処するため，常に最新版の状態で利用しないといけない。また，定期的にハードウェアのスキャンを実施していく。

(2) Windows Update の利用

Windows は人間が作成したプログラムからなるので，後になって欠陥やバグ（問題点）が見つかることがある。それらのバグは Windows Update により，脆弱部分の補強やプログラムの修正などがされる。PC の環境を常に最新の状態を保つには継続的に Update を適用することが大切となる。

(3) PC 内のソフトウェアを最新に保つ

PC にインストールされているソフトウェアについても，常に**最新版の状態**を保つよう心がける。

1.2.10　トラブルシューティング

PC の利用中にマウスやキーボードを操作しても突然何の反応もない状態になる場合がある。この現象を**フリーズ**と呼ぶ。原因は作業内容により異なるが，頻度が多い場合は原因を確認し，対処法を調べる必要がある。起動している**アプリケーションの強制終了**の方法を学ぶ。

操作 1.2.7　アプリケーションの強制終了

1．Ctrl キーと Alt キーと Delete キーを同時に押し，〔タスクマネージャー〕を選択する。起動しているアプリケーションの一覧が表示される。
2．終了するアプリケーション名を選択して〔タスクの終了〕をクリックする（図 1.2.11）。

図 1.2.11　タスクマネージャー

その他の対処法：
　PC の長時間使用により内部に電気が溜り過ぎすると動作が不安定になる場合があるので一度放電し，再度接続する。
　周辺機器（プリンターなど）も外してみるのも良い。

放電方法：
　デスクトップ PC
　　コンセントを抜き 2 分ほど放置する。
　ノート PC
　　コンセントを抜き，バッテリーを外し 2 分ほど放置する。

練習問題 1.2　URL：http://www.kyoritsu-pub.co.jp/bookdetail/9784320124295 参照

COLUMN

◆コンピューターは2進数？

コンピューターは電流が流れる「1」，流れない「0」の 2 通りで処理されるため「2 進数」が基本となります。コンピューターの最も小さい単位を「bit」といいます。1bit の情報量は「0」「1」の 2 種類ですが，2bit だと「00」「01」「10」「11」と 4 種類になります。1bit 増えるごとに情報量も 2 倍になることがわかります。

アルファベットの 26 文字と良く使う記号を含めると，「2 の 8 乗＝ 256」種類が必要だったため，「8bit = 1B（バイト）」がコンピューターの基本となりました。

USB フラッシュメモリーの容量には「64MB」「256MB」といった数字がみられます。64 は 2 の 4 乗，256 は 2 の 6 乗とすべて 2 の n 乗が情報量になっています。

◆ Windows 32bit 版？ 64bit 版？

コンピューターには CPU（Central Processing Unit の略）と呼ばれる頭脳にあたる部品があります。コントロールパネルの【システム】から【バージョン情報】を開くと，OS が 32bit 対応か 64bit 対応かを確認できます。

32bit では 2 の 32 乗，64bit では 2 の 64 乗と一度に処理できる情報量が 10 億倍程異なります。PC の CPU の性能により 64bit に対応できないものもあります。

ソフトウェアも同様で，32bit 版と 64bit 版があります。64bit 版ソフトウェアは 64bit 対応 OS 上では機能をフルに発揮できますが，32bit 対応 OS 上では動かない場合もあります。自分の PC がどのようなシステムかを正しく確認して利用することが重要です。

◆ OS は Windows のみ？

コンピューターには様々な OS が開発されている。主なものは以下の通りである。

OS	説明
Unix	1960 年代に開発された OS である。90 年代までに一番よく利用されている OS である。
Windows	マイクロソフト社が開発した OS である。1995 年発売の Windows 95 からはじめ，現在の最新バージョンは Windows 10 である。PC で一番よく使用されている OS である。
Mac OS	アップル社製 PC 用 OS である。iMac や MacBook などに搭載されている。近年では，Unix がベースになっている。
Linux	世界中の有志によって開発されたフリーの OS（GPL ライセンス）である。開発ポリシーによって，様々な「ディストリビューション」という形態で提供されている。
iOS	iPhone に搭載されている携帯電話用 OS である。
Android	Google 社が携帯情報端末のために開発した OS である。Linux がベースになっている。

1.3　文字入力

Windows で日本語を入力するには Microsoft IME（Input Method Editor）という入力システムの環境が必要である。これは言語バーとも呼ばれ，非表示設定すると Windows のタスクバーに収められている。タスクバー右端にある通知領域の Microsoft IME が「A（半角）」表示の場合は日本語入力システムがオフ，「あ」「カ」表示の場合はオンであり日本語の入力が可能な状態である。この Microsoft IME を右クリックすると，図 1.3.1 のような一覧が表示される。日本語入力システムのオン・オフの切り替えはキーボードの 半角 / 全角 キーからもできる。

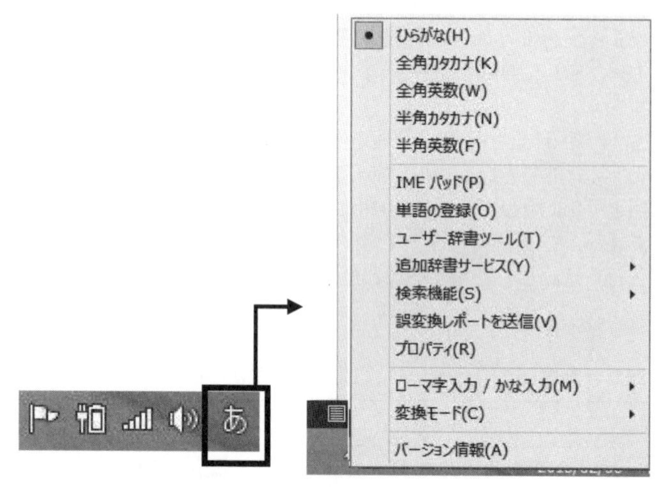

図 1.3.1　Microsoft IME　の入力一覧

ひらがなは全角のみ。
英数，カタカナ，記号には
全角文字と半角文字がある。

全角英数：ＡＢＣＤＥ
　　　　　１２３４５
半角英数：ABCD
　　　　　12345
全角カタカナ：アイウエオ
半角カタカナ：ｱｲｳｴｵ
全角記号：！“＃＄％＆
半角記号：!” #$%

1.3.1　文字入力の基本

文字入力の方法には**ローマ字入力**と**かな入力**がある。図 1.3.1 の〔ローマ字入力／かな入力〕から切り替えられる。本書はローマ字入力を基本とする。文字入力は Enter キーで確定される。

(1) 大文字の英字を優先した入力

Shift キーを押しながら Caps Lock キーを押し Caps Lock を有効にすると，そのままの状態で英字キーを打つと大文字，Shift キーと英字キーを打つと小文字の英字が入力される。同様の作業で Caps Lock が無効となる。

(2) 漢字の入力

ひらがなを入力し，Space バーで漢字に変換する。変換文字の一覧から該当文字を選択する。

表 1.3.1　文字入力の一覧表

文字種	入力方法
ひらがな	文字を入力して確定
全角カタカナ	ひらがなで入力して F7 キーで変換後に確定 全角カタカナを選択し，全角カタカナで入力して確定
半角カタカナ	ひらがなで入力して F8 キーで変換後に確定 半角カタカナを選択し，半角カタカナで入力して確定
全角英数	ひらがなで入力して F9 キーを押し，全角英数に変換後に確定 全角英数を選択し，英字の大文字は Shift キー＋英字で入力後に確定
半角英数	ひらがなを入力して F10 キーを押し，半角英数に変換後に確定 半角英数を選択し，大文字は Shift キー＋英字で入力後に確定
記号	Shift キーと記号で入力後に確定
拗音	小さい文字は「X」または「L」の後に入力する。「ぁ」は XA,「ぅ」は XU 次の文字の子音を重ねて入力する。「きって」は，KITTE,「はっぱ」は HAPPA
長音記号	「ほ」のキー
文字の削除	カーソルの左側の文字を削除する場合は Back Space キー カーソルの右側の文字を削除する場合は Delete キー 長い文字列を削除する場合は、文字列を選択後 Delete キー

(3) 読みがわからない漢字の入力

IME の右クリックから〔IME パッド〕を選択すると **IME パッド - 手書き**画面となる（図 1.3.2）。左側の白い箇所にマウスで書いていくと，右側に漢字の候補の一覧が表示される（図 1.3.3）。一覧から該当漢字をポイントすると漢字の音読みと訓読みが表示され，クリックするとカーソルの位置に該当漢字が挿入される。その他に，総画数，部首から入力する方法もある。

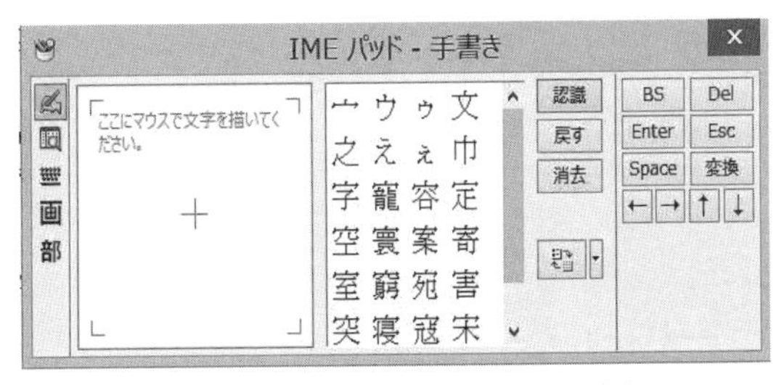

図 1.3.2　IME パッドのウィンドウ

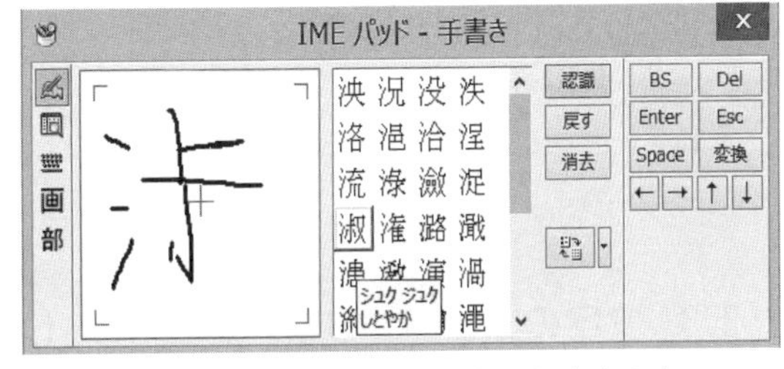

図 1.3.3　IME パッドを使った文字入力

(4) 郵便番号から住所に変換

全角の数字で郵便番号を入力し，Space バーを押し，変換された住所を選択して確定する。

1.3.2 文字の選択

Windowsで何らかの処理をするには，その対象箇所を**選択**した後に指示を行う。同じ処理を複数箇所に行う場合，同時に選択しておくと一度の操作で処理できるなど効率的に作業を進めることができる。ここでは文字列の選択について学習するが，文字列以外の選択にも共通する手法である。

操作1.3.1 文字の選択

対象が隣接している場合（図1.3.4）

1. 1行目（1つ目）の対象を選択し，最終行（次の対象）を Shift キーを押しながらクリックすると，その間の内容すべてが選択される。

対象が離れている場合（図1.3.5）

1. 1つ目の対象を選択し，次の対象からは Ctrl キーを押しながら選択する。

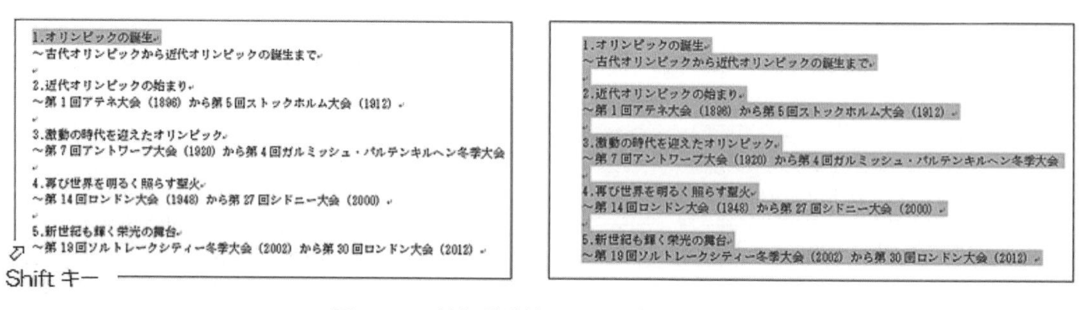

図1.3.4　対象が隣接している場合の選択

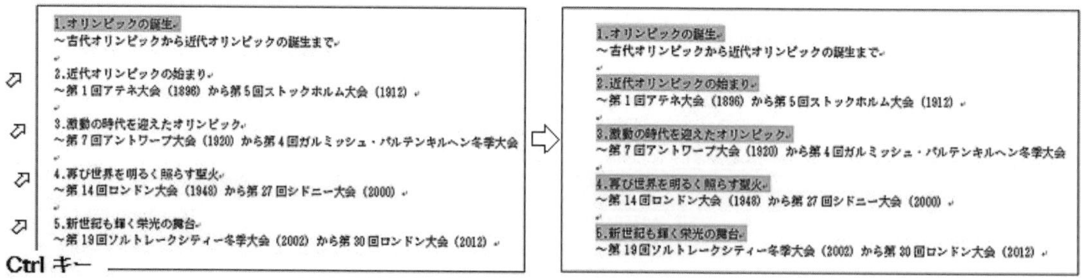

図1.3.5　対象が離れている場合の選択

1.3.3 文字のコピー・移動・貼り付け（メニューバー）

ここではWindowsに搭載されているメモ帳で，文字列を**コピー**して**貼り付ける**方法，また他の箇所に**移動**する方法を学習する。エクスプローラーやOfficeの画面構成はリボンインターフェースであるが，メモ帳は以前のメニューバーの画面構成である（図1.3.6）。メニューバーの〔編集〕をクリックすると図1.3.7のようなプルダウンメニューが表示される。

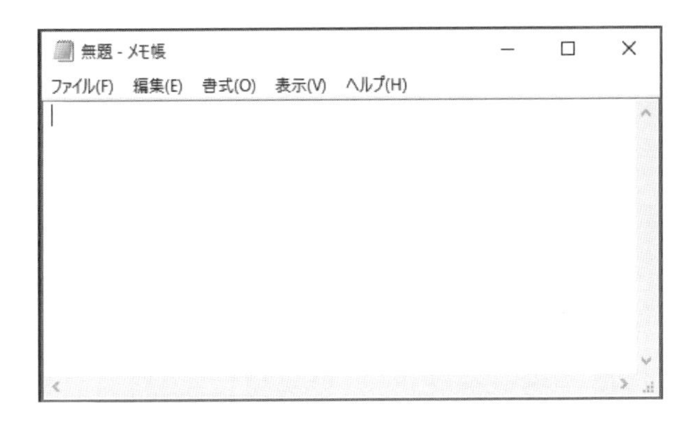

図 1.3.6　メモ帳の初期画面（メニューバー）

編集(E)

元に戻す(U)	Ctrl+Z
切り取り(T)	Ctrl+X
コピー(C)	Ctrl+C
貼り付け(P)	Ctrl+V
削除(L)	Del
検索(F)...	Ctrl+F
次を検索(N)	F3
置換(R)...	Ctrl+H
行へ移動(G)...	Ctrl+G
すべて選択(A)	Ctrl+A
日付と時刻(D)	F5

図 1.3.7　編集のプルダウンメニュー

操作 1.3.2　コピー

1．対象を選択し〔編集〕メニューの〔コピー〕をクリックする。
2．該当箇所にカーソルを移動し，〔編集〕メニューの〔貼り付け〕をクリックする。

操作 1.3.3　移動

1．対象を選択し〔編集〕メニュー〔切り取り〕をクリックする。
2．該当箇所にカーソルを移動し，〔編集〕メニューの〔貼り付け〕をクリックする。

ショートカットキーからの操作
コピー：Ctrl キーを押しながら C キー　貼り付け：Ctrl キーを押しながら V キー
切り取り：Ctrl キーを押しながら X キー　上書き保存：Ctrl キーを押しながら S キー

1.3.4　保存（メニューバー）

ここでは Windows に搭載されているメモ帳で，ファイルを保存する方法を学習する。最初に保存する場合，または保存場所や別のファイル名で保存する場合は「名前を付けて保存」で保存する。保存場所，ファイル名がそのままの場合は〔ファイル〕メニューの〔上書き保存〕で保存する。

操作 1.3.4　名前を付けて保存

1．〔ファイル〕メニューの〔名前を付けて保存〕をクリックする（図 1.3.8）。
2．名前を付けて保存画面（図 1.3.9）から保存する場所を選択する。
3．ファイル名を入力し，保存 をクリックする。

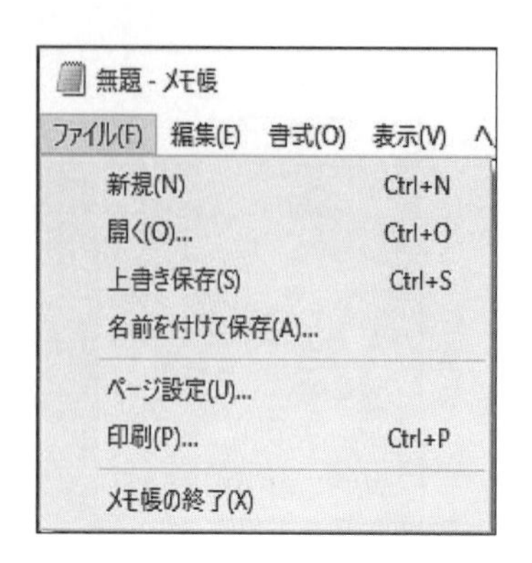

図 1.3.8　ファイルのプルダウンメニュー

図 1.3.9　名前を付けて保存画面

練習問題 1.3　URL：http://www.kyoritsu-pub.co.jp/bookdetail/9784320124295 参照

1.4　Office の共通基本操作－保存・更新・印刷

Microsoft Office は Word，Excel，PowerPoint など，オフィス業務で必要とされる機能を持ち合わせたアプリケーションの総称である。本節は以降の章の基本となる Office に共通する基本操作について学習する。アプリケーションの起動については「1.1.3　アプリケーションの起動」を参照する。

1.4.1　ファイルを開く

アプリケーションから保存したファイルを開く方法について学習する。

操作 1.4.1　ファイルを開く

1. 〔ファイル〕タブをクリックし，〔開く〕をクリックすると図 1.4.1（左図）が表示される。
2. 右側の〔最近使ったファイル〕の一覧に該当ファイル名がある場合はクリックする。
   一覧にない場合は，保存先を指定し，ファイル名一覧を表示する（図 1.4.1（右図））。
3. 該当のファイル名を選択し，〔開く〕をクリックする。

図 1.4.1 では指定した場所に保存されているファイルの一覧が表示されるが，すべてのファイルが表示されてはいない。
〔ファイル名〕の右側（①）で指定した拡張子のファイル名のみが表示される。

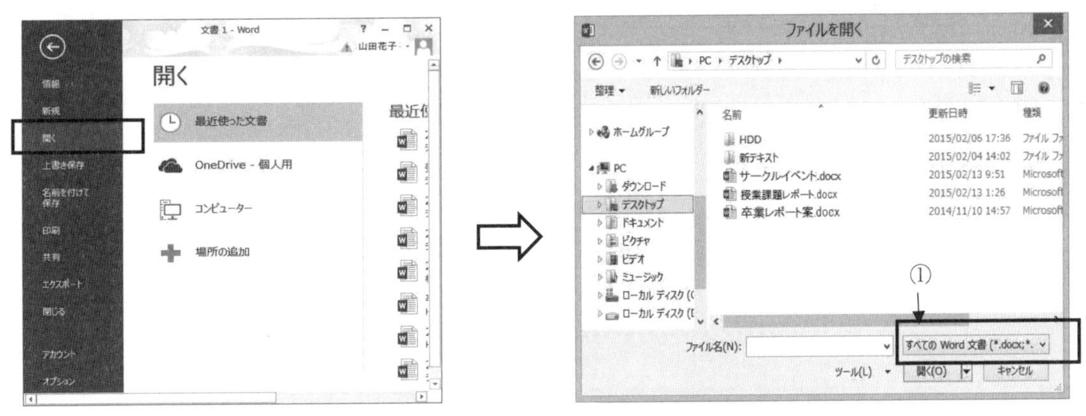

図 1.4.1　Office 共通操作　ファイルを開く

1.4.2　別のアプリケーションからファイルを開く

通常は，拡張子（ファイルの種類）に関連付けられたアプリケーションで開くが，類似した別のアプリケーションで開くこともできる。ただし，アプリケーションにより対象となる拡張子に制限がある。ファイルを開く画面（図 1.4.2）から一覧に表示されたものがその対象となる。

操作 1.4.2　別のアプリケーションでファイルを開く

1. 〔ファイル〕タブをクリックし，〔開く〕をクリックし保存先を指定する。
2. 〔ファイル名〕の右側にある〔すべての…〕 ⌄ をクリックすると拡張子の一覧が表示される（図 1.4.2）。
3. 一覧から拡張子を選択すると，該当する拡張子のファイル名の一覧が表示される。
4. 該当ファイル名を指定し，〔開く〕をクリックする。

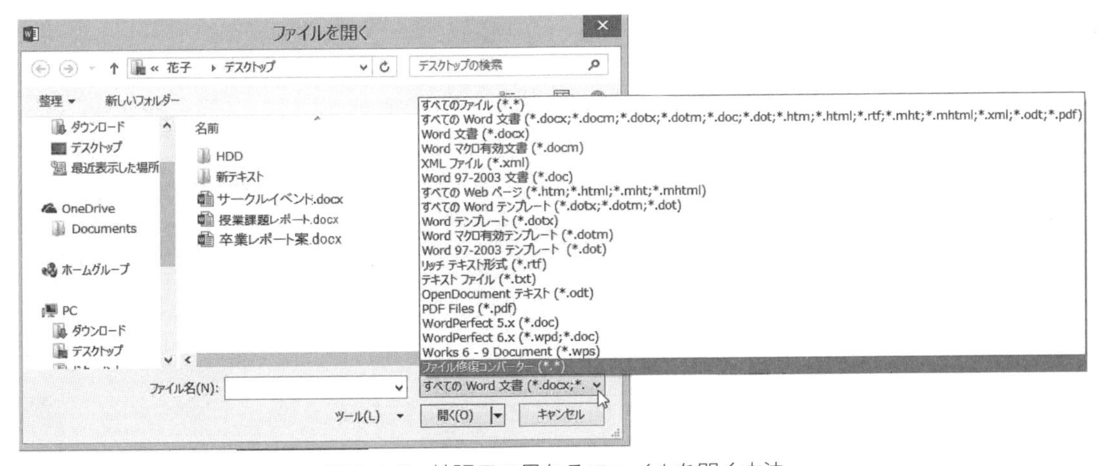

図 1.4.2　拡張子の異なるファイルを開く方法

1.4.3　ファイルの保存

保存には「**名前を付けて保存**」と「**上書き保存**」の２通りがある。初めて保存する場合または別の名前で保存する場合は名前を付けて保存，データの更新のみの場合は上書き保存を行う。**ファイル名**はその内容が自分で判断できるようなものを任意に付ける。

◆ファイル名として使用できない文字：　￥ ／ ？ ： ＊ “ ＞ ＜ ｜
◆「.（ピリオド）」はファイル名の最初や最後，連続して使用しない

操作 1.4.3　ファイルの保存

1. 〔ファイル〕タブから〔名前を付けて保存〕をクリックすると図 1.4.3（左図）となる。
2. 保存先を指定すると名前を付けて保存画面が表示される（図 1.4.3（右図））。
3. ファイル名を指定し，〔保存〕をクリックする。
4. 指定先に同一ファイル名が既存すると図 1.4.4 が表示される。いずれかを選択する。

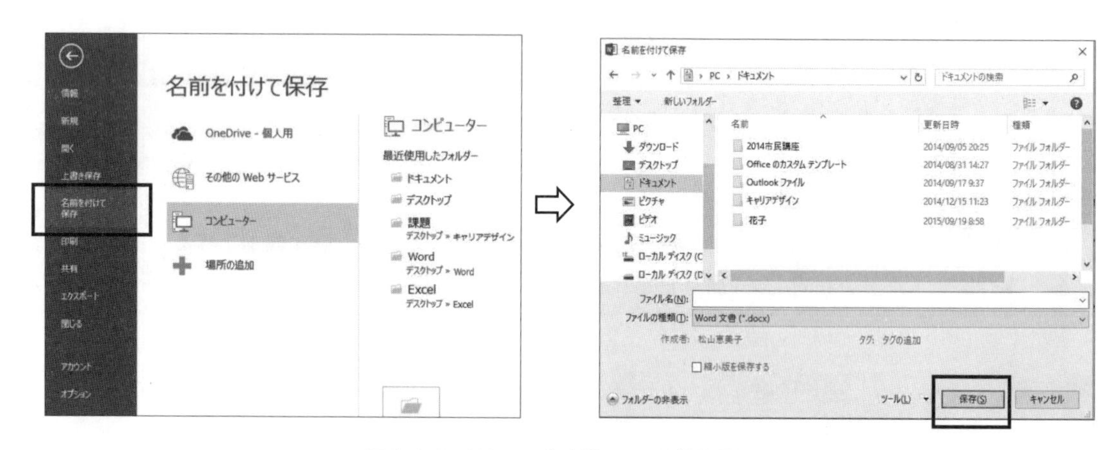

図 1.4.3　Microsoft Office での保存画面

ファイル名は「ファイルの名前」と「.（ピリオド）」と「拡張子」という構成からなる。保存する際に指定した保存先に**（拡張子までを含む）同じファイル名が既存する場合**は，図 1.4.4 のメッセージが表示される。ファイルの名前が同一でも拡張子が異なれば，同一ファイル名とはならない。

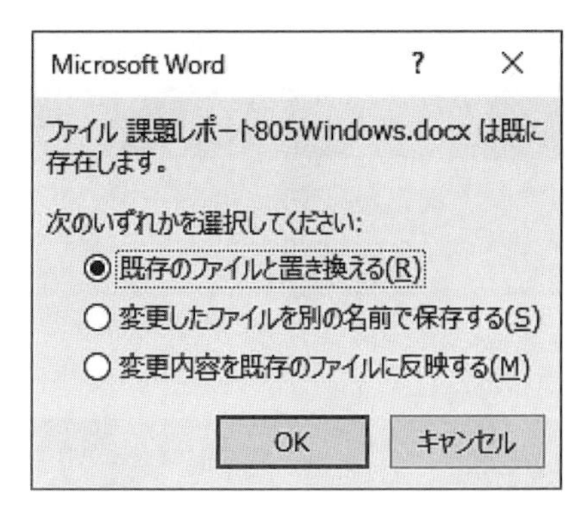

図 1.4.4　同一ファイル名が既存する場合

「既存のファイルと置き換える」：
　既存ファイルは削除
　保存したいファイルが保存
「変更したファイルを別の名前で保存する」：
　既存ファイルはそのまま
　保存したいファイルは別の名前で保存
「変更内容を既存のファイルに反映する」：
　既存ファイルと保存したいファイルの両方の内容が表示

1.4.4　ファイルの保護（パスワードを付けたファイル）

ファイルにパスワードという保護を付けて保存する方法と，開き方について学習する。

重要なファイルはパスワードという保護を付けて保存する。メールに添付して相手に渡す場合は必ずパスワードを付ける。パスワードの解除の方法についても学習する。

(1) パスワードを付けた保存

操作 1.4.4　パスワードを付けた保存

1. 〔ファイル〕タブをクリックし，〔情報〕，〔文書の保護〕を選択する（図 1.4.5（左図））。
2. 一覧から〔パスワードを使用して暗号化〕をクリックする。
3. ドキュメントの暗号化（図 1.4.5（右図））からパスワードを入力し〔OK〕をクリックする。
4. 再度，入力が要求されるので，同じパスワードを入力し〔OK〕をクリックする。

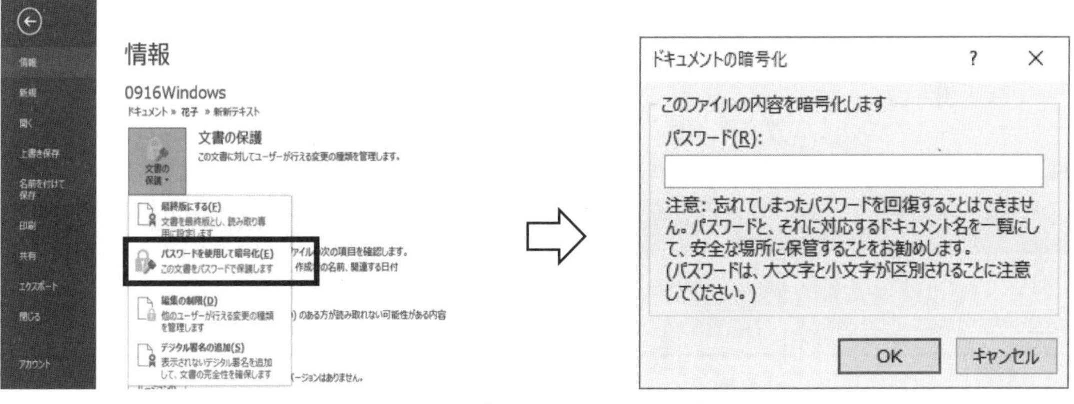

図 1.4.5　パスワードを付けて保存

(2) パスワードを付けたファイルを開く

操作 1.4.5　パスワードを付けたファイルを開く

1．〔ファイル〕タブをクリックし，〔開く〕を選択し，該当ファイルを選択する。
2．パスワードの入力を要求される。パスワードを入力し〔OK〕をクリックする。

(3) パスワードの解除

操作 1.4.6　パスワードの解除

1．パスワードで保護されたファイルを開く。
2．〔ファイル〕タブをクリックし，〔情報〕タブの〔文書の保護〕を選択する。
3．一覧から〔パスワードを使用して暗号化〕をクリックする。
4．ドキュメントの暗号化から入力されたパスワードを消去して〔OK〕をクリックする。

COLUMN

◆安全なパスワード

解読や推測しにくいパスワード，高度に安全なパスワードは以下の条件が必要である。

1．パスワードの長さは少なくとも８文字以上である。
2．英文字を含める。
3．大文字と小文字を含める。
4．数字を含める。
5．記号を含める。
6．名前，英単語，誕生日などを禁止する。
7．一定期間で変更を行う。
8．メモやノートなどにそのまま記録しない。

1.4.5　印刷

印刷の基本的な方法を学習する。図 1.4.6 は Word の印刷画面である。Excel，PowerPoint の印刷画面は多少異なるが，基本的な指定方法は共通している。

操作 1.4.7　印刷

1．〔ファイル〕タブの〔印刷〕をクリックすると図 1.4.6 が表示される。
2．プリンターを選択し，〔設定〕の各項目を指定して〔印刷〕をクリックする。

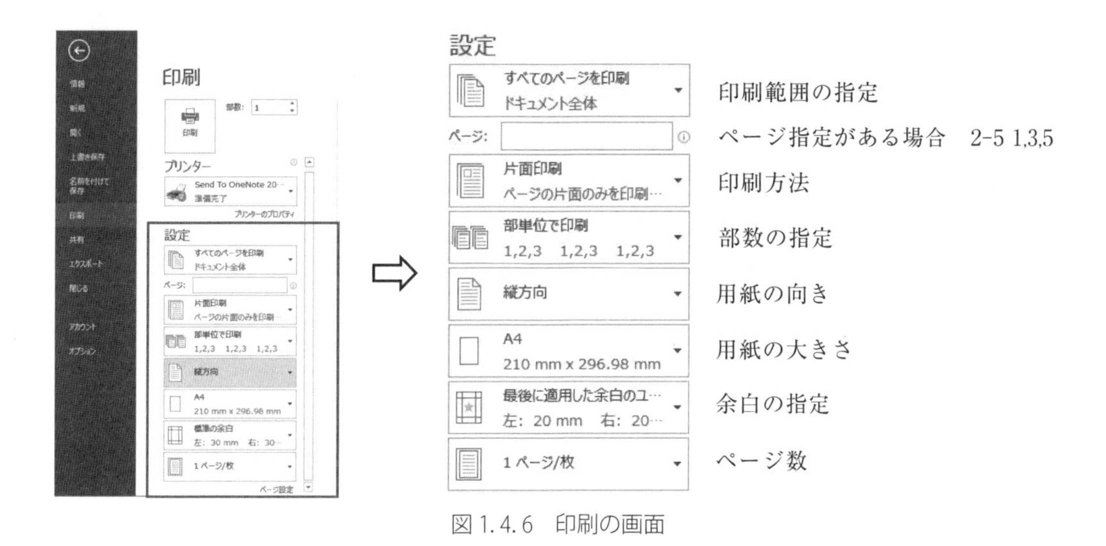

図 1.4.6　印刷の画面

練習問題 1.4　URL：http://www.kyoritsu-pub.co.jp/bookdetail/9784320124295 参照

1.5　Office の共通基本操作－フォントの編集とクリップボード

Word や Excel，PowerPoint の**フォント（文字）**に関する編集はアプリケーションによってそれぞれの特徴があるので共通する編集方法について学習することを目的とする。ここではフォントの編集のほかに，コピーや移動に共通する**クリップボード**についても習得していく。

1.5.1　フォントの編集

文字の大きさや色，字体の編集は〔ホーム〕タブの〔フォント〕グループ（図 1.5.1）で行う。複数の機能を設定する場合は右下の起動ボタン をクリックし，フォント画面（図 1.5.2）から設定していく。 書式のクリア ボタンでは書式のみを解除できる。Excel のみ〔編集〕グループとなる。

操作 1.5.1　フォントの編集

1．編集する文字列を選択する。
2．〔ホーム〕タブの〔フォント〕グループから該当フォント名をクリックする。

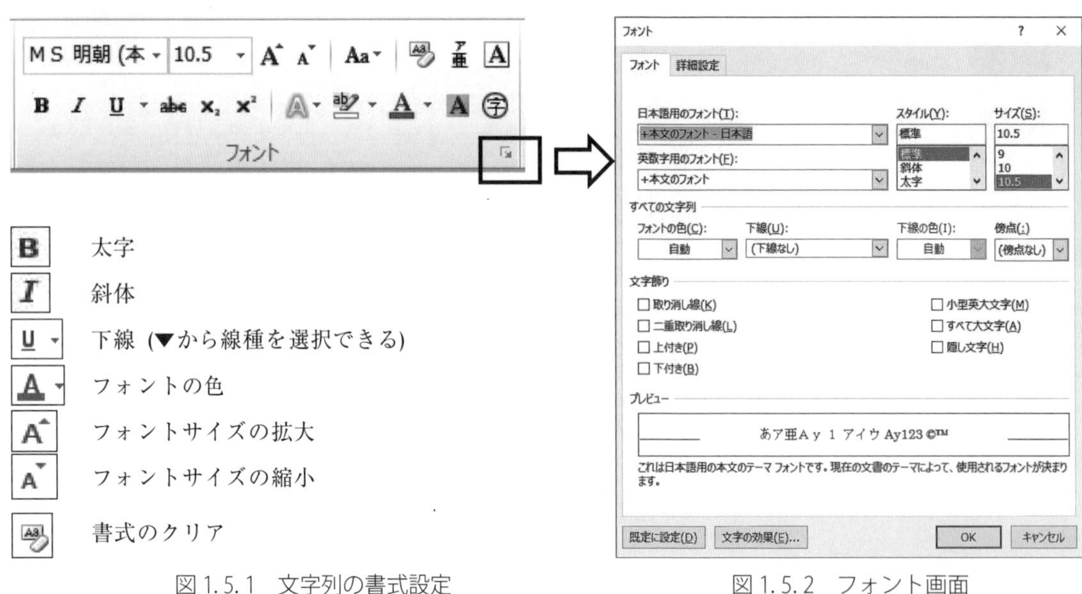

図 1.5.1　文字列の書式設定

図 1.5.2　フォント画面

1.5.2　コピーと貼り付け

文字列，表，グラフ，図，画像などをコピーで他の箇所に貼り付ける，または切り取って他の箇所に移動するには〔ホーム〕タブの〔クリップボード〕グループ（図 1.5.3）から行う。**クリップボード**とはコピーや切り取りをしたデータを一時的に保存しておく場所のことをいう。Word や Excel などでコピーや切り取った情報は一時的にクリップボードに保存される。このクリップボードの機能を利用すると，Excel でコピーした表を PowerPoint や Word で利用できるなど Office 間での情報のやり取りが容易となる。図 1.5.4 はクリップボード操作の作業ウィンドウである。

また，図 1.5.3 の〔書式のコピー／貼り付け〕ボタンは対象の書式だけをコピーする機能である。複雑な書式が設定されている場合や書式の設定内容が不明の場合は，この機能を利用するとよい。

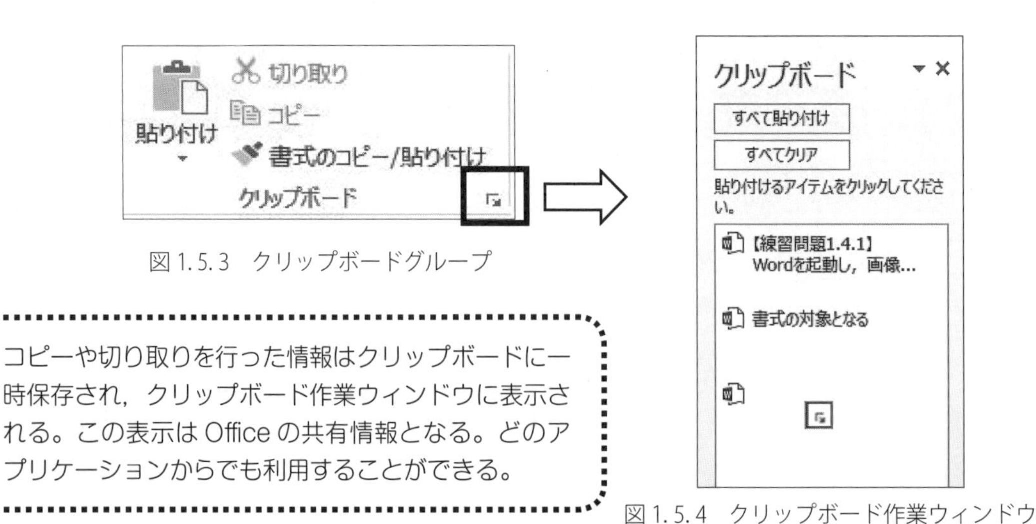

図 1.5.3　クリップボードグループ

コピーや切り取りを行った情報はクリップボードに一時保存され，クリップボード作業ウィンドウに表示される。この表示は Office の共有情報となる。どのアプリケーションからでも利用することができる。

図 1.5.4　クリップボード作業ウィンドウ

操作 1.5.2 コピーと貼り付け

1. 対象を選択する。
2. 〔ホーム〕タブの〔クリップボード〕グループから〔コピー〕をクリックする。
3. 貼り付ける箇所にカーソルを移動する。
4. 〔ホーム〕タブの〔クリップボード〕グループから〔貼り付け〕をクリックする。

操作 1.5.3 移動と貼り付け

1. 対象を選択する。
2. 〔ホーム〕タブの〔クリップボード〕グループから〔切り取り〕をクリックする。
3. 貼り付ける箇所にカーソルを移動する。
〔ホーム〕タブの〔クリップボード〕グループから〔貼り付け〕をクリックする。

操作 1.5.4 書式のコピー

1. 書式の対象を選択する（文字であれば一文字など，一部分でも可）。

方法 1　同様の書式を設定する箇所が 1 か所の場合

2. 〔ホーム〕タブの〔クリップボード〕グループから〔書式のコピー／貼り付け〕をクリックする。
3. 同様の書式を設定する箇所をドラッグする。

方法 2　同様の書式を設定する箇所が複数の場合

2. 〔ホーム〕タブの〔クリップボード〕グループから〔書式のコピー／貼り付け〕をダブルクリックする。
3. 同様の書式を設定する複数個所をドラッグする。
4. ESC キーで書式のコピーを解除する。

Word でコピーや切り取りをした内容を Excel または PowerPoint など別のアプリケーションのファイルに貼り付けて利用する場合，または同じアプリケーションでも別のファイルで利用する場合はクリップボードを利用して行う。

操作 1.5.5 クリップボードを利用した貼り付け

1. 対象を選択する。
2. 〔ホーム〕タブの〔クリップボード〕グループから〔コピー〕または〔切り取り〕をクリックする。
3. 利用するファイルに切り替え，貼り付ける箇所にカーソルを移動する。
4. 〔ホーム〕タブの〔クリップボード〕グループ右下の起動ボタン をクリックする。
5. クリップボード作業ウィンドウ（図 1.5.4）が表示され，該当のアイテムをクリックする。

練習問題 1.5　URL：http://www.kyoritsu-pub.co.jp/bookdetail/9784320124295 参照

「書式のコピー／貼り付け」はExcelのみセル単位の書式のコピーとなる。
また，PowerPointは文字の色などが反映されない場合がある。
それぞれのアプリケーションで異なることを考慮して，利用する。

1.6　Officeの共通基本操作－画像

WordやExcel，PowerPointの〔挿入〕タブから利用できる**オブジェクト**（画像）について学習する。これまでOfficeが画像の素材として提供してきた**クリップアート**の機能は終了し，**オンライン画像**へと変わった。オンライン画像には著作権ルールの普及を目的とした「**クリエイティブ・コモンズ・ライセンス（以降，CCライセンス）**」が設定され規則に従って利用することが原則となる。

画像には著作権のほかにも，肖像権がある。自分以外の人の顔写真などを利用する場合は必ず本人の許可を取って利用しないといけない。詳細については第7章を参照する。

1.6.1　画像の挿入

(1)　自分で保存した写真やイラスト

自分で撮った写真や自分で描いたイラストなど，保存してある画像を文書内などに挿入する方法を学習する。

操作 1.6.1　画像の挿入

1．画像を挿入する箇所にカーソルを置く。
2．〔挿入〕タブの〔図〕グループの〔画像〕をクリックする。
3．画像の保存先を指定し，挿入する画像を選択して「挿入」をクリックする。

(2)　オンライン画像

オンライン画像で検索できるのはBingイメージとユーザーがOneDriveに自分で保存した画像のみとなる。オンライン画像を利用する際は必ず**CCライセンス**（表1.6.1）を確認する。

操作 1.6.2　オンライン画像の挿入

1．文書内の写真の挿入位置にカーソルを置く。
2．〔挿入〕タブの〔図〕グループの〔オンライン画像〕をクリックする。
3．検索ボックスに該当文字を入力し検索ボタンをクリックする。
4．該当の画像を選択し，画像のライセンスを確認する（図1.6.1）。
5．〔挿入〕をクリックする。

表 1.6.1 CCライセンスの種類

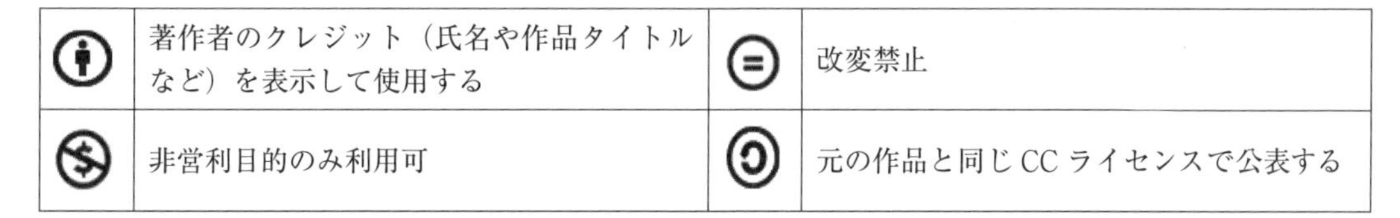

	著作者のクレジット（氏名や作品タイトルなど）を表示して使用する		改変禁止
	非営利目的のみ利用可		元の作品と同じCCライセンスで公表する

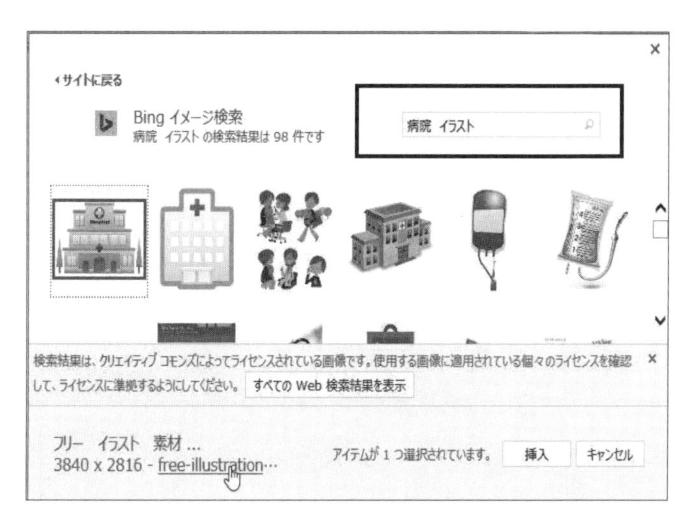

最も自由度の高いCCライセンス
・著作者のクレジットを表示する
・改変可
・営利目的での利用可

・著作者のクレジットを表示する
・非営利目的での利用可
・改変、再配布可のCCライセンス

図 1.6.1　オンライン画像の検索結果とCCライセンス

(3) ネット検索の画像

Webページの地図や**著作権フリー**の画像などは文書内に利用することができる。著作権フリーの画像は改変も許可され，何に利用してもよい素材である。画像を保存して利用する方法とスクリーンショット機能を使いコピーして利用する方法について学習する。

操作 1.6.3　ネット検索からの画像利用

1．画像を挿入する箇所にカーソルを置く。
2．ブラウザを開き「フリー素材」「フリー画像」という文字を含めて画像を検索する。

方法 1　（保存して利用する場合）

3．該当画像の右クリックから〔名前を付けて画像を保存〕を選択し，保存先，ファイル名を指定して保存する。
4．〔挿入〕タブの〔図〕グループの〔画像〕をクリックする。
5．保存先を指定し，該当の画像を選択して〔挿入〕をクリックする。

方法 2　（コピーして利用する場合）

3．該当画像を表示した状態で，〔挿入〕タブの〔図〕グループの〔スクリーンショット〕の▼をクリックする。
4．〔画面の領域〕をクリックすると，Webページが淡い表示になりカーソルが＋形に変わるので利用する箇所をドラッグして指定する。

1.6.2　画像のサイズ設定

挿入された画像のサイズを設定する方法を学習する。画像を選択するとリボンに表示される〔図ツール書式〕タブ（図1.6.2）から行う。画像のサイズ調整は〔サイズ〕グループから行う。

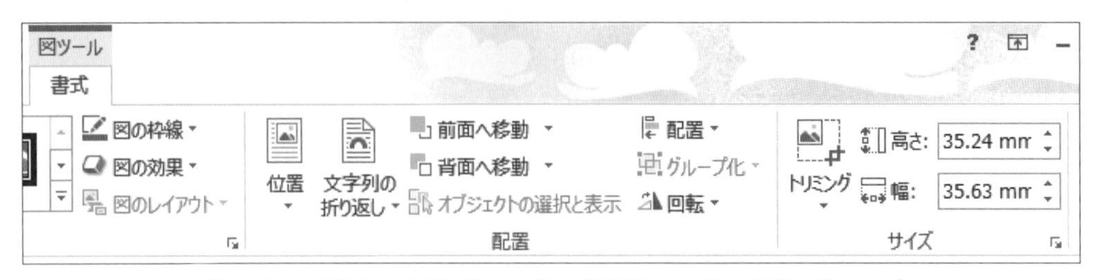

図1.6.2　〔図ツール書式〕タブの〔配置〕と〔サイズ〕グループ

操作1.6.4　画像のサイズ設定

1. 画像を選択する。

方法 1　（マウスからの調整）

2. 画像の辺上にある**サイズ変更ハンドル**をドラッグして大きさを調整する（図1.6.3）。

方法 2　（数値で指定する）

2. 〔図ツール書式〕タブの〔サイズ〕グループの〔高さ〕と〔幅〕を指定する（図1.6.4）。

方法 3　（縦横比を保った状態で大きさを指定する）

2. 〔図ツール書式〕タブの〔サイズ〕グループの右下の起動ボタンをクリックする。
3. レイアウト画面の〔縦横比を固定する〕にチェックを入れてサイズを指定する（図1.6.5）。

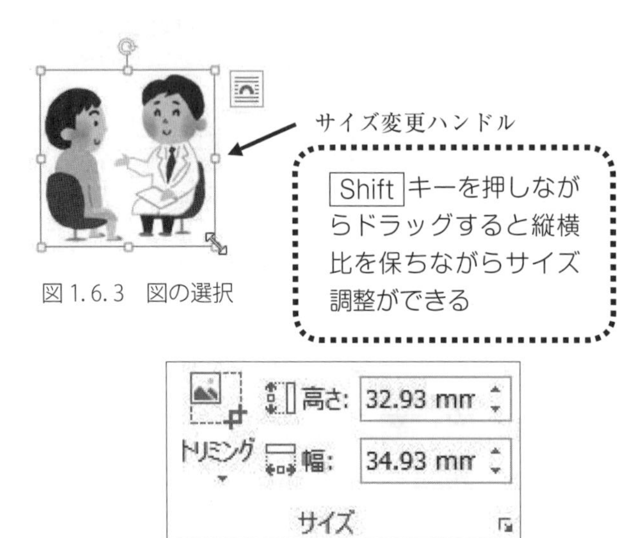

図1.6.3　図の選択

図1.6.4　図のサイズ指定

図1.6.5　レイアウト画面

1.6.3　画像の効果

画像を目的により色合いを変える，コントラスト（明暗）を調整する，また特定の形に合わせてトリミングするなど，特殊な効果を設定することができる。図の効果は〔調整〕グループと〔図のスタイル〕グループから行う。

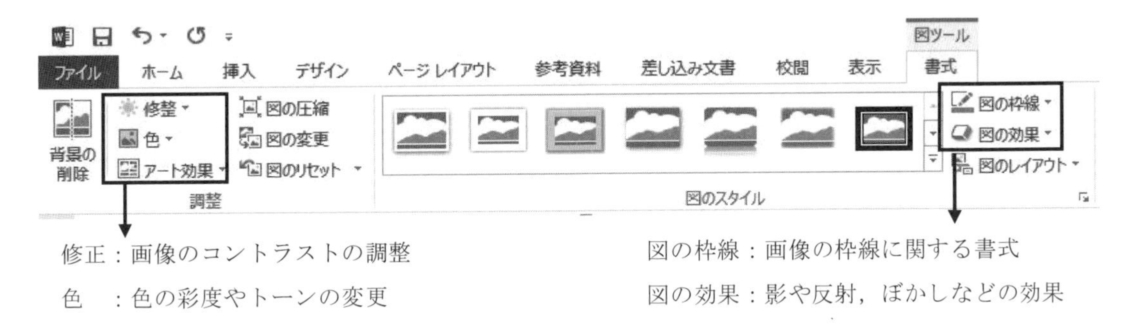

図 1.6.6 〔図 書式〕タブの〔調整〕と〔図のスタイル〕グループ

操作 1.6.5　図のスタイル

1. 画像を選択する。
2. 〔図ツール 書式〕タブの〔図のスタイル〕グループの▼をクリックする。
3. 表示された一覧（図 1.6.7）のいずれかを選択する。

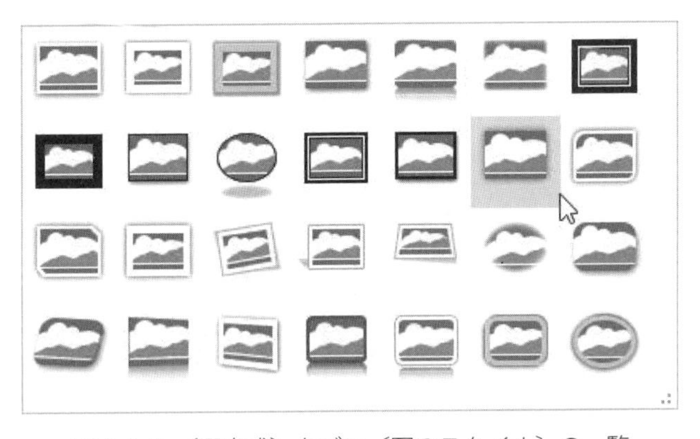

図 1.6.7 〔図書式〕タブの〔図のスタイル〕の一覧

1.6.4　画面の取り込みとトリミング

Word で文書を作成する場合，または PowerPoint のスライド作成する場合にホームページの一部などを画像として取り込む方法を学習する。画像を保存して取り込む場合と保存せずにコピーで取り込む方法の２通りある。用途に合わせて使い分けていく。

画像の保存が必要な場合はスクリーンキャプチャーで行い，保存が必要ない場合はスクリーンショットで行う。保存すると，ペイントなどのソフトを使いトリミングすることも可能である。

操作 1.6.6　スクリーンショット（コピーで取り込む）

1. 〔挿入〕タブの〔図〕グループにある〔スクリーンショット〕の▼をクリックする。
2. 開いている画面が一覧で表示される。

方法 1　画面全体を取り込む場合

3. 一覧のなかから該当画面をクリックする。

方法 2　画面の一部を取り込む場合

3. 〔画面の領域〕をクリックし，該当画面が白くなってきたら，マウスの形状が＋の状態でドラッグする。
4. 画面が取り込まれた状態で表示される。大きさと配置を編集する。

操作 1.6.7　スクリーンキャプチャー（保存して取り込む）

1. キャプチャーする画面を表示し，Print Screen キーと ⊞ キーを押す。
2. PC ドライブの〔ピクチャ〕－〔スクリーンショット〕を開き，保存されているかを確認する（拡張子：png）。

キャプチャーして保存した画像ファイルの一部分を**トリミング**して保存する方法を学習する。

操作 1.6.8　画像のトリミング（ペイントの利用）

1. ペイントを起動し，〔スクリーンショット〕フォルダーから該当画像ファイルを開く。
2. 〔ホーム〕タブの〔イメージ〕グループの〔選択〕をクリックする（図 1.6.8）。
3. マウスの形状が＋の状態で，トリミングする箇所をドラッグし点線で囲む（図 1.6.9）。
4. 〔ホーム〕タブの〔イメージ〕グループの〔トリミング〕をクリックする（図 1.6.10）。

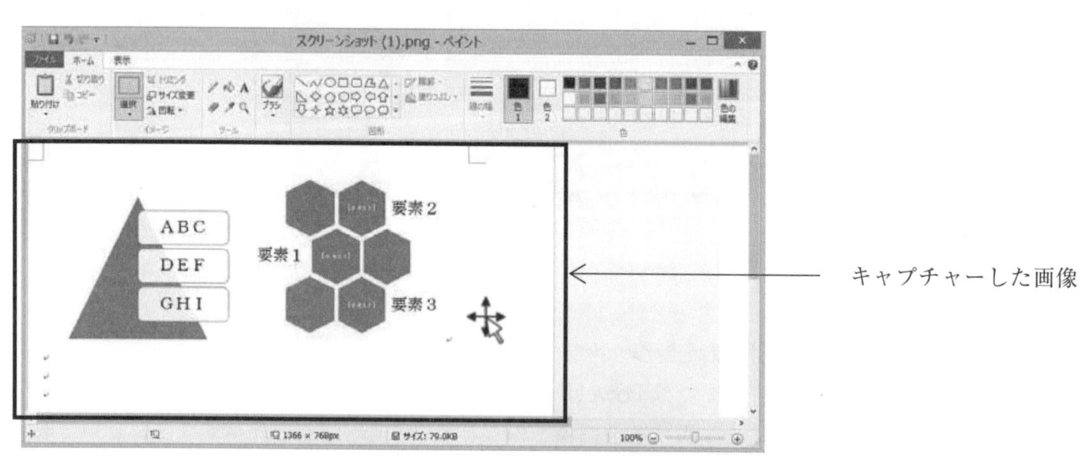

図 1.6.8　ペイントで画像を開いた状態

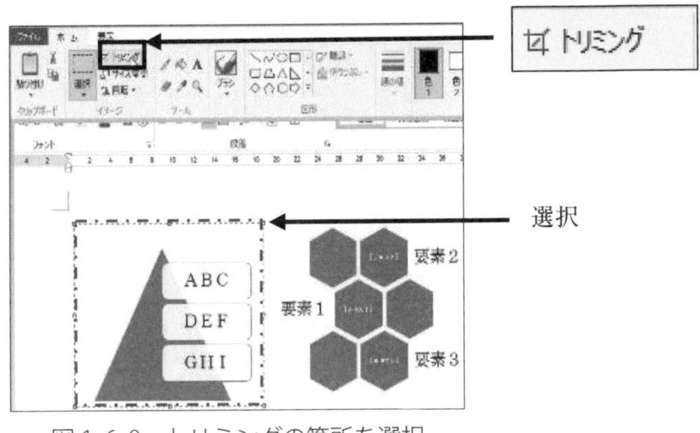

図 1.6.9　トリミングの箇所を選択

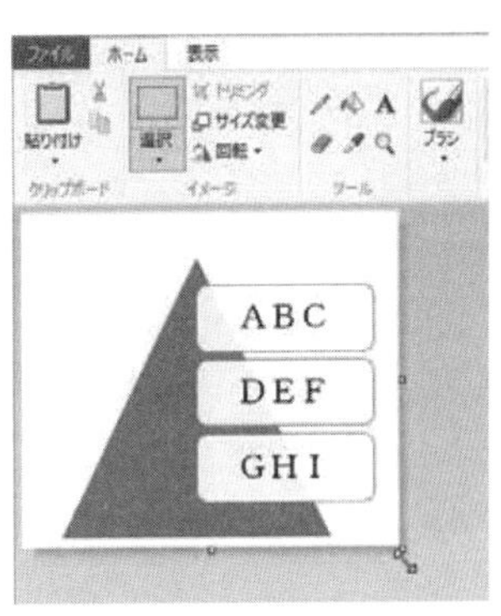

図 1.6.10　トリミング完成

練習問題 1.6　URL：http://www.kyoritsu-pub.co.jp/bookdetail/9784320124295 参照

1.7　Office の共通基本操作－図形

Word や Excel，PowerPoint の〔挿入〕タブから利用できるオブジェクト（図形）について学習する。図形を利用することで，効果的な表現が可能になる。

様々な図形を利用して地図を作成する，斜めに文字を表示する，縦書きと横書きが混在したページを作成するなどの場合に大変有効となる機能である。

1.7.1　図形の挿入と削除

地図のように個々の図形を組み合わせて 1 つの図とする場合は**描画キャンパス**を利用する。描画キャンパスで作成するとキャンパス全体の書式設定や移動が可能になる。

操作 1.7.1　描画キャンパスの挿入

1. 図形を挿入する箇所にカーソルを移動する。
2. 〔挿入〕タブの〔図〕グループの〔図形〕▼をクリックする。
3. 一覧から〔新しい描画キャンパス〕をクリックすると，カーソルの位置に描画キャンパスが表示される（図 1.7.1）。

操作 1.7.2　描画キャンパスの削除

1. 描画キャンパスを選択して Delete キーを押す。キャンパス内すべての図形が削除される。

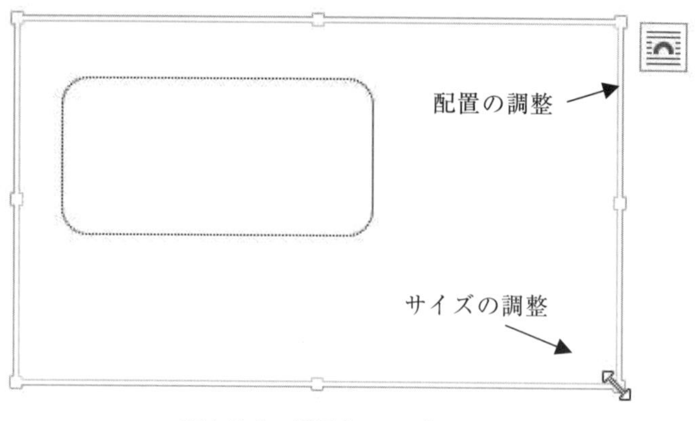

図1.7.1　描画キャンバス

図1.7.2　図形の一覧

操作1.7.3　図形の挿入

1．〔挿入〕タブの〔図〕グループの〔図形〕▼をクリックする。
2．一覧（図1.7.2）から図形を選択する。
3．マウスの形状が＋の状態でドラッグする。

1.7.2　図形の編集

図形の色や線種，図形内の文字など，**図形の編集**について学習する。

操作1.7.4　図形の塗りつぶしの編集

1．対象の図形を選択する。
2．〔描画ツール 書式〕タブの〔図形のスタイル〕グループの〔図形の塗りつぶし〕▼をクリックする（図1.7.3（左図））。
3．〔テーマの色〕または〔その他の色〕から塗りつぶしの色を選択する。

操作1.7.5　図形の枠線の編集

1．図形を選択する。
2．〔描画ツール　書式〕タブの〔図形のスタイル〕グループの〔図形の枠線〕▼をクリックする（図1.7.3（右図））。
3．〔テーマの色〕または〔その他の色〕から枠線の色を選択する。
〔太さ〕から枠線の太さを〔実践／点線〕から枠線の線種を選択する。

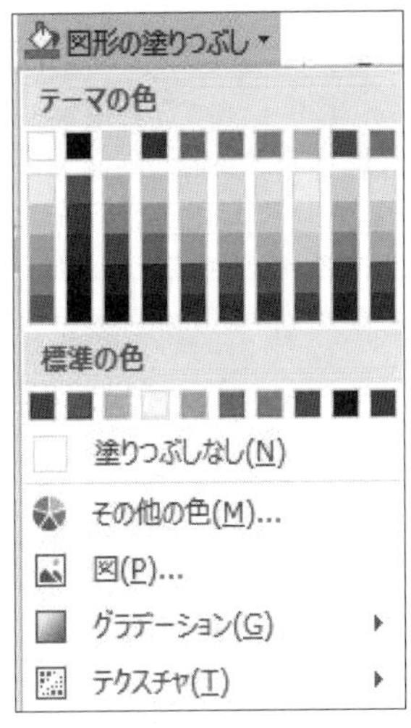

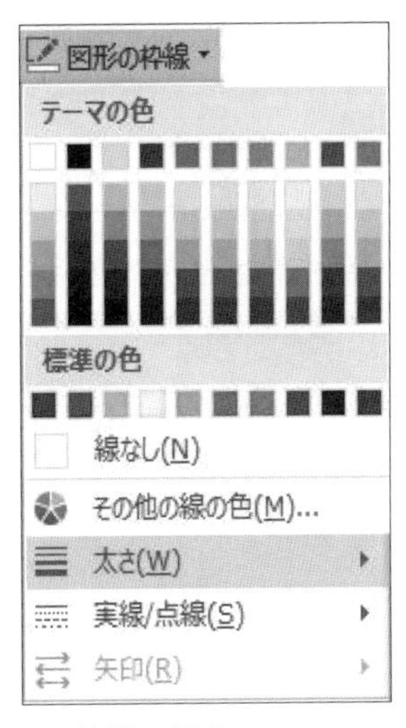

図 1.7.3　図形の塗りつぶしと枠線の編集

操作 1.7.6　図形への文字入力

1．図形を選択した状態で文字を入力する。
　※文字が入力できない場合は以下の方法で行う。
　図形を右クリックし〔テキストの追加〕を選択してカーソルの位置に文字を入力する。

操作 1.7.7　図形内の文字の編集

いずれかの方法で選択する。

方法 1　(図形内のすべての文字が対象の場合　図 1.7.4①)

1．図形を選択し,〔ホーム〕タブの〔フォント〕グループから通常の文字編集と同様に行う。

方法 2　(図形内の一部の文字が対象の場合　図 1.7.4②)

1．対象文字を選択し,〔ホーム〕タブの〔フォント〕グループから通常の文字編集と同様に行う。

方法 3　(ワードアートの場合　図 1.7.4③)

1．図形を選択し,〔描画ツール　書式〕タブの〔ワードアートのスタイル〕グループから編集を行う。

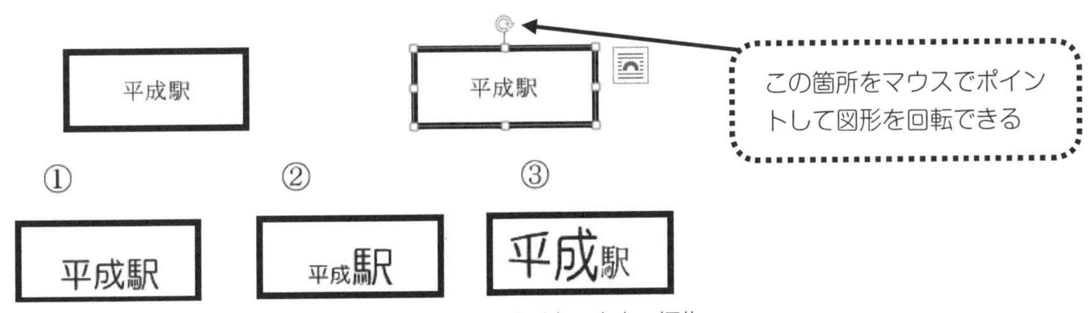

図 1.7.4　図形内の文字の編集

操作 1.7.8　図形のコピー

1．図形を選択し〔ホーム〕タブの〔クリップボード〕グループの〔コピー〕をクリックする。〔ホーム〕タブの〔クリップボード〕グループの〔貼り付け〕をクリックする。
2．貼り付けられた図形をドラッグで移動する。

操作 1.7.9　図形の配置

1．配置変更の対象図形を選択する。
2．〔描画ツール　書式〕タブの〔配置〕グループをクリックする（図 1.7.5）。〔前面へ移動〕▼または〔背面へ移動〕▼をクリックして該当配置を選択する。

図形は後に描いた図形が上部に重なる状態で表示されるので，最初に描いた図形の一部が隠されてしまう。たとえば図 1.7.5 の場合，右図にある①，②，③の順番で描くと，②の矢印の上部に後で描いた③の楕円が表示されて，結果矢印の一部が隠れてしまう。図形と図形の配置を調整する。

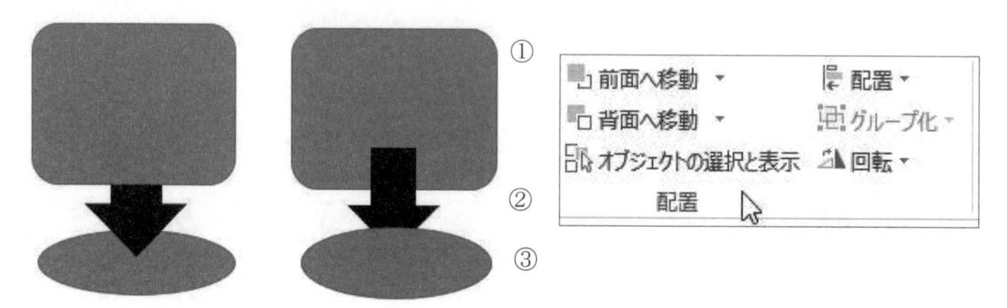

図 1.7.5　図形と図形の配置

1.7.3　図形の背景色の透過

背景色を設定した状態でイラストを挿入した場合，図形や写真の上にテキストボックスで文字を入力する場合など，背景の扱いに困る場合がある。図 1.7.6 の左図はイラストの白い背景色が残った状態であるが，背景色を透過すると右図のようにイラストの背景色を消去できる。

図 1.7.6　背景色の透過

操作 1.7.10　背景色の透過

1．画像を選択し〔描画ツール　書式〕タブの〔図形のスタイル〕グループから〔図形の塗りつぶし〕▼をクリックする。
2．〔その他の色〕をクリックすると色の設定画面が表示される。
3．〔透過性〕を100%に指定して〔OK〕をクリックする。

練習問題 1.7　URL：http://www.kyoritsu-pub.co.jp/bookdetail/9784320124295 参照

1.8　Officeの共通基本操作－SmartArt

WordやExcel，PowerPointの〔挿入〕タブから利用できるオブジェクト（SmartArt）について学習する。SmartArtには，リスト，手順，循環など8種類のレイアウトが用意されている。

操作 1.8.1　SmartArtの入力

1．SmartArtを挿入する箇所にカーソルを移動する。
2．〔挿入〕タブの〔図〕グループの〔SmartArt〕をクリックする。
3．SmartArtグラフィックの選択画面（図1.8.1）から該当テンプレートをクリックする。
4．〔OK〕をクリックする。
5．［テキスト］を選択して文字を入力する。
　または，サイドバーの<をクリックし，テキストウィンドウから入力する（図1.8.2）。

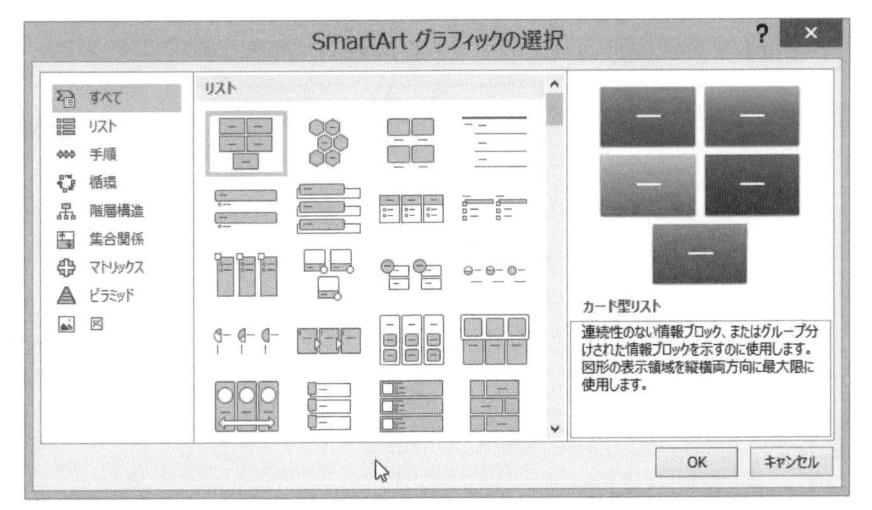

図1.8.1　SmartArtグラフィックの選択画面

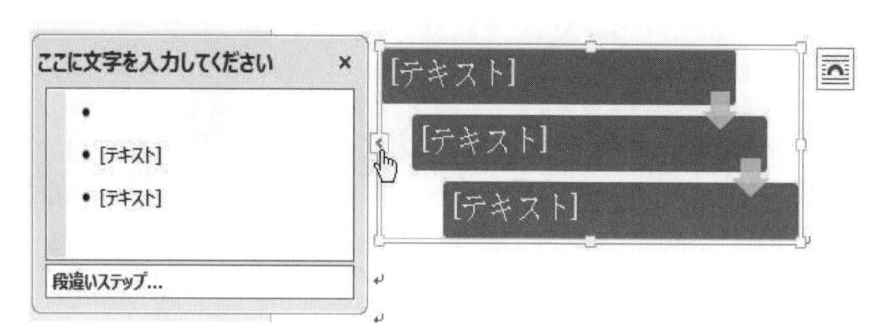

図 1.8.2　SmartArt とテキストウィンドウ

SmartArt を選択するとリボンに〔SmartArt ツール〕の〔デザイン〕タブと〔書式〕タブが表示される（図 1.8.3）。SmartArt の編集はこれらのタブから行う。

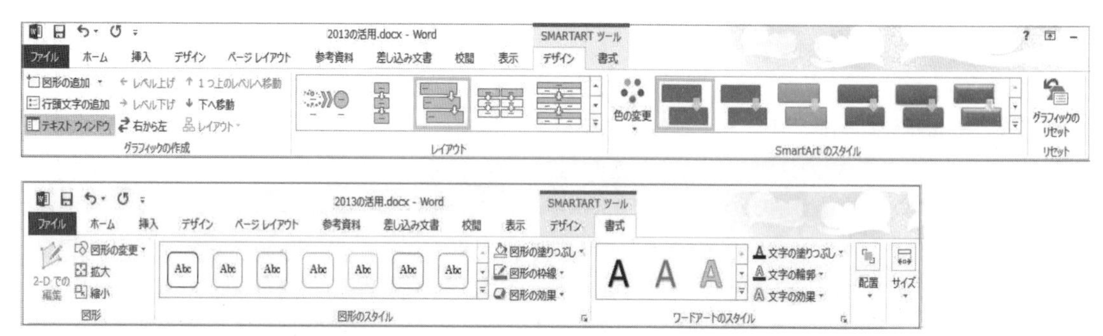

図 1.8.3　SmartArt ツール　デザインタブと書式タブ

操作 1.8.2　SmartArt の図形の追加

1．SmartArt の図形を追加する部分を選択する。
2．〔デザイン〕タブの〔グラフィックの作成〕グループの〔図形の追加〕▼をクリックする。
3．追加する位置を指定する（図 1.8.4）。

操作 1.8.3　SmartArt の図形の削除

1．SmartArt の削除する部分を選択する。
2．Delete キーを押す。

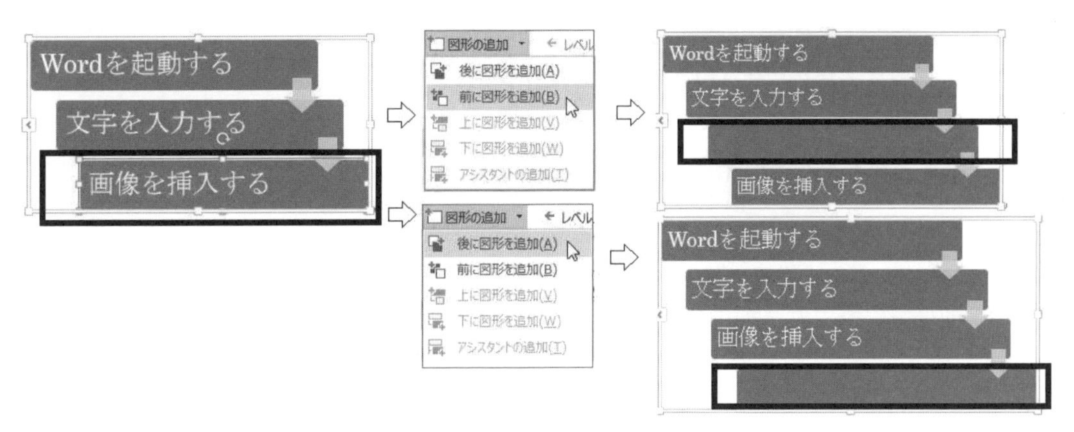

図 1.8.4　SmartArt の図形の追加

操作 1.8.4　SmartArt の図形内の行の追加

1. 行を追加する部分を選択する。
2. 〔デザイン〕タブの〔グラフィックの作成〕グループの〔行頭文字の追加〕をクリックする。

操作 1.8.5　SmartArt の色の変更

1. SmartArt の図形を選択する。
2. 〔デザイン〕タブの〔SmartArt のスタイル〕グループの〔色の変更〕▼をクリックする。
3. 表示された一覧から色を選択する。

練習問題 1.8　URL：http://www.kyoritsu-pub.co.jp/bookdetail/9784320124295 参照

1.9　ファイルの管理

保存したデータを使い勝手よく利用するには，ファイルの管理が必須となる。ファイルを分類・整理することで管理する保管場所として**フォルダー**がある。フォルダーのなかにサブフォルダーを作成することもできる。ここでは，フォルダーやファイルのコピー，移動，削除といったデータを管理する方法とその管理に利用する**エクスプローラー**について学習する。

エクスプローラーを起動して保存先を指定すると，ファイルやフォルダーの保存状態を確認できる。不要なファイルやフォルダーを削除することも管理のひとつである。

1.9.1　フォルダーの作成

ファイルを管理する場合に使う**フォルダーの新規作成**について学習する。フォルダー名の最初と最後の「.（ピリオド）」と連続したピリオドの使用はできない。

操作 1.9.1　フォルダーの作成

1．エクスプローラーを起動し，フォルダーを作成する場所を指定する。
2．〔ホーム〕タブの〔新規〕グループの〔新しいフォルダー〕をクリックする。
3．フォルダー名を入力し確定する。

フォルダー名として使用できない文字：　￥ ／ ？ ： ＊ “ ＞ ＜ ｜

1.9.2　ファイル・フォルダーの削除と復活

削除の方法では一度ごみ箱に待機する場合もあるが，一度削除すると復元できない場合もあるので注意深く行う。フォルダーを削除すると，フォルダー内の全データが削除される。

操作 1.9.2　ファイル・フォルダーの削除

1．エクスプローラーから削除するファイル・フォルダーを選択し，Delete キーを押す。

操作 1.9.3　ファイル・フォルダーの復活

1．ごみ箱フォルダーを開き，復活させるファイル・フォルダーを選択する。
2．〔選択した項目を元に戻す〕をクリックする。

1.9.3　ファイル・フォルダーのコピー

重要なファイルやフォルダーは異なる保存場所にコピーするなど，バックアップをとっておく。フォルダーをコピーすると，フォルダー内の全データがコピーされる。

操作 1.9.4　ファイル・フォルダーのコピー

1．エクスプローラーを起動し，コピー元の保存場所を表示する。
2．コピー元のファイル（フォルダー）を選択し，〔ホーム〕タブの〔整理〕グループの〔コピー先〕をクリックする（図 1.9.1）。
3．表示された一覧（図 1.9.2）からコピー先となる保存場所を指定してコピーをクリックする。

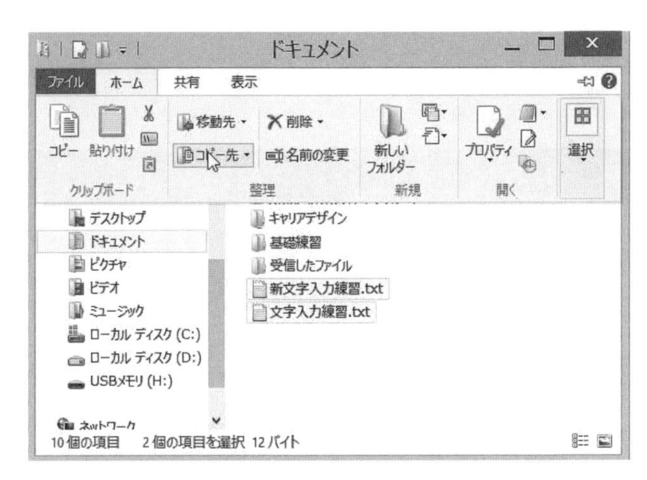

図 1.9.1　コピー元からコピー先へファイルのコピー

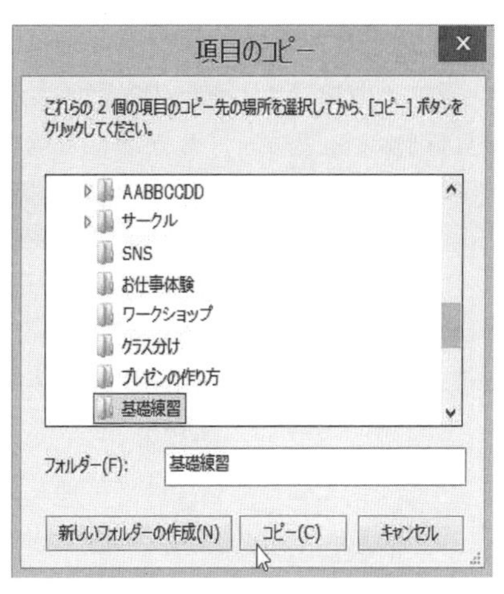

図 1.9.2　コピー先の指定

コピー先または移動先に同じファイル名（拡張子も含む）が既存する場合は，その後の処理を問うメッセージが表示される（図 1.9.3）。

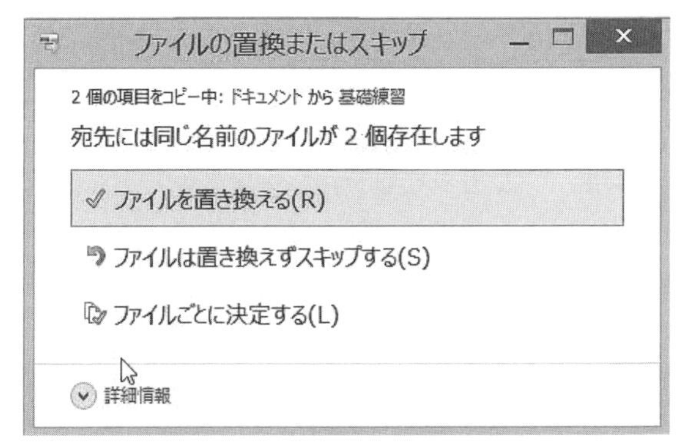

図 1.9.3　同一ファイル名が既存する場合

・ファイルを置き換える
　コピー元のファイルに置き換わる
・ファイルは置き換えずスキップする
　コピー元はそのまま
・ファイルごとに決定する
　複数同時にコピーした場合は個々に対処法を指定する

1.9.4　ファイル・フォルダーの移動

ファイルやフォルダーの移動を学習する。同一ファイル名やフォルダー名がある場合は図 1.9.3 のメッセージが表示される。フォルダーを移動すると，フォルダー内の全データが移動される。

操作 1.9.5　ファイル・フォルダーの移動

1. エクスプローラーを起動し，移動元の保存場所を表示する。
2. 移動元のファイル（フォルダー）を選択し，〔ホーム〕タブの〔整理〕グループの〔移動先〕をクリックする（図 1.9.1）。
3. 表示された一覧から移動先となる保存場所を指定して（図 1.9.2）移動をクリックする。

1.9.5 ファイル・フォルダーの名前の変更

ファイルやフォルダーの名前の変更を学習する。ファイルの名前のみ変更する。拡張子を変更，または削除するとファイルが壊れる場合がある。

操作 1.9.6 ファイル・フォルダーの名前の変更

1．名前を変更するファイル名（フォルダー名）を選択する。

方法 1 マウスの利用

2．右クリックして，表示された一覧から〔名前の変更〕を選択する。

方法 2 メニューの利用

2．エクスプローラーの〔整理〕▼をクリックし，一覧から〔名前の変更〕を選択する。

3．名前を変更したら，別の箇所をクリックして選択をはずす。

練習問題 1.9 URL：http://www.kyoritsu-pub.co.jp/bookdetail/9784320124295 参照

1.10 その他の機能

1.10.1 ユーザー補助

PCをユーザーにとって使いやすくするための**補助機能（アクセシビリティ）**を学習する。コントロールパネルの「**コンピューターの簡単操作**」（図1.10.1）から利用できる。Windows 7，Windows Vistaにも標準で搭載されている。以下の機能の他にも，画面上の情報を読み上げる「ナレーター」やマウスに関する機能などがある。

操作 1.10.1 ユーザー補助の利用

1．ウィンドウズキー ⊞ + X キーで一覧を表示し〔設定〕をクリックする。

2．〔簡単操作〕をクリックする。

3．左側のメニューから該当のユーザー補助機能を選択する。

(1) 拡大鏡

画面全体の拡大（図1.10.1の〔全画面表示〕），画面の一部分を虫眼鏡で見るように大きく表示（図1.10.1の〔レンズ〕）などの機能から選択できる。

ショートカットキー：ウィンドウズキー⊞を押しながら + キーを押す。

解　除：ウィンドウズキー⊞を押しながら ESC キーを押す。

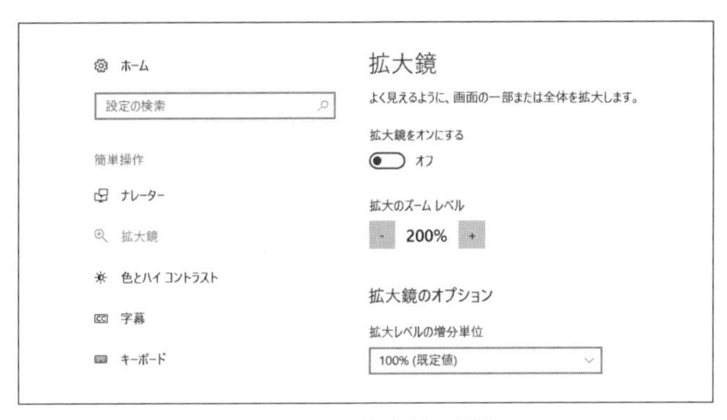

図 1.10.1　拡大鏡の機能

(2) 画面のコントラスト

通常の配色では文字と背景の区別がつきにくい場合は設定することで識別しやすくなる。

ショートカットキー：左側の Ctrl キーと左側の Alt キーを押しながら Prt Sc キーを押す。

Prt Sc キーとは〔Print Screen〕キー。キーボート上 F12 キーの右側。

解　除：同様のキーを再度押す。

図 1.10.2　ハイコントラストで表示されたリボン

1.10.2　プロジェクターへの投影

Windows 8.1 が搭載されている PC にはこれまでの USB 端子の他に **HDMI 端子**が整備されている。プロジェクターやテレビなどの家電にも HDMI 端子が整備されるようになった。PC の HDMI 端子とプロジェクターやテレビの HDMI 端子を HDMI ケーブルで接続すると投影できる。HDMI ケーブルは映像や音声をデジタル信号で伝送する通信インターフェースの標準規格となっている。

図 1.10.3　HDMI のケーブルと端子

スマートフォンやモバイル機器に HDMI 端子がない場合は，HDMI に変換するアダプタもある。

1.10.3　多言語の入力

Windows では使用する言語を追加することで，キーボードから英語以外の外国語を入力することが可能である。言語を追加すると，言語バーから言語を選択して切り替えることができる。

操作 1.10.2　多言語の入力

1. コントロールパネルを開き，〔表示方法〕を〔カテゴリ〕にして〔言語の追加〕をクリックする。
2. 〔言語の追加〕をクリックし，一覧から追加する言語を選択し，〔開く〕をクリックする。
3. 地域のバリエーションが表示される。言語の地域を選択し，〔追加〕をクリックする。
   地域のバリエーションがない場合は，〔追加〕をクリックする（図 1.10.4）。
   言語画面から言語と言語用のキーボードが追加されているかを確認する（図 1.10.5）。

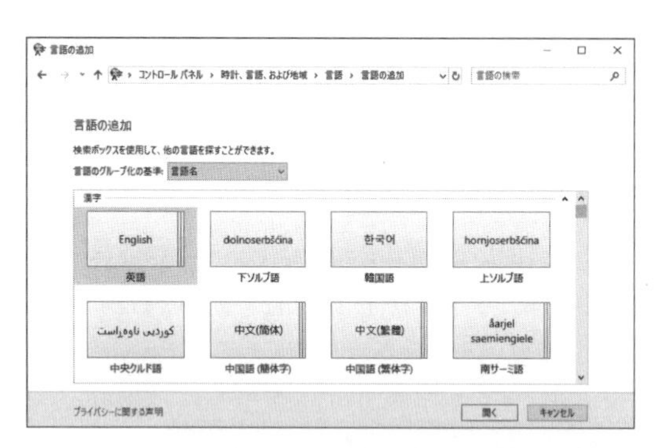

図 1.10.4　言語の追加画面

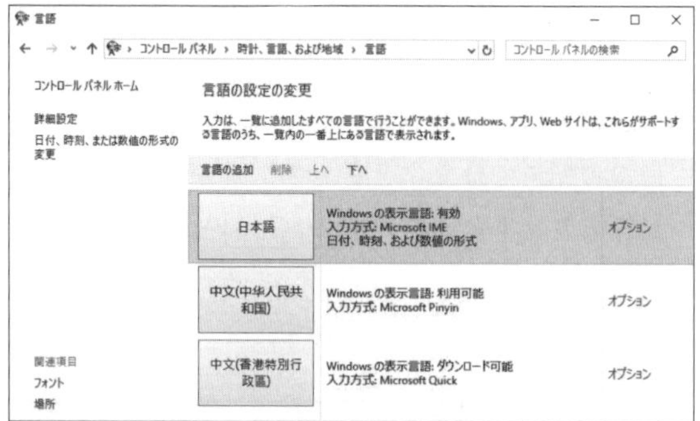

図 1.10.5　言語が追加された画面

操作 1.10.3　キーボードの入力設定

1. デスクトップのタスクバーにある言語アイコンをクリックする。
2. 表示された言語選択メニューから，該当の言語をクリックする。
3. 言語に合わせたキーボード配置を確認して入力する。

COLUMN

◆キーボードの配列

キーボードの配列はアルファベットの左上から QWERTY と続いています。最初のタイプライターのキーはアルファベット順の配置でした。これが最も良いと誰もが思いました。

なぜ QWERTY 配列になったのかには諸説あります。たとえば「タイプライター時代に人がタイプを打つ速度を落とすことでアームの衝突を防ぐため」という説。また「電報に使われていたモールス信号をタイプライターで文字に変換する際にキーの配列がアルファベット順では非効率だとの意見がオペレーターからあり，効率面からの配置となった」という説がある。有力なのは後者で，現在の QWERTY 配列はモールス信号を効率的に文字に変換するために提案されて誕生した配置のようです。1882 年のことです。

インターネット

この章ではインターネット全般を概説する。IT 革命という言葉に象徴されるように，特に 1990 年代以降の急激な ICT（Information and Communication Technology：情報通信技術）の発展は社会に急激な変化を生み出し，人々の生活様式や行動様式をも変えつつある。ICT の代表的なものの 1 つがインターネットであり，現在では社会の基盤として必要不可欠のものとなっている。その一方で，従来存在しなかった犯罪やプライバシーの侵害などの様々な問題も生じており，インターネットを使う側においても基本的なリテラシーが求められている。この章ではこれらのことを念頭におき，インターネットの基本的なしくみと，インターネット上の代表的なサービス，また，インターネットを利用する上での注意点などを学んでいく（なお，本章で例示している URL やドメイン名はすべて架空のものである）。

2.1 インターネットとは

2.1.1 インターネットの概要

複数のコンピューターをケーブルや無線などを使って接続し，互いに情報のやりとりができるようにした仕組みのことを，ネットワークと呼ぶ。インターネットの inter とは「中間」や「相互」の意味を持った言葉であり，インターネットとは全世界のネットワークを相互に接続した巨大なコンピューターネットワークのことである。特に，現在では IP（Internet Protocol）という決まりに従って接続された世界的規模のコンピューターネットワークのことを指す。

インターネットは全体を統括するコンピューターの存在しない分散型のネットワークであり，全世界に無数に存在するコンピューターが相互に接続されサービスが提供されている。インターネット上の通信で用いられるプロトコル（通信規約，通信手順）は，先の IP 以外にも，転送プロトコルの TCP や UDP，WWW で用いられる HTTP，チャット（IRC），ファイル転送（FTP），ストリーミングなど様々なプロトコルが存在するが，これらのプロトコルの定義の多くは，インターネットに関する技術の標準として公開されており，様々な企業や団体がこの定義に従って，機器やソフトウェアを作成しており，また，インターネット上で提供されるサービスやアプリケーションにおいても，WWW や電子メールなどの基本的なものからオンラインショッピングやインターネットバンキングなどの複雑なものまで，その大部分が機種に依存しないこれらの標準化されたプロトコルを利用している。このため，パソコンをはじめとして，スマートフォン，携帯電話，ゲーム機，テレビ，といった様々な機器を機種の違いを超えてインターネットに接続させることができる。

2.1.2 インターネット上のコンピューター間の情報のやりとり

ネットワーク上で，情報やサービスを他のコンピューターに提供するコンピューターをサーバ，サーバから提供された情報やサービスを利用するコンピューターをクライアントと呼ぶ。インターネット上には，メールサーバやWebサーバなど様々な役割の多数のサーバが設置されており，それらのサーバが，クライアントからの要求に従って，情報を別のサーバに送ったり，持っている情報をクライアントに渡したりすることで，電子メールやWWWなどの様々なサービスを提供している。

インターネットでは，コンピューター間の通信を行うために，それぞれのコンピューターにIPアドレスと呼ばれる番号を割り振っている（IPアドレスの例：198.168.0.1)。IPアドレスは，人間にとって扱いにくいので，インターネット上で情報を提供するサーバコンピューターを特定するためには，通常，ドメイン名が用いられる（図2.1.1)。インターネット上には，これらのドメイン名とIPアドレスを変換する機能を持つサーバ（これをDNSサーバと呼ぶ）があり，ドメイン名をIPアドレスに変換し，目的とする情報を提供するコンピューターを見つける。

ドメイン名のピリオドで区切られた部分はラベルと呼ばれ，最も右側のラベルはトップレベルドメイン（Top Level Domain：TLD）と呼ばれる。このTLDは2種類に大別され，1つは分野別トップレベルドメイン（gTLD: generic TLD)，他は国コードトップレベルドメイン（ccTLD: country code TLD）となる。表2.1.1にgTLDとccTLDの一部を示す。また，日本を示す「jpドメイン」については表2.1.2に示すような分類がなされている。このようにドメイン名から，そのドメイン名により提供されるサービスがどのような組織によって管理・運営されているのかがある程度推測することができる。

ホームページ	www.example-rei.com
電子メールアドレスの場合	jiro@example-rei.com

□で囲った部分がドメイン名

図2.1.1　ドメイン名

表2.1.1　gTLDとccTLD（一部）

種別	TLD	目的	備考	種別	TLD	国など
gTLD	com	商業組織用	世界の誰でも登録可	ccTLD	cn	中国
	org	非営利組織用			de	ドイツ
	gov	米国政府機関用	米国政府機関		eg	エジプト
	int	国際機関用	国際機関		eu	ヨーロッパ連合
	info	制限なし	世界の誰でも登録可		in	インド
	biz	ビジネス用	ビジネス利用者		jp	日本

表 2.1.2 jp ドメインの分類（主なもののみ）

ac.jp	大学など
co.jp	株式会社など
go.jp	日本の政府機関など
or.jp	財団法人，社団法人など
ne.jp	日本で提供されるネットワークサービス
ed.jp	保育所，幼稚園，小学校，中学校，高等学校など

練習問題 2.1　URL：http://www.kyoritsu-pub.co.jp/bookdetail/9784320124295 参照

2.2 インターネット上の様々なサービス

インターネットを利用したサービスとして，WWW，電子メール，映像／音楽の配信，情報検索システム，インターネットショッピング，インターネットバンキング，SNS，離れた場所のコンピューターの遠隔操作などがある。ここでは，それらの中からいくつかを解説する。

2.2.1 WWW（World Wide Web）

インターネット上で情報を公開する Web サイトはホームページと呼ばれることが多いが，本来は Web サイトの入り口のページがホームページと呼ばれていた。しかし，日本では Web サイトと同じ意味で使われることが多い。このホームページを扱うための仕組みが WWW となる。WWW は直訳すると「世界中に張られたクモの巣」となる。これは，ドキュメント（ウェブページ）の記述に用いられる HTML や XHTML といったハイパーテキスト記述言語では，ドキュメントに別のドキュメントの URL（Uniform Resource Locator）への参照を埋め込むことでインターネット上に散在するドキュメント同士を相互に参照可能にすることができ，これがクモの巣を連想させることから名付けられた。

ホームページに記述されている情報は，インターネット上の Web サーバと呼ばれるホームページ公開用のコンピューターの中にあり，それを閲覧しようとしている端末から，Web サーバに情報獲得のリクエストを行い，それにより記述されている情報が端末に送信され，閲覧しようとしている端末でホームページを見ることができる。もう少し具体的に述べると，端末上で Web ブラウザという専用のソフトウェアで URL を指定すると，Web ブラウザがインターネット上の Web サーバを探して，目的のホームページをコンピューターにある情報を画面上に表示する。URL は

http://www.example-rei.ac.jp/Johoshori/internet_joho.html

のように記述し，「http」の部分はスキーム名と呼ばれホームページの閲覧に使用される HTTP というプロトコルを，「www.example-rei.ac.jp」は Web サーバを，その後の「/Johoshori/internet_joho.html」は Web サーバの中のホームページの情報が保存されている場所を示している。URL の最後には「.htm」や「.html」という表記がよく用いられるが，これはそのホームページが，HTML

形式のファイルであることを示している。HTMLファイルの中には，画像や動画，音声などのマルチメディア情報も指定することができ，これにより，ホームページ上で様々な種類のコンテンツを利用することができるため，広く用いられる一因となった。

なお，URLはWebページを示すだけでなく，スキーム名を変更することによって，例えば

http	ホームページの閲覧
ftp	ファイルの転送
mailto	電子メールの宛先
file	ファイルシステムの中のディレクトリやファイルを参照

といったことがらを指定することもできる。

また，Webブラウザには代表的なものとして，Internet Explorer，Microsoft Edge（以上，Microsoft社），Mozilla Firefox（Mozilla Foundaiton），Google Chrome（Google社），Safari（Apple社）等があるが，あるホームページの内容がすべてのWebブラウザで同じように動作しないこともあり，インターネットバンキングなど重要なサービスにおいては，正しく動作するWebブラウザを限定している場合が多い。

2.2.2　電子メール

電子メール（e-mail）とは，コンピューターネットワークを通じてメッセージを交換するシステムであり，現実世界の郵便に似たシステムであることからこの名前がついた。やりとりできるメッセージは文字（テキスト）だけでなく，文書ファイルや画像なども添付ファイルとして扱うことができる。

電子メールの利点として，

- 相手の時間を拘束しない：送信したいときに送ることができ，受信側も読みたいときに読むことができるため，相手の時間を拘束しない
- 同時に多くの人に送ることができる：電話などのコミュニケーションでは「1対1」が基本であるが，電子メールを使えば「1対多」という形で情報を送ることができる
- デジタルデータであり，検索性に優れている：検索を行うことができ，必要に応じて再利用することもできる
- 伝達ミスの防止：送受信記録がデータとして残り，活字で確認できるので，間違いが減る

などが挙げられる。

一方，欠点としては，

- 読まれているのかどうかわからない：通常，相手が受信したかどうかはわからない
- 送信したことがらが残ってしまう：不適切な事柄を送信してしまっても，取り消すことはできない

などが挙げられる。

電子メールを送る際には，送り先を指定するためのアドレス（e-mailアドレス，または，電子メールアドレス）を用いる。電子メールのアドレスは，通常“xxxx@example-rei.co.jp”のように示される。@の後には，アドレスの持ち主が所属する組織や利用しているインターネットサービスプロバイダなどの事業者のドメイン名が用いられる。

電子メールの送受信は，インターネット上の多くのメールサーバが連携し行っている。電子メールを送信すると，インターネットサービスプロバイダや勤務先や学校にあるメールサーバにデータが送られ，これを受け取ったメールサーバは，宛先として指定されているメールサーバにそのデータを送信する。宛先に指定されたメールサーバにデータは保管され，受取人がそのデータを閲覧することで電子メールが届いたことになる。

電子メールの送受信の方法は，従来は専用の電子メールソフトを用いることが多かったが，この方法では定められたコンピューター端末でのみ送受信できないことが多かったため，近年ではWebブラウザを用いて電子メールの送受信を行うWebメールや，スマートフォンのアプリを用いて電子メールの送受信を行うなど，様々な方法がある。

以下では，上記のどのような方法を用いても，共通して必要となる電子メールに対する事柄を述べる（なお，下記の名称は一般的なもので，メールソフトやWebメールによっては若干名称が異なる場合もある）。

A　宛先について

① To　電子メールの宛先を記述する。送りたい相手が複数いる場合は，「,」で区切って複数の宛先の入力が可能であることが多い。

② Cc　「Cc」はカーボン・コピー（Carbon Copy）の略であり，複写を意味する。「Cc」に入力したメールアドレスにも，「To」に送ったものと同じメールが送信され，通常「確認のための送信，念のための送信」という場合に「Cc」を用いる。

なお，ビジネス目的で電子メールを使用する場合，Ccを用いた場合は本文中に記述する宛名の下に，「Cc：○○様」とCcの宛先人を明記することが推奨されている。これは明記しないと「To（宛先）」で受信した人がCCに入っていることに気がつかず，返信の際に送信者のみに返信をしてしまい共有が漏れることや，不適切な内容を書いて全員に返信してしまう可能性があるためである。

③ Bcc　「Bcc」は，ブラインド・カーボン・コピー（Blind Carbon Copy）の略で，「Bcc」に入力されたメールアドレスは，ToやCcや他のBccでの受信者には表示されない。取引先へのメールを上司に念のため見せておきたいときや面識がない複数の相手にメールを送る場合など，他の受信者がいることを隠したい場合や，受信者のメールアドレスをわからないようにして送りたい場合は「Bcc」を用いる。

B　件名（メールのタイトル）

届いたメールがどのような内容かわかるように，受け手の立場に立って書く。

C　本文

メールの内容を記述する。

D　添付ファイル

電子メールには，様々な種類のファイルを添付することができる。ただし，あまりにも大きなサイズの添付ファイルは送受信するサーバに負担をかけるためファイルサイズに制限を設けている学校や企業，プロバイダもある。このような場合は添付するファイルを圧縮しファイルサイズを減らすか，ファイル転送サービスを用いる。また，企業によってはセキュリティの観点から添付ファイル付きのメールの送受信を禁じているところもある。

2.2.3　SNS

SNSは，ソーシャル・ネットワーキング・サービス（Social Networking Service）の略で，Facebook, Twitter, LINE, Instagramなどに代表されるような，登録された利用者同士が交流できるWebサイト上の会員制サービスである。ホームページの掲示板などによる交流は広く一般に公開されることが前提であることが多いが，友人同士や，同じ趣味を持つ人同士が集まったり，近隣地域の住民が集まったりと，ある程度閉ざされた世界にすることで，密接な利用者間のコミュニケーションを可能にしている。

多くのSNSでは，自分のプロフィールや写真を掲載することができ，その公開範囲も，完全公開，直接の友人まで，非公開，などという形で制限できる。また，メッセージ機能やチャット機能，特定の仲間の間だけで情報やファイルなどをやりとりできるグループ機能など，多くの機能があり，さらにパソコンだけではなく，携帯電話やスマートフォンなど，インターネットに接続できる様々な機器で，いつでも様々な所で使うことができる。また，利用者同士が交流しながら遊ぶソーシャルゲームなどにおいてもSNSの要素が含まれていることが多い。最近では，会社や組織の広報としての利用も増えており，WWW，電子メールに続く，コミュニケーションツールとして認知されている。

2.2.4　インターネットショッピング

インターネット上のショッピングサイトと呼ばれるホームページでは，インターネットを用いて買い物をすることができる。多くのショッピングサイトでは，Webサーバとデータベースサーバを連携させ，データベースサーバに顧客情報，商品情報，在庫情報，販売情報などを保管し，ショッピングサイトの訪問者が入力した情報が，リアルタイムにデータベースに書き込まれ，更新される。具体的には，商品を購入すると，購入情報（購入者の顧客情報や購入商品とその在庫情報）がデータベースに登録され，ショッピングサイト側は，利用者に購入受付が完了したことをホームページの画面上または電子メールなどで通知し，受注情報をショップの管理者に通知する。ショップの管理者は，この情報から受注・決済などの処理（在庫確認，受付通知，入金確認など）を行い，受注処理をもとにデータベースの情報処理経過や在庫数更新など）を更新し，これらの処理の経過状況を購入者に電子メール等で通知する。そして，商品の発送処理（発送準備，発送など）や請求処理を行い，購入者に商品が届けられる。また，ショッピングモールと呼ばれる様々なショッピングサイトが集まっているサイトがあり，ここでは通常，ショッピングモールの管理会社がWebサーバやデータベースサーバを用意して，ショッピングサイトの仕組みを提供している。

一般にショッピングサイトでは会員登録が必要となり，会員登録の際に商品の発送先や決済の情報も登録することが多い。これにより購入者は購入の度にこれらの情報の入力を行わずに利用ができるため利便性が向上し，また，ショップの管理者側は顧客管理などを効率的に行うことができる。しかし，これはショップ側に重要な情報を預けることになるため，ショップ側は登録された情報を適切に管理することが要求される。

2.2.5　インターネットバンキング

インターネットバンキングは，インターネットを利用した銀行などの金融取引のサービスであり，オンラインバンキングとも呼ばれる。現在ではパソコンからだけでなく，携帯電話やスマートフォンなどからも利用できるサービスが多くなっている。インターネットバンキングでは，銀行の窓口やATM に行かなくても，自宅や外出先などで，銀行の営業時間を気にすることなく振込や残高照会などを行うことができるため，利用者の利便性は向上する。

一般にインターネットバンキングでは，利用者の識別のために，ATM などでよく用いられるキャッシュカードや暗証番号の代わりに，ID（契約者番号など）とパスワードを用いる。また，振込など他の口座へ送金する場合は，さらに認証を厳格にするため，第2パスワードなど複数のパスワードや，秘密の質問（ペットの名前，出身小学校，母親の旧姓など）といった複数の情報を用いて認証を行う場合もある。

練習問題 2.2　URL：http://www.kyoritsu-pub.co.jp/bookdetail/9784320124295 参照

2.3　インターネットへの接続

パソコンやタブレットなどで，一般家庭などから接続する場合は，用いる通信回線を決め，インターネットへの接続を行うインターネットサービスプロバイダ（以下，プロバイダ）と呼ばれる業者と契約を結ばなければならない。通信回線には，光ファイバーや ADSL，ケーブルテレビのインターネット接続サービスなどがあり，料金プランも様々であるため，自身に最も合ったものを選ぶ必要がある。タブレットなどで自宅の好きな場所からインターネットに接続したい場合は，ワイヤレスで接続できる WiFi 環境が必要となり，そのための最も一般的な方法は，無線 LAN ルータまたは無線LAN アクセスポイントのいずれかの機器を買ってきて，プロバイダとのインターネット接続に使っているルータやモデムにつなげて使う方法である。

また，駅や電車内，店舗やカフェ，ホテルなどにおいても公衆無線 LAN サービスによりインターネットに接続できるところが増えてきたが，これらは有料のものと無料のものがあり，利用するためにはそれぞれのサービスに登録を行わなければならないことが多い。

一方，公衆無線 LAN を使わないでインターネットに接続するためには，携帯電話キャリアやインターネットサービスプロバイダが提供するモバイルルータや，スマートフォンのデータ通信を他の端末でも使用できるようにするデザリングなどの方法がある。

企業や学校など組織の単位ごとに作られたネットワークを外部のネットワークと接続するためには，ルータと呼ばれる機器を用いて，プロバイダを経由して接続していることが多い。これらの組織のネットワークに自身のパソコン，タブレット，スマートフォンなどを接続するためには，その組織の定めた方法により接続しなければならない。なお，企業などで機密保持が要求される場合は，定められた情報機器以外の機器（私物のパソコンなど）のネットワークへの接続をできないようにしている場合もある。

以下に，接続や接続の際のトラブル解決の際に必要となることがらについて，一部 7.1.2 で述べた事柄と重複する部分もあるが，詳述する。

2.3.1 DNS

DNSは，Domain Name Systemの略で，インターネット上で ドメイン名 を管理・運用するために開発されたシステムであり，現在インターネットを利用するときに必要不可欠なシステムのひとつである。インターネットに接続している機器には「IPアドレス」という番号が割り当てられており，インターネット上における通信は，このIPアドレスを用いて行われる。例えば，Yahoo JapanのWebサイト（http://www.yahoo.co.jp/）をWebブラウザで見るときには，実際にはwww.yahoo.co.jpのIPアドレスである183.79.249.252と通信が行われ（2017年10月現在），この「www.yahoo.co.jpというドメイン名には，IPアドレス183.79.249.252が対応している」といった情報を保持，あるいは検索するためのシステムがDNSとなる。

DNSでは，あるサーバがドメイン名情報をすべて持っているわけではなく，自分の管理するドメインのうち一部を他のサーバに管理を任せる「委任」と呼ばれる仕組みでデータを階層ごとに分散化しており，DNSは世界中に存在する多数のサーバが協調しあって動作するデータベースとなっている。

2.3.2 IPアドレス

インターネットにおいては，基本的には通信するコンピューターごとに「IPアドレス」と呼ばれる固有の番号を割り当てることが通信の前提となっており，インターネットに接続する各組織に対して固有のIPアドレスの範囲が割り当てられている。各組織は割り当てられたIPアドレスの範囲の中からインターネットに接続する各コンピューターにIPアドレスを割り当てていく。

IPアドレスはおよそ43億個のアドレスを割り当てることができるが，インターネットが爆発的に成長した結果，IPアドレスを必要とする端末が急増し，43億個だけではいずれ枯渇することが懸念された。

このため，直接インターネットに接続されていないLAN（Local Area Network）内のコンピューターには一定の範囲のIPアドレス（これをプライベートIPアドレスと呼ぶ）として割り当て，インターネットに接続する機器にのみ従来のIPアドレス（これをグローバルIPアドレスと呼ぶ）を割り当てる仕組みが生み出された。

一方，IPアドレスの枯渇に抜本的に対処するため，IPv6と呼ばれる規格が開発された（これに対して現在主に使われているものはIPv4規格と呼ばれる）。近年開発されているソフトウェアや機器の多くはIPv4とIPv6の両方に対応しているため，IPv6の利用も増えつつある。

練習問題2.3　URL：http://www.kyoritsu-pub.co.jp/bookdetail/9784320124295 参照

2.4 情報セキュリティと情報倫理

2.4.1 情報セキュリティ上の問題

(1) コンピューター・ウイルス

コンピューター・ウイルスは，電子メールやホームページ閲覧などによってコンピューターに侵入する特殊なプログラムであり，マルウェア（“Malicious Software”「悪意のあるソフトウェア」の略称）という呼び方もされている。ウイルスの感染経路としては

- ホームページ経由
  - ◆ プログラムの脆弱性の悪用。かつては悪意を持ったWebサイトを閲覧しなければ大丈夫とされていたが，現在では正規のWebサイトの改ざんも報告されている）
  - ◆ 信頼できないサイトで配布されたプログラムのインストール
  - ◆ 無料のセキュリティ対策ソフトに見せかけて悪意のあるプログラムをインストールさせようとする

  など
- 電子メールの添付ファイル経由
  - ◆ 添付ファイル名を巧妙に変更して文章形式のファイルに見せかける

  など
- USBメモリ経由

などが挙げられる。

ウイルスの活動としては

- 自己増殖：インターネットやLANを通じてより多くのコンピューターに感染する
- 情報漏えい：コンピューターに保存されている情報の外部の特定のサイトへの送信やインターネット上での公開，など
- バックドアの作成：コンピューターに外部から侵入しやすいように「バックドア」と呼ばれる裏口を作成し，そのコンピューターを外部から自由に操作する
- コンピューターシステムの破壊：特定の拡張子を持つファイルの自動的な削除や，コンピューターの動作の停止など
- メッセージや画像の表示：メッセージや画像の表示をする

などが挙げられる。なお，従来多かった「メッセージや画像の表示」は，近年減っており，代わりに「情報漏えい」や「バックドアの作成」を行うものが増えている。

(2) 不正アクセス

不正アクセスとは，本来アクセス権限を持たない者が，サーバや情報システムの内部へ侵入を行う行為のことを指す。不正アクセスの例として，次のような事柄が挙げられる。

- ホームページやファイルの改ざん

  ホームページの内容を書き換えたり，保存されている顧客情報や機密情報を奪ったり，重要なファイルを消去する。
- 他のシステムへの攻撃の踏み台

  不正アクセスによって侵入されたシステムは，攻撃者がその後いつでもアクセスできるように，バックドアと呼ばれる裏口を作られてしまうことが多く，攻撃者はそのシステムを踏み台として，さらに組織の他のシステムに侵入しようとしたり，そのシステムからインターネットを通じて外部の他の組織を攻撃したりする。

(3) 詐欺等の犯罪

インターネットにおける犯罪としては，偽物のホームページに誘導し個人情報などを窃取するフィッシング詐欺，電子メールなどで誘導してクリックしたことで架空請求などをするワンクリック詐欺，商品購入などで架空出品をしてお金をだましとるオークション詐欺，公序良俗に反する出会い系サイトなどにかかわる犯罪，など多様なものがある。

(4) 事故・障害

事故や障害も情報システムのセキュリティ上の問題となることがある。

- 人による意図的ではない行為

  人による意図的でない行為とは，操作ミスや設定ミス，紛失など，いわゆる「つい，うっかり」のミスを指し，例えば，電子メールの送信先の間違えや，USB メモリの紛失による機密情報の漏えい，などがある。

- システムの障害などの事故

  機器やシステムの障害や自然災害などによる，データの消去や情報システムの停止がある。

2.4.2　情報セキュリティを保つための対策

ここでは，コンピューターの利用を前提とした対策を述べるが，タブレットやスマートフォンなどでも基本的には同様となる。

(1) ソフトウェアの更新

ソフトウェアの更新は，脆弱性（ぜいじゃくせい）をなくすために必要な重要な行為である。脆弱性とは，コンピューターの OS やソフトウェアにおいて，プログラムの不具合が原因として発生した情報セキュリティ上の欠陥のことをいい，セキュリティホールとも呼ばれる。脆弱性が残された状態でコンピューターを利用していると，不正アクセスに利用されたり，ウイルスに感染したりする危険性がある。

脆弱性を塞ぐには，OS やソフトウェアの更新（アップデート）が必要となる。例えば，Windows の場合は，サービスパックや Windows Update によって，それまでに発見された脆弱性を塞ぐことができる。しかし，常に新たな脆弱性が発見される可能性があるため，常にソフトウェアの更新を行い，最新の状態に保たなければならない。

(2) ウイルス対策ソフトの導入

ウイルスからコンピューターを守るためには，ウイルス対策ソフトを導入する必要がある。ウイルス対策ソフトは，外部から受け取ったり送ったりするデータを常時監視することで，インターネットや LAN，記憶媒体などからコンピューターがウイルスに感染することを防ぐ。なお，近年はセキュリティ対策ソフトとしてウイルス感染対策以外の機能も併せ持ったソフトが多く存在している。
また，これらのソフトのデータは常に最新のものに更新しておかなければならず，多くのソフトではインターネットに接続していると自動的に最新のデータに更新される設定となっている。

(3) 怪しいホームページやメールへの注意

これまで述べたような対策をとったうえで，さらに，怪しいホームページを開かない，そのようなホームページに接続する可能性のある迷惑メールや掲示板内などのリンクに注意する，不審なメールの添付ファイルを開かないなどの注意が必要となる。最近では，SNSなどで用いられる短縮URLが，怪しいホームページなどへの誘導に使われる例もある。

(4) 適切なパスワード管理

パスワード管理を適切に行うためには，安全なパスワードの設定（図2.4.1参照），適切なパスワードの保管，定期的なパスワードの変更と使い回しをしない，ということが挙げられる。

また，パスワードが他人に漏れてしまえば意味がないため，保管の際にも，パスワードは他人には秘密にする，パスワードは電子メールでやりとりしない，パスワードのメモをディスプレイなど他人の目に触れる場所に貼ったりしない，などのことがらに注意しなければならない。

パスワードを使い回していた場合，次のような情報漏えいの恐れが生じる。もし重要情報を利用しているサービスで，他のサービスからの使い回しのパスワードを利用していた場合，他のサービスから何らかの原因でパスワードが漏えいしてしまえば，第三者に重要情報にアクセスされてしまう可能性が生じる。このため，使い回しを避けること，万が一に備えて定期的な変更が推奨されている。

なお，近年ではどのように管理してもパスワードは万能ではないとの議論もあり，より強固なセキュリティを確保することのできる2段階認証などのサービスが提供されている場合は，それらを併用した方がよいとされている。

安全なパスワード
- 名前などの個人情報からは推測できない
- 英単語などをそのまま使用していない
- アルファベットと数字が混在している
- 適切な長さの文字列である
- 類推しやすい並び方やその安易な組み合わせにしない

危険なパスワード
- 自分や家族の名前，ペットの名前，住所
- 辞書に載っているような一般的な英単語
- 同じ文字の繰り返しやわかりやすい並びの文字列（aaaa，1234など）
- 短すぎる文字列（ki，lpなど）
- 電話番号や郵便番号，生年月日，学籍番号など，
- 他人から類推しやすい情報
- ユーザIDと同じもの

図2.4.1　安全なパスワードと危険なパスワードの特徴

(5) 事故・障害への備え

事前の対策としては，パソコンやスマートフォン・携帯電話などを紛失してしまったり，盗難にあ

ったりしたとしても，情報を保護するためパスワードや暗号化などで保護したり，使用している機器にロックをかけておくなどが挙げられる。また，それに加え，重要な情報はバックアップを取っておくことなどが挙げられる。

2.4.3　情報倫理

インターネットの普及により，自由に情報を発信することができる機会が増えてきたが，その反面，発信のしかたを誤ったことにより，重要情報の漏えい，企業・組織のブランドやイメージの低下，自分のプライバシーの必要以上の公開，他人のプライバシーの侵害，などのトラブルが生じている。

ここでは，情報倫理と呼ばれるインターネットを用いて情報を取り扱う際に注意しなければならない事柄について述べる。

(1)　情報発信にあたって

インターネットで情報発信をする際には，掲示板，SNS などに機密情報・個人情報を書き込まない，誹謗中傷しないことが重要である。例えば，ある店舗のアルバイトが芸能人の来店を SNS へ投稿したことが，本来は秘密にするべき顧客のプライバシーを侵害したとして，インターネット上でアルバイト自身に非難が集中し，店舗を経営する企業の問題として取り上げられる事例が発生している。このような場合，インターネット上で，その問題に関心を持つ人の間で責任追及活動が行われ，その過程で，非難の対象となった個人の過剰な個人情報の特定・暴露や，誹謗中傷などの大量の書き込み（いわゆる「炎上」）などの行為が行われる。また，インターネット上でこのような現象が発生した場合には，新聞やテレビなどのマスメディアで報道されることも珍しくなくなってきている。同様に，悪ふざけのつもりで投稿された動画から，投稿者の個人情報の特定が行われ，現実世界での謝罪に至った事例も多く発生している。

現在，インターネットへの接続に際しては，様々な犯罪行為に対処するため，多くの場合，接続を行っているインターネットサービスプロバイダや企業や学校などでアカウントやデータへのアクセス記録を取っていることが多い。インターネットは匿名の空間ではなく，インターネット上の行動は特定されてしまうものだということを自覚することが必要となり，書き込む内容や情報を公開する範囲，そして，その結果，どのような影響が起こりえるか，常に意識をしながら，情報発信をするよう心がけなければならない。

(2)　著作権侵害

情報を発信する際には，著作権の侵害に注意しなければならない。写真，イラスト，音楽など，インターネットのホームページや電子掲示板などに掲載されているほとんどのものは誰かが著作権を有しており，これらを，権利者の許諾を得ないで複製することや，インターネット上に掲載して誰でもアクセスできる状態にすることなどは，著作権侵害にあたる。

また，人物の写真などの場合は，撮った人などが著作権を有するだけではなく，写っている人に肖像権があるため，ホームページなどに掲載する場合にはこれらすべての権利者の許諾が必要になる。

さらに，レポートなどを作成する際に，インターネット上にある文章をそのまま引き写す（通称としてコピペ（コピー&ペースト）と呼ばれる）ことも，著作権の侵害となる。やむを得ず，そのまま引き写すことが必要な場合（例としては語句の定義を記述する場合）には，必要な事項を「引用」して記述しなければならない。

(3) 個人情報の公開の危険性

インターネットで公開した情報は，様々な人が閲覧する可能性があるため，住所，氏名，電話番号などの個人情報を公開することには注意をしなければならない。また，最近は，検索技術の向上により，1つのサイトで公開されている情報は断片的なものであっても，インターネット上で公開されている様々な情報を組み合わせることで，個人が特定される可能性が高くなっている。また，一度インターネット上に公開された情報が，コピーにより拡散していった場合，それを完全に削除することはほぼ不可能である。

SNSのような，基本的には特定の友人だけに公開しているサイトの場合であっても，SNSのプライバシー設定の誤りや，友人側の操作などにより，自分の意図しない範囲まで情報が広まってしまう可能性がある。このためSNSにおいても，情報の公開には注意が必要である。

また，最近のGPS機能のついたスマートフォンやデジタルカメラで撮影した写真には，設定によっては，撮影日時，撮影した場所の位置情報（GPS情報），カメラの機種名などの情報が含まれている場合がある。こうした位置情報付きの写真をよく確認せずに公開してしまうと，自分の自宅や居場所が他人に特定されてしまう危険性がある。

(4) 詐欺や犯罪に巻き込まれないために

インターネットを利用した詐欺や犯罪は，次々に新しい手口が登場しており，普段からインターネットにおける詐欺や犯罪などの手口を知り，その対策について知識を深めておくことが大切である。

練習問題2.4　URL：http://www.kyoritsu-pub.co.jp/bookdetail/9784320124295 参照

2.5　インターネットの歴史と今後

インターネットの起源は米国防総省の高等研究計画局（ARPA）が始めた分散型コンピューターネットワークの研究プロジェクトであるARPAnetであるといわれている。これを元に1986年には学術機関を結ぶネットワークが構築され，1990年代中頃から次第に商用利用されるようになり，現在のインターネットになった。当初，インターネットの各種サービスを利用できるのは，基本的にインターネットに参加している大学・企業の施設内だけであった。しかし，1995年にWindows95が登場すると，一般の人でも容易にインターネットに接続できるようになったため，インターネットが急速に広まった。

1990年代末期までは，個人向けのインターネット接続サービスの大部分はダイヤルアップ接続で，接続スピードも遅く，従量制の課金が多かった。しかし，2000年になると，ADSLによる定額のブロードバンド接続サービスが爆発的に普及しはじめた。また，2001年には現在も主流となっている光ファイバーケーブルやケーブルテレビによるインターネットへの接続サービスが開始された。また，同時期にｉモードに代表される携帯電話によるインターネットへの接続サービスが提供されるようになり，携帯電話によるインターネット接続も一般化してきた。

当初，インターネット上で使用可能なサービスは電子メールやWorld Wide Web，検索エンジンなどであったが，2000年代においてはGoogle Maps，iTunes Music Store，YouTubeなどサービスを開始し，今日では様々なサービスが提供されている。またNintendo DSやPS 3に代表される家庭用ゲーム機もインターネット接続機能を搭載してオンライン対戦が可能となり，SNSが登場してきたのもこの時期である。

2010年代に入るとスマートフォンが普及しはじめ，それまでは主であったパソコンによるインターネット利用が，スマートフォンに変わっていった。また，iPadのようなタブレット端末も登場し，その操作性により，それまでIT機器が導入されていなかった職場にも導入され，IT化を加速させることとなった。今日では，スマートフォンを主なターゲットにしたサービス（例：LINE）も出現しており，仕事における文章や図表の作成はパソコン，プライベートでの情報収集はスマートフォンやタブレットなどというように，状況により使用するインターネット接続機器を変えるということも，普通に見られる。

また，IoT（Internet of Things）と呼ばれる，情報・通信機器だけでなく世の中に存在する様々なモノに通信機能を持たせインターネットに接続させることで，自動的に情報を収集し活用することが進められている。さらには集められた情報をAI（Artificial Intelligence）を用いて分析することで，より高度なサービスを提供する試みも進められている。これにより社会の様々な面で利便性が高まり，新たなサービスが提供されることが期待されるが，一方で一部の企業が集められた情報を独占的に扱うことに対する不安も生じている。

練習問題2.5　URL：http://www.kyoritsu-pub.co.jp/bookdetail/9784320124295 参照

Word 2016 の活用

この章は Microsoft Office Word 2016（以降，Word）の基本的な使い方から始まり，日常生活および社会生活のなかでの実践的な活用法を学習し，理解することを目的とする。Word は代表的な文書作成ソフトウェアとして，世界的にも広く使われている。

本章では第 1 節で Word の基本操作について，第 2 節ではビジネス文書の作成から印刷までのひと巡り，第 3 節では表や画像を使った文書の作成，第 4 節では図形を使った文書の作成，第 5 節は外国語を使った文書の作成，第 6 節は差し込み印刷，第 7 節は数式の入力，第 8 節ではスタイル機能や脚注，ページ番号を使った長い文書の作成について学習していく。

3.1　Word の基本操作

3.1.1　Word のスタート画面

Word を起動すると，図 3.1.1 のようなスタート画面が表示される。左側の領域には「最近使ったファイル」のリストが表示される。右側領域には新規文書の他に様々な用途で利用できるテンプレートがプレビュー画像で表示される。クリックして利用することができる。

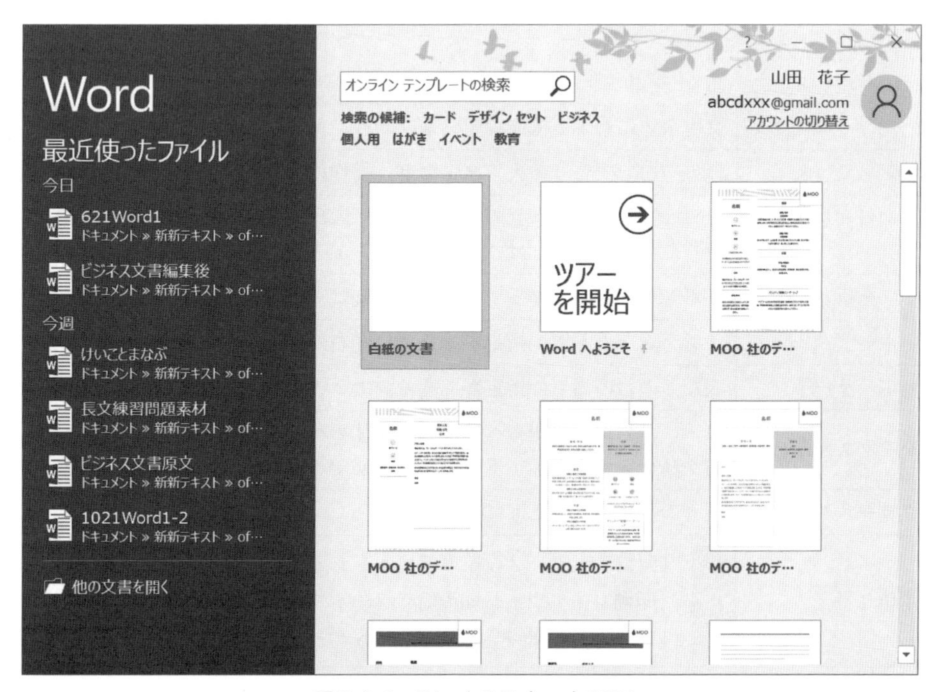

図 3.1.1　Word のスタート画面

3.1.2　Word の画面構成

Word の基本画面の各部分の名称と機能を確認する。文書の編集に必要な機能はリボンインターネットフェースで示されている。図 3.1.2 の〔ホーム〕タブは文字や段落の編集など，比較的良く利用する機能が集約されている。〔挿入〕タブは表や画像，〔デザイン〕タブは文書全体のテーマや配色，〔レイアウト〕タブはページの設定，〔参考資料〕タブは脚注や図表番号の設定など，**リボン**は，様々な機能を見つけやすいよう整理されている。

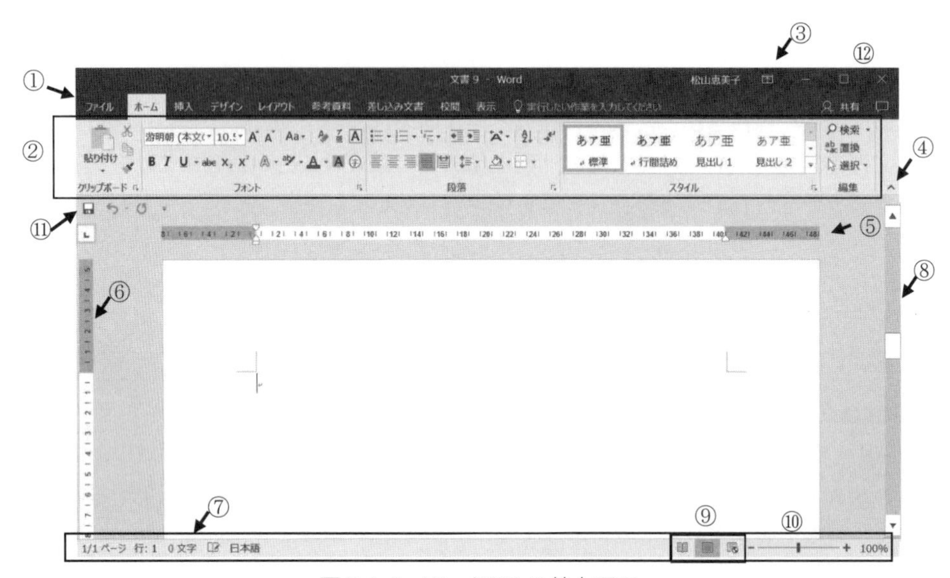

図 3.1.2　Word2016 の基本画面

表 3.1.1　基本画面の各部の名称と機能

名称	機能
①　〔ファイル〕ボタン	文書全体に対する機能設定および印刷や保存に関する機能
②　リボン	〔ホーム〕タブ，〔挿入〕タブなど，操作の目的に合わせ選択する
③　リボンの表示オプション	〔自動的に表示〕〔タブの表示〕〔タブとコマンドの表示〕の選択ができる 折りたたんだリボンは〔タブとコマンドの表示〕で復活する
④　リボンを折りたたむ	リボンを非表示にする　表示する場合は③のボタンから行う
⑤　水平ルーラー	インデントなど幅の指定ができる。左右のグレイの箇所は余白部分を示す
⑥　垂直ルーラー	表などの行の高さの指定ができる。上下のグレイの箇所は余白部分を示す
⑦　ステータスバー	カーソルの位置情報やページ数／全体のページ数，文字数などの情報を示す 右クリックから表示する内容の指定ができる
⑧　スクロールバー	文書の表示位置を上下に移動できる
⑨　表示切り替え	〔閲覧モード〕2 段組みで表示される 〔印刷レイアウト〕印刷時イメージで表示される 〔Web レイアウト〕文書を Web ページに変換する場合に使用する
⑩　ズーム	10%～500%の画面の拡大縮小表示が設定できる

⑪　クイックアクセスツールバー	使用頻度の高い機能を登録する。右側の▼から表示するツールバーを選択する
⑫　ウィンドウ操作	［−］〔最小化〕Wordは終了せずにウィンドウのみ最小化する ［□］〔最大化〕ウィンドウを最大化にする ［×］〔閉じる〕Wordを終了する

3.1.3　書式設定の単位

Wordは文字，段落，ページという単位で書式が設定できる。Wordのページレイアウトの初期設定はA4用紙，余白は上35mm，下と右と左は30mm，1ページ36行，フォントは日本語，英数字ともに游明朝，フォントサイズは10.5ポイントとなっている。

(1) 文字と段落の書式

Wordで文字を入力していき自動的に次の行にカーソルが移動することを**自然改行**という。行の途中で Enter キーで改行することを**強制改行**という。Enter キーで改行すると「段落記号↵」が設定される。文章の先頭から段落記号までを「**段落**」という。

文字の書式設定は対象文字を選択後に〔ホーム〕タブの〔フォント〕グループから，段落の設定は段落にカーソルを置いて〔段落〕グループから行う。個々の設定の場合はグループの各ボタンから，複数の書式を一度で設定する場合は右下の起動ボタンをクリックする。図3.1.5はフォントの設定画面，図3.1.6は段落の設定画面である。

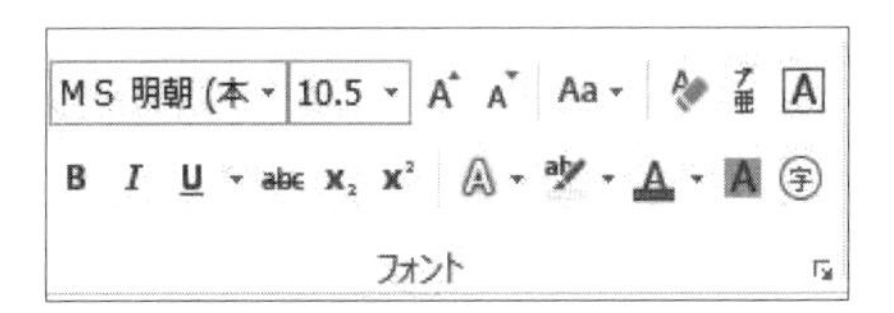

図3.1.3　文字の書式設定〔フォント〕グループ

図3.1.4　段落の書式設定〔段落〕グループ

図3.1.5　フォント画面（ダイアログボックス）

図3.1.6　段落画面（ダイアログボックス）

(2) ページ設定

Word で文書を作成する時は，用紙サイズや向き，余白の指定，1 行の文字数，1 ページの行数などのページの構成を設定する。作成の途中でも変更できるが，レイアウトがくずれることがある。文書全体を通してのフォント，フォントサイズの指定方法も確認する。

操作 3.1.1　ページ設定

1.〔レイアウト〕タブの〔ページ設定〕グループにあるボタンから各設定を行う。
　詳細な設定を行う場合は，起動ボタンからページ設定画面（図 3.1.8）を開き設定する。

操作 3.1.2　文書全体のフォントの指定

1. ページ設定画面（図 3.1.8）の「フォントの設定」をクリックする。
2. 表示されたフォント画面（図 3.1.9）から〔日本語用のフォント〕〔英数字用のフォント〕およびサイズなどを指定し〔OK〕をクリックする。

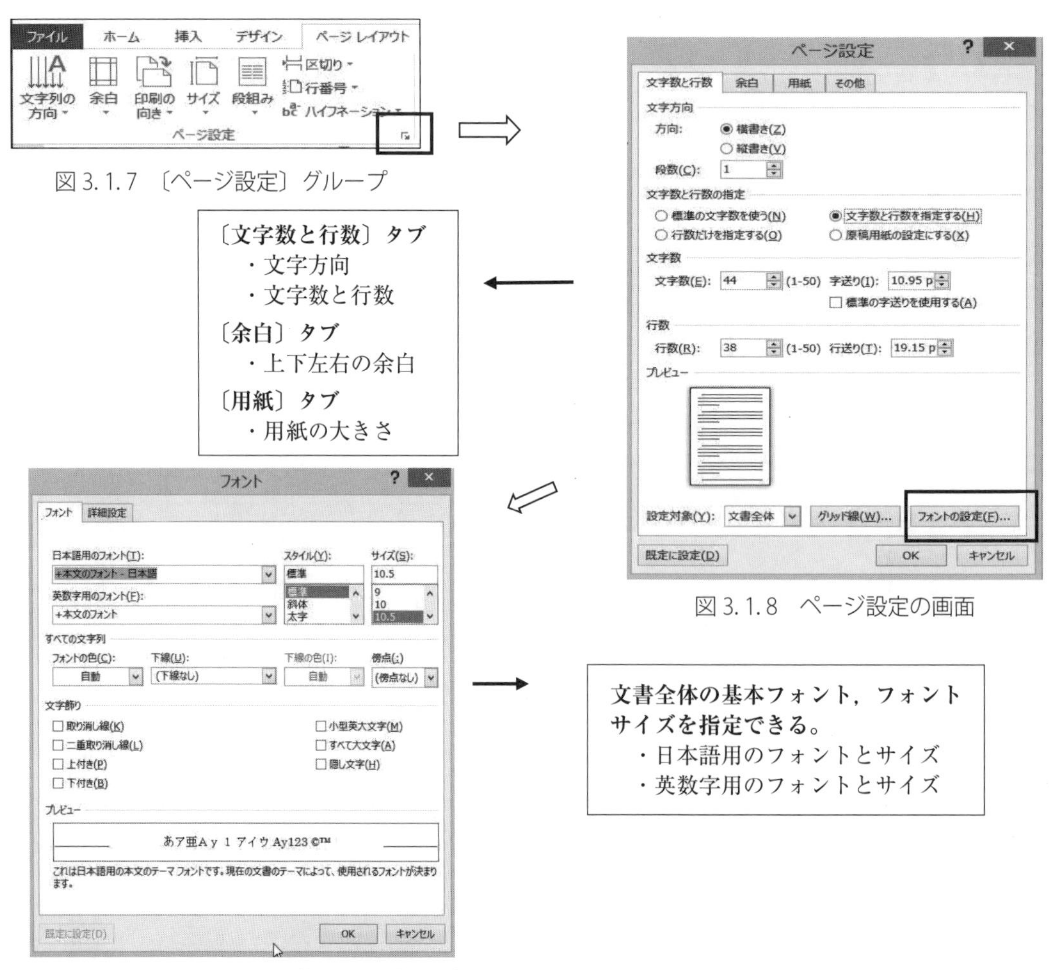

図 3.1.7 〔ページ設定〕グループ

図 3.1.8　ページ設定の画面

図 3.1.9　フォント画面の【フォント】タブ

3.2　文書作成から印刷までのひと巡り

文書の作成から印刷までの一般的な流れは図 3.2.1 となる。ここでは，ビジネス文書の作成を通して Word のひと巡りを学習する。Word を開き，3.2.1 項から基本的な文書の入力について学習しながら図 3.2.6 の文書を入力して保存する。その後 3.2.4 項から基本的な文字の編集および段落の編集について学習し，例題文書を完成させる（図 3.2.2）。

図 3.2.1　文書作成から印刷までの流れ

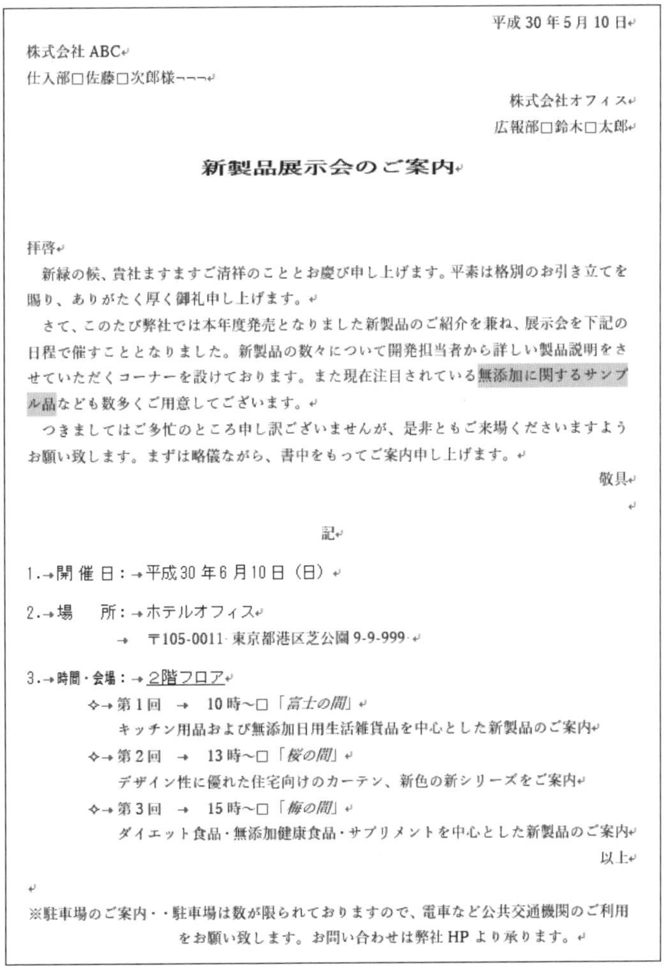

平成 30 年 5 月 10 日

株式会社 ABC
仕入部□佐藤□次郎様

株式会社オフィス
広報部□鈴木□太郎

新製品展示会のご案内

拝啓
　新緑の候、貴社ますますご清祥のこととお慶び申し上げます。平素は格別のお引き立てを賜り、ありがたく厚く御礼申し上げます。
　さて、このたび弊社では本年度発売となりました新製品のご紹介を兼ね、展示会を下記の日程で催すこととなりました。新製品の数々について開発担当者から詳しい製品説明をさせていただくコーナーを設けております。また現在注目されている無添加に関するサンプル品なども数多くご用意してございます。
　つきましてはご多忙のところ申し訳ございませんが、是非ともご来場くださいますようお願い致します。まずは略儀ながら、書中をもってご案内申し上げます。

敬具

記

1.　開 催 日：　平成 30 年 6 月 10 日（日）
2.　場　　所：　ホテルオフィス
　　〒105-0011 東京都港区芝公園 9-9-999
3.　時間・会場：　2 階フロア
　◇　第 1 回　10 時～□「*富士の間*」
　　キッチン用品および無添加日用生活雑貨品を中心とした新製品のご案内
　◇　第 2 回　13 時～□「*桜の間*」
　　デザイン性に優れた住宅向けのカーテン、新色の新シリーズをご案内
　◇　第 3 回　15 時～□「*梅の間*」
　　ダイエット食品・無添加健康食品・サプリメントを中心とした新製品のご案内

以上

※駐車場のご案内・・駐車場は数が限られておりますので、電車など公共交通機関のご利用をお願い致します。お問い合わせは弊社 HP より承ります。

図 3.2.2　例題：ビジネス文書の完成文書

3.2.1　あいさつ文の挿入

Word には時候や安否，感謝などのあいさつ文のサンプルが用意されている。文書中の挿入位置にカーソルを移動して行う。

操作 3.2.1　あいさつ文

1.〔挿入〕タブの〔テキスト〕グループの〔あいさつ文〕をクリックし，プルダウンメニューから〔あいさつ文の挿入〕を選択する。
2. あいさつ文画面（図 3.2.3）から〔月〕を選択する。
3.〔安否のあいさつ〕,〔感謝のあいさつ〕を選択する。あいさつ文が不要な場合はボックス内の文字を消去する。〔OK〕をクリックする。

図 3.2.3　あいさつ文画面

図 3.2.4　オートコレクト画面

3.2.2　オートコレクト

Word には入力していると自動的に修正する**オートコレクト**という機能がある。たとえば「(1)」と入力して改行すると自動的に「(2)」が次の行に表示される。「拝啓」と入力して改行すると自動的に「敬具」が右揃えで表示される。これらはオートコレクトのオプション設定で有効となっているためである。無効に設定することもできる。

操作 3.2.2　オートコレクトの設定と解除

1.〔ファイル〕タブをクリックし,〔オプション〕を選択する。
2. 左側の〔文書校正〕を選択後，右側の〔オートコレクトのオプション〕をクリックする。
3. オートコレクト画面から該当タブを選択する（図 3.2.4）。
4. 各項目にチェックを付けると有効に，チェックをはずすと無効となる。
5.〔OK〕をクリックする。

3.2.3 保存

文書を入力する際は，早い時点で必ず**名前を付けて保存**を行い，文書の内容を更新したら**上書き保存**をしながら作業を進めていく。保存についての詳細な説明は第1章1.4.3項を参照する。

保存したファイルを開くと，図3.2.5のような印が表示される。
これをクリックすると前回終えた箇所にカーソルが移動する。

図3.2.5

例題3.2.1　Wordを起動し，新規文書を開いて以下の処理を行う。ページ設定は標準とする。

1）図3.2.6と同じように文書を入力する。数字1桁は全角，2桁以上は半角で入力する。英字は半角とする。
2）「新緑の候」からの挨拶はあいさつ文の挿入から入力する。
3）住所は郵便番号から変換する。
4）ファイル名「ビジネス文書」で保存する。

平成30年5月10日↵
株式会社ABC↵
仕入部□佐藤□次郎様↵
株式会社オフィス↵
広報部□鈴木□太郎↵
新製品展示会のご案内↵
拝啓↵
新緑の候、貴社ますますご清祥のこととお慶び申し上げます。平素は格別のお引き立てを賜り、ありがたく厚く御礼申し上げます。↵
さて、このたび弊社では本年度発売となりました新製品のご紹介を兼ね、展示会を下記の日程で催すこととなりました。新製品の数々について開発担当者から詳しい製品説明をさせていただくコーナーを設けております。また現在注目されております無添加に関するサンプル品なども数多くご用意してございます。↵
つきましてはご多忙のところ申し訳ございませんが、是非ともご来場くださいますようお願い致します。まずは略儀ながら、書中をもってご案内申し上げます。↵

敬具↵

↵

記↵

開催日：平成30年6月10日（日）↵
場所：ホテルオフィス↵
〒105-0011 東京都港区芝公園9-9-999 ↵
時間・会場：2階フロア↵
第1回→10時～□「富士の間」↵
キッチン用品および無添加日用生活雑貨品を中心とした新製品のご案内↵
第2回→13時～□「桜の間」↵
デザイン性に優れた住宅向けのカーテン、新色の新シリーズをご案内↵
第3回→15時～□「梅の間」↵
ダイエット食品・無添加健康食品・サプリメントを中心とした新製品のご案内↵

以上↵

↵
※駐車場のご案内・・駐車場は数が限られておりますので、電車など公共交通機関のご利用をお願い致します。お問い合わせは弊社HPより承ります。↵

図3.2.6　ビジネス文書の入力

3.2.4 フォントの編集

フォントの編集は対象文字を選択してから行う。文字の選択方法については第1章1.3節を参照する。

操作 3.2.3 文字の編集・解除（太字・斜体・下線・文字の網掛けなど）

1. 該当文字を選択し，〔ホーム〕タブの〔フォント〕グループから書式をクリックする。
   同じ操作で解除される。

3.2.5 段落の編集

段落の編集には，段落内での文字の配置，箇条書きなどの段落と段落の編集，文書の表示位置の編集など文書全体の構成に関する様々な機能がある。

(1) 配置

段落の文字数が1行に満たない場合は，段落内の配置（表示する場所）を設定できる。

操作 3.2.4 配置の設定・解除 （左揃え・中央揃え・右揃え・両端揃え）

1. 段落内をクリックして，カーソルを置く。
2. 〔ホーム〕タブの〔段落〕グループから該当の配置を選択する。
   両端揃えをクリックすると解除される。

(2) 均等割り付け

文字列を指定した文字幅に表示する機能である。たとえば図3.2.7のように文字数の異なる言葉を同じ文字幅に設定することで「：(コロン)」の位置を揃えることができる。3文字の文字列を4文字の幅に広げて表示する，2文字の幅に縮小して表示するなどができる。また，段落にカーソルを置いた状態だと1行に文字が均等に表示される。

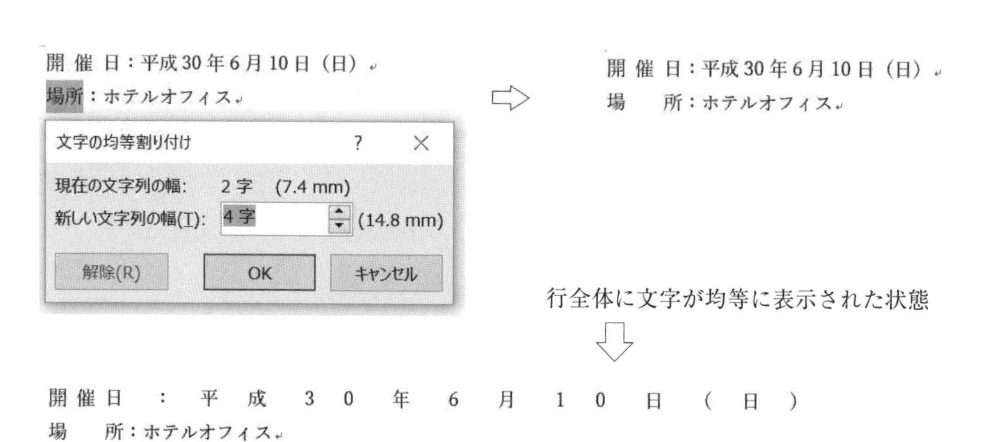

図3.2.7 均等割り付けの設定

操作 3.2.5　均等割り付け

方法 1　（文字幅を指定する場合）

1．該当文字列を選択する。
2．〔ホーム〕タブの〔段落〕グループの〔均等割り付け〕をクリックする。
3．文字の均等割り付け画面から文字幅を指定して〔OK〕をクリックする。

方法 2　（行全体に割り付ける場合）

1．該当段落をクリックしてカーソルを置き，〔均等割り付け〕をクリックする。

(3) 行と段落の間隔

行間は通常1行であるが，より広くまたはより狭くするなどの指定ができる。複数の段落の行間の場合は対象段落を選択して設定する。段落の前後の間隔についても学習する。

操作 3.2.6　行間の設定

1．〔ホーム〕タブの〔段落〕グループの〔行と段落の間隔〕をクリックする。
2．プルダウンメニューから該当の行間を指定する。
　適当な行間がない場合は〔行間のオプション〕をクリックする。
　段落画面の〔行間〕を〔固定値〕にして〔間隔〕を指定する。
3．〔OK〕をクリックする。

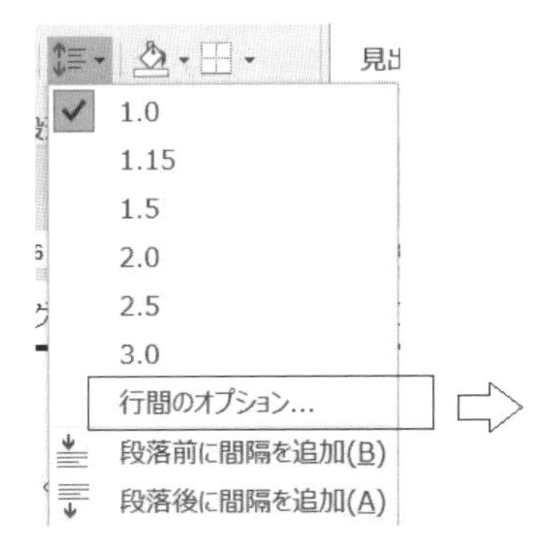

図 3.2.8　段落画面

操作 3.2.7　段落前後の間隔

1．段落内をクリックし，カーソルを置く。
2．段落画面（図 3.2.8）の〔段落前〕〔段落後〕を指定する。

(4) 箇条書き

行頭に記号を入れて箇条書きの書式を設定する。行頭記号はライブラリに何種類か登録されているが，その他にも記号や図を行頭文字として指定することができる。

操作 3.2.8　箇条書き

箇条書きを設定する段落を選択する。
1．〔ホーム〕タブの〔段落〕グループの〔箇条書き〕の▼をクリックする。
次のいずれかの方法で行う。
2．行頭文字ライブラリに該当の行頭文字がある場合は該当の行頭文字をクリックする。
　行頭文字ライブラリに該当の行頭文字がない場合は〔新しい行頭文字の定義〕をクリックする。
3．〔記号〕〔図〕〔文字書式〕から新しい行頭文字を選択して〔OK〕をクリックする。

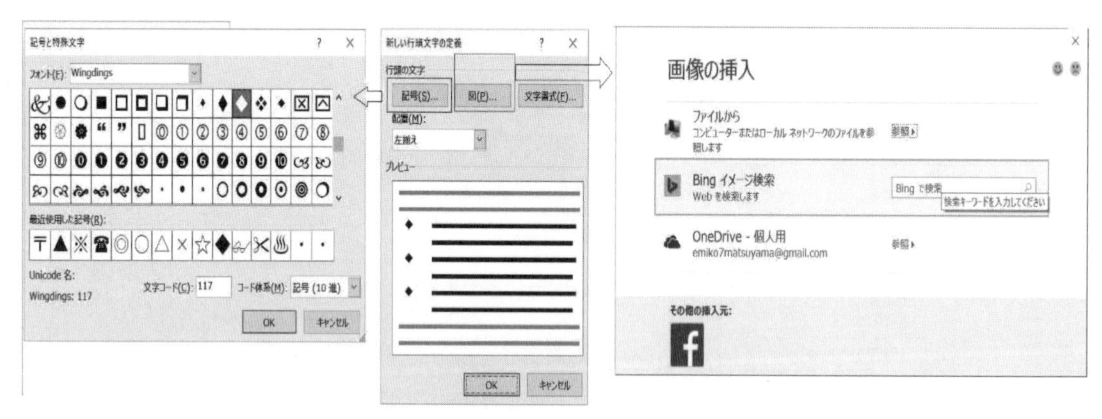

図 3.2.9　箇条書きの新しい行頭文字の定義画面

(5) 段落番号

行頭に番号を入れた箇条書きの書式を設定する。番号ライブラリに何種類か登録されているが，その他番号以外の書式も段落番号として指定することができる。

操作 3.2.9　段落番号

段落番号を設定する段落を選択する。

1.〔ホーム〕タブの〔段落〕グループの〔段落番号〕の▼をクリックする。
2. 番号ライブラリに該当の段落番号がある場合は該当の段落番号をクリックする。
   番号ライブラリに該当の段落番号がない場合は〔新しい番号書式の定義〕をクリックする。
3.〔番号の種類〕〔番号書式〕〔配置〕を選択して〔OK〕をクリックする。

(6) インデントを減らす／増やす

段落の左右の表示位置を指定する。左インデントを増やすと中央寄りとなる。

操作 3.2.10　インデントを減らす／増やす

1. 段落内にカーソルを置く。複数行の場合は選択する。
2.〔ホーム〕タブの〔段落〕グループの〔インデントを減らす（増やす)〕をクリックする。

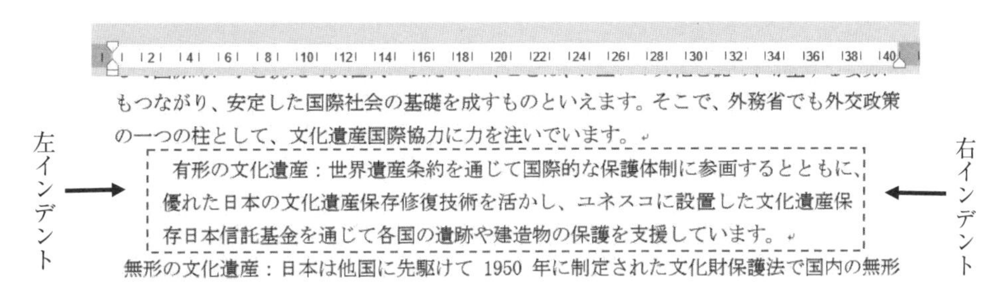

図 3.2.10　インデントの設定

(7) 字下げとぶら下げ

段落の最初の文字のインデントを**字下げ**という。同じ段落の２行目以降の左インデントを増やすことを**ぶら下げ**という。

操作 3.2.11　字下げとぶら下げ

1. 段落を選択して,〔ホーム〕タブの〔段落〕グループ右下の起動ボタンをクリックする。
2.〔インデントと行間隔〕タブをクリックする（図 3.2.11)。
3.〔最初の行〕から〔字下げ〕〔ぶら下げ〕を選択し〔幅〕を指定して〔OK〕をクリックする。

段落
インデントと行間隔
改ページと改行
体裁
全般
配置(G):
中央揃え
アウトライン レベル(O):
本文
既定で折りたたみ(E)
インデント
左(L):
0 字
右(R):
0 字
最初の行(S):
ぶら下げ
幅(Y):
3.5 字
見開きページのインデント幅を設定する(M)
1 行の文字数を指定時に右のインデント幅を自動調整する(D)
間隔
段落前(B):
0 行
段落後(F):
0 行
行間(N):
1 行
間隔(A):
同じスタイルの場合は段落間にスペースを追加しない(C)
1 ページの行数を指定時に文字を行グリッド線に合わせる(W)
プレビュー
タブ設定(T)...
既定に設定(D)
OK
キャンセル

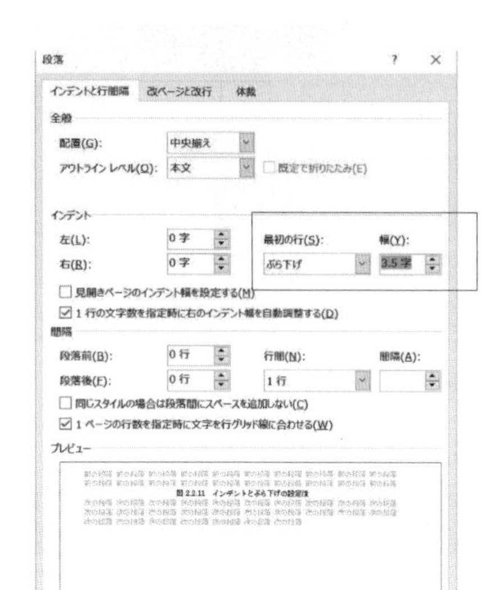

図 3.2.11　ぶら下げの設定

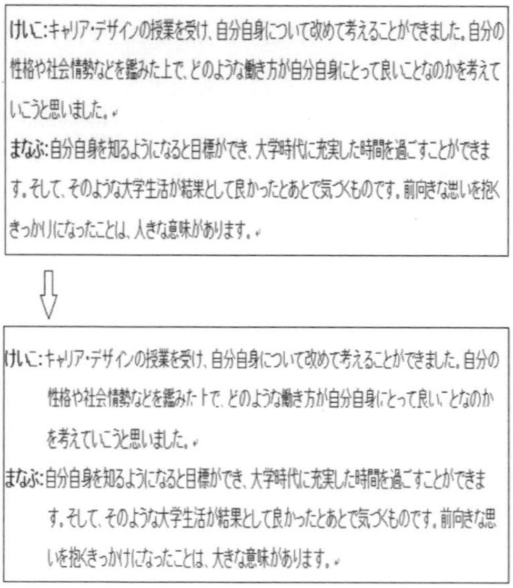

けいこ:キャリア・デザインの授業を受け、自分自身について改めて考えることができました。自分の性格や社会情勢などを鑑みた上で、どのような働き方が自分自身にとって良いことなのかを考えていこうと思いました。
まなぶ:自分自身を知るようになると目標ができ、大学時代に充実した時間を過ごすことができます。そして、そのような大学生活が結果として良かったとあとで気づくものです。前向きな思いを抱くきっかけになったことは、大きな意味があります。
けいこ:キャリア・デザインの授業を受け、自分自身について改めて考えることができました。自分の性格や社会情勢などを鑑みた上で、どのような働き方が自分自身にとって良いことなのかを考えていこうと思いました。
まなぶ:自分自身を知るようになると目標ができ、大学時代に充実した時間を過ごすことができます。そして、そのような大学生活が結果として良かったとあとで気づくものです。前向きな思いを抱くきっかけになったことは、大きな意味があります。

図 3.2.12　ぶら下げの設定前と設定後

例題 3.2.2　例題 3.2.1 で保存した「ビジネス文書」を開き，次の手順に従い例題を完成させる。図 3.2.2 の完成図を参考に上書き保存をしながら進める。

1）以下の段落を選択し，右揃えに配置する（Ctrl キーを利用する)。
　「平成 30 年 5 月 10 日」「株式会社オフィス」「広報部　鈴木　太郎」
2）「新製品展示会のご案内」を中央揃えに配置する。また拡張書式を使い 150% に設定する。
3）「拝啓」の段落前を 1.5 行に設定する。
4）「新緑の候～」から「～ご案内申し上げます。」の段落に字下げ「1 文字」を設定する。
5）「無添加に関するサンプル品」に文字の網掛けを設定する。
6）以下の段落に段落番号，フォントを MS ゴシックの 11 ポイント，段落前に 0.5 行を設定する。
　「開催日：平成 30 年 6 月 10 日（日)」「場所：ホテルオフィス」「時間・会場：2 階フロア」
7）「富士の間」「桜の間」「梅の間」に斜体を設定する。
8）「2 階フロア」に下線を設定する。
9）「開催日」「場所」「時間・会場」に 4 文字幅の均等割り付けを設定する。
10）「〒 105-0011～」の段落のインデントを設定する。
11）「第 1 回　10 時～」,「第 2 回　13 時～」,「第 3 回　15 時～」に箇条書きを設定し，インデントを設定する。
12）「キッチン～」「デザイン～」「ダイエット～」にインデントを設定する。
13）「※駐車場のご案内」の段落にぶら下げ「10 文字」を設定する。

3.2.6　ヘッダーとフッターの編集

紙上の余白を**ヘッダー**，下の余白を**フッター**という。ヘッダーやフッター領域には文字だけでなく，イラストや写真なども挿入することができる。ヘッダーやフッターの領域は変更ができる。

操作 3.2.12　ヘッダーの編集

次のいずれかの方法でヘッダー領域を表示する。

方法 1　（リボンからの方法）

1. 〔挿入〕タブの〔ヘッダーとフッター〕グループの〔ヘッダー〕▼をクリックし，〔ヘッダーの編集〕を選択する。

方法 2　（マウス操作からの方法）

1. ヘッダー領域をダブルクリックする。
2. 〔ヘッダー／フッター・デザイン〕タブの〔ヘッダーとフッターを閉じる〕で閉じる。

操作 3.2.13　ヘッダー・フッターの位置

1. 〔ヘッダー／フッター・デザイン〕タブをクリックする。
2. 〔位置〕グループの〔上からのヘッダー位置〕または〔下からのフッター位置〕で調整する（図 3.2.13）。

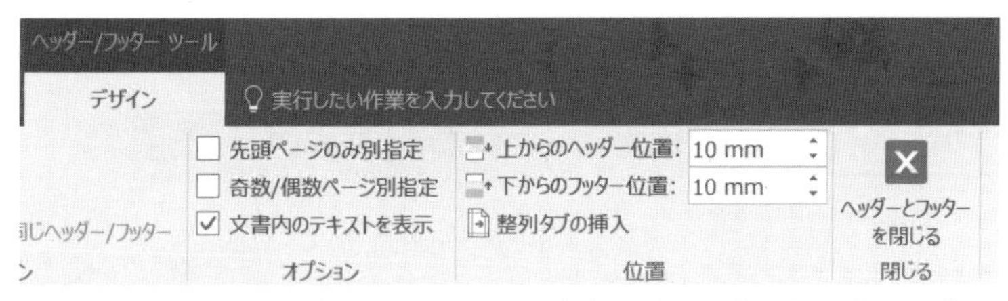

図 3.2.13　〔ヘッダー／フッター・デザイン〕タブの位置グループ

3.2.7　印刷の応用

通常は作成した文書と同じ大きさの用紙に印刷するが，A4用紙で作成した文書をB4用紙に拡大，B5用紙に縮小して印刷など拡大縮小印刷ができる。また，1枚の用紙に2ページ分を印刷する方法，ページ単位での印刷など用途に合わせた印刷方法を学習する。

操作 3.2.14　印刷

1. 〔ファイル〕タブをクリックし，印刷をクリックする。
2. 印刷画面（図 3.2.14）から〔プリンター〕を選択して〔印刷〕をクリックする。

操作 3.2.15　拡大・縮小印刷

1. 印刷画面（図 3.2.14）から〔1ページ／枚〕を指定する。
2. 印刷する用紙サイズを選択して〔印刷〕をクリックする。

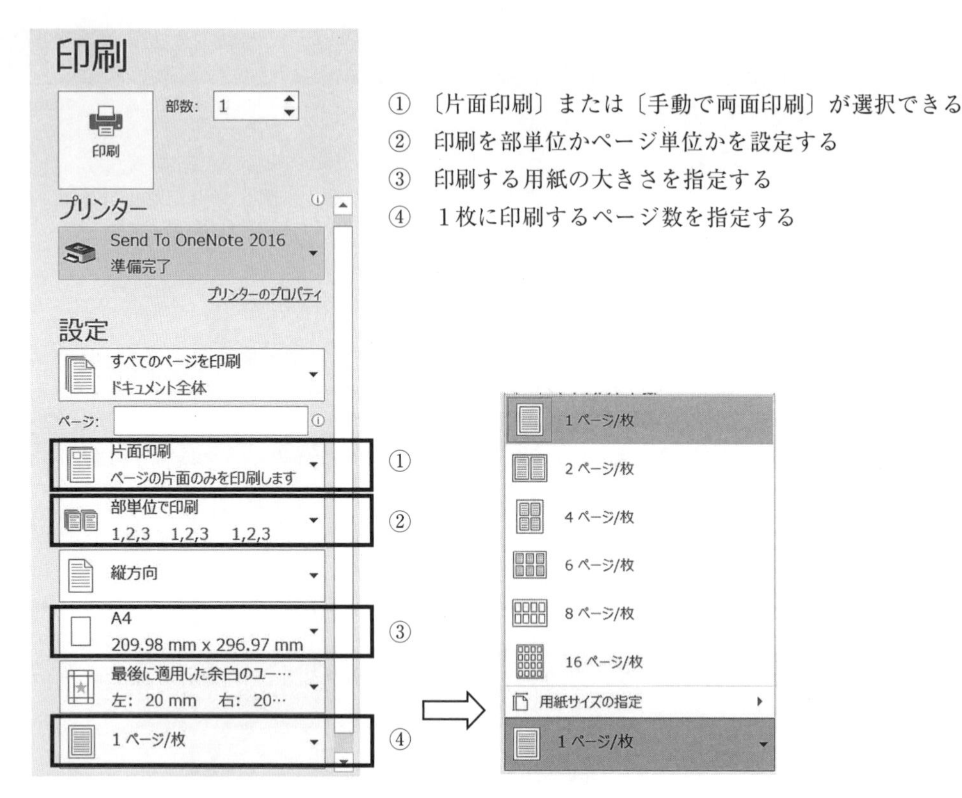

図 3.2.14　印刷画面

例題 3.2.3　例題 3.2.2 で保存した「ビジネス文書」を開き，ヘッダーに「学籍番号　氏名」を入力し，9ポイント，右揃えに設定し，印刷をする。

3.2.8　保護を付けた保存

重要なファイルには保護を付けて保存する。パスワードという保護を付けることで，パスワードを知っている人だけがファイル更新の対象であり，パスワードを知らない第三者は開くことができない。〔ファイル〕タブの〔情報〕―〔文書の保護〕から設定する。詳細は第1章の 1.4.4 項を参照する。

例題 3.2.4　例題で保存した「ビジネス文書」に保護を付けて保存する方法を確認する。

1）パスワード：reidai で保護を付けて保存し，閉じる。
2）再度，開いた際にパスワードが要求されるかを確認する。
3）パスワードを解除して保存する。

練習問題 3.2　URL：http://www.kyoritsu-pub.co.jp/bookdetail/9784320124295 参照

3.3　画像や表を使った文書作成

写真やイラスト，表を文章のなかに挿入する方法および編集する方法を学習する。これらはExcel，PowerPointにも共通するオブジェクトの機能である。例題を通して，一般的な手順を学ぶ。

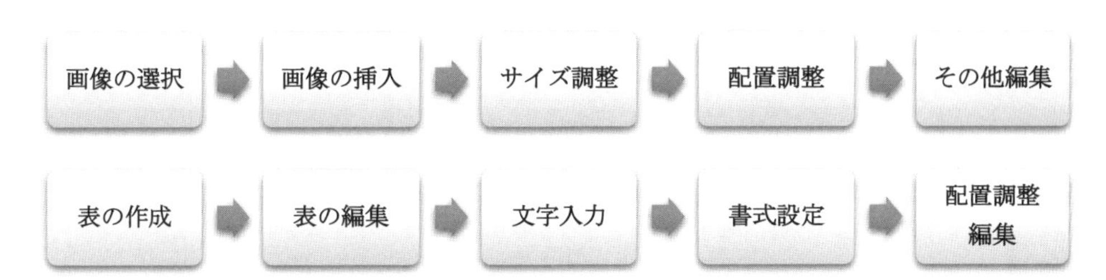

図3.3.1　図や表を文書中に利用する手順

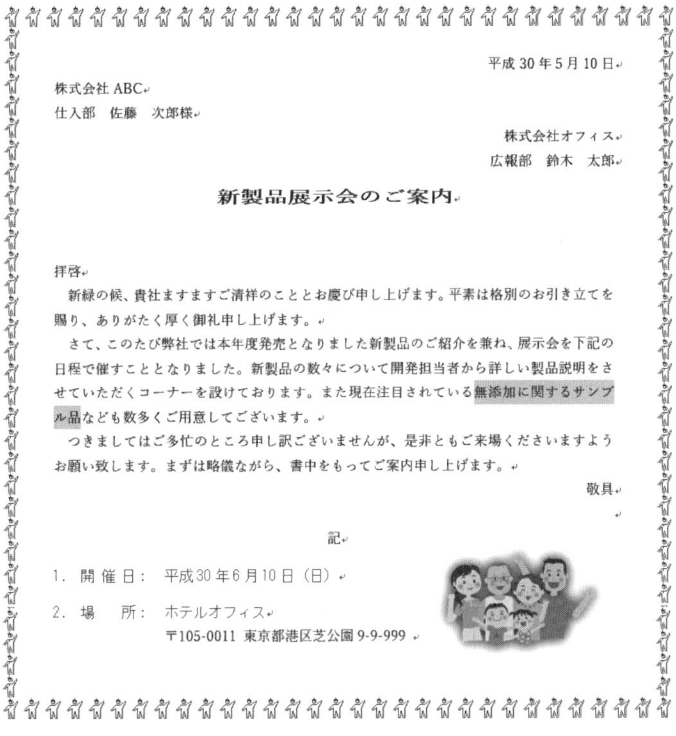

平成30年5月10日

株式会社ABC
仕入部　佐藤　次郎様

株式会社オフィス
広報部　鈴木　太郎

新製品展示会のご案内

拝啓
　新緑の候、貴社ますますご清祥のこととお慶び申し上げます。平素は格別のお引き立てを賜り、ありがたく厚く御礼申し上げます。
　さて、このたび弊社では本年度発売となりました新製品のご紹介を兼ね、展示会を下記の日程で催すこととなりました。新製品の数々について開発担当者から詳しい製品説明をさせていただくコーナーを設けております。また現在注目されている無添加に関するサンプル品なども数多くご用意してございます。
　つきましてはご多忙のところ申し訳ございませんが、是非ともご来場くださいますようお願い致します。まずは略儀ながら、書中をもってご案内申し上げます。

敬具

記

1．開催日：　平成30年6月10日（日）
2．場　　所：　ホテルオフィス
　　　　　　〒105-0011 東京都港区芝公園9-9-999

図3.3.2　例題：図を利用した文書

3.3.1　画像の挿入と削除

文書中に挿入する画像のことをWordでは「図」という。図にはユーザー自身が保存した写真やイラストのほかに**オンライン画像**がある。オンライン画像は「**クリエイティブ・コモンズ・ライセンス**（以降，**CCライセンス**）」に則って利用することが原則となる。詳細は第1章1.6.1節を参照する。

画像の削除は該当画像を選択して［Delete］キーを押す。

3.3.2　画像のサイズ設定と配置

文書中に挿入された画像のサイズ調整と表示位置の設定方法を学習する。画像を選択するとリボンに〔図ツール 書式〕タブ（図 3.3.3）が表示される。

(1) 画像のサイズ設定

画像のサイズ設定は画像を選択した状態からマウスを使って目で確認しながら調整できるが，大きさを統一する際は〔サイズ〕グループから設定する。

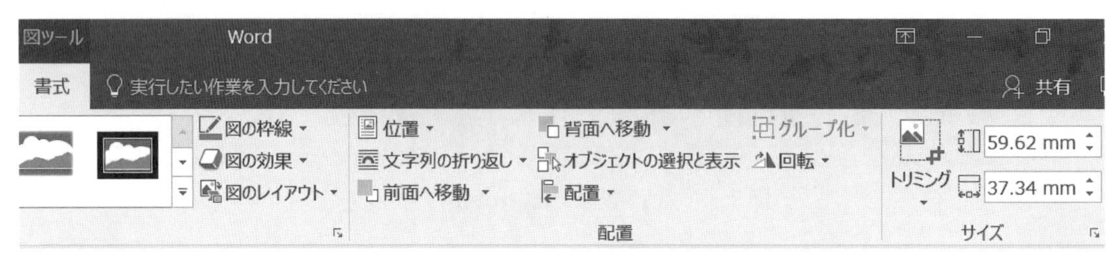

図 3.3.3　〔図ツール 書式〕タブの〔配置〕と〔サイズ〕グループ

(2) 画像の配置

文章中における画像の配置は 7 通りある。初期設定は「行内」設定となっている。画像のサイズは変更できるが，文章中の配置を変更する場合は行内以外の設定を選択する。

操作 3.3.1　文章中の画像の配置

1．画像を選択する。

方法 1　（リボンからの方法）

2．〔図ツール 書式〕タブの〔配置〕グループの〔文字列の折り返し〕をクリックし，表示された一覧から選択する（図 3.3.4）。

方法 2　（レイアウトオプションからの方法）

2．画像を選択し表示されるレイアウトオプション（図 3.3.5）から選択する。

図 3.3.4　〔図ツール・書式〕タブの〔文字列の折り返し〕

図 3.3.5　レイアウトオプション

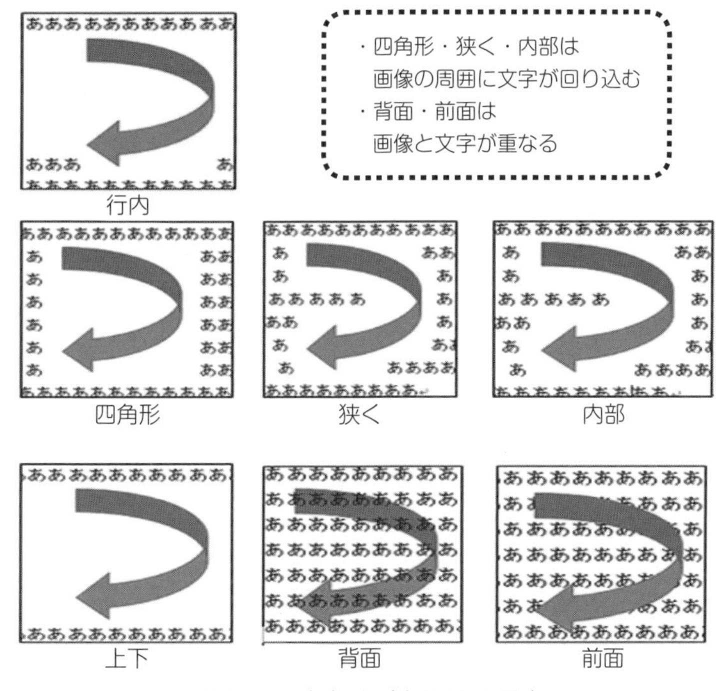

図 3.3.6　文字列の折り返しの設定

例題 3.3.1　3.2 節で保存した Word ファイル「ビジネス文書」に画像を挿入する（図 3.3.2 参照）。

1）「記」の右側にカーソルを移動する。
2）「家族」でオンライン画像を検索（CC ライセンスを確認），またはブラウザを開き「家族　イラスト　フリー素材」で検索して利用できる画像を選択する。
3）選択した画像を文書中に貼り付ける。
4）図の幅を 40mm に設定する。文字列の折り返しは前面を設定し，右側に配置する。
5）挿入した画像に，図のスタイル「四角形，背景の影付き」を設定する。
6）上書き保存を行う。

3.3.3　表の作成と編集

文書に表を挿入する方法を学習する。表を構成している枠線のことを**罫線**，1つのマスを**セル**と呼ぶ。例題のカレンダーの曜日が入力されている縦のグループを「列」，日が入力されている横のグループを「行」と呼ぶ。罫線の線種の変更，セルに色を付ける，行や列の追加や削除，複数のセルを1つのセルにする結合，セルを複数のセルにする分割といった表の編集方法について学ぶ。また，カレンダーの下の点線は段落に引く**段落罫線**である。その他にページに設定する**ページ罫線**について例題を通して学ぶ。

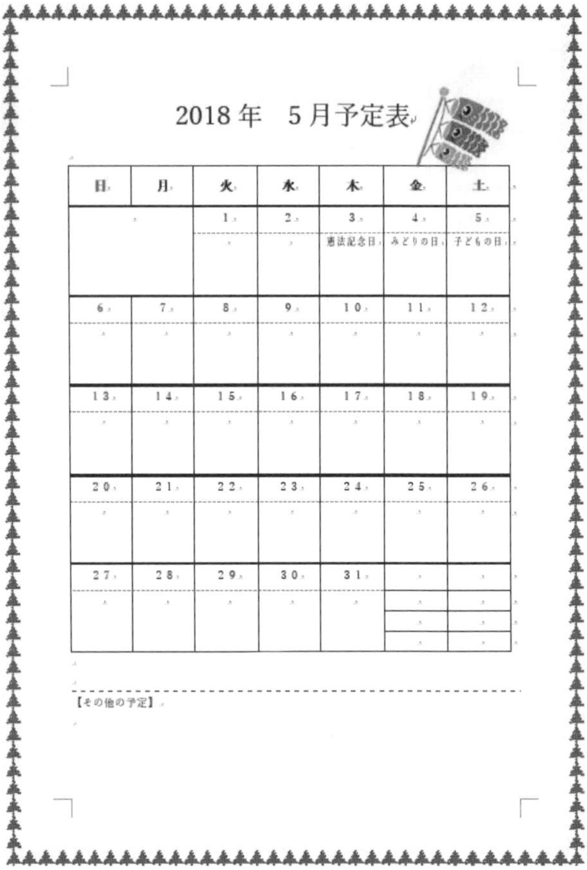

2018年　5月予定表

日	月	火	水	木	金	土
		1	2	3 憲法記念日	4 みどりの日	5 子どもの日
6	7	8	9	10	11	12
13	14	15	16	17	18	19
20	21	22	23	24	25	26
27	28	29	30	31		

【その他の予定】

図 3.3.7　例題 表を利用した文書

(1) 表の作成

操作 3.3.2　表の作成

1. 〔挿入〕タブの〔表〕グループの▼をクリックする。

次のいずれかの方法で行う。

方法 1　（マス目で指定する：8 行× 10 列まで）

2. マス目をドラッグして行数と列数を指定する（図 3.3.8）。

方法 2　（行数と列数を数字で指定する）

2. 〔表の挿入〕を選択し，〔列数〕と〔行数〕を指定して〔OK〕をクリックする（図 3.3.8）。

方法 3　（ドラッグで罫線を引く方法）

2. 〔罫線を引く〕をクリックし，アイコンが鉛筆の形状でドラッグする（図 3.3.9）。
3. 終えたら，〔表ツール レイアウト〕タブの〔罫線の作成〕グループの〔罫線を引く〕をクリックして，アイコンの形状を元に戻す。

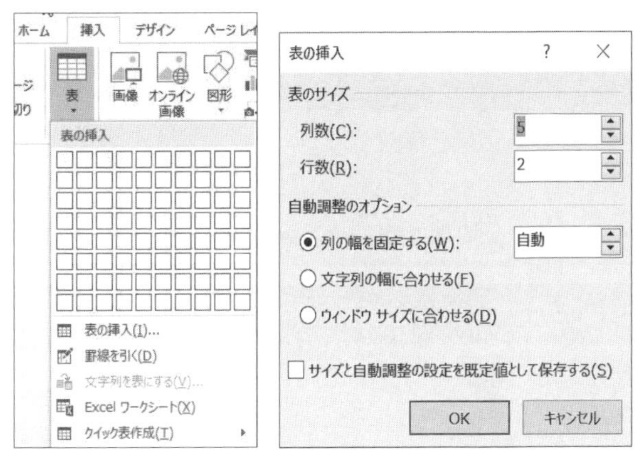

図 3.3.8 〔表〕グループと〔表〕グループの〔表の挿入〕

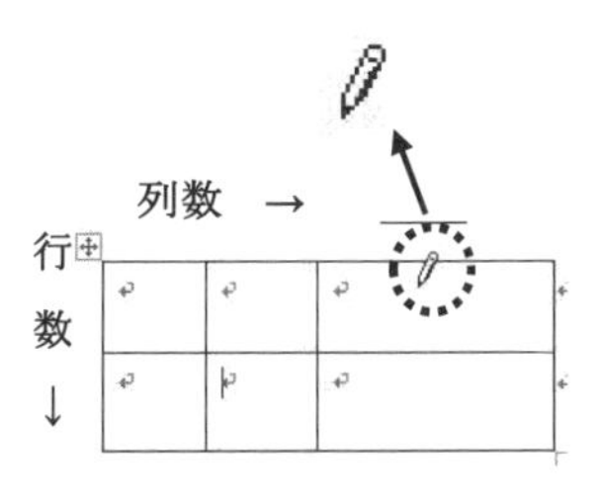

図 3.3.9 〔罫線を引く〕

(2) 表の削除

操作 3.3.3　表の削除

1．表内をクリックし，〔表ツール レイアウト〕タブの〔行と列〕グループの〔削除〕▼をクリックし，〔表の削除〕を選択する。

(3) 表の列幅，行の高さの変更

カーソルのあるセルが変更の対象となるが，複数のセルを選択して変更することもできる。

操作 3.3.4　列幅および行の高さの変更

次のいずれかの方法で行う（図 3.3.10）。

方法 1　（1 列または 1 行のみの場合）

1．列間（行間）の罫線上にマウスを移動し，左右に➡のある形状の状態でドラッグする。

方法 2　（複数列または複数行の場合は対象セルを選択した状態で）

1．〔表ツール レイアウト〕タブの〔セルのサイズ〕グループの〔高さ〕〔幅〕を指定する。

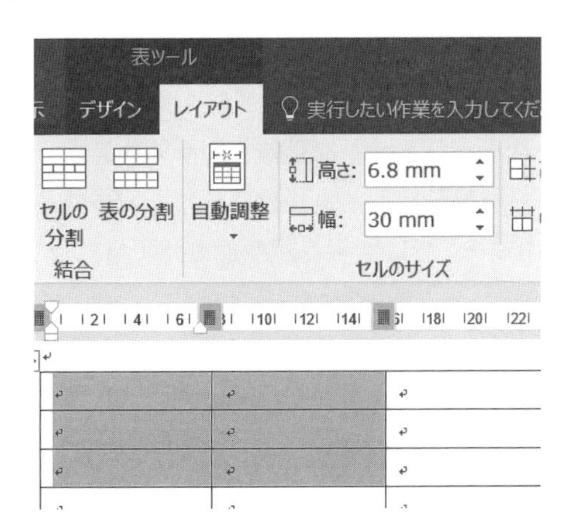

図 3.3.10　列幅と行の高さの変更

(4) 列・行の挿入と削除

操作 3.3.5　列・行の挿入

1. 挿入したい列または行と隣接するセルにカーソルを移動する。
2. 〔表ツール レイアウト〕タブの〔行と列〕グループから〔上に行を挿入〕〔下に行を挿入〕〔左に列を挿入〕〔右に列を挿入〕のいずれかを選択する。

操作 3.3.6　列・行の削除

1. 削除する列または行にカーソルを移動する。複数の場合は選択する。
2. 〔表ツール レイアウト〕タブの〔行と列〕グループから〔削除〕▼をクリックする。
3. 〔列の削除〕〔行の削除〕のいずれかを選択する。

(5) セルの結合と分割

複数のセルを 1 つのセルとして扱う場合には**セルの結合**を，1 つのセルを複数のセルに分ける場合は**セルの分割**を設定する。

操作 3.3.7　セルの結合

1. 対象となるセルを範囲指定する。
2. 〔表ツール レイアウト〕タブの〔結合〕グループの〔セルの結合〕をクリックする。

操作 3.3.8　セルの分割

1. 対象となるセル内をクリックする。
2. 〔表ツール レイアウト〕タブの〔結合〕グループの〔セルの分割〕をクリックする。
3. セルの分割画面から〔列数〕〔行数〕を入力し〔OK〕をクリックする。

(6) 表の罫線の変更

操作 3.3.9　表の罫線の変更

1. 罫線を変更する列または行を選択する。
2. 〔表ツール デザイン〕タブの〔飾り枠〕グループの〔罫線〕▼をクリックする。
3. 一覧から〔線種とページ罫線と網掛けの設定〕を選択し〔罫線〕タブをクリックする
4. 左側の〔種類〕は〔指定〕を選択し，中央の〔種類〕は線種と線の太さ，色を選択する。
5. 〔プレビュー〕では選択範囲の変更箇所を指定して〔OK〕をクリックする（図 3.3.11）。

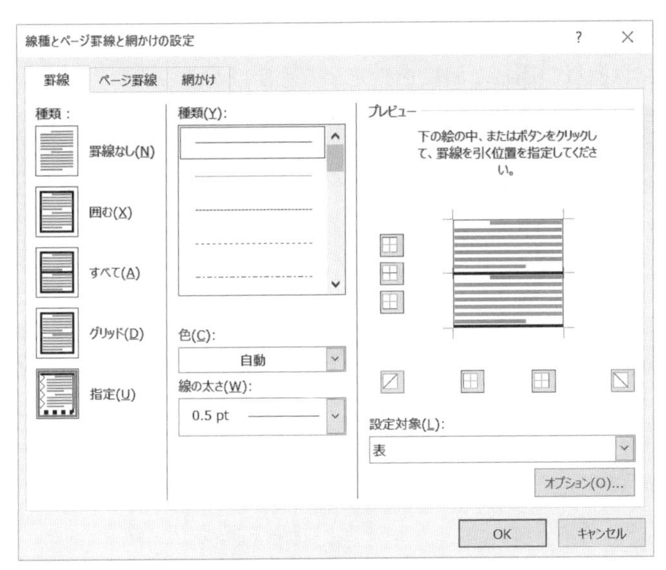

図 3.3.11　罫線の変更

下の左側の表の罫線を〔種類〕にある〔グリッド〕に設定すると右側の表になる。
Word では点線で表示されるが，印刷はされない。

月曜日↵	A棟　101 教室↵
水曜日↵	B棟　201 教室↵
金曜日↵	C棟　301 教室↵

月曜日↵	A棟　101 教室↵
水曜日↵	B棟　201 教室↵
金曜日↵	C棟　301 教室↵

グリッド線

(7)　セル内の文字配置

操作 3.3.10　セル内の文字配置

1．対象セルにカーソルを移動する。または選択する。
2．〔表ツール レイアウト〕タブの〔配置〕グループからいずれかを選択する（図 3.3.12）。

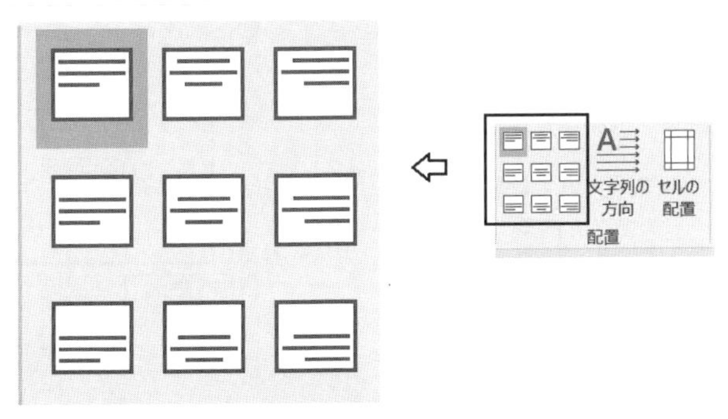

図 3.3.12　セル内の文字配置

(8) セルに色を付ける

セルに色を付けるには**塗りつぶし**と濃度を指定する**網掛け**がある。

操作 3.3.11　セルに色を付ける（塗りつぶし）

1．対象となるセルを範囲指定する。
2．〔表ツール デザイン〕タブの〔表のスタイル〕グループの〔塗りつぶし〕▼をクリックし，〔テーマの色〕または〔その他の色〕から該当の色をクリックする。

操作 3.3.12　セルに色を付ける（網掛け）

1．対象となるセルを範囲指定する。
2．〔表ツール デザイン〕タブの〔飾り枠〕グループの〔罫線〕▼をクリックする。
3．一覧から〔線種とページ罫線と網掛けの設定〕をクリックする。
4．〔網かけ〕タブの〔種類〕と〔色〕を指定し，〔OK〕をクリックする。

(9) 段落に罫線を指定する（段落罫線）

段落に罫線を引く**段落罫線**について学ぶ。文字入力の有無に関係なく罫線を設定できる。

操作 3.3.13　段落罫線

1．対象となる段落を選択する。
2．〔ホーム〕タブの〔段落〕グループの〔罫線〕▼をクリックする。
3．一覧から〔線種とページ罫線と網掛けの設定〕をクリックする。
4．〔罫線〕タブをクリックし，左側の〔種類〕は〔指定〕を選択する（図 3.3.13 ①）。
5．中央の〔種類〕は線種を選択する。
6．右側の〔プレビュー〕にある〔設定対象〕が「段落」であることを確認し（図 3.3.13 ②），段落罫線を設定する場所（上下左右）を指定する（図 3.3.13 ③）。
7．〔OK〕をクリックする。

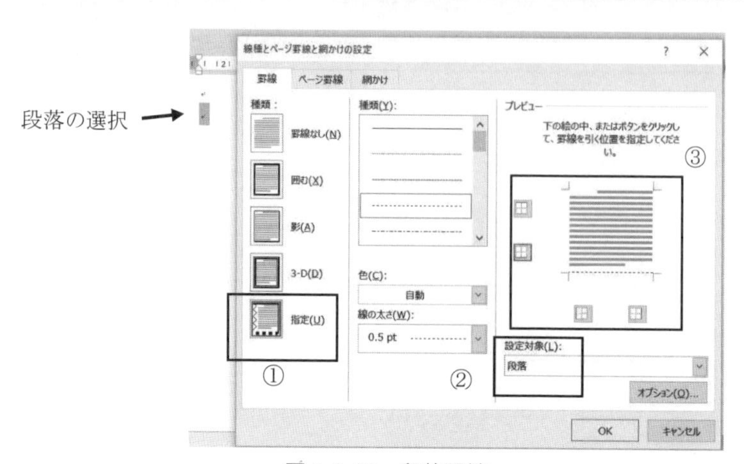

図 3.3.13　段落罫線

(10) ページ全体に罫線を指定する（ページ罫線）

ページ罫線とはページ全体を図柄や線などで囲む罫線である。ページ全体を装飾する効果がある。

操作 3.3.14　ページ罫線

1. 線種とページ罫線と網掛けの設定ダイアログボックス（図 3.3.14）を開く。
2. 〔ページ罫線〕タブを開き，左側の〔種類〕から〔囲む〕を選択する（図 3.3.14 ①）。
3. 中央の〔絵柄〕から該当の絵柄を選択（図 3.3.14 ②），続いて〔線の太さ〕を指定する。
4. 右側の〔プレビュー〕の〔設定対象〕が文書全体であることを確認する（図 3.3.14 ③）。
5. 〔OK〕をクリックする。

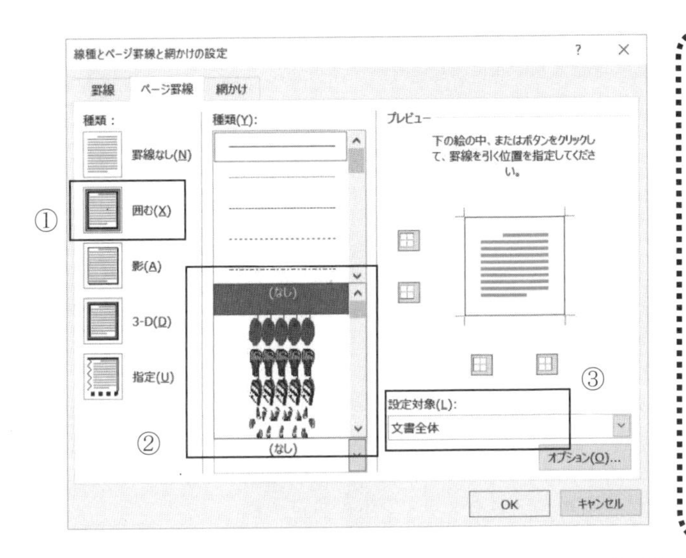

ページ罫線とヘッダーまたはフッターの内容が重なる場合

① ヘッダー領域をダブルクリックし，〔上からのヘッダー位置〕の値を調整する。

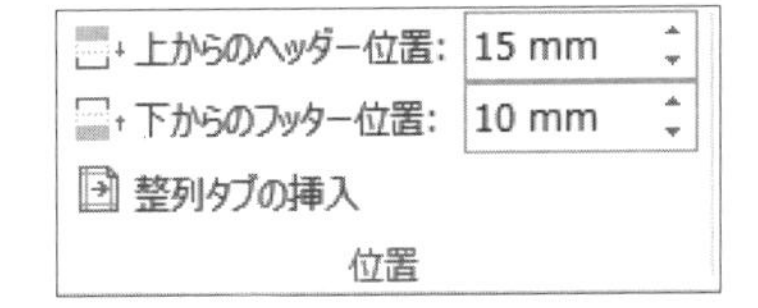

② ページ罫線の絵柄の〔線の太さ〕を調整する。

図 3.3.14　ページ罫線

(11) 表の横に文字を入力する

表の作成時の初期値では「文字列の折り返し」は「なし」に設定されているため，表の左右の余白に文字を入力することができない。表のプロパティから設定を変更する。

操作 3.3.15　表の左右の余白への文字入力

1. 表を選択し，〔表ツール・レイアウト〕タブの〔表〕グループから〔プロパティ〕をクリックする。
2. 表のプロパティ画面の〔文字列の折り返し〕を「する」に設定する。

図 3. 3. 15　表のプロパティ画面

例題 3.3.2　Word の新規ファイルを開き、以下の処理を行い完成させて印刷まで行う（図 3.3.7 参照)。

1）「2018 年　5 月予定表」游明朝 24 ポイントとし，中央揃えを設定する。
2）11 行 7 列の表を作り，上揃え（中央）の配置を設定する。
3）1 行目は「日」から「土」までの曜日を入力する。「土」の文字は「青」,「日」の文字は「濃い赤」に設定する。
4）2 行目，4 行目，6 行目，8 行目，10 行目には「1」「2」「3」と日を入力する。
5）2 行目，4 行目，6 行目，8 行目，10 行目の上罫線の太さを 3 ポイントに設定する。
6）3 行目，5 行目，7 行目，9 行目，11 行目のセルの高さを 20mm に設定する。
7）1～5 列目の上罫線は罫線なしに設定する。
8）2 行 1 列から 3 行 2 列のセルを結合する。
9）11 行 6 列と 11 行 7 列のセルは，それぞれ 3 行 1 列に分割する。
10）図 3.3.7 を参考に，祝日名を入力し，均等割り付けを設定する。
11）表の下に 2 行空行を入れる。
12）2 行目の空行の段落に段落罫線を設定する。線種は破線を設定する。
13）1 行下に【その他の予定】を入力する。
14）ページ罫線に絵柄を設定し，線の太さを 15 ポイントに設定する。
15）「こいのぼり」で検索したオンライン画像を挿入する。
16）画像に文字の折り返し「前面」を設定し，右上に配置する。
17）ヘッダーに「氏名　学籍番号」を入力し，右揃えを設定する。
18）印刷する。

練習問題 3.3　URL：http://www.kyoritsu-pub.co.jp/bookdetail/9784320124295 参照

3.4　図形を使った文書作成

図形の機能で文書中の自由な箇所に文字を表示する，SmartArt で組織図や手順などを表現した文書の作成を例題に沿って学習する。これらは**オブジェクト**と呼ばれ，Excel や PowerPoint と共通する機能である。詳細については第 1 章 1.7 節を参照する。

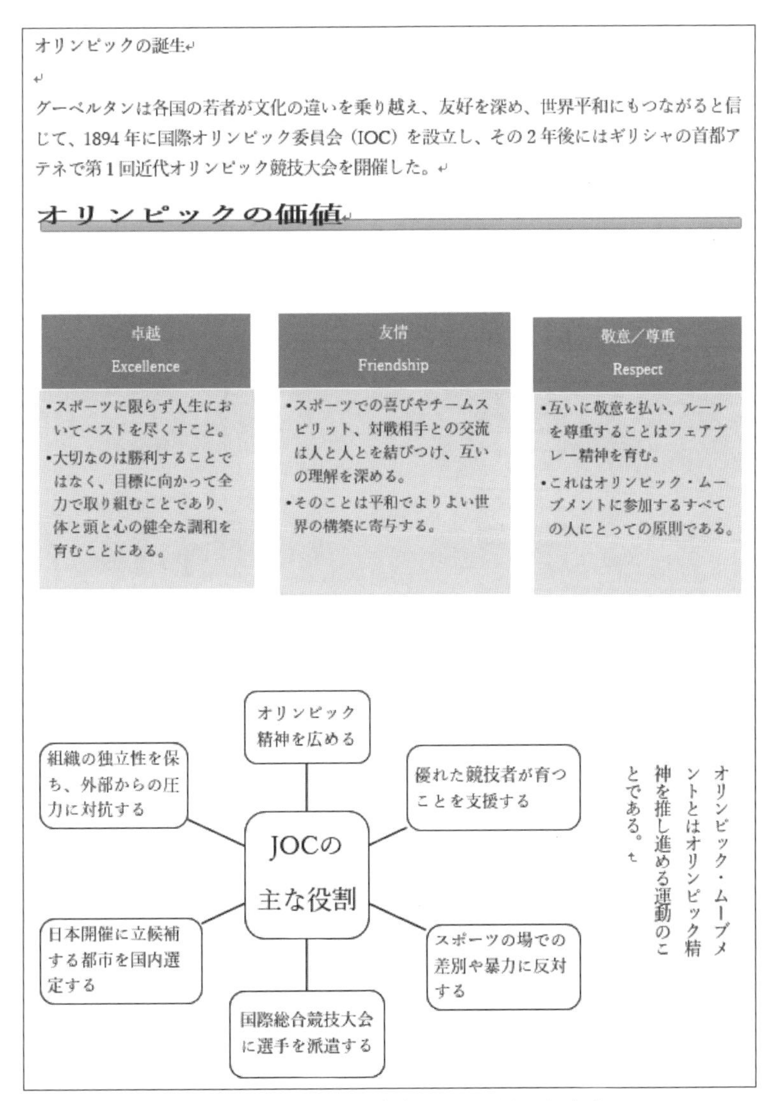
オリンピックの誕生

グーベルタンは各国の若者が文化の違いを乗り越え、友好を深め、世界平和にもつながると信じて、1894 年に国際オリンピック委員会（IOC）を設立し、その 2 年後にはギリシャの首都アテネで第 1 回近代オリンピック競技大会を開催した。

オリンピックの価値

卓越
Excellence
- スポーツに限らず人生においてベストを尽くすこと。
- 大切なのは勝利することではなく、目標に向かって全力で取り組むことであり、体と頭と心の健全な調和を育むことにある。

友情
Friendship
- スポーツでの喜びやチームスピリット、対戦相手との交流は人と人とを結びつけ、互いの理解を深める。
- そのことは平和でよりよい世界の構築に寄与する。

敬意／尊重
Respect
- 互いに敬意を払い、ルールを尊重することはフェアプレー精神を育む。
- これはオリンピック・ムーブメントに参加するすべての人にとっての原則である。

JOCの主な役割
オリンピック精神を広める
優れた競技者が育つことを支援する
スポーツの場での差別や暴力に反対する
国際総合競技大会に選手を派遣する
日本開催に立候補する都市を国内選定する
組織の独立性を保ち、外部からの圧力に対抗する

オリンピック・ムーブメントとはオリンピック精神を推し進める運動のことである。

図 3.4.1　例題─オブジェクトを使った文書

3.4.1　テキストボックスの利用と編集

テキストボックスは，行と行の中間などカーソルを置けない箇所に文字を入力する場合に利用する。テキストボックスには横書きと縦書きがあり，これらを利用することで例題のように横書きと縦

書きが混在した文書を作成することができる。ここではテキストボックスの枠線の編集，効果，テキストボックスに入力された文字の行間について学習する。

テキストボックスを選択するとツールバーに〔描画ツール・書式〕タブが表示される。図形に関する編集はこのタブから設定する。テキストボックス内の文字の編集は〔ホーム〕タブから行う。

操作 3.4.1　テキストボックス枠線の編集

〔図形のスタイル〕グループの〔図形の枠線〕をクリックする（図 3.4.2）。

1．枠線の線種を変更する場合は，［太さ］または［実践／点線］から指定する。

2．枠線を消去する場合は，［枠線なし］をクリックする。

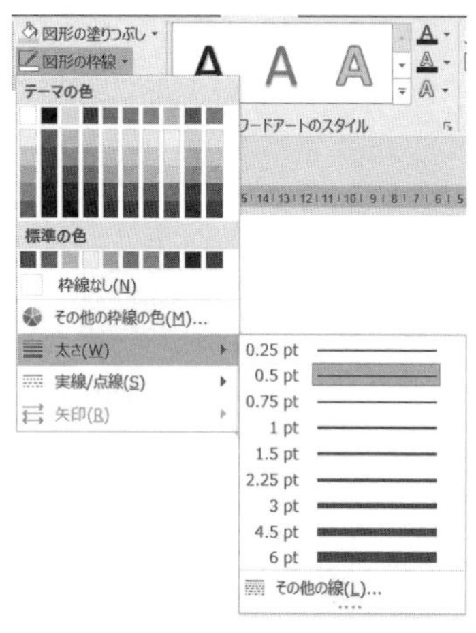

図 3. 4. 2　図形の枠線の編集

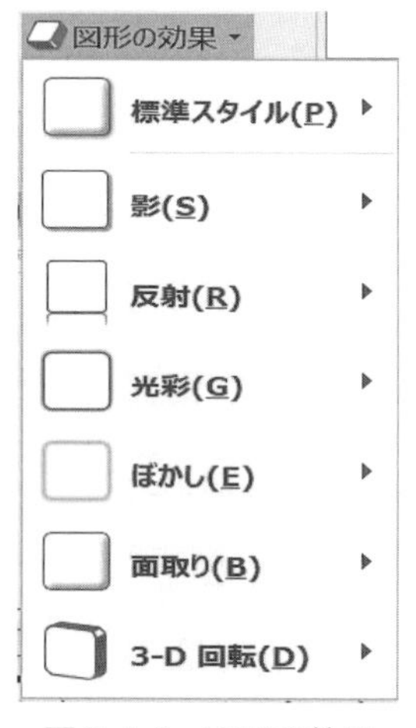

図 3. 4. 3　図形の効果

操作 3.4.2　図形の効果

1．効果を設定する図（テキストボックス）を選択する。

2．〔図形のスタイル〕グループの〔図形の効果〕をクリックし，一覧から該当の効果をクリックする（図 3.4.3）。

操作 3.4.3　テキストボックスの行間の変更

段落を選択する（すべての段落が対象の場合は，テキストボックスを選択する）。

1．〔ホーム〕タブの〔段落〕グループの〔行と段落の間隔〕をクリックする（図 3.4.4）。

2．表示された一覧から該当の行間をクリックする。ない場合は［行間のオプション］をクリックし段落画面を表示する。

3．［間隔］の［行間］をクリックし，［固定値］を選択する。

4．間隔の値を指定して［OK］をクリックする。

図 3.4.4　テキストボックスの行間の変更

3.4.2　図形の編集と移動

文字と図形または複数の図形を組み合わせて作成する場合，最後に書いた図形が一番手前に表示される。図 3.4.5 は図形を描いてから，図形と重なるように「あいうえお」と文字を入力したものである。文字の一部が表示されていないのは，図形に「塗りつぶし」が設定されているからである。図 3.4.6 の左図は四角形，ひし形の順で描いたものである。ひし形を背後に移動すると右図となる。

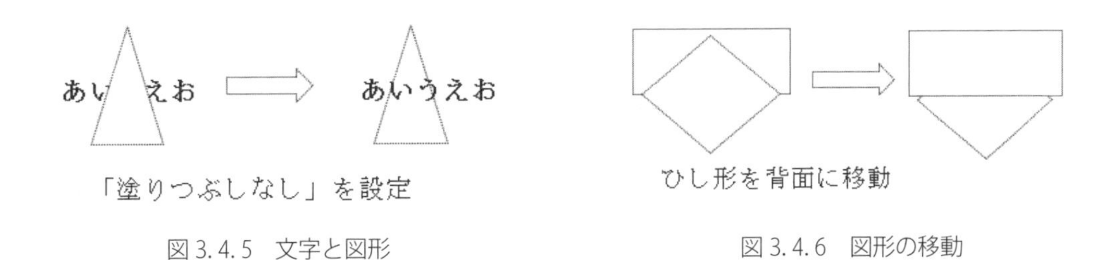

図 3.4.5　文字と図形

図 3.4.6　図形の移動

操作 3.4.4　図形の塗りつぶし

1．該当の図形を選択し，〔描画ツール・書式〕タブの〔図形のスタイル〕グループにある〔図形の塗りつぶし〕▼をクリックする。
2．［テーマの色］から該当の色を選択する。または〔塗りつぶしなし〕を選択する。

操作 3.4.5　図形の移動

1．移動する図形を選択し，〔描画ツール・書式〕タブの〔配置〕グループにある〔前面へ移動〕▼，または〔背面へ移動〕▼をクリックし，移動方法を選択する。

3.4.3　SmartArt

SmartArtには，リスト，手順，循環など8種類のレイアウトが用意されている。作成方法については第1章を参照する。ここでは，SmartArtで作成した図を効果的に編集する手法を学ぶ。SmartArtの図を選択すると〔SmartArtツール〕の〔デザイン〕タブと〔書式〕タブが表示される。このタブで編集を行うが，文字の変更は〔ホーム〕タブのフォントから行う。

図3.4.7　SmartArtグラフィックの作成手順

操作3.4.6　SmartArtのデザイン

1.〔SmartArtツール・デザイン〕タブを開く。
2.〔SmartArtのスタイル〕から選択する。また〔色の変更〕から選択する。

図3.4.8の左図は「ボックス循環」であり，右図は色の変更を「ベーシック」にデザイン変更した状態である。それぞれの図に文字を入力すると，図の大きさに合わせてフォントサイズが変更される。

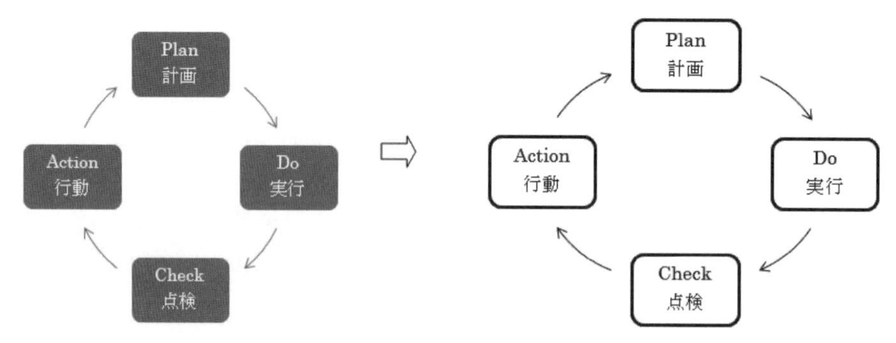

図3.4.8　SmartArtのデザイン変更

SmartArtの図形の文字のフォントサイズは〔ホーム〕タブから変更できる。SmartArt全体を選択した状態の場合，すべての図形の文字の大きさが同時に変更できる。図3.4.9左図はフォントサイズを変更した状態であり，右図はフォントサイズに合わせ図形のサイズを調整した状態である。図を選択して表示されるハンドルからもサイズ変更はできるが，すべての図形を統一する場合は次の方法で行う。中央の「PDCAサイクル」の文字はテキストボックスを利用する。

操作 3.4.7　SmartArt の図形のサイズ変更

1．〔SmartArt ツール・書式〕タブを開く。
2．図形を選択して〔サイズ〕▼をクリックし，サイズを指定する。

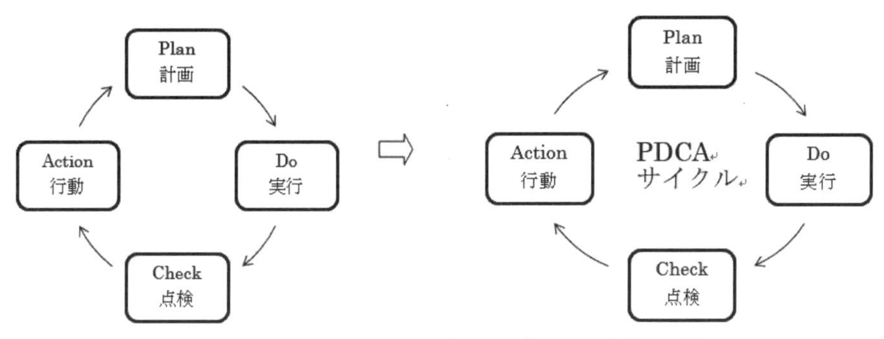

図 3.4.9　SmartArt のフォントサイズの変更とサイズ変更

操作 3.4.8　SmartArt の削除

1．SmartArt を選択する。
2．Delete キーを押す。

例題 3.4.1　Word 新規ファイルを開き，図 3.4.1 の完成図を参考に完成させ，ファイル名「オリンピックの誕生」で保存する。フォントサイズや図形のサイズは A 4 用紙 1 枚におさまるように調整する。

1）「オリンピックの価値」の文字と図形「四角形：角丸四角形」で図形の移動を利用し作成する。
2）SmartArt「横方向箇条書きリスト」：リストを利用して作成する。
3）JOC の主な役割は SmartArt「放射ブロック」：循環を利用して作成する。
4）図形「縦書きテキストボックス」を利用して縦書き文書を作成する。その際，文字に合わせて図形のサイズを変更する。
5）A 4 用紙 1 枚であることを確認し，ヘッダーに名前と学籍番号を設定する。
6）上書き保存を行う。

3.4.4　ワードアート

文字に装飾を加えるワードアートについて学習する。ワードアートを選択すると〔描画ツール・書式〕タブが表示され，〔ワードアートのスタイル〕グループからスタイルの変更や文字の効果や色の設定などの編集ができる。

ワードアートの文字のサイズ変更は〔ホーム〕タブから行う。〔ワードアートのスタイル〕から〔文字の効果〕で〔変形〕（図 3.4.10）から指定した場合はハンドルのドラッグでフォントサイズの変更ができる。

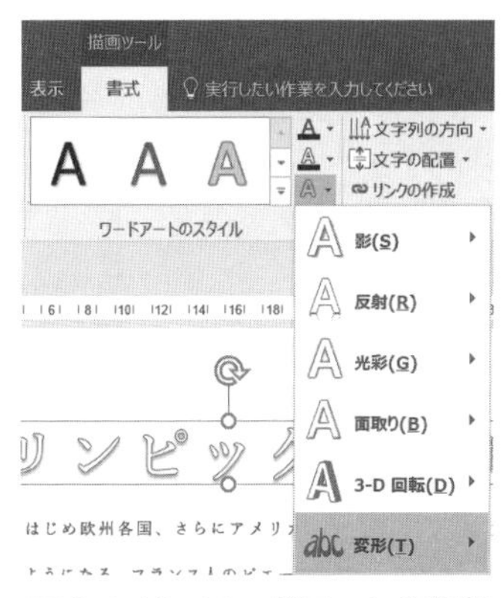

図 3.4.10　ワードアートの編集

操作 3.4.9　ワードアートの削除

1．ワードアートを選択して，Delete キーを押す。

3.4.5　ドロップキャップ

ドロップキャップとは段落の先頭文字を指定された行数分に大きく表示する機能である。

操作 3.4.10　ドロップキャップの設定

1．ドロップキャップを指定する段落にカーソルを置く。
2．〔挿入〕タブの〔テキスト〕グループの〔ドロップキャップ〕▼をクリックする。
3．〔ドロップキャップのオプション〕を選択する（図 3.4.11）。
4．ドロップキャップ画面から〔位置〕と〔ドロップする行数〕〔本文からの距離〕を指定する。
5．〔OK〕をクリックする。

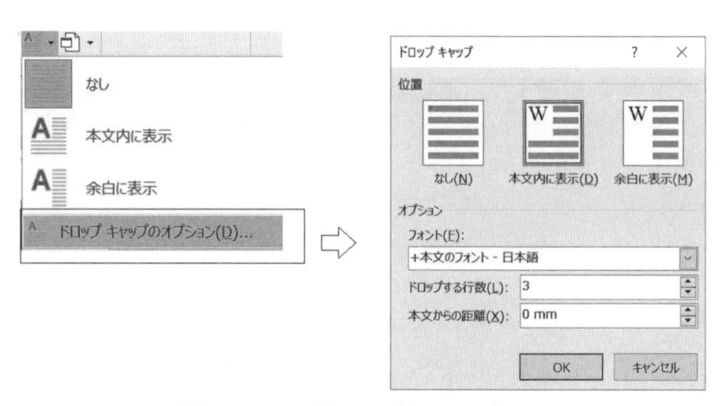

図 3.4.11　ドロップキャップ画面

例題 3.4.2　例題 3.4.1 で保存した「オリンピックの誕生」ファイルを開き，以下の処理を行う。図 3.4.12 が編集後となる。

1）「オリンピックの誕生」を選択し，ワードアート「塗りつぶし；黒、文字色 1；影」を設定する。
2）ワードアートに文字列の折り返し「上下」を設定後，中央に表示する。
3）本文の最初の段落にドロップキャップを設定する。　ドロップする行数：2　本文からの距離：3mm

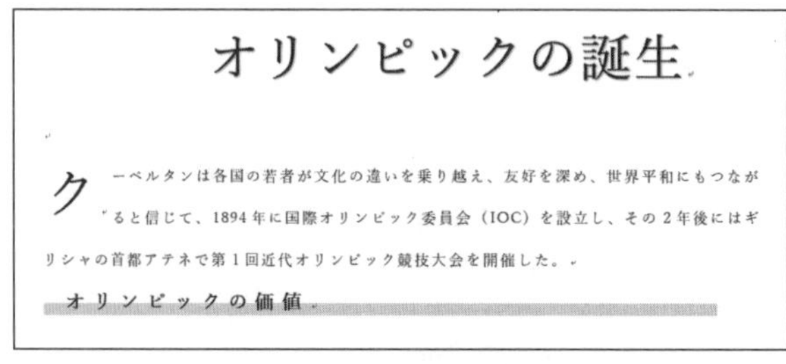
オリンピックの誕生

クーベルタンは各国の若者が文化の違いを乗り越え、友好を深め、世界平和にもつながると信じて、1894 年に国際オリンピック委員会（IOC）を設立し、その 2 年後にはギリシャの首都アテネで第 1 回近代オリンピック競技大会を開催した。

オリンピックの価値

図 3.4.12　例題の編集

練習問題 3.4　URL：http://www.kyoritsu-pub.co.jp/bookdetail/9784320124295 参照

ビジネス文書の基本的な書き方（社外文書）

社外文書は用件や結論を先に書き，内容を簡潔に伝える。

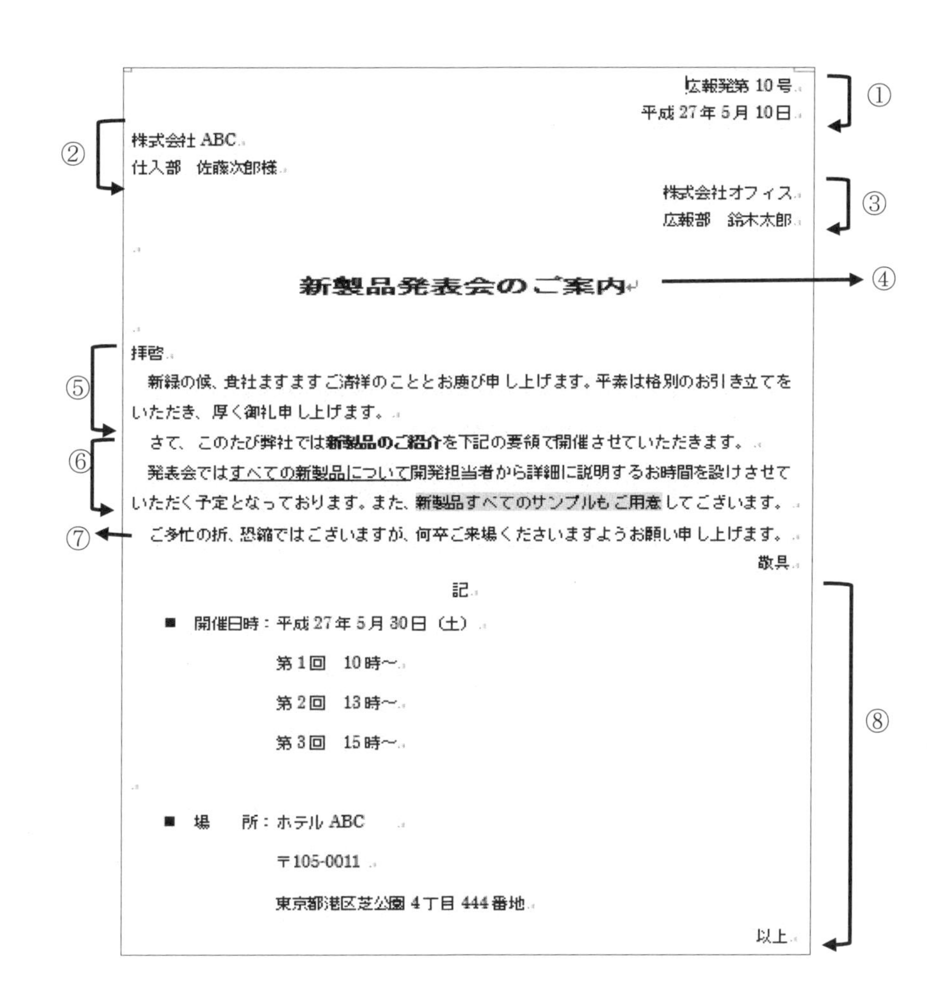

広報発第 10 号
平成 27 年 5 月 10 日

株式会社 ABC
仕入部　佐藤次郎様

株式会社オフィス
広報部　鈴木太郎

新製品発表会のご案内

拝啓
　新緑の候、貴社ますますご清祥のこととお慶び申し上げます。平素は格別のお引き立てをいただき、厚く御礼申し上げます。
　さて、このたび弊社では**新製品のご紹介**を下記の要領で開催させていただきます。
　発表会ではすべての新製品について開発担当者から詳細に説明するお時間を設けさせていただく予定となっております。また、新製品すべてのサンプルもご用意してございます。
　ご多忙の折、恐縮ではございますが、何卒ご来場くださいますようお願い申し上げます。
敬具

記

■　開催日時：平成 27 年 5 月 30 日（土）
　第 1 回　10 時～
　第 2 回　13 時～
　第 3 回　15 時～

■　場　　所：ホテル ABC
　〒105-0011
　東京都港区芝公園 4 丁目 444 番地

以上

①　文書番号，発信日・・文書番号は文書を参照する際にあると便利。省略する場合もある。
　　発信日は和暦または西暦で記入する。
②　宛先・・会社名や部署名，肩書，氏名，敬称を左側に記入する。企業や組織の場合は「御中」（○× 株式会社　御中）。個人の場合は「様」。複数人の場合は「各位」。
③　発信者・・発信者の会社名，部署名，肩書，氏名を右側に記入する。
④　文書名・・文書の内容がわかるタイトルを付ける。
⑤　前文・・頭語　時候の挨拶，安否の挨拶，感謝の挨拶の順番で記入する。
⑥　主文（本文）・・起こし言葉から始める。用件を示す。
⑦　末文・・用件を再度強調する，返事を求めるなどで締めくくる。頭語に対する結語。
⑧　別記・・「記」で始まり「以上」で締めくくる。箇条書きで記入する。

3.5　外国語の入力

日本語や英語のほかにフランス語，ドイツ語など 140 以上の言語が利用できる。多言語で文書を入力するには，**言語の追加**を行う必要がある。言語の追加をすると同時に対象言語のキーボードのレイアウトも追加される。設定の詳細については第 1 章 1.10.3 を参照する。ここでは，入力時のスペルチェックおよびハイフネーションについて学習する。

3.5.1　スペルチェック

入力した単語にスペルミスがあると赤い波線が表示される。これは Word のスペルチェックの機能が設定されているためである。赤い波線が表示された場合，その単語を右クリックすると正しいスペルの単語候補が表示されるので，一覧から選択すると修正される。

操作 3.5.1　スペルチェックの設定

1.〔ファイル〕タブの〔オプション〕をクリックする。
2.〔Word オプション〕画面の〔文書校正〕をクリックする（図 3.5.1）。
3.〔Word のスペルチェックと文書校正〕の各項目から設定する（図 3.5.2）。
〔OK〕をクリックする。

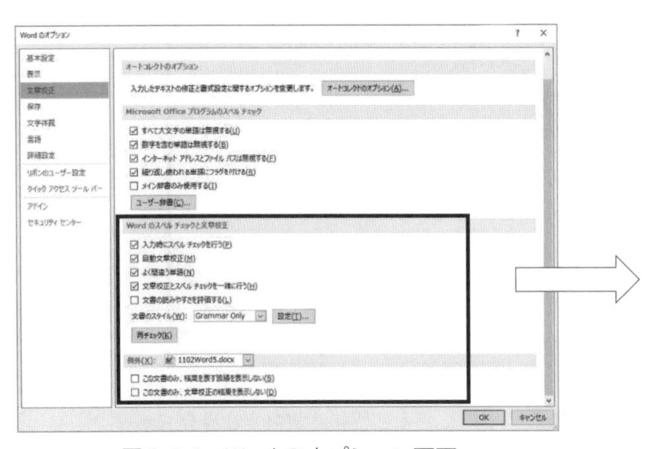

図 3.5.1　Word のオプション画面

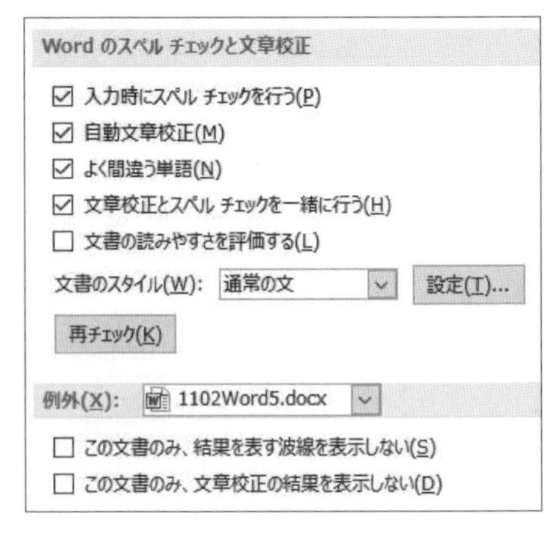

図 3.5.2　スペルチェックの設定

3.5.2　ハイフネーション

Word の初期設定ではハイフネーションは無効となっている。単語の途中で改行するのではなく次の行に移動される。自動的に挿入される設定と任意で設定する方法がある。

操作 3.5.2　ハイフネーション

1.〔レイアウト〕タブから〔ページ設定〕グループの〔ハイフネーション〕▼をクリックする。
2.〔なし〕〔自動〕〔任意指定〕から選択する。

3.6　差し込み印刷

定型文書の作成，同じ文面で宛先だけ違う文書の作成，はがきの宛名を住所録から読み込んで印刷する方法を学ぶ。この節では，操作の一環として使用する住所録を Word で作成するが，すでに Excel などで作成してある住所録の利用も可能である。

3.6.1　はがきの作成

暑中見舞いのはがきを作成してみよう。Word では定型文書の１つとして，ウィザードを利用して簡単に作成できる。ウィザードは，画面で指定された部分をクリックで選択，入力など画面の指示通り作業をすることにより目的の結果が得られる便利な機能である。完成した文書は，はがき文面印刷タブを利用して修正できるが，通常の文書と同様に編集してもよい。

操作 3.6.1　暑中見舞いはがきの作成

1.〔差し込み文書〕タブの〔作成〕グループの〔はがき印刷〕をクリックする。
2.メニューで〔文面の作成〕をクリックする。図 3.6.2 のはがき文面印刷ウィザードが表示される。
   ウィザードの中では，〔次へ >〕と〔< 戻る〕で画面を切り替え，必要な設定をする。
3.はがきの文面で，「暑中／残暑」を選択する。
4.適当なレイアウト，題字のデザイン，イラスト，あいさつ文を選択する。
5.差出人情報を入力して，〔次へ >〕をクリックする。
6.〔完了〕をクリックする。完成文書のはがきの文面が表示される。

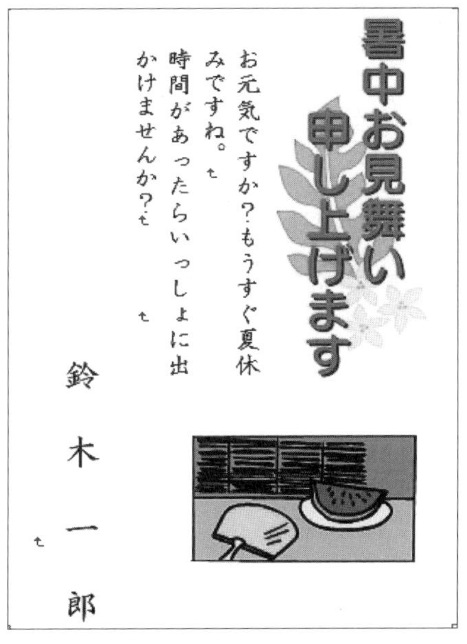

図 3.6.1　暑中見舞いのはがき完成文書

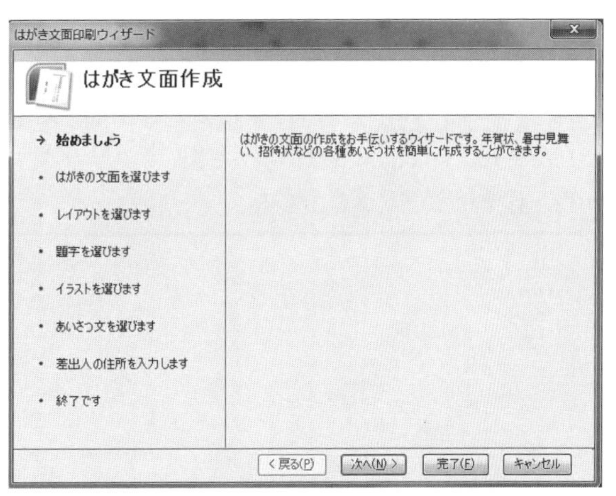

図 3.6.2　はがき文面ウィザードの開始画面

3.6.2　差し込み印刷

この項では，図 3.6.1 で「お元気ですか」の前に，名簿を利用して名前を設定する差し込み印刷の機能を学習する。

操作 3.6.2　差し込み印刷（ウィザードの利用）

1. 〔差し込み文書〕タブの〔差し込み印刷の開始〕グループの〔差し込み印刷の開始〕をクリックする。
2. 表示されるメニューから〔差し込み印刷ウィザード〕をクリックする。作業ウィンドウに差し込み印刷ウィザードが表示される（図 3.6.4）。
3, 「手順 1/6」で，「レター」をクリックして「選択」する。選択されると選択肢の左の○が◉になる（以下同様）。
4. 〔→次へ：ひな形の選択〕をクリックする。
5. 「手順 2/6」で，「現在の文書を使用する」をクリックしてから〔→次へ：宛先の選択〕をクリックする。
6. 「手順 3/6」で，住所録がすでにある場合は「既存のリストを使用」，ない場合は「新しいリストの入力」をクリックする。「既存のリストを使用」を選択すると，アドレス帳を指定するよう表示されるので，〔参照〕をクリックして住所録のファイルの選択をする。「新しいリストの入力」を選択した場合は，操作 3.6.3 に示す。
7. 〔→次へ：レターの作成〕をクリックする。
8. 「手順 4/6」は，操作不要。〔→次へ：レターのプレビュー表示〕をクリックする。
9. 「手順 5/6」で，図 3.6.3 に示すように，はがき文書 1 行目の行頭をクリックしてから，〔差し込み文書〕タブの〔文章入力とフィールドの挿入〕グループの〔差し込みフィールドの挿入〕をクリックして，表示の〔フィールド〕で「名」と [挿入] をクリックする。続けて「敬称」と [挿入] をクリックする。
10. [閉じる] をクリックする。
11. 指定したアドレス帳のうちの 1 つの敬称つき名前が表示されるので確認する。
12. [<<] と [>>] をクリックして，他のデータも確認する。
13. 〔→次へ：差し込み印刷の完了〕をクリックする。
14. 作業ウィンドウを閉じる。

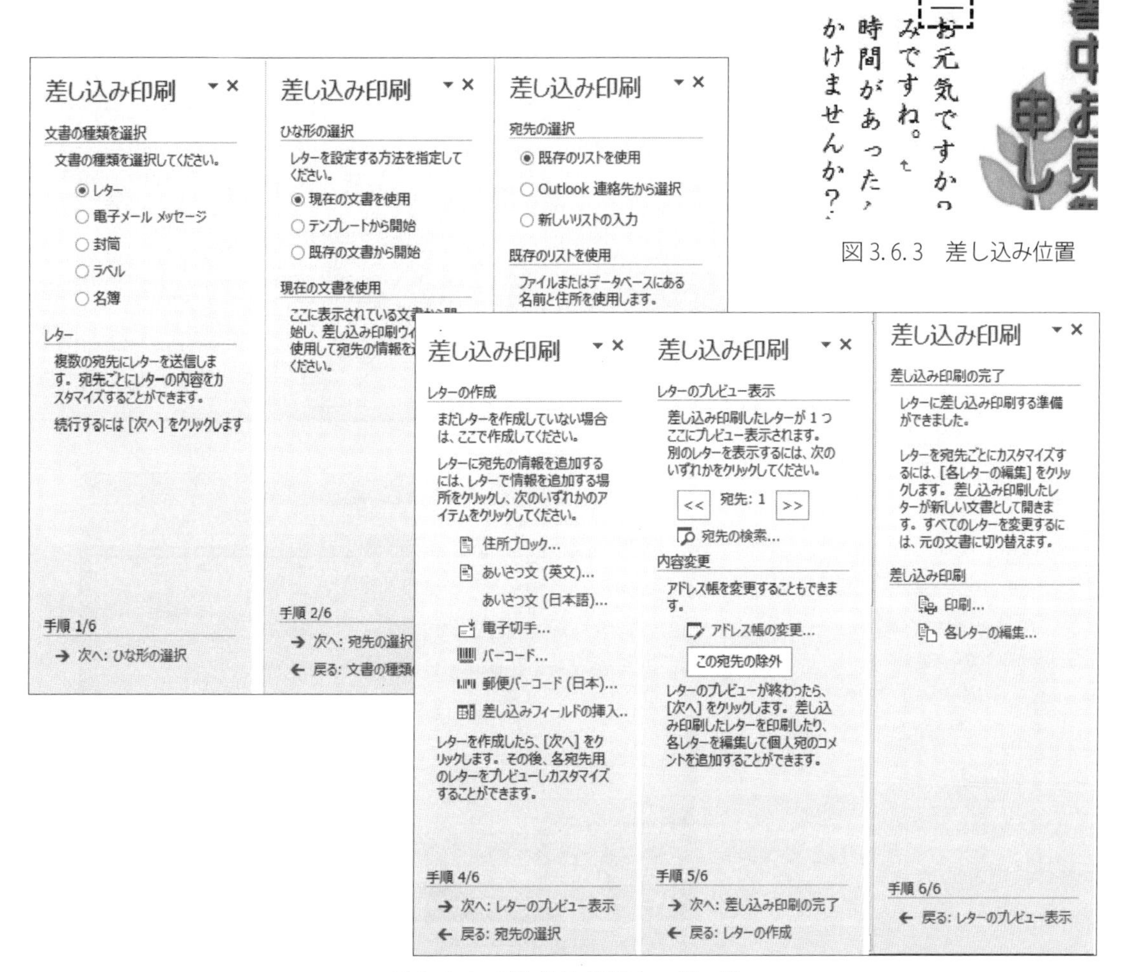

図3.6.3　差し込み位置

図3.6.4　差し込み印刷ウィザード

3.6.3　Word で住所録を作成

差し込み印刷ウィザードの手順の一環として作成する住所録の作成方法を示す。操作3.6.2の手順6で，〔新しいリストの入力〕をクリックした次からの操作である。操作3.6.3の手順が完了すると，操作3.6.2の手順7へ進む。

操作 3.6.3　住所録の作成

1. 手順3/6で，〔新しいリストの入力〕，次に〔作成〕をクリックする（図3.6.5）。
2. 「新しいアドレス帳」が表示されるので，〔ふりがな（姓）〕，〔姓〕，〔ふりがな（名）〕，〔名〕，〔敬称〕のセルにデータを入力する。
3. 〔新しいエントリ〕をクリックして次のデータを入力する。最低3人分作成し，〔OK〕をクリックする（図3.6.6）。
4. 「名前をつけて保存する」画面になるので，フォルダ名を正しく指定しファイル名を「差し込み用住所録」，ファイルの種類をMicrosoft officeアドレス帳にして保存する。
5. 「差し込み印刷の宛先」として作成したリスト（図3.6.7）が表示されるので〔OK〕をクリックする。

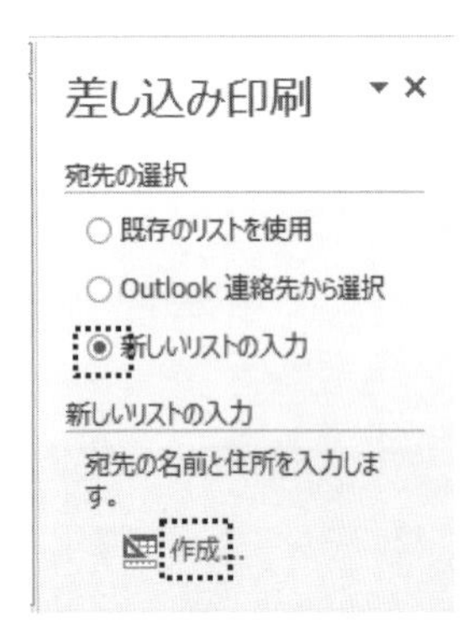

図 3.6.5　新しい住所録作成

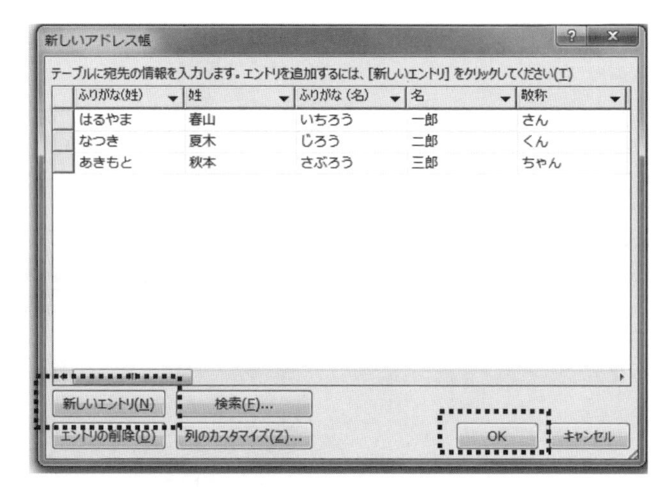

図 3.6.6　新しいアドレス帳の入力例

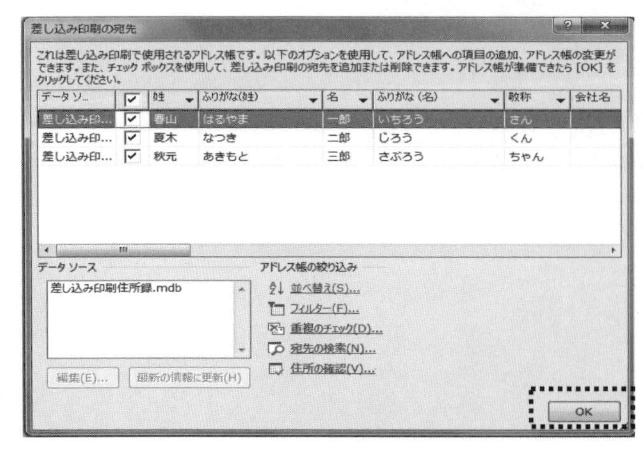

図 3.6.7　差し込み印刷の宛先

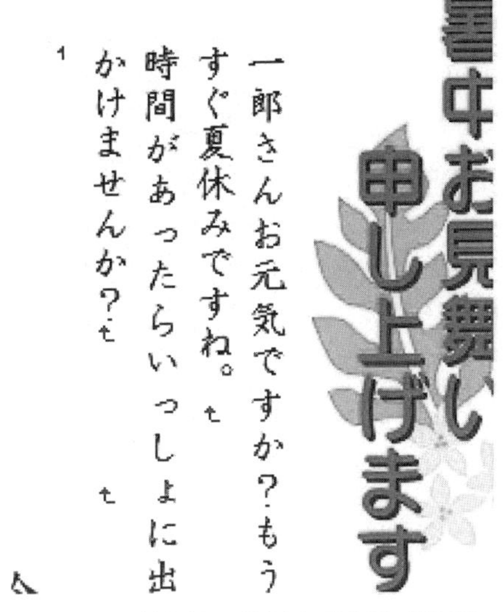

図 3.6.8　差し込み印刷完成文書（部分）

先にクリックで指定しておいた位置に，住所録から名前と敬称が差し込まれた。完成後，レイアウトを再度確認してから印刷するとよい。

3.6.4　差し込みの削除

操作 3.6.4　差し込みの削除

1．不要な差し込みの先頭をクリックする。
2．Delete キーを 2 回押す。

3.6.5　はがきの宛名印刷

3.6.1 でははがきの文面を作成したが，宛先を住所録から印刷する方法を学ぶ。

操作 3.6.5　はがきの宛名面の作成（ウィザードの利用）

1．〔差し込み文書〕タブの〔作成〕グループの〔はがき印刷〕をクリックする。
2．メニューで〔宛名面の作成〕をクリックする。
3．手順に従って，種類，縦書き／横書き，書式を設定していく。
4．「差出人の住所を入力します」の氏名欄を入力する（図 3.6.9）。
5．「差し込み印刷の指定」で，〔参照〕をクリックしてから住所録ファイルを指定する（図 3.6.10）。
6．〔完了〕をクリックすると，1 人目の宛先が表示される。

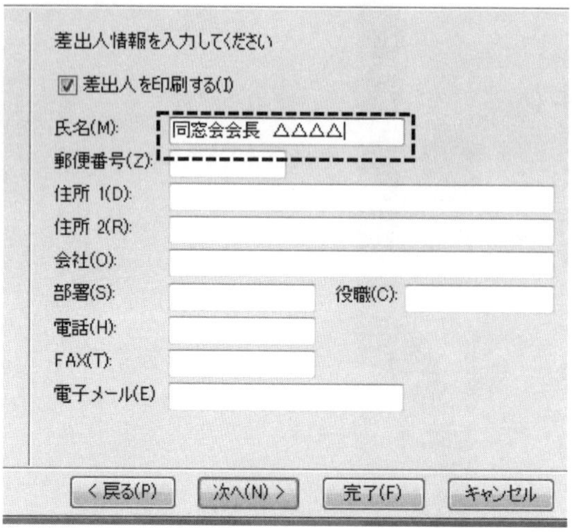

差出人情報を入力してください
☑ 差出人を印刷する(I)
氏名(M): 同窓会会長　△△△△
郵便番号(Z):
住所 1(D):
住所 2(R):
会社(O):
部署(S):　役職(C):
電話(H):
FAX(T):
電子メール(E)
< 戻る(P)　次へ(N) >　完了(F)　キャンセル

図 3.6.9　差出人の住所を入力の設定

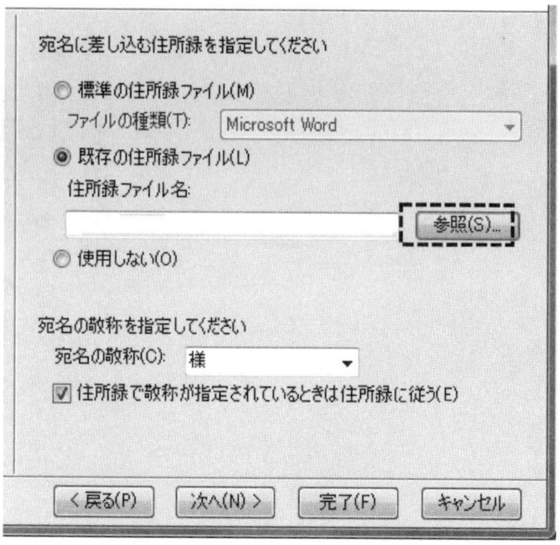

宛名に差し込む住所録を指定してください
◎ 標準の住所録ファイル(M)
ファイルの種類(T): Microsoft Word
◉ 既存の住所録ファイル(L)
住所録ファイル名:
参照(S)...
◎ 使用しない(O)
宛名の敬称を指定してください
宛名の敬称(C): 様
☑ 住所録で敬称が指定されているときは住所録に従う(E)
< 戻る(P)　次へ(N) >　完了(F)　キャンセル

図 3.6.10　差し込み印刷を指定の設定

ウィザードを完了すると，新しい文書として図 3.6.12 が表示される。〔差し込み文書〕タブの〔結果のプレビュー〕グループの送りボタンを利用して他のデータを確認する。ここでは，住所録データに住所を入力していないので表示されていない。大学の所在地などの住所を入力してから再度操作してみてほしい。差出人のデータについても同様である。

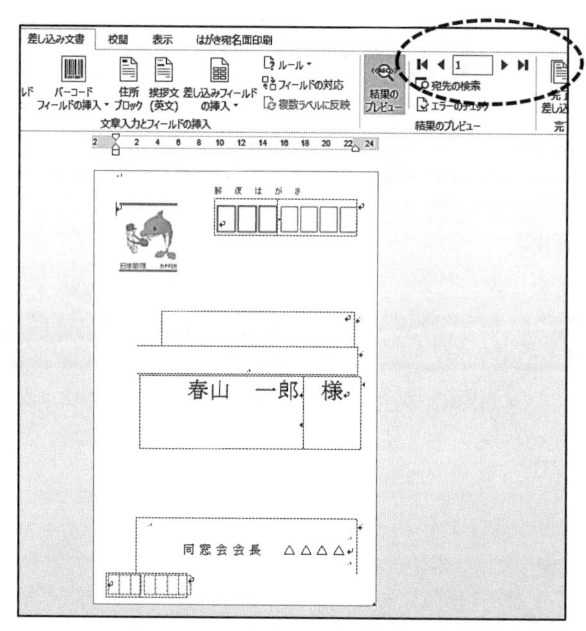

図 3.6.11　宛名面が完成した文書

練習問題 3.6　URL：http://www.kyoritsu-pub.co.jp/bookdetail/9784320124295 参照

3.7　数式の利用

この節では，数式の作成方法を学習する。Word には，文書にドロップできる組み込みの数式が用意されている。ユーザー独自の数式を一から作成する場合は，「数式ツール」を利用する。

操作 3.7.1　一から数式の作成

1．〔挿入〕タブの〔記号と特殊文字〕グループの〔数式〕の▼ボタンをクリックする。
2．組み込みの数式を利用する場合は，ギャラリーから目的の数式を選ぶ。一から作成する場合は，ギャラリーの下部にある〔新しい数式の挿入〕を選択する（図 3.7.1）。
3．文書中に数式の挿入場所が現れ，リボンのところに「数式ツール」が表示される（図 3.7.2）。
4．〔デザイン〕タブの〔構造〕グループから作成したい数式の構造を選び，〔記号と特殊文字〕グループから必要な記号などを選択する。

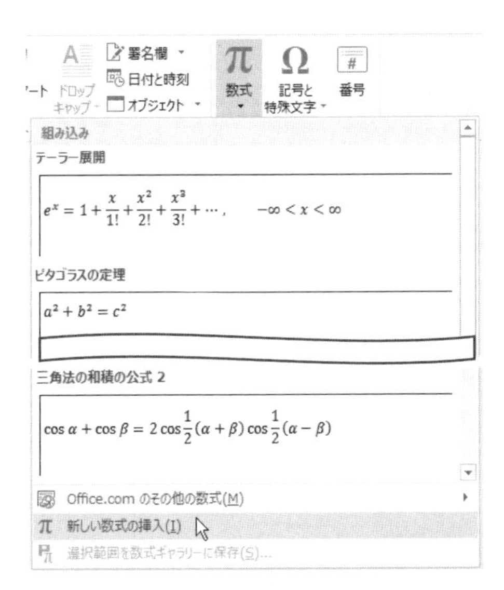

図 3.7.1　新しい数式の挿入

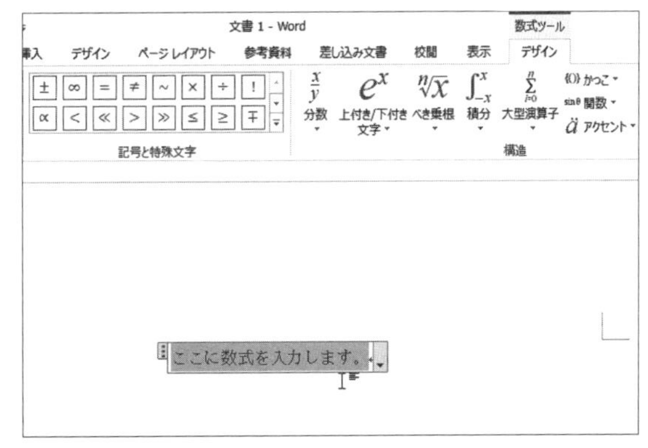

図 3.7.2　数式ツール

練習問題 3.7.1　URL：http://www.kyoritsu-pub.co.jp/bookdetail/9784320124295 参照

3.8 長文の作成

複数枚以上の文書には欠かせない**ページ番号の挿入**，章番号や節番号などの書式を統一する**スタイル**機能，目次の作成，さらに専門用語など補足説明が必要な箇所に付ける**脚注**について学習することを目的とする。また文言の変更などに利用する検索機能や置換機能についても学習していく。

ここまでの節で学習してきた，文字の編集，段落の編集，ページレイアウトの確認をしつつ，ページ構成となる**セクション**機能についても触れていく。例題問題は図 3.8.2 を完成文書として図 3.8.1 の流れで学習する。図 3.8.5 は原文である。

図 3.8.1　長文作成の流れ

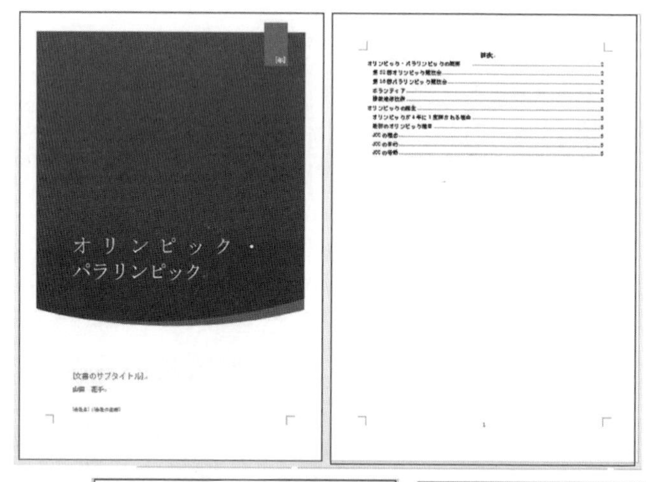

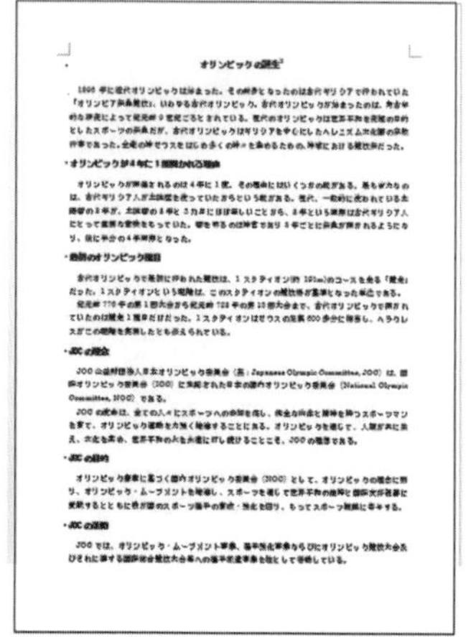

図 3.8.2　長文の完成

3.8.1　スタイルの設定と編集

フォントやフォントサイズ，色，配置などの組み合わせを**スタイル**として設定することができる。〔ホーム〕タブの〔スタイル〕グループにはあらかじめ〔見出し 1〕〔見出し 2〕など図 3.8.3 のように何種類か用意されている。〔見出し 1〕〔見出し 2〕〔見出し 3〕など文書を構成するレベルに合わせて段落に設定しておくと，そのレベルにより目次作成も可能となる。

これらのスタイルの書式は自由に変更できる。文書にスタイルを設定した後にスタイルの書式を変更すると，該当スタイルを指定したすべての箇所も同時に変更される。

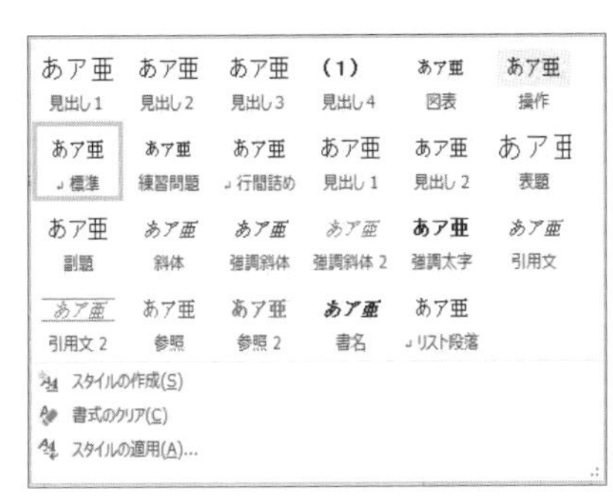

図 3.8.3　〔ホーム〕タブの〔スタイル〕

図 3.8.4　スタイルの変更

操作 3.8.1　スタイルの設定

1. スタイルを設定する段落にカーソルを移動する。
2. 〔ホーム〕タブの〔スタイル〕グループの▼をクリックする。
3. 一覧から該当スタイル名をクリックする（図 3.8.3）。

操作 3.8.2　スタイルの編集

1. スタイル名を右クリックし，〔変更〕をクリックする。
2. スタイルの変更画面から設定する。左下の〔書式〕をクリックするとさらに詳細な設定ができる（図 3.8.4）。
3. 〔OK〕をクリックする。

例題 3.8.1　図 3.8.5 の文書を入力し，ファイル名「2020 年東京大会」で保存する。ページ設定は余白：下 30mm，上左右 25mm，文字数：43，行数：41 とする。**フォントは MS 明朝 10.5 ポイント**で入力する。※左側の番号は編集用に使用する行番号である。ステータスバーを右クリックから行番号が表示できる。

1　2020年東京オリンピック・パラリンピック
2　をテーマに、最新技術と日本の伝統文化の演出を行う
3　
4　2020年東京オリンピック構想は 2020年夏季オリンピックおよび第 16 回パラリンピック競技大
5　会を東京都に招致する構想だ。2013 年 9 月 7 日にブエノスアイレスで開かれた第 125 次 IOC 総
6　会で東京が開催都市に選ばれた。開閉会式は 8 万人収容スタジアムへの建て替え計画がすでに進
7　められている国立競技場で行われる。
8　
9　オリンピック・パラリンピックの概要
10　第 32 回オリンピック競技会
11　日時　　2020 年（平成 32 年）7 月 24 日（金）～8 月 9 日（日）
12　競技数　28 競技
13　選手数　約 11,000 人
14　チケット販売数　約 780 万枚
15　第 16 回パラリンピック競技会
16　日時　　2020 年（平成 32 年）8 月 25 日（火）～9 月 6 日（日）
17　競技数　22 競技
18　選手数　約 4,000 人
19　チケット販売数　約 230 万枚
20　
21　ボランティア
22　オリンピックボランティアは、「オリンピックは競技者だけのものではない」との国際オリンピッ
23　ク委員会の考え方を反映したものである。
24　東京都ではオリンピック運営を直接支援するボランティアとは別に、増加が見込まれる外国人観
25　光客に対応する観光ボランティアの体制整備も進めている。
26　情報通信技術
27　中央防波堤に造られる海の森水上競技場は閉幕後に文化環境学習センターとなる予定だ。
28　現状でも訪日旅行者から要望が高い無料無線 LAN（Wi-Fi）網の整備や、ハイテクのイメージが
29　強い日本をアピールすべくウェアラブル端末による観戦の実現などが注目される。
30　
31　レガシー3 本の柱
32　① 物理的レガシー：大会終了後に文化・教育関連の拠点とする
33　② スポーツのレガシー：スポーツを身近なものにして、健康的な毎日を促進させる
34　③ 重要な社会的及び環境関連の持続可能なレガシー：新たな緑地の創出、100 万本の植樹
35　
36　オリンピックの誕生
37　1896 年に近代オリンピックは始まった。その前身となったのは古代ギリシアで行われていた「オ
38　リンピア祭典競技」、いわゆる古代オリンピック。古代オリンピックが始まったのは、考古学的な
39　研究によって紀元前 9 世紀ごろとされている。現代のオリンピックは世界平和を究極の目的とし
40　たスポーツの祭典だが、古代オリンピックはギリシアを中心にしたヘレニズム文化圏の宗教行事
41　であった。全能の神ゼウスをはじめ多くの神々を崇めるための、神域における競技祭だった。
42　オリンピックが 4 年に 1 度開かれる理由
43　オリンピックが開催されるのは 4 年に 1 度。その理由にはいくつかの説がある。最も有力なのは、
44　古代ギリシア人が太陰暦を使っていたからという説がある。現代、一般的に使われている太陽暦
45　の 8 年が、太陰暦の 8 年と 3 カ月にほぼ等しいことから、8 年という周期は古代ギリシア人にと
46　って重要な意味をもっていた。暦を司るのは神官であり 8 年ごとに祭典が開かれるようになり、
47　後に半分の 4 年周期となった。
48　最初のオリンピック種目
49　古代オリンピックで最初に行われた競技は、1 スタディオン(約 191m)のコースを走る「競走」だ
50　った。1 スタディオンという距離は、このスタディオンの競技場が基準となった単位である。
51　紀元前 776 年の第 1 回大会から紀元前 728 年の第 13 回大会まで、古代オリンピックで開かれて
52　いたのは競走 1 種目だけだった。1 スタディオンはゼウスの足裏 600 歩分に相当し、ヘラクレス
53　がこの距離を実測したとも伝えられている。
54　JOC の理念
55　JOC 公益財団法人日本オリンピック委員会（英：Japanese Olympic Committee, JOC）は、国際
56　オリンピック委員会（IOC）に承認された日本の国内オリンピック委員会（National Olympic
57　Committee, NOC）である。
58　JOC の使命は、全ての人々にスポーツへの参加を促し、健全な肉体と精神を持つスポーツマンを
59　育て、オリンピック運動を力強く推進することにある。オリンピックを通じて、人類が共に栄え、
60　文化を高め、世界平和の火を永遠に灯し続けることこそ、JOC の理想である。
61　JOC の目的
62　オリンピック憲章に基づく国内オリンピック委員会（NOC）として、オリンピックの理念に則り、
63　オリンピック・ムーブメントを推進し、スポーツを通じて世界平和の維持と国際友好親善に貢献
64　するとともに我が国のスポーツ選手の育成・強化を図り、もってスポーツ振興に寄与する。
65　JOC の活動
66　JOC では、オリンピック・ムーブメント事業、選手強化事業ならびにオリンピック競技大会及び
67　それに準ずる国際総合競技大会等への選手派遣事業を柱として活動している。

図 3.8.5　例題 3.8.1 の文書

例題3.8.2 Word ファイル「2020年東京大会」を開けて編集を行う。行番号は図3.8.5を参照する。図3.8.6が完成図である。

1）9, 36行目に〔見出し1〕を設定する。
2）10, 15, 21, 26, 42, 48, 54, 61, 65行目に〔見出し2〕を設定する。
3）スタイル〔見出し1〕の書式をMSゴシック12pt, 太字, 中央揃えに変更する。
4）スタイル〔見出し1〕の〔書式〕▼から〔段落〕の書式を段落前は0.5行, 段落後は1行に変更する。〔見出し1〕を設定した箇所に変更が適用されていることを確認する。
5）スタイル〔見出し2〕の書式をMSゴシックの11pt, 左揃え, 段落前後は0.5行に変更する。〔見出し2〕を設定した箇所に変更が適用されていることを確認する。
6）1行目はフォントサイズ12pt, 太字, 中央揃えを設定する。
7）1行目の下に空行を入れ, ワードアートDiscover Tomorrowを挿入する。編集は任意とする。
8）2行目は挿入したワードアートの文字の下に配置し, フォントサイズ12pt, 太字, 右揃えを設定する。
9）4行目にドロップキャップを設定する。ドロップする行は2行, 本文からの距離3mmとする。
10）11～14行目, 16～19行目の「日時」「競技数」「選手数」「チケット販売数」について均等割り付けを設定する。新しい文字列の幅は「6」とする。
11）11～14, 16～19行目の左インデントを2文字増やす。
12）上書き保存を行う。

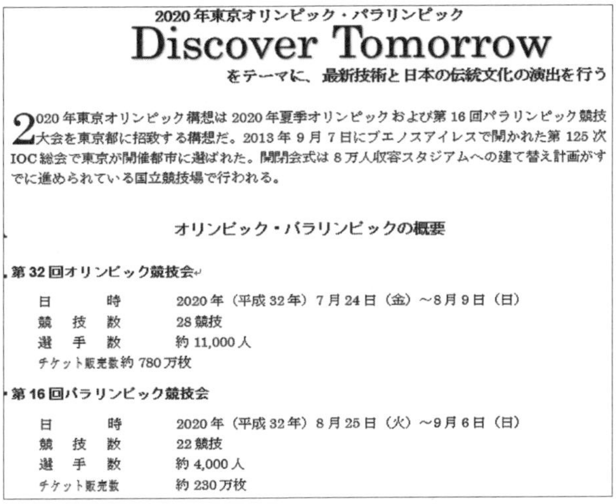

2020年東京オリンピック・パラリンピック
Discover Tomorrow
をテーマに、最新技術と日本の伝統文化の演出を行う

2020年東京オリンピック構想は2020年夏季オリンピックおよび第16回パラリンピック競技大会を東京都に招致する構想だ。2013年9月7日にブエノスアイレスで開かれた第125次IOC総会で東京が開催都市に選ばれた。開閉会式は8万人収容スタジアムへの建て替え計画がすでに進められている国立競技場で行われる。

オリンピック・パラリンピックの概要

第32回オリンピック競技会
日　　時　2020年（平成32年）7月24日（金）～8月9日（日）
競 技 数　28競技
選 手 数　約11,000人
チケット販売数約780万枚

第16回パラリンピック競技会
日　　時　2020年（平成32年）8月25日（火）～9月6日（日）
競 技 数　22競技
選 手 数　約4,000人
チケット販売数　約230万枚

図3.8.6 例題3.8.2完成図

3.8.2 ページの区切り

ページ内の途中で改ページする場合は以下の方法で設定する。

操作3.8.3 改ページ

1．改ページを行う文字の前にカーソルを移動する。
2．〔挿入〕タブの〔ページ〕グループの〔ページ区切り〕をクリックする。

3.8.3　段組み

段組みとは文書を指定された段数分を左右分けて表示する機能である。段組みを設定した段落の前後に**セクション区切り**が自動的に挿入されるため，同じ文書内で異なる書式が設定できる。

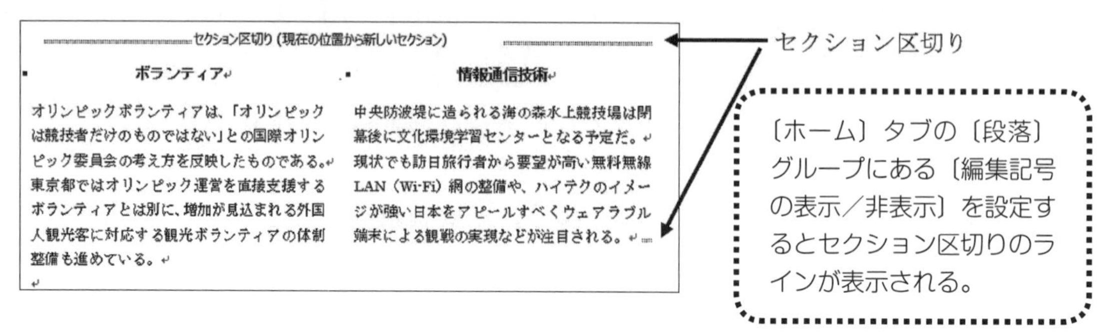

図 3.8.7　セクション区切りの確認

操作 3.8.4　段組み

1．段組みを設定する段落を範囲選択する。
2．〔レイアウト〕タブの〔ページ設定〕グループの〔段組み〕▼をクリックする。
3．一覧から〔段組みの詳細設定〕をクリックすると段組み画面が表示される（図 3.8.8）。
4．〔種類〕または〔段数〕を指定する。〔境界線を引く〕の有無を指定する。
5．〔OK〕をクリックする。

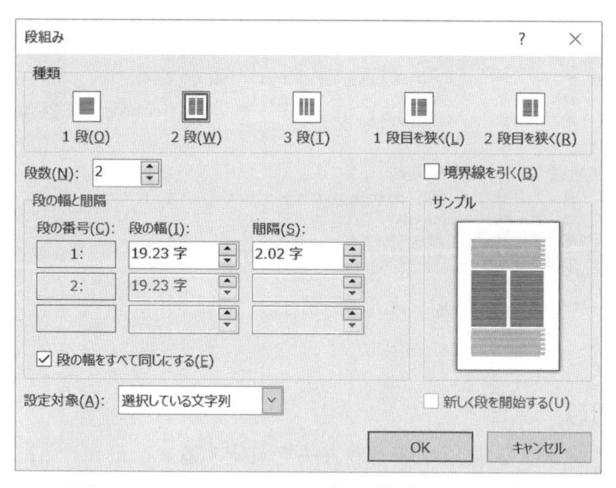

図 3.8.8　段組み画面

例題 3.8.3　Word 文書「2020 年東京大会」を開き，以下の指示に従い，図 3.8.9 の完成図を参照しながら編集する。**行番号は図 3.8.5 を参照**する。

1）21〜29 行目に 2 段組みを設定する。「ボランティア」「情報通信技術」を中央揃えに設定する。
2）32〜34 行目のフォントサイズを 10 ポイントに変更し，左インデントを増やし，行間を「固定値」で間隔は 12pt とする（図 3.8.10）。
3）2）の周辺を図形「正方形／長方形」で囲み，〔描画ツール・書式〕タブから〔塗りつぶしなし〕を設定する。
4）31 行目「レガシー 3 本の柱」のフォントを MS ゴシック，フォントサイズ 12pt に設定する。
5）上書き保存を行う。

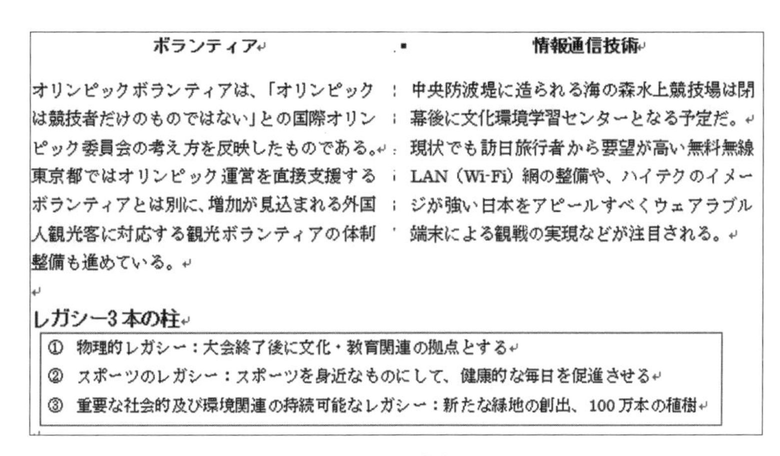
ボランティア　　　情報通信技術

オリンピックボランティアは、「オリンピックは競技者だけのものではない」との国際オリンピック委員会の考え方を反映したものである。
東京都ではオリンピック運営を直接支援するボランティアとは別に、増加が見込まれる外国人観光客に対応する観光ボランティアの体制整備も進めている。

中央防波堤に造られる海の森水上競技場は閉幕後に文化環境学習センターとなる予定だ。
現状でも訪日旅行者から要望が高い無料無線 LAN（Wi-Fi）網の整備や、ハイテクのイメージが強い日本をアピールすべくウェアラブル端末による観戦の実現などが注目される。

レガシー3 本の柱

① 物理的レガシー：大会終了後に文化・教育関連の拠点とする
② スポーツのレガシー：スポーツを身近なものにして、健康的な毎日を促進させる
③ 重要な社会的及び環境関連の持続可能なレガシー：新たな緑地の創出、100 万本の植樹

図 3.8.9　段組み

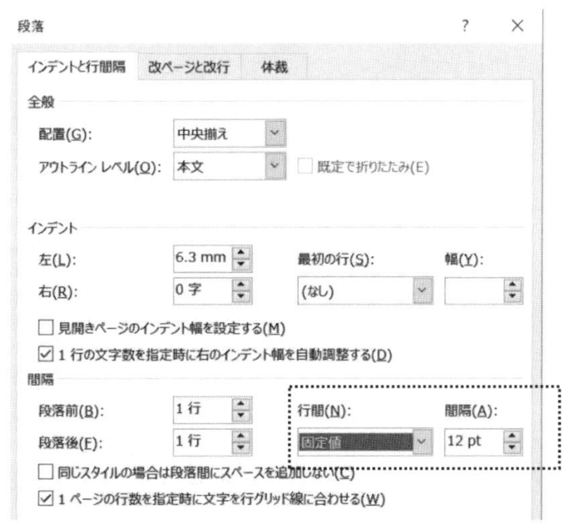

図 3.8.10　行間の設定

3.8.4　脚注

補足説明が必要な言葉には**脚注**を設定する。脚注には各ページの下部の領域に表示する脚注と文書の最終ページまたはセクションの最後にまとめて表示する**文末脚注**がある。脚注は文頭から順番に番号を付ける方法とページ単位で番号を付ける方法が指定できる。脚注の機能を利用すると，脚注を追加や削除した場合でも脚注番号は自動調整される。

操作 3.8.5　脚注

1．脚注を入れる文字の後ろにカーソルを移動する。
2．〔参考資料〕タブの〔脚注〕グループの右下の起動ボタンをクリックする。
3．脚注と文末脚注画面が表示される（図 3.8.11）。
4．〔場所〕〔書式〕を指定し，〔挿入〕をクリックする。
5．カーソルの位置と指定した場所に脚注番号が表示される。
6．脚注の内容を入力する。

操作 3.8.6　脚注の削除

1．文章中の脚注番号を削除する。

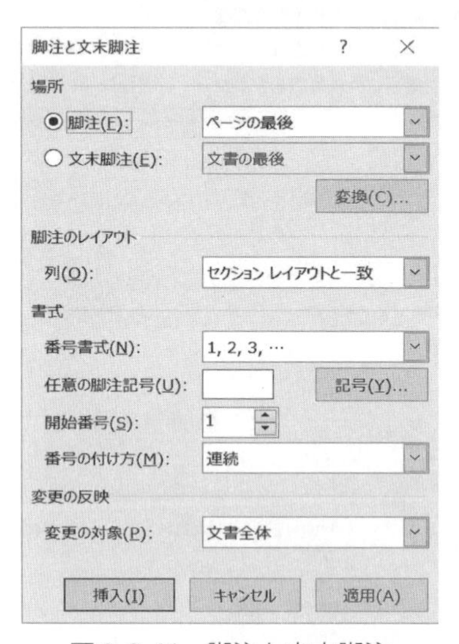

図 3.8.11　脚注と文末脚注

脚注から文末脚注に，文末脚注から脚注に，脚注の表示場所を変更できる。

操作 3.8.7　脚注の表示場所の変更

1．脚注が表示されている領域を右クリックする。
2．一覧から〔文末脚注へ移動（変換）〕または〔脚注へ移動（変換）〕をクリックする。
　〔脚注と文末脚注のオプション〕をクリックすると図 3.8.11 が表示される。

例題 3.8.4　Word 文書「2020 年東京大会」を開き，以下の指示に従い，図 3.8.12 の完成図を参照しながら編集する。

1)「レガシー 3 本の柱」に脚注を入れる。脚注内容は「Legacy of the 2012 Summer Olympic（2012 年度夏季オリンピックの遺産）参照」，フォントサイズは 9 pt とする。

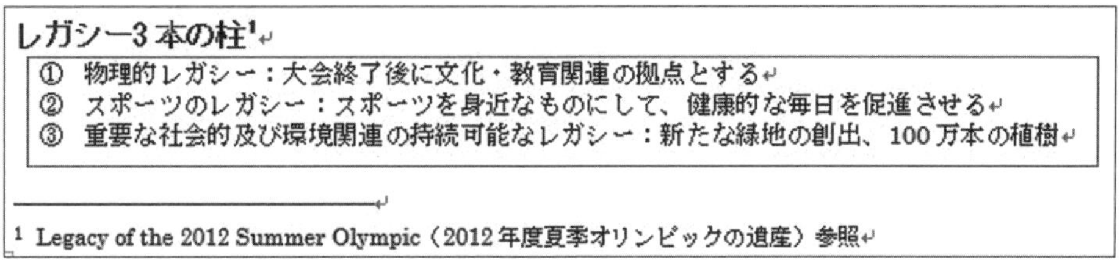

レガシー3 本の柱[1]

① 物理的レガシー：大会終了後に文化・教育関連の拠点とする
② スポーツのレガシー：スポーツを身近なものにして、健康的な毎日を促進させる
③ 重要な社会的及び環境関連の持続可能なレガシー：新たな緑地の創出、100 万本の植樹

[1] Legacy of the 2012 Summer Olympic（2012 年度夏季オリンピックの遺産）参照

図 3.8.12　例題 3.8.4

3.8.5　ページ番号

ページ番号の挿入方法と編集方法を学習する。

操作 3.8.8　ページ番号の挿入

1.〔挿入〕タブの〔ヘッダーとフッター〕グループの〔ページ番号〕▼をクリックする。
2．一覧からページ番号の表示位置をポイントし，書式を選択する。

操作 3.8.9　ページ番号の書式設定

1.〔挿入〕タブの〔ヘッダーとフッター〕グループの〔ページ番号〕▼をクリックする。
2.〔ページ番号の書式設定〕をクリックする。
3．ページ番号の書式画面（図 3.8.13）から〔番号書式〕〔連続番号〕を指定する。
4.〔OK〕をクリックする。

操作 3.8.10　ヘッダー／フッターの表示位置

1.〔挿入〕タブの〔ヘッダーとフッター〕グループの〔ヘッダー〕または〔フッター〕をクリックする。
2.〔ヘッダーの編集〕または〔フッターの編集〕をクリックする（図 3.8.14)。
3.〔位置〕グループの〔上からのヘッダー位置〕または〔下からのフッター位置〕で表示位置を指定する。

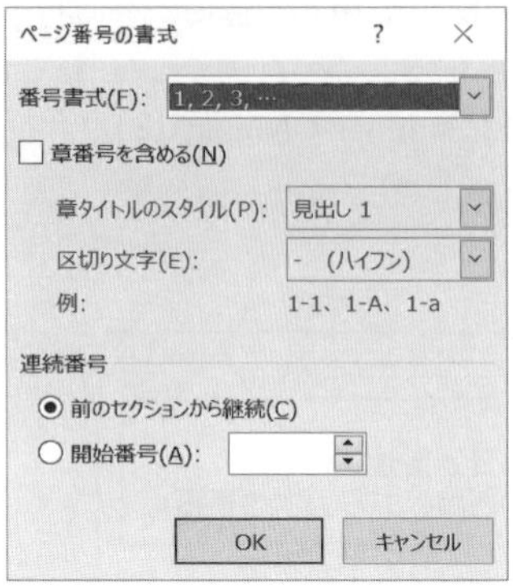

図 3.8.13　ページ番号の書式画面

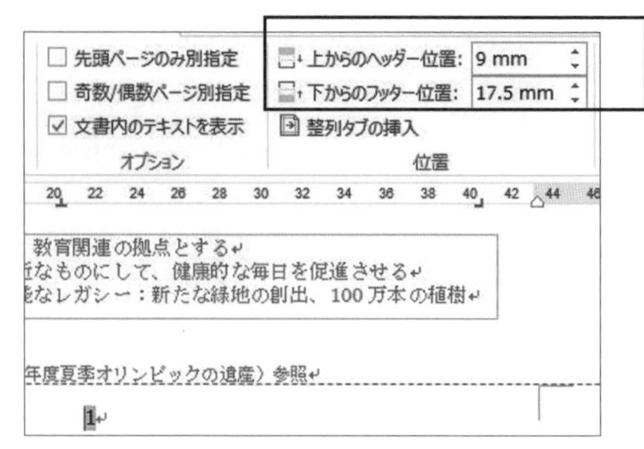

図 3.8.14　表示位置の設定

3.8.6　目次の作成

章タイトルや節タイトルにスタイル〔見出し 1〕〔見出し 2〕などを設定しておくと，自動的に目次を作成する機能を利用できる。文書にレベルが追加・削除された場合，またはページ数が変わった場合は目次を更新する。

操作 3.8.11　目次の作成

1．目次を作成する位置にカーソルを置く。
2．〔参考資料〕タブの〔目次〕グループの〔目次〕▼をクリックする。
3．一覧から〔ユーザー設定の目次〕を選択して目次画面（図 3.8.15）を表示する。
4．ページ番号の表示有無を指定する。表示する場合は〔タブリーダー〕を選択する。
5．〔アウトラインレベル〕で目次として表示するレベルを指定する。
6．〔印刷イメージ〕を確認して〔OK〕をクリックする。

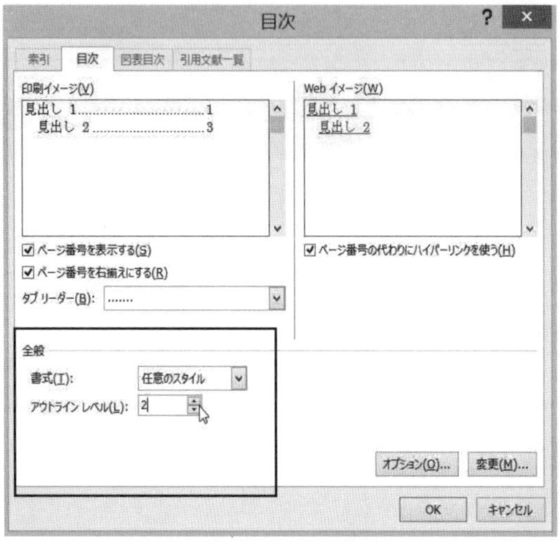

図 3.8.15　目次画面

文頭に新たなページを作成するには文頭にカーソルを置いて〔挿入〕タブから〔ページの区切り〕をクリックする。

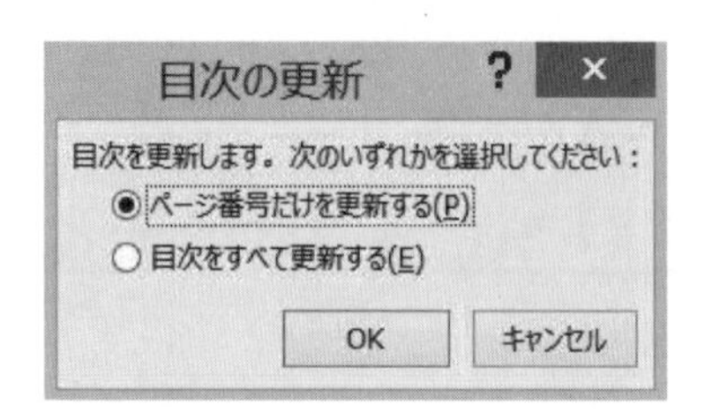

図 3.8.16　目次の更新画面

操作 3.8.12　目次の削除

1. 目次の箇所でクリックして目次を選択する。
2. 〔参考資料〕タブの〔目次〕グループの〔目次〕から〔目次の削除〕をクリックする。

操作 3.8.13　目次の更新

1. 目次の箇所でクリックして目次を選択する。
2. 〔参考資料〕タブの〔目次〕グループの〔目次の更新〕をクリックする。
3. 目次の更新画面（図 3.8.16）から〔ページ番号だけを更新する〕〔目次をすべて更新する〕のいずれかを選択する。
4. 〔OK〕をクリックする。

3.8.7　表紙の作成

Word にはあらかじめデザインされた表紙が何種類か用意されている。表紙はカーソルの位置に関係なく常に1ページ目に挿入される。

操作 3.8.14　表紙の作成

1. 〔挿入〕タブの〔ページ〕グループの〔表紙〕▼をクリックする。
2. 表紙を選択する。

操作 3.8.15　表紙の削除

1. 〔挿入〕タブの〔ページ〕グループの〔表紙〕▼をクリックする。
2. 〔現在の表紙を削除〕をクリックする。

例題 3.8.5　Word 文書「2020 年東京大会」を開き，以下の指示に従い処理を行う。

1）ページ番号を挿入する。表示場所は「ページの下部」で「中央」とする。
2）アウトラインレベル 2 までの目次を作成する。
3）目次のページにページ番号が表示されている場合は，図 3.8.13 のページ番号の書式画面で「開始番号」を「0」に設定する。

例題 3.8.6　Word 文書「2020 年東京大会」を開き，以下の指示に従い表紙を作成する。

1）表紙を作成する。表紙のタイトルは「Discover Tomorrow」とする。　氏名は自分の名前とする。
2）上書き保存を行う。

例題 3.8.7　Word 文書「2020 年東京大会」を開き，以下の指示に従い処理を行いなさい。

1）オリンピックマークの画像を挿入し，サイズと配置箇所を調整する。
※無料素材クラブ（http://sozai.7gates.net/docs/olympic-symbol-mark/）から画像を保存する。

例題 3.8.8　Word ファイル「2020 年東京大会」を開き，以下の指示に従い処理を行う。
1）３ページ目に「オリンピック大会の歴史一覧表（1972 年～）」と入力し，見出し１を設定する。
2）３ページ目の先頭にカーソルを置き，セクション区切りを挿入する。（〔挿入〕タブから〔ページ区切り〕）。
3）〔ページレイアウト〕タブから〔サイズ〕を〔B5〕に設定する。
※３ページ目のみB5サイズになったことを確認する。
4）目次を更新する。３ページ目が更新されているかを確認する。
5）図 3.8.17 と同じ表を入力する。
※文字が２行になる場合は文字列を選択して〔拡大書式〕の〔文字の拡大／縮小〕から１行とする。

回数	年度	開催都市（国）	実施競技数	参加国数
20	1972	ミュンヘン（西ドイツ）	２１	１２３
21	1976	モントリオール（カナダ）	２１	９２
22	1980	モスクワ（ソ連）	２１	８０
23	1984	ロサンゼルス（アメリカ）	２１	１４０
24	1988	ソウル（韓国）	２３	１５９
25	1992	バルセロナ（スペイン）	２５	１６９
26	1996	アトランタ（アメリカ）	２６	１９７
27	2000	シドニー（オーストラリア）	２８	１９７
28	2004	アテネ（ギリシ）	２８	２０２
29	2008	北京（中国）	２８	２０４
30	2012	ロンドン（イギリス）	２６	２０４
31	2016	リオデジャネイロ（ブラジル）		
32	2020	東京（日本）		

図 3.8.17　例題 3.8.8

3.8.8　検索と置換

文章中の文字列を違う文字列に置き換える（**置換**），文章中の文字列を**検索**する機能を学習する。同じ文字列であっても，見出し用のフォントと本文用のフォントが異なる場合，文字列に書式を加えた置換，検索が可能である。また，文字列のほかに脚注や図表の検索もできる。

操作 3.8.16　文字列の検索

1．〔ホーム〕タブの〔編集〕グループの〔検索〕をクリックする。
2．ナビゲーションウィンドウの検索ボックスに検索文字列を入力する（図 3.8.18）。
3．検索文字に黄色のマーカーが付けられ表示される。
4．ナビゲーションウィンドウから以下のいずれかから結果を確認する。
〔見出し〕…検索した文字列が含まれる見出しに色が付けられ表示される。
〔ページ〕…検索した文字列が含まれるページだけが表示される。
〔結果〕…検索文字が含まれる文書が表示される。

操作 3.8.17　文字列の置換

1. 〔ホーム〕タブの〔編集〕グループの〔置換〕をクリックする。
2. 検索と置換画面の〔置換〕タブをクリックする。
3. 〔検索する文字列〕と〔検索後の文字列〕にそれぞれ入力する（図 3.8.19）。
4. 〔置換〕と〔次を検索〕…カーソルの位置以降から順番に検索しひとつずつ置換する。
   〔すべて置換〕…一度にすべて置換する。

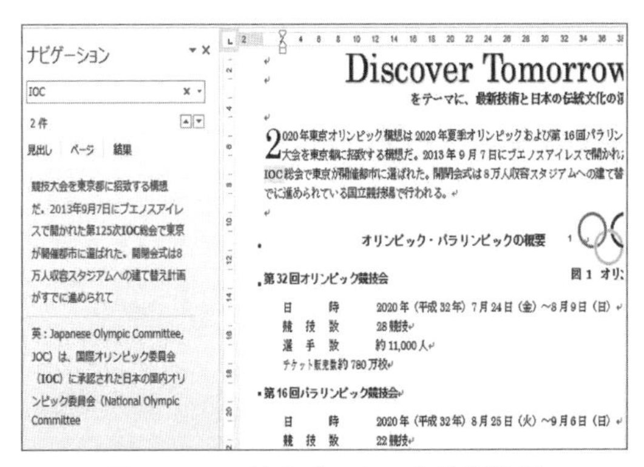

図 3.8.18　検索ボックスと検索結果

図 3.8.19　検索と置換

〔オプション〕をクリックすると高度な検索・置換ができる。〔書式〕▼では検索する文字列の書式，置換する文字列への書式などが設定できる。
〔あいまい検索〕のチェックを外すと，〔特殊文字〕の検索もできる。

ページ，脚注，見出し，表，数式，図などから選択する。

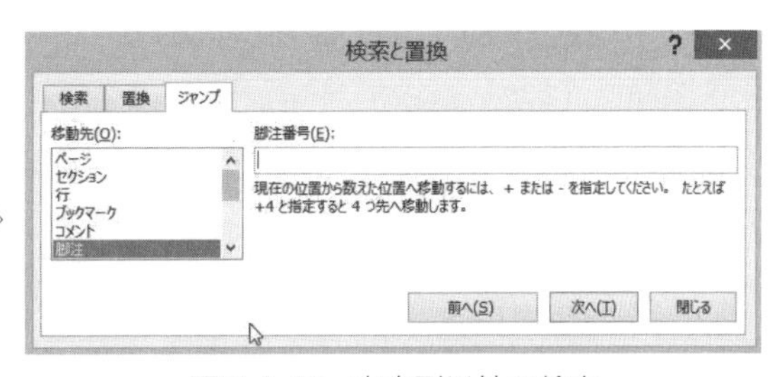

図 3.8.20　文字列以外の検索

操作 3.8.18　脚注や図表の検索

1. 〔ホーム〕タブの〔編集〕グループの〔置換〕をクリックする。
2. 検索と置換画面の〔ジャンプ〕タブをクリックする（図 3.8.20）。
3. 〔前へ〕〔次へ〕でカーソルの位置から順番に検索結果が表示される。

操作 3.8.19　高度な検索／置換

1．〔ホーム〕タブの〔編集〕グループの〔置換〕をクリックする。
2．検索と置換画面の〔検索〕または〔置換〕タブをクリックする（図 3.8.19）。
3．〔オプション〕をクリックする。

例題 3.8.9　Word ファイル「2020 年東京大会」を開き，以下の指示に従い処理を行う。
1）「JOC」で検索をする。〔見出し〕〔ページ〕〔結果〕の検索内容を確認する。

練習問題 3.8　URL：http://www.kyoritsu-pub.co.jp/bookdetail/9784320124295 参照

Excel 2016 の活用

この章は，代表的な表計算（Spreadsheets）ソフトウェアとして世界的にも広く使われているMicrosoft Office Excel 2016（以降，Excel）の操作方法を学習する。Excel には表作成，計算機能だけでなくグラフ作成，データ管理，分析，マクロといった様々な機能があり，ビジネスの世界のみならず日常生活の場面でも活用することができる。Excel の機能を修得するには，日常的に使うことが肝心である。本章で使用する事例で学習するだけでなく，大学生活の身近な場面で使いこなしていくことにより，将来社会において活用可能なスキルを身につけることを目標にする。

以下の主な４つの機能のうち本章では，１．２．について学習する。３．については第６章，４．については第８章で学習する。

１．表計算機能
　入力したデータを見栄えの良い表として編集し，数式や関数を使用して集計する。

２．グラフ機能
　作成した表のデータをもとに様々な形式のグラフを作成し，データの比較や予測を行う。

３．データベース機能
　データを並べ替えたり，特定の条件でデータを抽出する。データの管理，分析を行う。

４．マクロ機能
　繰り返しの操作を記録マクロとして設定し，処理を行うことができるプログラミング機能。

4.1 Excel の基本操作

この節では，Excel の基礎知識や基本操作を学習する。

4.1.1 Excel の起動と終了

起動，終了の方法は，他の Office アプリケーションと共通している。共通の基礎的な操作は，第１章で詳述されている。

4.1.2 Excel のスタート画面

Excel を起動すると，図 4.1.1 の画面が表示される。新規ファイルを作成するには，〔空白のブック〕を選択する。

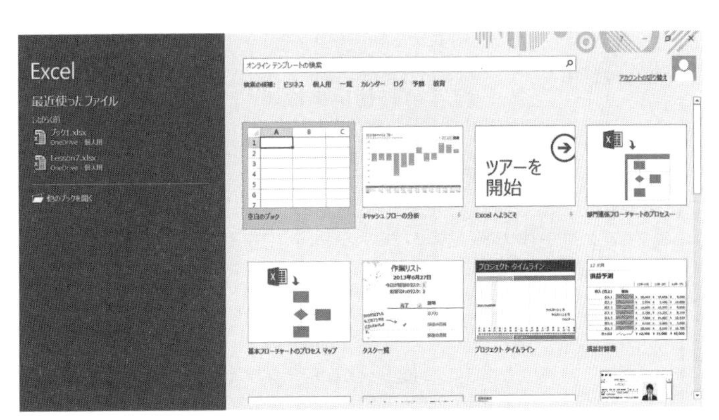

図 4.1.1　Excel2016 の基本画面

4.1.3　Excel の画面構成

Excel の基本画面の各部分の名称と機能を確認する。

スタート画面から〔空白のブック〕を選択すると図の画面が表示される。

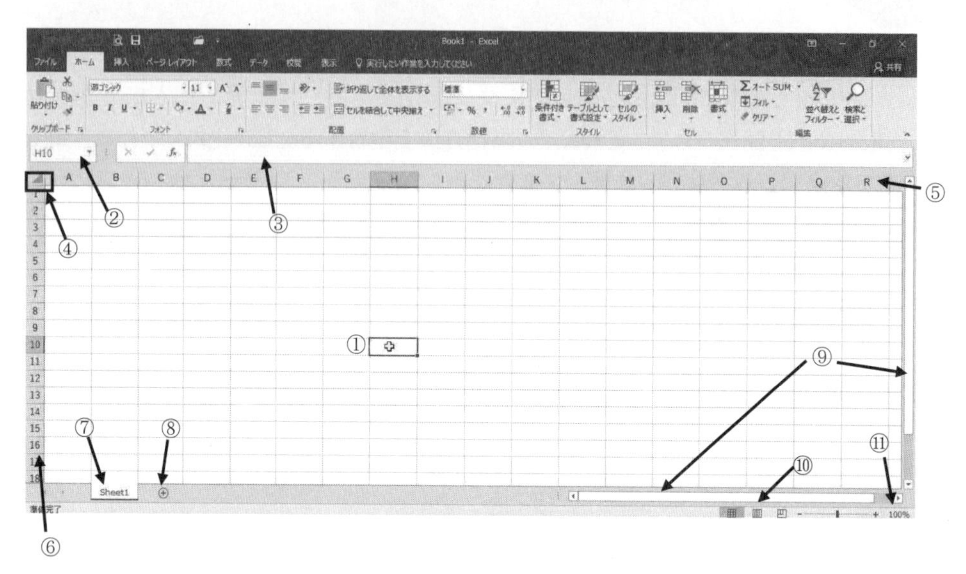

図 4. 1. 2　Excel の基本画面

表 4. 1. 1　基本画面の各部の名称と機能

名称	機能
①　セル アクティブセル	列番号と行番号の組み合わせで〔セル番地〕を表す。 選択しているセル。太枠で囲まれ操作の対象となっているセル。図 4.1.2 では〔H10〕。
②　名前ボックス	アクティブセルの〔セル番地〕または〔定義した名前〕や〔関数名〕が表示される。
③　数式バー	アクティブセルの内容（数式等）が表示される。
④　全セル選択ボタン	すべてのセルを選択する。
⑤　列見出し	縦方向を列と呼び，アルファベットで見出し文字を振ってある。A 列，B 列のように使用する。
⑥　行見出し	横方向を行と呼び，数字で行の見出し番号を振ってある。1 行目，2 行目のように使用する。
⑦　シート見出し	ワークシートの見出し。ワークシート名は半角 31 文字まで入力可能である。
⑧　新しいシート	新しいワークシートを挿入する。
⑨　スクロールバー	ワークシート内を移動して表示されていない部分を表示する。
⑩　表示選択	〔標準〕通常の表示モード。表，グラフ作成などの操作を行う。 〔ページレイアウト〕印刷時の余白などが表示されるモード。 〔改ページプレビュー〕印刷範囲，改ページ位置を調整できるモード。
⑪　ズーム	10％～400％の画面の拡大縮小表示が可能である。

4.1.4　ブック・ワークシート・セル

Excel で扱うデータ（数値，数式，文字列）は**セル**に格納される。1 つのセルには半角 32,767 文字まで入力することができる。**ワークシート**は 1,048,576 行（2 の 20 乗）× 16,384 列（2 の 14 乗）個のセルで構成される。ワークシートを増やして 1 冊の本のように管理することができるため，**ブック**とも呼ぶ。

4.1.5　データの入力

セルにデータを入力する方法を解説する。入力されたデータは文字，数値，日付などの種類別に自動認識されセルに格納される。

(1)　文字データの入力

起動時は，半角の英数字，記号のみが入力可能な「日本語入力モード OFF」の状態が初期設定である。日本語を入力する際には「日本語入力モード」を ON に切り替えてから入力する。

セルを選択後，文字データを入力し，Enter キーまたは，Tab キーでデータの確定を行う。

(2)　数値データの入力

数値データは，確定後**右揃え**でセル内に表示される。数値データや数式などの入力は，半角英数字，記号が中心となるため，半角英数字モードで入力するほうが効率よく入力できる。

	A	B	C
1	【文字データ】		
2	abcde		
3	日本語	←	自動的に**左揃え**で表示される
4	あいうえおかきくけこ	←	長い文字列は隣のセルにはみ出して表示されるが一つのセル内に格納されている
5			
6	【数値データ】		
7	12345	←	自動的に**右揃え**で表示される
8	12345678901	←	11 桁まではセル幅が自動的に広がって表示される
9	1.23457E+11	←	12 桁以上を入力すると**指数表示**となる
10			
11	9012345678	←	**数値データ**の先頭の 0 は入力されない
12	123-4567	←	数値と文字が混じると**文字データ**として入力される

図 4.1.3　文字データと数値データの違い

数値を文字列として入力する。
先頭に 0 を表示するなど，数値データを文字列として入力する場合には，先頭にシングルクォーテーションを入力する。

(3)　日付・時刻データ

日付，時刻のデータは，ルールに従って入力することにより計算の対象となる数値データとして格納され，日付・時刻の表示形式でセルに表示される。

表 4.1.2　日付・時刻データの入力方法と表示

入力方法	セル内の表示	数式バーでの表示	表示形式
3/4（または 3-4）	3 月 4 日	西暦年（入力時）/03/04	日付
8：00	8：00	08：00：00	時刻

A3　2017/5/10
【日付・時刻データ】
5月10日　月(1～12の数字)／日(1～31の数字)の組み合わせで入力
8:00　24:00未満は時刻データとして格納される

図 4.1.4　日付データの入力と数式バーでの表示

日付・時刻等の数値データは全角で入力しても確定後，自動的に半角に変換される。
また，一度，日付・時刻データを入力したセルは，〔表示形式〕が設定され，その後データを削除して数値データを入力しても，日付・時刻として表示される。数値として表示する場合には，〔表示形式〕を〔標準〕に設定する必要がある（表示形式については後述する）。

4.1.6　データの修正と削除

表 4.1.3　データの修正と削除方法

データの削除	セル（範囲）選択後 Delete キーを押す。
データの上書き	修正するセルを選択後，データを入力する。
データの部分修正	セルをダブルクリックし修正したい位置にカーソルを移動して，対象の文字を削除または挿入し，Enter キーを押して確定する。
	セル選択後，数式バーで修正したい位置にカーソルを移動して，対象の文字を削除または挿入する。Enter キーを押して確定する。

元に戻すボタンの利用
データ入力や書式設定などの操作は，記録されており，誤った操作を行った場合には，〔元に戻す〕ボタンを利用することができる。
最大 100 操作まで記録され，リストから任意の操作まで元に戻すことができる。

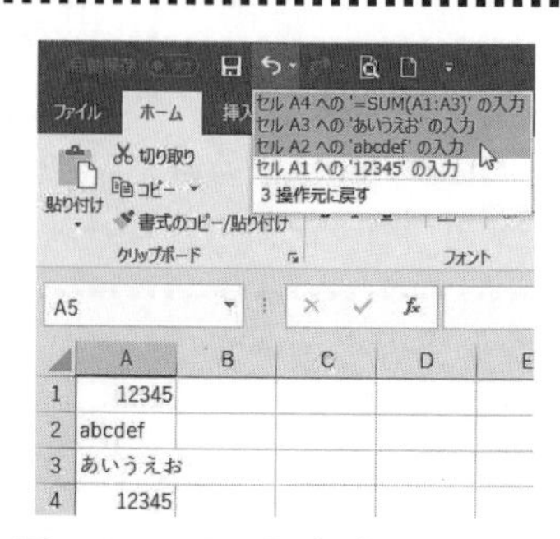

図 4.1.5　元に戻すボタンの利用

4.1.7 セル，列，行の選択

数式を設定したり，グラフを作成したり，書式を設定する際にはセル（複数セル範囲）を選択して行う。セルを選択する方法は以下のとおりである。列見出し，行見出しを使用して，列単位，行単位の選択も可能である。選択された範囲は太枠で囲まれ，背景色がつく。範囲内の背景色のないセルがアクティブとなり入力の対象となる。

表 4.1.4 セルの選択方法

① マウスのみ	セル範囲（列見出し，行見出し）の始点から終点までをドラッグする。
② マウスとキーボード	連続した範囲 始点でクリックし，範囲（列・行見出し）の終点で Shift キーを押しながらクリックする。選択後の範囲を拡大，縮小することも可能である。 離れた範囲 Ctrl キーを押しながら2つ目以降のセル（範囲・列・行）を選択する。
③ キーボードのみ	Shift キーを押しながら方向キーを押す。列単位，行単位の選択，選択後の範囲を拡大，縮小することも可能である。

4.1.8 データの移動とコピー

入力したデータをコピー，移動する方法は，第1章にある共通操作で行う。この操作に限らず，同じ結果になる操作方法は複数あることが多い。1つの方法だけを覚えて行うことも可能であるが，Excelでは複数のワークシート間，同一ワークシート内でも離れた範囲にコピー・移動する場合など，場面に応じた使い分けを行うことで，より効率的な作業が可能になる。

(1) セル範囲の移動とコピー

データ範囲を選択して〔切り取り〕後，〔貼り付け〕を行うと移動となる。〔コピー〕後〔貼り付け〕を行うと，コピーとなる。

コピーを行った場合には，貼り付け後もコピー元が点線で囲まれている。囲まれている間は，繰り返し〔**貼り付け**〕の操作が可能である。不要な場合には，Esc キーを押して解除しておく。

貼り付け先の範囲内にデータがある場合，上書きされ，削除されてしまうので注意が必要である。

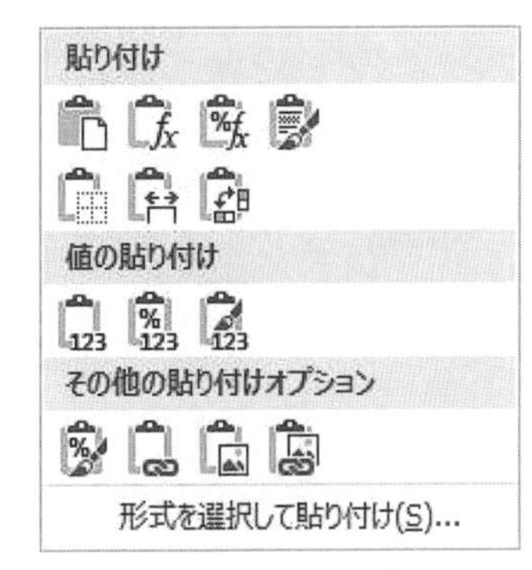

図 4.1.6 貼り付けのオプション一覧

貼り付けのオプション（図 4.1.6）
〔貼り付け〕を行うと，コピー元の表示形式や書式（文字の色や，罫線を含めて）が引き継がれる。〔貼り付け〕のオプションを使用して，〔値の貼り付け〕を選んで，書式をコピー先に合わせるなどの一覧から選択することができる。

(2) ショートカットメニューでの移動とコピー

セル（行・列）範囲を，〔切り取り〕，または〔コピー〕の後，〔貼り付け〕を行う際に，貼り付け先で右クリックし，ショートカットメニューの〔切り取ったセルの挿入〕または〔コピーしたセルの挿入〕をクリックすることで，指定した位置に挿入することができる。

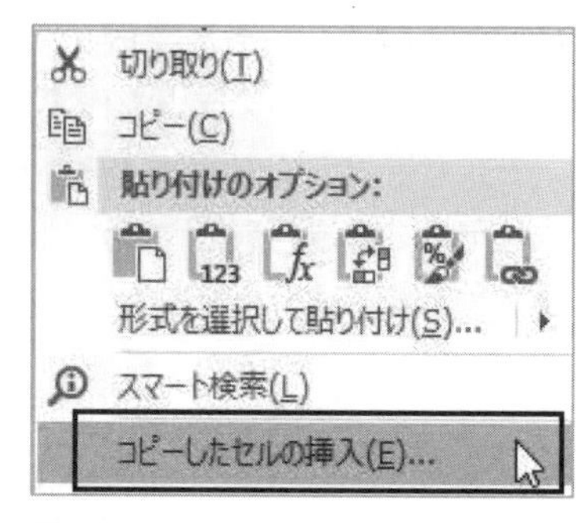

図4.1.7　ショートカットメニュー

4.1.9　列の幅・行の高さの設定

列の幅や，行の高さは入力した文字数や，サイズにあわせて見やすく変更する。

(1) 列幅の調整

数値データは，列幅が狭いと，##### 表示となる。文字データは隣のセルにデータがあった場合，欠けてしまう。列幅を調整することですべて表示することができる。

A．マウス操作

変更したい列見出し右の境界線上でマウスポインタの形が左右に矢印が付いた状態で行う。

- **ドラッグ**　任意の幅に調整される。
- **ダブルクリック**　列内の最大文字数データの幅に合わせて自動調整される。

複数列を選択して行うと，複数列同時に設定可能である。

B．列幅の数値指定

列見出し（または複数列見出し）を選択して，範囲内で右クリックし，〔列の幅〕をクリックすると「列幅」のボックス内に数値で，指定することができる（単位は半角の文字数である）。

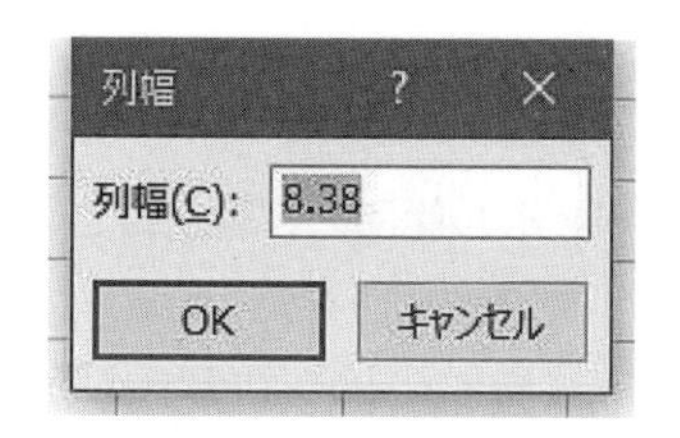

図4.1.8　列幅の調整

(2) 行の高さの調整

行の高さは，初期設定で文字サイズに合わせて自動調整されるため，調整は必要ないが，行見出しの下の境界線をドラッグして任意の高さに設定することが可能である。

任意設定を行うと以降自動調整はされないため，文字サイズ変更のたびに調整が必要である。

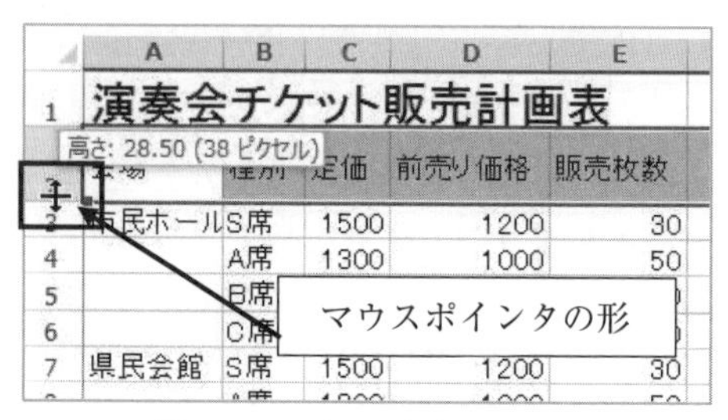

図4.1.9　行の高さの調整

4.1.10　行と列（セル）の削除と挿入

作成した表に列や行を挿入したり，不要な行・列を削除したりなどして，必要に応じて行う。

(1)　セル・行・列の挿入

列見出しを右クリックし，〔挿入〕をクリックすると選択列の左に1列挿入される。

複数の列を選択してから〔挿入〕を行うと，選択した列数を挿入することができる。また行についても同様の操作で行う。セル単位で挿入を行うと，選択肢が表示される。

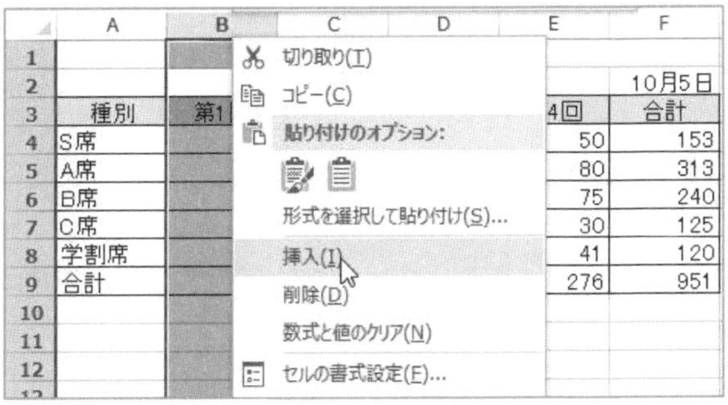

図4.1.10　列の挿入

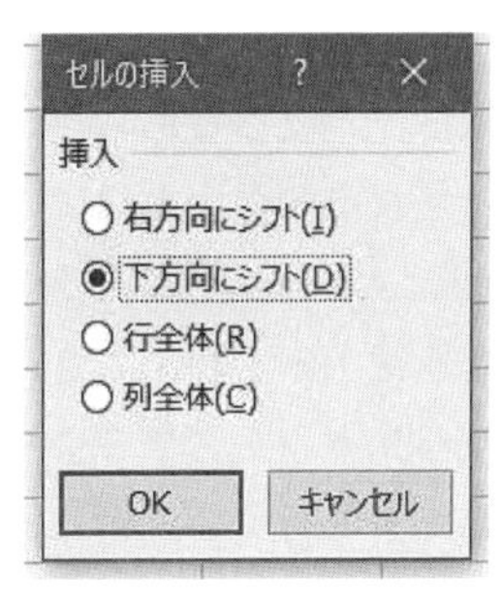

図4.1.11　セルの挿入

(2)　セル・行・列の削除

削除する列（範囲）または行（範囲）またはセル（範囲）を選択後，選択範囲内で右クリックし，〔削除〕をクリックする。

4.1.11　オートフィル

オートフィルとは連続したデータの入力や，セルのデータや数式をコピーする機能である。

操作4.1.1　オートフィル機能

1．連続データの最初のデータを入力し，データを確定する。
2．セルを選択し，右下の■（フィルハンドル）にマウスポインタを合わせる。
3．ポインタの形が+になったら，下方向（または上，右，左）にドラッグする。
4．表示されたオートフィルオプションをクリックし，メニューから必要な項目（〔連続データ〕など）をクリックする（図4.1.13）。

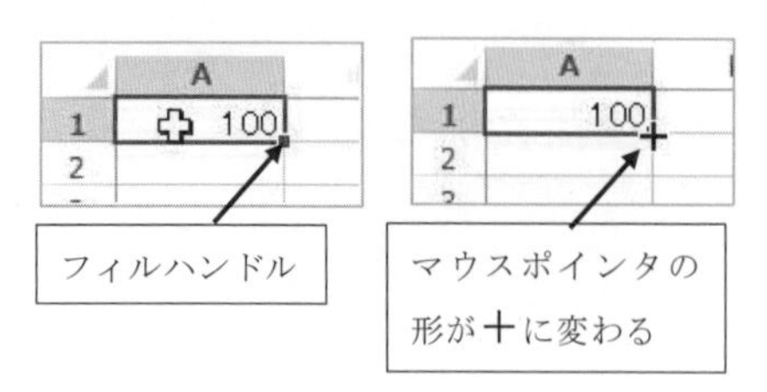

図 4. 1. 12　オートフィルの操作

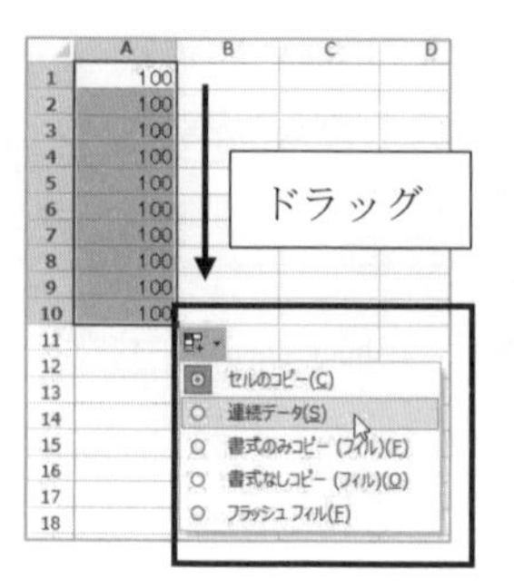

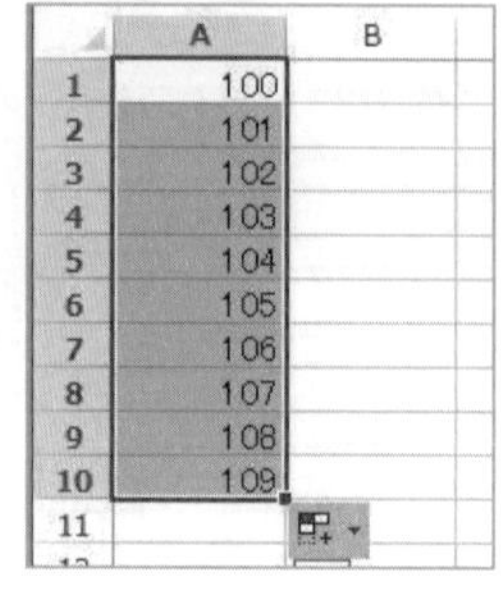

図 4. 1. 13　オートフィルオプション

月，曜日，干支などあらかじめ登録された文字列を入力しオートフィルを実行すると連続データとして入力される。文字と数字の組み合わせで入力すると，数字が連続して入力される（第１回，第２回…，A1，A2…）。数値を入力した２つのセルを選択して，オートフィルを実行すると数値の差分をもとに連続データが入力される（図 4.1.14）。

フィルハンドルをダブルクリックすると，隣接したデータの最終行まで，データが入力される。

右ドラッグで行うと，データにあった連続データの種類が表示され選択できる。

	A	B	C	D	E	F	G	H	I	J
1	月曜日	MONDAY	JAN	1	30	第1回	A10001	未	A1	1月
2	火曜日	Tuesday	Feb	3	29	第2回	A10002	申	A2	2月
3	水曜日	Wednesday	Mar	5	28	第3回	A10003	酉	A3	3月
4	木曜日	Thursday	Apr	7	27	第4回	A10004	戌	A4	4月
5	金曜日	Friday	May	9	26	第5回	A10005	亥	A5	5月
6	土曜日	Saturday	Jun	11	25	第6回	A10006	子	A6	6月
7	日曜日	Sunday	Jul	13	24	第7回	A10007	丑	A7	7月
8	月曜日	Monday	Aug	15	23	第8回	A10008	寅	A8	8月
9	火曜日	Tuesday	Sep	17	22	第9回	A10009	卯	A9	9月
10	水曜日	Wednesday	Oct	19	21	第10回	A10010	辰	A10	10月
11	木曜日	Thursday	Nov	21	20	第11回	A10011	巳	A11	11月
12	金曜日	Friday	Dec	23	19	第12回	A10012	午	A12	12月
13	土曜日	Saturday	Jan	25	18	第13回	A10013	未	A13	1月
14	日曜日	Sunday	Feb	27	17	第14回	A10014	申	A14	2月
15	月曜日	Monday	Mar	29	16	第15回	A10015	酉	A15	3月
16	火曜日	Tuesday	Apr	31	15	第16回	A10016	戌	A16	4月

図 4.1.14　様々なオートフィル

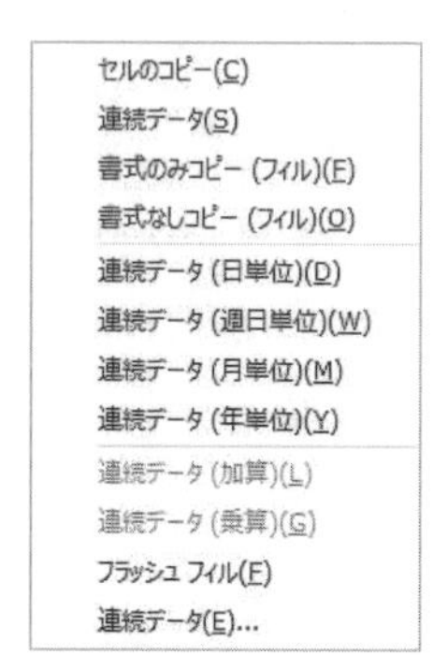

図 4. 1. 15　右ドラッグでの操作

4.1.12　フラッシュフィル

フラッシュフィルは，データに何らかの一貫性がある場合に，例にもとづいてデータを入力する機能である。

操作 4.1.2　フラッシュフィル機能

1．隣接するセルのデータの組み合わせ例を入力する（図 4.1.16）。
2．セルの右下の■（フィルハンドル）にマウスポインタを合わせる。
3．ポインタの形が+になったら，ドラッグする。
4．表示されたオートフィルオプションをクリックし，〔フラッシュフィル〕をクリックする。

販売枚数	構成比	
30	8%	30(8%)
45	12%	
95	25%	
15	4%	
60	16%	
25	7%	
31	8%	
80	21%	
381		

図 4.1.16　フラッシュフィルの入力例

販売枚数	構成比	
30	8%	30(8%)
45	12%	45(12%)
95	25%	95(25%)
15	4%	15(4%)
60	16%	60(16%)
25	7%	25(7%)
31	8%	31(8%)
80	21%	80(21%)
381		

図 4.1.17　フラッシュフィルの入力例

練習問題 4.1　URL：http://www.kyoritsu-pub.co.jp/bookdetail/9784320124295 参照

4.2　簡単な表とグラフの作成

この節では，新たに新規ブックを作成し基本的な表とグラフの作成を通して，一通りの Excel の基本操作を学習する。見栄えよく仕上げるための書式設定，おすすめグラフの作成を解説する。

4.2.1　新規ブックの作成

表とグラフの作成から印刷までの流れは以下の通りである。

図 4.2.1　表とグラフの作成手順

以下に完成例を図に示す。

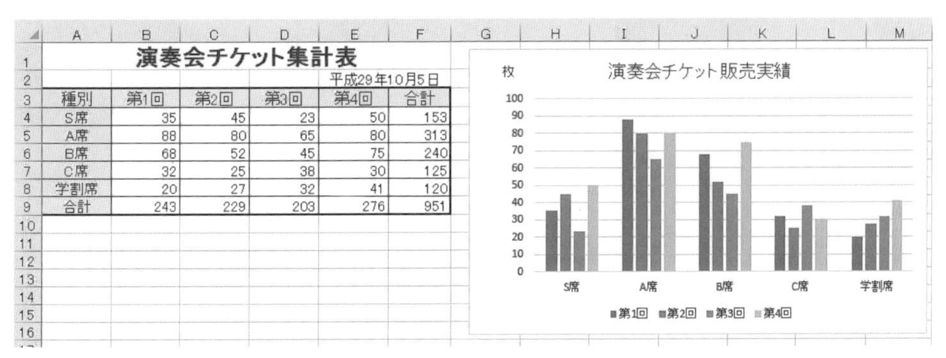

演奏会チケット集計表

平成29年10月5日

種別	第1回	第2回	第3回	第4回	合計
S席	35	45	23	50	153
A席	88	80	65	80	313
B席	68	52	45	75	240
C席	32	25	38	30	125
学割席	20	27	32	41	120
合計	243	229	203	276	951

図 4.2.2　表とグラフの完成例

数値データを入力するには，あらかじめ範囲選択してから入力すると，アクティブセルが範囲内でのみ移動するため効率が良い。Enter キーで下方向へ進み上に移動する（Tab キーで左右に移動する）

	A	B	C	D	E	F
1	演奏会チケット集計表					
2						10月15日
3	種別	第1回	第2回	第3回	第4回	合計
4	S席	35	45	23	50	
5	A席	88	80	65	80	
6	B席	68	52	45	75	
7	C席	32	25	38	30	
8	学割席	20	25	30	40	
9	合計					

図 4. 2. 3　範囲選択内の数値データの入力

4.2.2　ブックの保存

作成したファイル（ブック）を保存するには，〔名前を付けて保存〕または〔上書き保存〕を行う。ワークシートを追加し，それぞれ編集した場合にも，すべてのワークシートが保存される。保存は，第 1 章で詳述された方法で行う。保存済みのファイルの内容を変更したり，データを追加した場合には，〔上書き保存〕を行う。変更後に上書き保存を行わずに閉じると，メッセージが表示される。〔保存〕をクリックすると〔上書き保存〕されファイルが閉じられる（一度も保存していない場合には〔名前を付けて保存〕の画面が表示される）。

- 〔保存しない〕をクリックすると変更前の状態で，ファイルが閉じられる。
- 〔キャンセル〕をクリックすると，ファイルは閉じられず，元の画面に戻る。

4.2.3　オート SUM の利用

計算の設定については後述するが，Excel には合計などよく使われる計算を簡単に行うことのできるオート SUM ツールが用意されている。オート SUM ツールを使用すると隣接した計算対象となる数値データのセル範囲を自動認識して合計計算が行われる。

操作 4.2.1　オート SUM ツールでの計算

1．計算結果を表示するセルを選択する。
2．〔ホーム〕タブ〔編集〕グループ〔オート SUM〕をクリックする。

4.2.4　表の編集（書式設定）

データ入力，式の設定をすませたら罫線を設定したり，文字の配置を中央にするなどの設定を行い，作成した表を見やすく編集（書式設定）する。

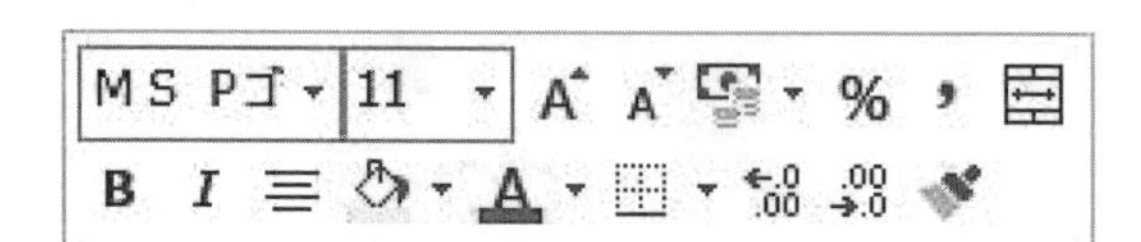

図 4. 2. 4　ミニツールバー

ここでは，簡単に右クリックして表示されるショートカットメニューやミニツールバーのボタンを使用して設定する。

操作 4.2.2　ミニツールバーでの書式設定

1．対象となるセル範囲を選択する。
2．選択範囲内で右クリックし，ミニツールバー内の設定ボタンをクリックする。

4.2.5　グラフの作成

作成された表のデータを分析したり，視覚的にわかりやすく表現するにはグラフを作成する。

グラフを作成するには，目的に応じて適切なグラフの種類を選び，グラフの要素となる項目名と必要なデータ範囲を過不足なく選択することが重要である。グラフ作成の手順の詳細については後述するが，ここでは，選択したデータにより，適切なグラフの種類を示してくれる「おすすめグラフ」機能を使用して，完成例（図 4.2.1）の縦棒グラフを作成する。

(1) 縦棒グラフの作成

操作 4.2.3　おすすめグラフの作成方法

1．グラフ化するデータ範囲を選択する。
2．〔挿入〕タブ〔グラフ〕グループ〔おすすめグラフ〕をクリックする。
3．リストから〔集合縦棒〕をクリックする。

(2) グラフタイトルの入力

おすすめグラフで作成するとグラフタイトルが表示される。適切なグラフタイトルを入力する。

(3) グラフの配置とサイズの変更

作成されたグラフは，画面の中央に配置される。グラフ内の背景部分（グラフエリア）をドラッグして，任意の位置に移動する。四隅と各辺中央にあるハンドルを使用して，サイズ変更を行う。

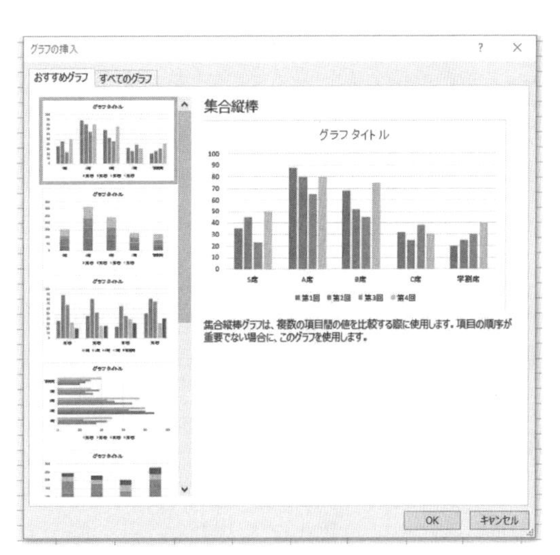

図 4.2.5　おすすめグラフ

4.2.6　印刷

作成した表やグラフを印刷するには，〔ファイル〕タブの〔印刷〕をクリックする。A 4 サイズの用紙の縦方向に印刷した状態の〔印刷プレビュー〕が表示される。表とグラフがページ内に収まっていない場合には，〔ホーム〕をクリックして元の画面に戻り，点線で表示されたページ区切り線を目安にして表の幅や高さ，グラフの配置やサイズを修正する。

印刷の詳細設定については，4.7 節を参照する。

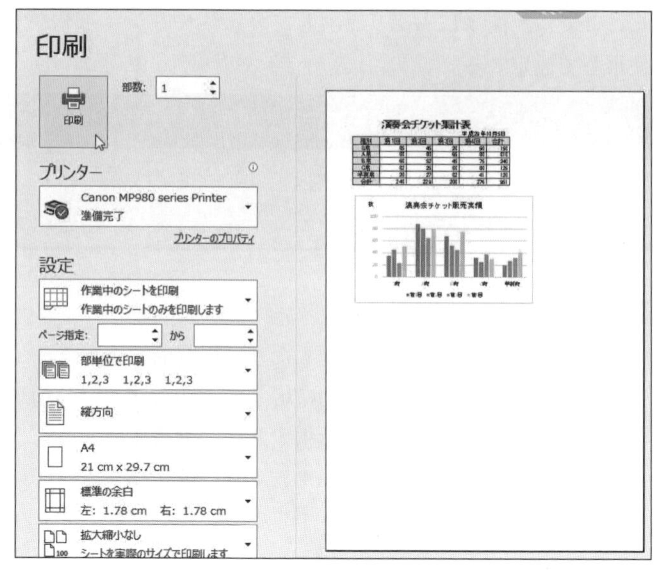

図 4.2.6　印刷画面

練習問題 4.2　URL：http://www.kyoritsu-pub.co.jp/bookdetail/9784320124295 参照

4.3　計算式の設定

この節では，Excel の計算機能について学習する。私たちの日常生活で，数字，計算と無縁でいられることがあるだろうか。たとえば大学に行こうとするとき，朝起きてまず時間を計算するだろう。何時に家を出るかを考える。そこにも計算が必要である。仕事をしていればさらに必要度が高まる。仕事の世界では，数字は非常に重要視される。正確さがなければ信頼は得られないし，速さも同時に求められる。速さと正確さを兼ね備えた Excel の計算機能を修得することは，社会で必要とされるスキルのひとつを身につけることになるであろう。大学生活の身近な場面で日常的に意識して使い続けることがスキルの修得につながる。

ここでは，サークル活動を例に，様々な集計を行うデータを使用する。様々な場面での計算機能の必要性を感じ取ったうえで，活用方法を自ら学習し，修得することを目指そう。

4.3.1　数式の入力

Excel で集計表を作成するときには，通常まずデータを入力する。その数値データを基に計算結果を求めるために，数式を入力する。その際，数値を入力するのではなく，データが入力されているセル番地を使用する。このように数値を直接入力せず，数値が入力されたセルを使用することを**セル参照**という。セル参照という考え方を使うと，データが未入力でもあらかじめ数式を設定しておき後からデータを入れれば，計算結果がセルに表示される。またデータの修正を行った場合には**再計算**される。

計算式を入力する手順は以下である。

① 日本語入力モードをオフにする。

② 計算式を設定するセルを選択する。

③ ＝（イコール記号・等号）を入力する。

④ 計算対象のセルをクリックする。（クリックしたセル番地が表示される）

⑤ 演算子（表4.3.1参照）を入力する。

⑥ 計算対象のセルをクリックする（図4.3.1）。

⑦ Enter キーを押して確定する。

計算結果のデータがセル内に表示され，数式バーではセルに設定された数式を確認することができる（図4.3.2）。

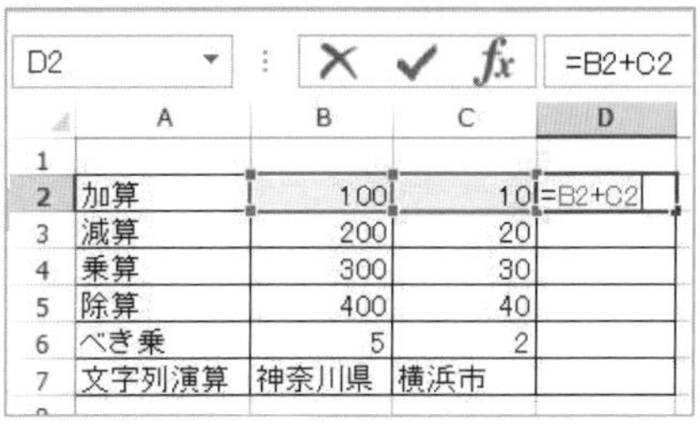

図4.3.1　セル参照による数式の設定

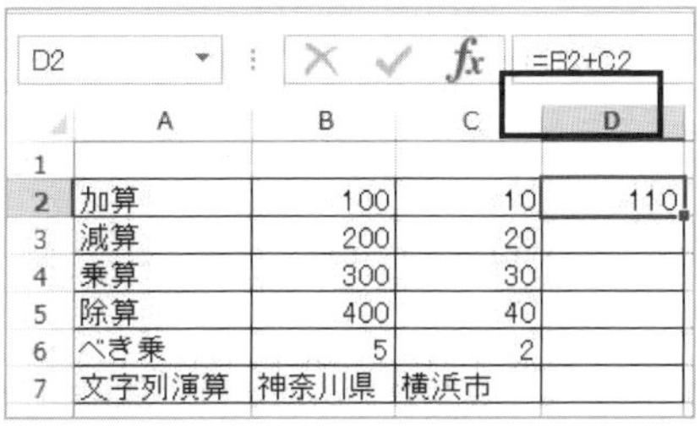

図4.3.2　数式の設定　確定後

セルに＝（イコール記号）を入力するとそのあとに入力した文字は式の一部として認識される。
アルファベットを入力するとその文字で始まる「関数」（後述）のリストが表示される。数値を直接入力した数式も，数値とセル番地の数式も設定できる。

表4.3.1　演算子の種類

種類	Excel で使用する記号	セル参照の式の例
加算（＋）	＋（プラス）	＝ B2+C2
減算（－）	-（マイナス）	＝ B2-C2
乗算（×）	*（アスタリスク）	＝ B2*C2
除算（÷）	/（スラッシュ）	＝ B2/C2
べき乗	^（キャレット）	＝ B2^C2
文字列演算	&（アンパサンド）	＝ B2&C2

（　）を使用すれば，（　）内の計算が優先される。
通常の数式の考え方と同様である。

4.3.2　数式のコピー

セル参照を使用して計算式を設定するメリットは，設定した数式をコピーできることにもある。

図 4.3.3 の演奏会チケット販売計画表を作成してみよう。データを入力後，空白のセルに数式を設定して表を完成させる。

セル参照を使用して割引額の計算を設定する。割引額は，定価から前売り価格を引いて求めることができる。S 席の割引額，セル E3 に =C3-D3 を入力する。

	A	B	C	D	E	F	G	H	I
1	演奏会チケット販売計画表								
2	会場	種別	定価	前売り価格	割引額	割引率	販売枚数	販売額（定価）	販売額（前売り）
3	市民ホール	S席	1500	1200			30		
4		A席	1300	1000			45		
5		B席	1000	800			95		
6		C席	800	600			15		
7	合計								

図 4.3.3　数式設定データ

次に A 席についても同様に行えば設定できるが，ここでは全部で 4 回繰り返すこととなる。たとえば 100 種類の商品の計算などであれば 100 回繰り返すことになる。このようなとき，数式の設定をコピーで行うことができる。コピーの方法は，いくつかあるが，オートフィルでのコピーを行う。

操作 4.3.1　数式の設定とコピー

1．数式を設定するセルを選択する。
2．＝を入力後セル参照で数式を入力し，Enter キーで確定する。
3．数式を設定したセルを選択し，フィルハンドルをポイントしてポインタの形が＋になったら数式をコピーする方向へドラッグ（下方向はダブルクリックでも可能）する。

4.3.3　相対参照と絶対参照

数式のコピーができる仕組みを考えてみよう。コピーされた数式を，数式バーで確認してみる。

	A	B	C	D	E	F
1	演奏会チケ					
2	会場	種別	定価	前売り価格	割引額	割引率
3	市民ホール	S席	1500	1200	=C3-D3	=E3/C3
4		A席	1300	1000	=C4-D4	=E4/C4
5		B席	1000	800	=C5-D5	=E5/C5
6		C席	800	600	=C6-D6	=E6/C6
7	合計					

図 4.3.4　数式表示

(1)　相対参照

表示されたセル参照の数式をみると，セル E3 に＝ C3 − D3 と設定した数式が，セル E4 にコピーされると＝ C4 − D4 となっている。

一見すると，番号が連続しているからと考えてしまうが，実際には，E3 の数式には，1 つ左のセルと 2 つ左のセルを計算しなさいと設定されていることになる。そのセル番地に立っている人が 2 つ隣のセルと 1 つ隣のセルを見に行って（参照して）計算せよと命じられているだけでセル番地を知らされているわけではないということである。その人はどこへ移った（コピーされた）としても，特定のセル番地ではなく自分のいる位置にとっての隣を見に行く（参照する）ということになる。このような**位置関係でセルを参照**することを**相対参照**という。

この仕組みにより，例えば別のワークシートへのコピー，別のブックへの数式のコピーも可能である。隣り合った数式のコピーであれば，オートフィルで行うと便利であるが，コマンドや，ショートカットによるコピー&貼り付けも活用するとよい。

Excel では，集計表などを一見しただけでは，セルに数値データが入っているのか，数式が入っているのかはわからない。数式バーでの確認が必要である。数式をコピーした場合でも，貼り付けのオプションで値としての貼り付けも可能である（前述）。

またオートフィルの際にも，書式も含めてコピーされるため，罫線等を再度修正する必要が出てくる場合がある。オートフィルオプションで「書式なしコピー（フィル）」を選択すると防ぐことができる。

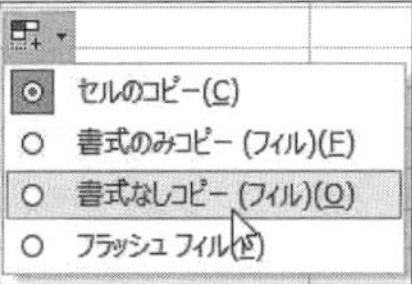

図 4.3.5　オートフィルオプション

(2) 絶対参照

Excel では相対参照の考え方で数式の設定が行なわれ，コピーが簡単にできるメリットは非常に大きい。では，次のような事例ではどうであろうか。部活のメンバーの血液型を調査した結果は図の通りである。各血液型の割合を計算したい。

全体の中での割合のことを，構成比というが，A 型の構成比を求めるには，まず全体の人数を求め，A 型の人数を，全体の人数で割ればよい。C3 のセルに，＝B3/B7 という数式を設定する。

	A	B	C
1	メンバーの血液型の割合		
2		人数	構成比
3	A型	17	
4	O型	15	
5	B型	11	
6	AB型	5	
7	合計		

図 4.3.6　構成比の例題

続けてセル C3 をセル C4 にコピーを行うと正常な結果にならない。図 4.3.8 のような表示となる。この〔# DIV/0 !〕は 0 で割り算をしているというエラー値である。数式を確認してみるとわかる通り，相対参照でコピーが行われ，割る方（分母）のセルが空欄になっている。空欄は 0 として計算される。

SUM　×　✓　fx　入力

	A	B	C
1	メンバーの血液型の割合		
2		人数	構成比
3	A型	17	=B3/B7
4	O型	15	
5	B型	11	
6	AB型	5	
7	合計	48	

図 4.3.7　構成比を求める数式

	A	B	C
1	メンバーの血液型の割合		
2		人数	構成比
3	A型	17	0.354167
4	O型	15	#DIV/0!
5	B型	11	#DIV/0!
6	AB型	5	#DIV/0!
7	合計	48	#DIV/0!

図 4.3.8　エラー値

	A	B	C
1	メンバーの血液型の割合		
2		人数	構成比
3	A型	17	=B3/B7
4	O型	15	=B4/B8
5	B型	11	=B5/B9
6	AB型	5	=B6/B10
7	合計	=B3+B4+B5+B6	=B7/B11
8			

図 4.3.9　数式の確認

本来，この計算では，割る方（分母）のセル番地は B7 で固定されなければならなかったが，相対参照で，セル番地が移動してしまっている。このような場合に備え，Excel では**セル番地を固定して参照する**仕組みが用意されている。この仕組みを**絶対参照**という。

位置が移動したらその隣を見に行くという位置関係で変わる（相対的な）命令ではなく，このセル番地（絶対的な）を見に行きなさい（参照）と命じられているということになる。

絶対参照の指定は，$B$7 というようにセル番地に $ 記号をつけて行う。キーボードで $ 記号を入力するほかに，セル番地にカーソルがある状態で F4 キーを押すという方法がある。複数のセル番地を固定（絶対参照に）したい場合にはカーソルを移動し，それぞれ F4 キーを押す必要がある。

(3) 絶対参照の設定

操作 4.3.2　絶対参照での数式の設定とコピー

1．数式を設定するセルを選択する。
2．＝を入力後セル参照で数式を入力する。
3．絶対参照を設定するセル番地にカーソルがある状態で F4 キーを押す。
4．Enter キーで確定する。
5．数式を設定したセルを選択し，フィルハンドルをポイントしてポインタの形が+になったら数式をコピーする方向へドラッグ（下方向はダブルクリックでも可能）する。

複合参照

F4キーを繰り返し押すと図のように，＄記号のつく位置が変わる。セル番地の行を表す数字に＄記号がついている状態は行のみが固定され，列を表すアルファベットに＄記号がついている状態は列のみが固定される。このように絶対参照と相対参照を組み合わせて設定する参照方法を複合参照という。複合参照は，数式を行方向，列方向にもコピーしたい時などに使用する。

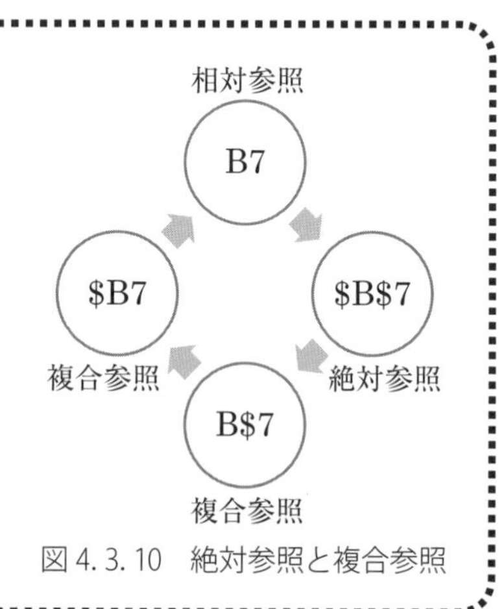

図 4.3.10　絶対参照と複合参照

4.3.4　関数について

関数とは，合計や平均といった一定のルールに従って計算を行うために用意された数式のことである。Excelには非常に多くの種類の関数が用意されているが，ここではまず，基本的な関数を例題とともに学習する。演算子を使用した計算式との設定方法の違いや，関数を使用することのメリットを含め，身近な場面での用途を考えながら理解しよう。

4.8節　関数の活用では，さらに仕事上でより必要となる関数や，関数と数式を組み合わせたり，様々な計算やデータ処理を簡単に素早く行う実践的な関数の利用を紹介する。

4.3.5　関数の書式

関数には**関数名**がついており，アルファベットで表記される。またそのあとに続くかっこ（）でくくられた**引数（ひきすう）**と呼ばれる要素には，関数ごとに内容や指定方法が決められている。
共通した関数の書式は以下のとおりである。

　　＝関数名（引数）

例　= SUM（A1:A5）

引数を必要としない関数もいくつかあるが，引数がなかったとしてもかっこ（）が必ず付く。

(1) 関数の設定方法

関数で使われる演算子（記号）は半角で入力する必要があるので，日本語入力モードはあらかじめオフにしておく。次項で，下記の方法を適宜紹介する。

表 4.3.2　関数の設定方法

①　キーボード	関数名と引数がわかっている場合，＝に続けて関数名の頭文字を入力すると候補のリストが表示される。
②　〔数式〕タブの〔関数ライブラリ〕グループ	各分類名の▼をクリックし，リストから関数名をクリックすると〔関数の引数〕画面が表示される。
③　〔関数の挿入〕ボタン  fx	数式バーの左にあるボタンをクリックすると〔関数の挿入〕画面が表示される。関数を検索できるので，関数名や書式がわからない場合などに使用する。
④　〔ホーム〕タブの〔編集グループ〕オート SUM ボタン 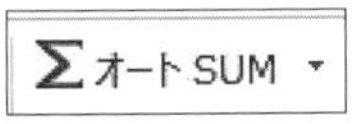 Σ オート SUM ▾	▼をクリックして合計・平均・数値の個数・最大値・最小値の５つから選択する。〔その他の関数〕を選択すると〔関数の挿入〕画面が表示される。

4.3.6　基本の関数

最もよく使われている関数として，自動設定可能な関数を学習する。

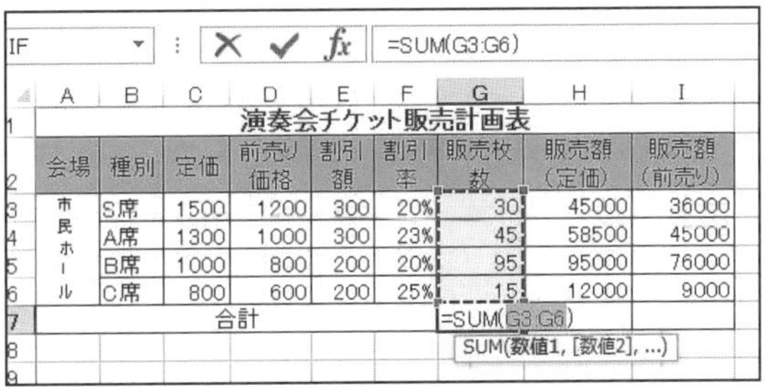

(1) 合計　SUM 関数

指定したセル範囲内の合計を求める関数である。

図 4.3.11　オート SUM での設定

■　関数の書式

＝SUM（数値 1，数値 2，…）

引数には数値，セル範囲を設定する。連続したセルは：（コロン）でつなぎ，離れたセルは，（コンマ）で区切る。※範囲内の文字列や空白セルは計算対象にならない。

操作 4.3.3　合計（オート SUM を使用した計算）

1. 数式を設定するセルを選択する。
2. 〔ホーム〕または〔数式〕タブの〔オート SUM〕をクリックする。
3. 自動的に数値データの範囲を読み取り，セル内に＝SUM（セル範囲）と表示される。
4. 点線で囲まれたセル範囲が計算の対象として正しいことを確認する。
5. 誤った範囲が選択されていた場合には，正しい範囲をドラッグして選択する。
6. Enter キーで確定する。

前述したオートSUMツールでの計算は，設定したセルに隣接する数値データのうち，上方向または左方向から自動的に計算対象のセル範囲を読み取る。両方にデータがある場合には上方向が優先される。下方向や右方向，範囲の途中に空白セルがあった場合などには，正確に読み取ることができないので，選択をしなおす必要がある。

オートSUMツールの▼をクリックすると
よく使われる関数のリストが表示される。
それぞれ同様の方法で設定可能である。

Σ オートSUM ▾

SUM 関数 →	Σ 合計(S)
AVERAGE 関数 →	平均(A)
COUNT 関数 →	数値の個数(C)
MAX 関数 →	最大値(M)
MIN 関数 →	最小値(I)
	その他の関数(F)...

図 4. 3. 12　オートSUMのリストから設定可能な関数

(2) 平均　AVERAGE 関数

指定したセル範囲内の平均値を求める関数である。

※範囲内の文字列や空白セルは計算対象にならない。ただし0は計算の対象となり，計算結果が違ってくる。

■　関数の書式

＝AVERAGE（数値1，数値2，…）

関数を使わない数式では＝（A3+A4+A5+A6）/4であり，計算結果は同じである。ではどちらでもよいかというと，設定後の修正の際に，違いが出る。たとえば，項目が増えて表に1行追加した場合を見てみよう。

行の挿入をして，データを入力した時点で，関数を使用していれば追加データを含めて再計算が行われるが，数式を入力していると，再計算は行われない（図4.3.14）。逆に行を削除した場合には，エラー値が出てしまう（図4.3.15）。関数を使用していない場合には，後からデータの追加や削除があった場合には，数式も修正が必要になる。もとより計算対象のデータ数が多い場合には，関数を使用しないと設定にかかる手間と時間だけでも大きな差が出てくる。

	A	B
1		
2	関数を使用	数式を使用
3	30	30
4	50	50
5	70	70
6	80	80
7	=AVERAGE(A3:A6)	=(B3+B4+B5+B6)/4

図 4. 3. 13　数式と関数の違い

	A	B
1		
2	関数を使用	数式を使用
3	30	30
4	50	50
5	10000	10000
6	70	70
7	80	80
8	2046	57.5

図 4. 3. 14　行挿入でデータを追加した場合

	A	B
1		
2	関数を使用	数式を使用
3	30	30
4	70	70
5	80	80
6	60	#REF!

図 4. 3. 15　行を削除した場合

AVERAGE 関数の設定方法を，〔関数の挿入〕を使用した方法で解説する。

操作 4.3.4　平均（〔関数の挿入〕を使用した設定方法）

1. 数式を設定するセルを選択する。
2. 〔関数の挿入〕または〔数式〕タブの〔関数の挿入〕をクリックする（図 4.3.16）。
3. 表示された〔関数の挿入〕画面の〔関数の分類〕の∨をクリックし，〔すべて表示〕を選択する（分類がわかれば，分類を選択してもよい）（図 4.3.17）。
4. 関数名のリストにすべての関数がアルファベット順で表示されている。スクロールしてAVERAGE を選択し，〔OK〕をクリックする（リスト内で，半角で頭文字をタイプするとすばやく表示できる）。
5. 〔関数の引数〕画面が表示される。〔数値 1〕のボックスにセル範囲が表示されているが必ずしも正しい計算対象範囲とは限らない。その場合はボックス内をいったん削除する。
6. 改めて対象のセル範囲をドラッグして選択する（セル番地をボックス内でタイプしてもよい）。離れた範囲を含めるためには〔数値 2〕のボックス内をクリック（ Tab キーでもカーソルは移動できる）してから対象の範囲を選択する。
7. 数式バーで，式の書式を確認し，〔OK〕をクリックする。

G8　*fx*　関数の挿入

	A	B	C	D	E	F	G	H	I
1				演奏会チケット販売計画表					
2	会場	種別	定価	前売り価格	割引額	割引率	販売枚数	販売額（定価）	販売額（前売り）
3	市民ホール	S席	1500	1200	300	20%	30	45000	36000
4		A席	1300	1000	300	23%	45	58500	45000
5		B席	1000	800	200	20%	95	95000	76000
6		C席	800	600	200	25%	15	12000	9000
7	合計						185	210500	166000
8	平均								

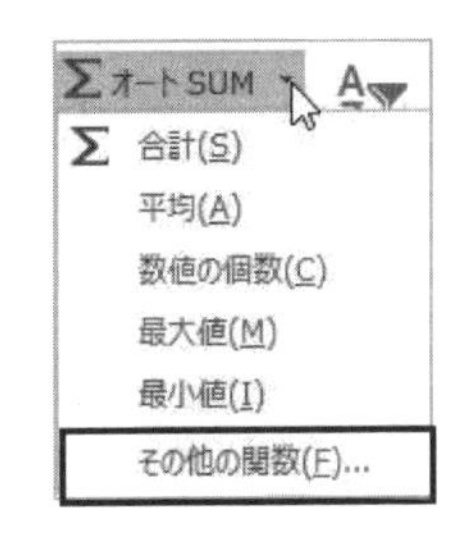

図 4.3.16　関数の挿入画面の表示方法

関数名がわからない場合にはキーワード検索

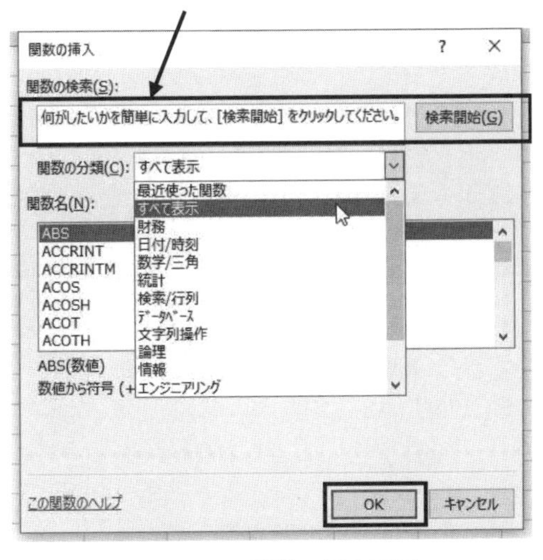

図 4.3.17　関数の挿入画面

確定〔OK〕する前に数式バーで関数の書式を確認

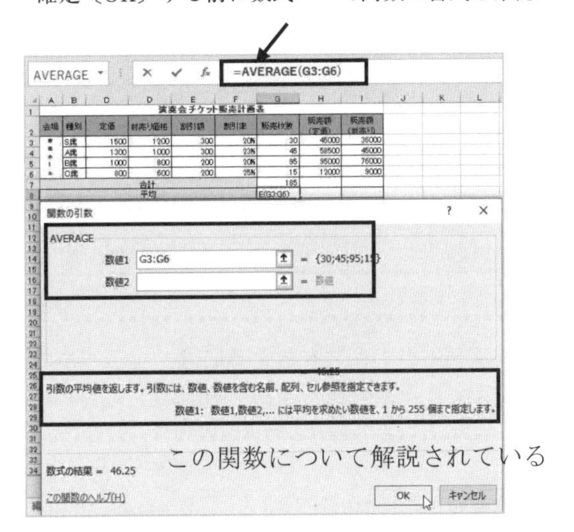

この関数について解説されている

図 4.3.18　関数の引数画面

(3) 最大値　MAX 関数・最小値　MIN 関数

指定した範囲内の最大値・最小値を求める関数である。設定方法は平均（AVERAGE）と同様である。

■　関数の書式

= MAX（数値 1，数値 2，…）引数に，最大値を求める数値，セル番地，セル範囲を指定する。

= MIN（数値 1，数値 2，…）引数に，最小値を求める数値，セル番地，セル範囲を指定する。

(4) 数値の個数　COUNT 関数

COUNT 関数は，引数に指定したセル範囲内の数値データの個数を求める関数である。

■　関数の書式

= COUNT（セル範囲）

COUNTA 関数は，データの種類にかかわらず範囲内の，空白以外のセルの個数を求める。

= COUNTA（セル範囲）

COUNTBLANK 関数は，範囲内の空白セルの個数を求める。

= COUNTBLANK（セル範囲）

	A	B	C	D	E	F	G
1	金銭出納帳						
2							
3	月	日	費目	摘要	収入	支出	残高
4	4	1		繰り越し	75,860		
5	4	4	収入	部費	25,000		
6	4	7	文房具	新歓チラシ用紙		500	
7	4	10	図書費	楽譜		7500	
8	4	13	カンパ	OB佐藤さん	5,000		
9	4	16	印刷費	新歓チラシ		680	
10	4	19	交通費	演奏会参加		2560	
11	4	22	新歓コンパ	新入生分		8000	
12	4	25	備品	譜面台		9560	
13							
14			収入回数	=cou			
15			支出回数	COUNT	範囲内の、数値が含まれるセルの個数		
16			全費目数	COUNTA			
17				COUNTBLANK			
18				COUNTIF			

収入回数	=COUNT(
支出回数	COUNT(値1, [値2], ...)
全費目数	

図 4.3.19　キーボードからの設定

操作 4.3.5　キーボードでの関数設定

1．数式を設定するセルを選択する。
2．＝に続けて関数の頭文字を入力すると関数のリストが表示される（図 4.3.19）。
3．２文字目，３文字目と入力するとリストの対象が該当の関数に絞り込まれて表示される。
4．関数名をダブルクリックするか［↓］キーで移動後［Tab］キーを押して関数を選択する。
5．マウスで計算対象範囲を選択する（またはキーボードから入力する）。
6．［Enter］キーで確定する。（　）は自動的に入力される。

文字データの個数を数えるには，全データの個数を数える COUNTA 関数から COUNT 関数を引くことで計算できる。例：=COUNTA(A3:G12)-COUNT(A3:G12)

練習問題 4.3　URL：http://www.kyoritsu-pub.co.jp/bookdetail/9784320124295 参照

4.4　表の編集

ここでは作成した表をより効率よく見栄えよく仕上げるための書式設定について解説する。この設定は，データではなくセルに設定され，データの削除や修正をしても解除されない。設定方法とともに解除方法についても確認しておく。また，データの表示形式の特徴や，条件付き書式についても解説する。

4.4.1　セルの書式設定

書式設定は，基本的にセル単位で行う。フォントサイズなどセル内の文字単位で設定可能な書式も一部ある。設定対象となるセル範囲を選択し，〔ホーム〕タブ内の該当するボタンをクリックして設定する。

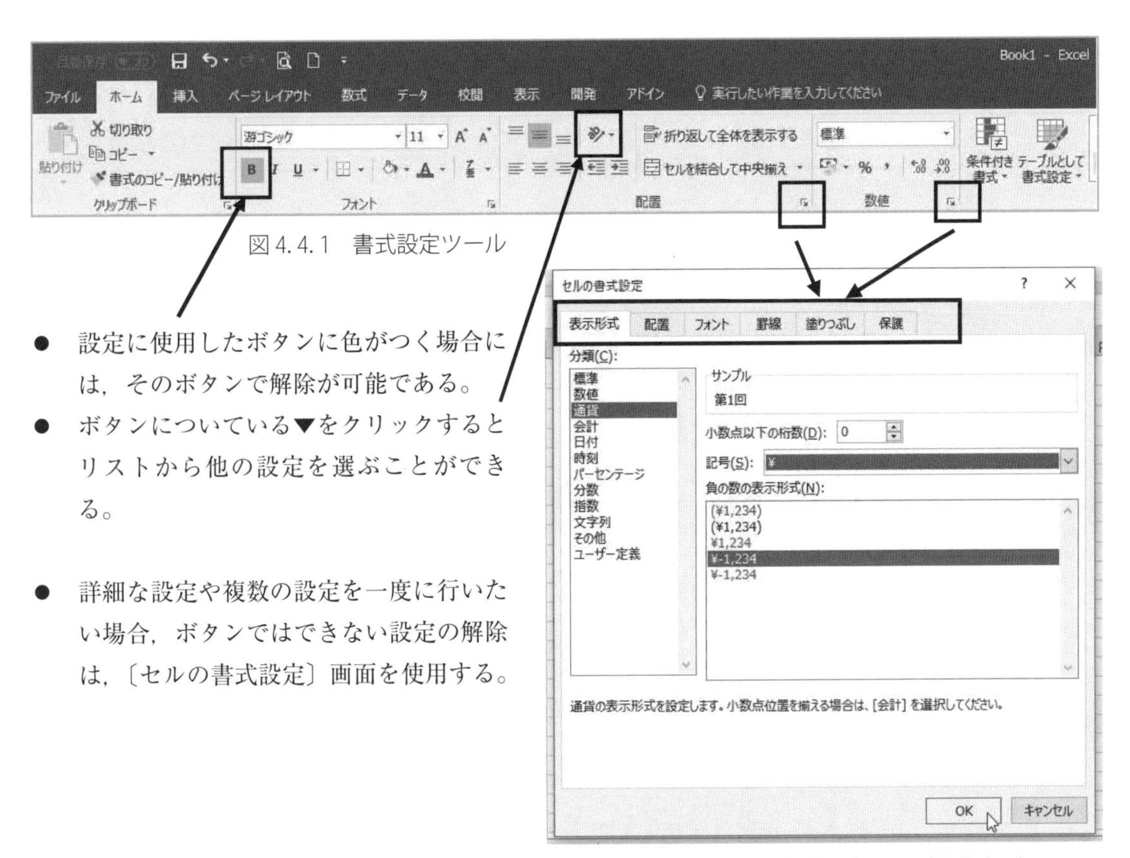

図 4.4.1　書式設定ツール

- 設定に使用したボタンに色がつく場合には，そのボタンで解除が可能である。
- ボタンについている▼をクリックするとリストから他の設定を選ぶことができる。

- 詳細な設定や複数の設定を一度に行いたい場合，ボタンではできない設定の解除は，〔セルの書式設定〕画面を使用する。

図 4.4.2　セルの書式設定画面（通貨表示）

効率よく書式設定，解除する方法

- 〔書式コピー/貼り付け〕ボタン を使用すると設定済みの書式のみをコピーして設定することができる。
- 〔クリア〕ボタンのリストから〔書式のクリア〕を使用すると罫線・塗りつぶしの色，表示形式等，設定されているすべての書式が一度に解除できる。

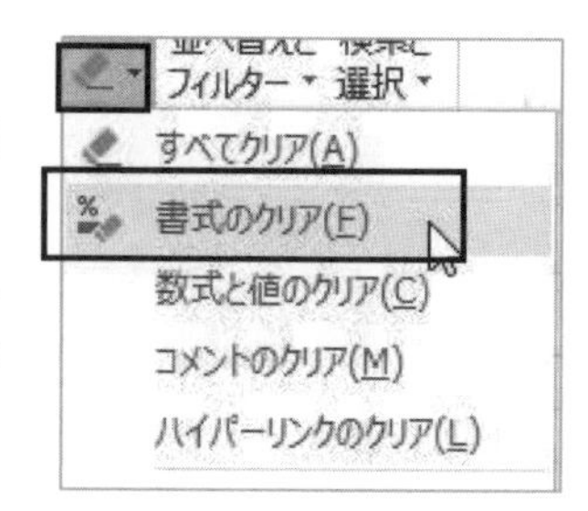

図 4.4.3　クリアボタン

(1) 罫線，塗りつぶしの設定

セルの境界線は印刷されない。表を見栄えよく仕上げるには，罫線の設定を行う必要がある。また見出しとなるセルには，わかりやすく塗りつぶしの色等を設定するとよい。

操作 4.4.1　罫線の設定

1. 設定するセルを選択する。
2. 〔ホーム〕タブの〔フォント〕グループの〔罫線〕の▼をクリックする。
   リストから線種を選択する。

色，線の太さや種類を一度で設定するには，〔セルの書式設定〕画面の〔罫線〕タブから行う。
設定の解除は範囲を選択し，罫線のリストから〔枠なし〕を選択する。

操作 4.4.2　セルの塗りつぶしの設定

1. 設定するセルを選択する。
2. 〔ホーム〕タブの〔フォント〕グループの〔塗りつぶしの色〕の▼をクリックする。
3. 任意の色を選択する（図 4.4.4)。

文字の色も同様の色の種類から選択できるので，見やすさを考慮して設定する。同じ色の組み合わせで設定する場合には，書式コピーを使用するとより簡単である。設定の解除は，範囲を選択し，〔塗りつぶしの色〕のリストから〔塗りつぶしなし〕を選択する。

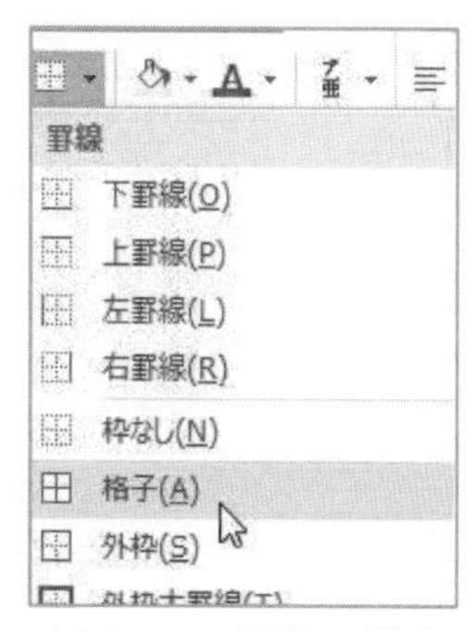

図 4.4.4　罫線の設定

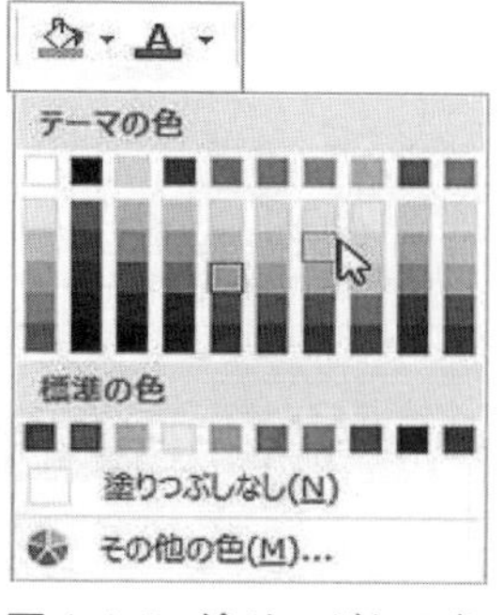

図 4.4.5　塗りつぶしの色

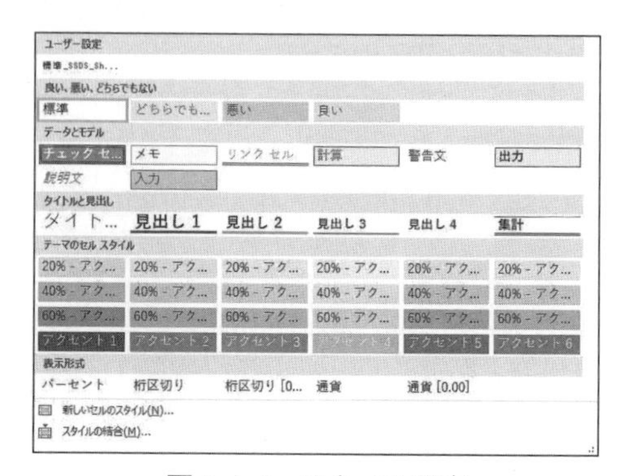

図 4.4.6　スタイル設定

〔スタイル〕グループのリストから，フォントとセルの設定が組み合わせたスタイルを選択して統一感のある設定を行うことも可能である（図4.4.6）。

(2) 配置の設定

初期設定で文字列はセル内で左揃え，数値は右揃えで，上下方向は中央揃えとなっている。表の見出しやタイトルなどは配置を変更して見やすく整える。

タイトルなどは，表の幅全体の中央に配置する。セルを結合して中央に配置すると，後から幅を変更したり列を挿入しても，中央に配置される。

操作4.4.3　セルを結合して中央揃えの設定

1．結合するセル範囲を選択する。
2．〔ホーム〕タブの〔配置〕グループの〔セルを結合して中央揃え〕をクリックする。

設定の解除は範囲を選択し，設定に使用したボタンをクリックする。

縦方向，均等割り付けなどの設定をする場合には，〔セルの書式設定〕画面の配置タブで行う。

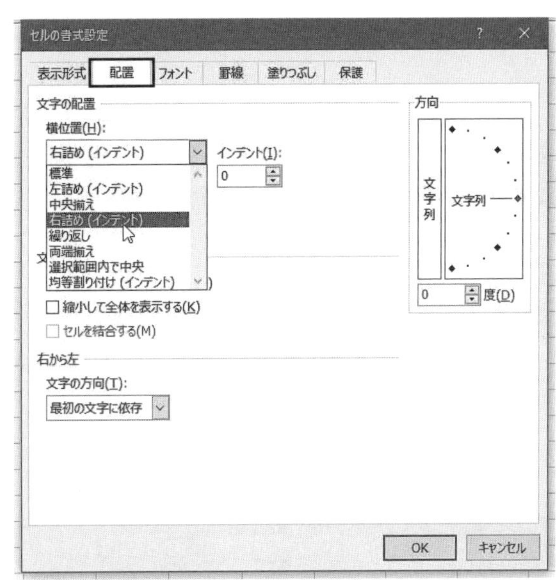

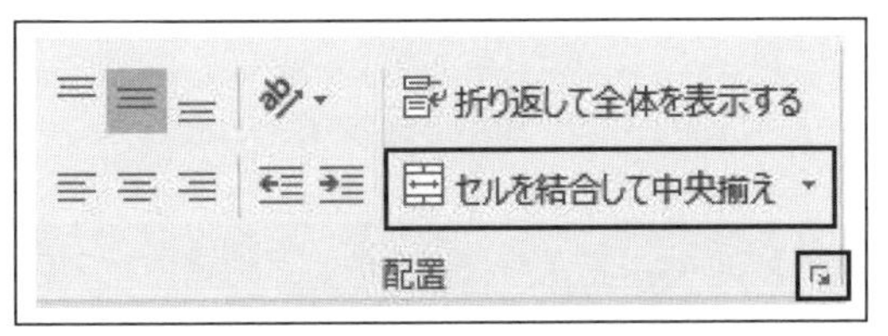

図4.4.7　文字の配置の設定

4.4.2　表示形式の設定

セルに入力されたデータや計算結果を，どのように表示するかを設定する。数値データに，桁区切りや通貨記号，%を付けるなど，よく使うものは〔ホーム〕タブの〔数値〕グループのボタンで簡単に設定できる。

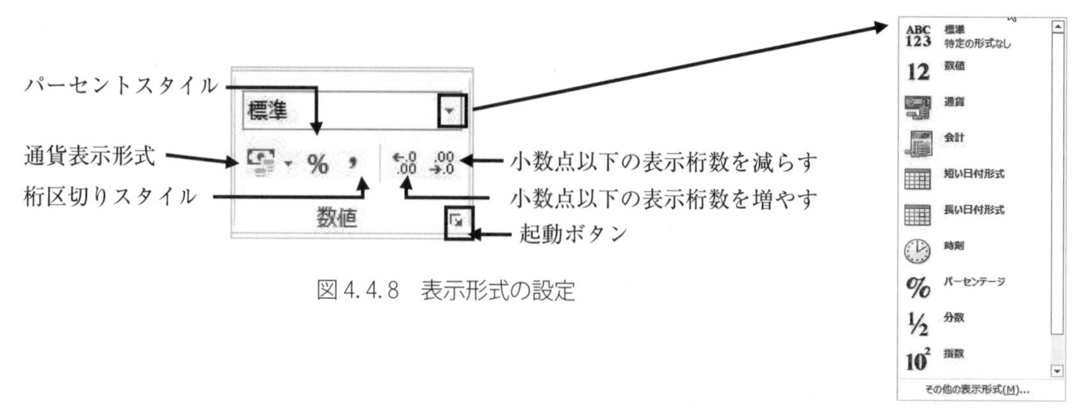

図 4.4.8　表示形式の設定

図 4.4.9　表示形式リスト

表示形式の種類は，〔セルの書式設定〕画面の〔表示形式〕タブでサンプルとともに確認することができる。

日付形式の表示は，〔分類〕の〔日付〕で，年号を〔グレゴリオ暦〕（西暦）や，〔和暦〕で表示するなどの表示形式を設定することができる。

桁区切りスタイルを設定すると，3 桁ごとにカンマが表示される。

通貨表示形式は，ドル（$），ユーロ（€）等，様々な通貨記号を選択できる。

図 4.4.10　表示形式の分類（日付）

操作 4.4.4　表示形式の設定の例：桁区切りスタイル

1．設定するセル範囲を選択する。
2．〔ホーム〕タブの〔数値〕グループの〔桁区切りスタイル〕をクリックする。

設定の解除は範囲を選択し，「表示形式」の▼をクリックし，リストから「標準」を選択する。または，セルの書式設定画面の「表示形式タブ」の「分類」から「標準」を選択する。

有効桁数について

Excel では計算可能な有効桁数は，15 桁である。

割り切れない計算結果など，少数点以下の桁数を増やしても 0 が表示される。数字を文字データとして入力すれば，表示されるが，数値としての計算の対象にはならない。また数字が文字データとして入力されているセルにはエラー値としてのチェック（緑の三角）がセルに表示される。エラーのオプションから非表示にすることができる。

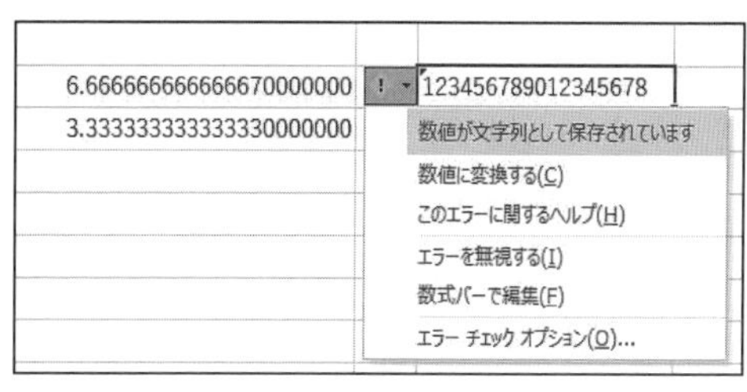

図 4.4.11　有効桁数とエラー表示

4.4.3　条件付き書式

指定した条件を満たしているデータのセルにだけ，指定した書式を設定する機能が条件付き書式である。たとえば，一覧表の得点が 70 点以上ならばセルに色を付ける，日曜日と入力されたセルに赤い色を付けるなど数値データや文字データを視覚的により分かりやすく表現することができる。

操作 4.4.5　条件付き書式の設定

1. 設定するセル範囲を選択する。
2. 〔ホーム〕タブの〔スタイル〕グループの〔条件付き書式〕をクリックする。
3. 〔セルの強調表示ルール〕の一覧からいずれかのルールをクリックする。
4. 選択したルールの条件設定画面で，条件となる値またはセル番地を入力し，〔書式〕の∨をクリックしてリストから書式を選択する。

条件となる数値を直接入力するか，「＝セル番地」の絶対参照式でセル番地を指定する。

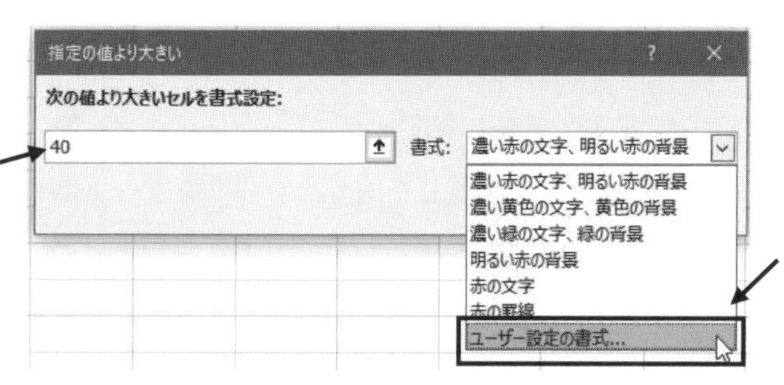

リスト以外の書式を設定する場合には，〔ユーザー設定の書式...〕を選択して任意の書式を設定する。

図 4.4.12　条件付き書式　条件設定画面

条件，書式の視覚表現など，以下の様々な設定方法がある。

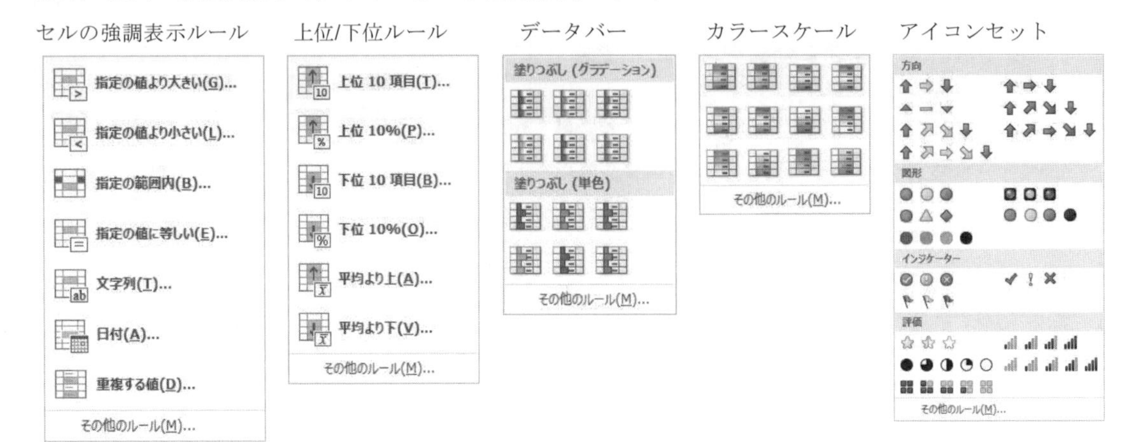

図 4.4.13　条件付き書式

操作 4.4.6　条件付き書式の解除

1．設定するセル範囲を選択する。
2．〔ホーム〕タブの〔スタイル〕グループの〔条件付き書式〕をクリックする。
3．〔ルールのクリア〕の〔選択したセルからルールをクリア〕をクリックする。
〔シート全体からルールをクリア〕をクリックするとすべての条件付き書式を解除することができる。

練習問題 4.4　URL：http://www.kyoritsu-pub.co.jp/bookdetail/9784320124295 参照

4.5　ワークシートの操作

新規ファイルを開くと Sheet1 という名前のワークシートが表示されている。ワークシートを追加することにより，1つのファイルの中に関連した内容のデータをシート別にして管理することができる。たとえば部活動用のファイルにシートを追加して，ちょうどバインダーに用紙を追加するようにスケジュール管理表，部費の出納帳，さらにはメンバーの名簿等などを作成することもできる。

ワークシート間での計算も可能であるため，月単位の集計を各ワークシートで作成し，年間の集計を行うなどの管理が行える。またワークシートをコピーして別のファイルに追加したり，新しいファイルとして保存することもできるため，昨年のデータはそのまま残し，コピーした新しいファイルで，データの書き換えを行うなど活用の幅は広い。

4.5.1　ワークシートの挿入と削除

ワークシートを追加すると，追加したワークシートの見出しには Sheet2，Sheet3 というようにシート名がつく。シート名は変更可能である。

操作 4.5.1 ワークシートの追加とシート名の変更

1. シート見出しの〔新しいシート〕をクリックする（図 4.5.1）。
2. 作成された Sheet2 の見出しをダブルクリックし，適切なシート名を入力する（図 4.5.2）。
3. Enter キーを押す。

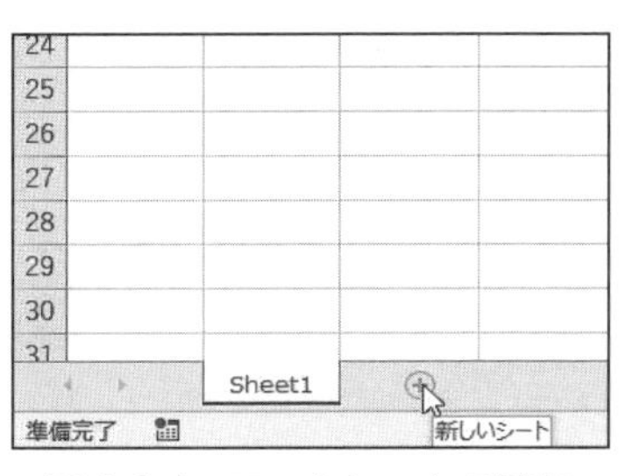

図 4.5.1 ワークシートの追加

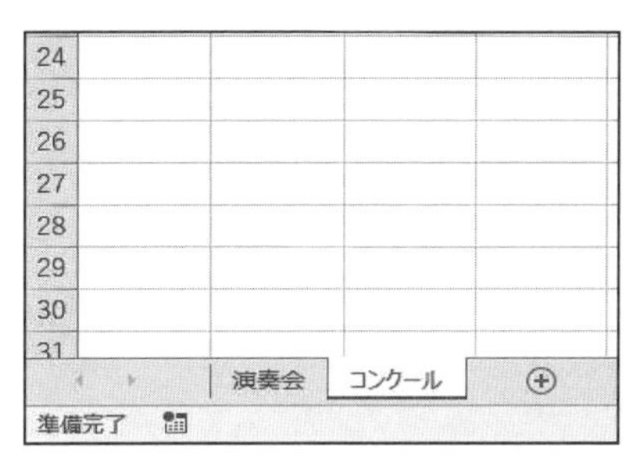

図 4.5.2 ワークシート名の変更

操作 4.5.2 ワークシートの削除

1. シート見出しを右クリックする。
2. 〔シートの削除〕をクリックする。
3. シート内にデータがある場合には，メッセージが表示される（図 4.5.3）。
4. 〔削除〕をクリックする。

シートを削除するとシート内のデータも削除され，「元に戻す」ボタンでも戻せなくなる。

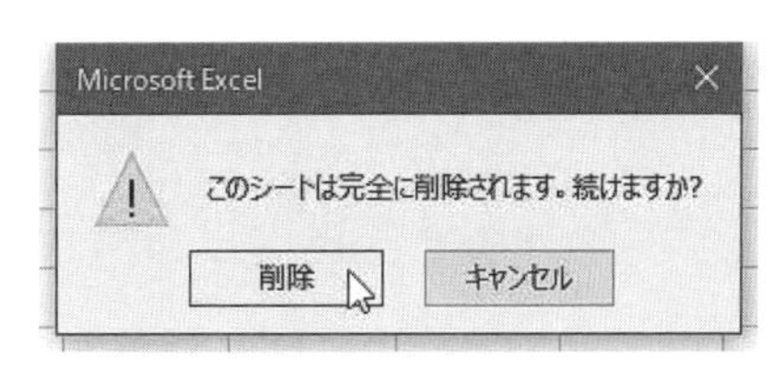

図 4.5.3 シート削除への警告メッセージ

シート見出しには色を設定することができる。

操作 4.5.3 シート見出しの色

1. シート見出しを右クリックする。
2. 〔シート見出しの色〕をポイントし，任意の色をクリックする。
   シートが選択されているときは，グラデーション（淡色）で表示される。

4.5.2 ワークシートのコピーと移動

ワークシートをコピー，移動するには，ドラッグ操作で行う方法，右クリックで行う方法などがある。

操作 4.5.4　ワークシートの移動とコピー

方法 1（同一ブック内に移動またはコピー）

1．ワークシート見出しを左右へドラッグする。
2．▼が表示されたらドロップする（図 4.5.4）。Ctrl キーを押しながらドロップするとコピーとなる（図 4.5.5）。

方法 2（他のブックや，新規ブックに移動またはコピーをする場合など）

1．シート見出しで右クリックし〔移動またはコピー〕をクリックする（図 4.5.6）。
2．〔移動またはコピー〕画面で移動先ブック名の∨をクリックし，現在開いているファイル名または（新しいブック）から選択する（図 4.5.7）。
3．移動先ファイルの挿入先を指定する。（コピーの場合は〔コピーを作成する〕にチェックする）（図 4.5.8）。
4．〔OK〕をクリックする。

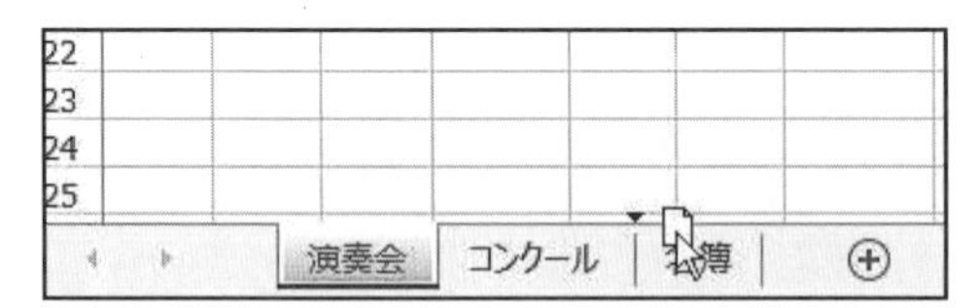

図 4.5.4　シートの移動

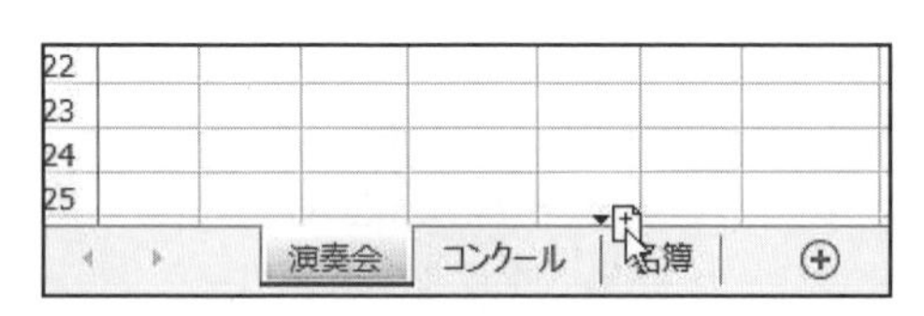

図 4.5.5　シートのコピー

図 4.5.6　シートの移動またはコピー

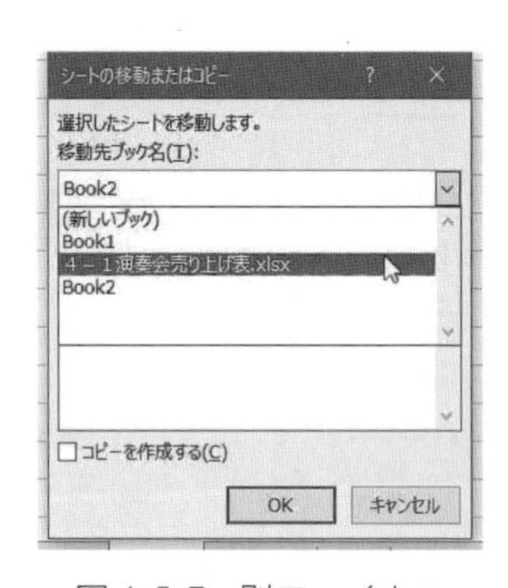

図 4.5.7　別ファイルへ移動またはコピー

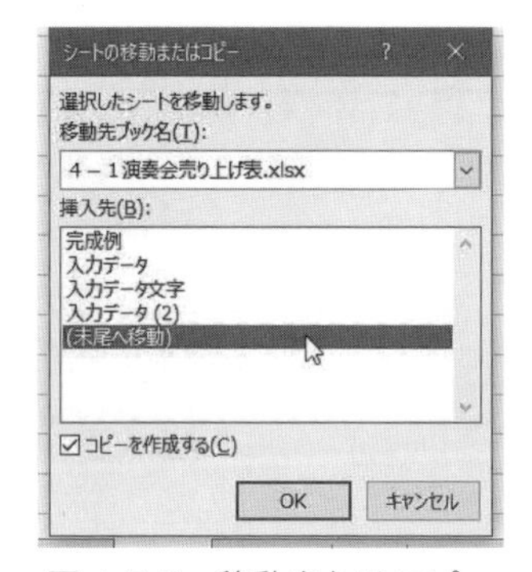

図 4.5.8　移動またはコピー別ファイルの挿入先の指定

4.5.3　作業グループの設定

複数シートのうち表示されているワークシートをアクティブシートといい，通常は操作の対象はアクティブシートのみである。複数のシートを選択すると，そのワークシートは〔作業グループ〕として設定され，一括して，文字の入力や書式設定，数式の設定などを行うことができる。月ごとの集計表などは，シートをコピーして作成しシート名を書き換え，さらに作業グループの設定をして毎月の共通データや，共通する書式設定を行い，その後作業グループを解除して，各月の個別のデータを入力するなど，作業の効率化を図ることができる。

(1) 作業グループの設定と解除

複数のシートを選択するには，シート見出しで操作を行う。

操作 4.5.5　作業グループの設定（複数シート見出しの選択）

1．先頭のシート見出しをクリックする。
2．最後のシート見出しを Shift キーを押しながらクリックする。
　連続していないワークシートを選択するには，Ctrl キーを押しながらクリックする。
　タイトルバーのファイル名に [作業グループ] と表示される。

操作 4.5.6　作業グループの解除

1．作業グループに含まれていないシート見出しをクリックする。
　すべてが作業グループとなっている場合は，アクティブシート以外のシート見出しをクリックする。

(2) 作業グループで操作

作業グループの設定で，データの入力を行うと，作業グループ内の同じセル番地にデータが入力される。また書式設定を行うと作業グループ内の同じセル番地に設定される。計算式の設定も可能である。

> 作業グループでの操作をするには，各シートとも，同じ構造にしておく必要がある。構造が異なっていると，必要なデータが上書きされてしまうなど，シートごとの操作を行うときには必ず解除してから行わないと逆効果になってしまう。

4.5.4　ワークシート間の計算

同じ構造でつくられたワークシートであれば，複数シートの同じセル番地の数値を集計することができる。

立体的な計算なので 3D 集計，串刺し演算とも呼ばれる。

ここでは 3 回分のアンケートの集計表を 4 枚目のワークシートに合計する。

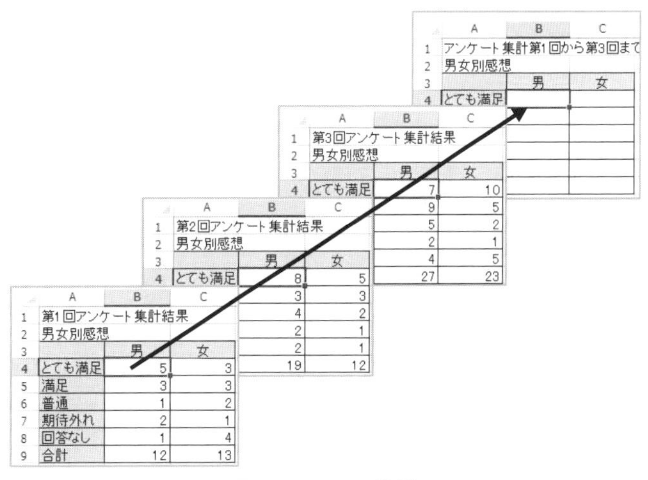

図 4.5.9　3D 集計

操作 4.5.7　ワークシート間の計算

1. 集計結果を表示するワークシート見出しをクリックしてアクティブにする。
2. 計算式を設定するセルを選択する。
3. 〔ホーム〕タブのオート SUM をクリックする。
   数式バーに= SUM () と表示されていることを確認する。
4. 1枚目のワークシート見出しをクリックし，式設定をするセルと同じセル番地をクリックする。数式バーに= SUM（シート名！セル番地）と表示されていることを確認する。
5. Shift キーを押しながら計算対象の最後のシート見出しをクリックする。
   数式バーに= SUM（'最初のシート名:最後のシート名!セル番地）と表示されていることを確認する。
6. Enter キーを押す。
7. 式を設定したセルを選択し，オートフィルでコピーを行う。

図 4.5.9 を参照してワークシート間の計算を行う。

1-3 回男女別満足度集計のワークシートのセル B4 を選択し，以下の式設定を行う。
=SUM（'第 1 回男女別満足度 : 第 3 回男女別満足度 '!B4）
結果の表を確認する。
各シートの同じセル番地が合計されている。

B4　=SUM('第1回男女別満足度:第3回男女別満足度'!B4)

	A	B	C
1	第1回アンケート集計結果		
2	男女別感想		
3		男	女
4	とても満足	5	3
5	満足	SUM(数値1, [数値2], ...)	
6	普通	1	2
7	期待外れ	2	1
8	回答なし	1	4
9	合計	12	13

図 4.5.10　3D 集計　SUM 関数の設定

	A	B	C
1	アンケート集計第1回から第3回まで		
2	男女別感想		
3		男	女
4	とても満足	20	18
5	満足	15	11
6	普通	10	6
7	期待外れ	6	3
8	回答なし	7	10
9	合計	58	48

図 4.5.11　3D 集計結果　SUM 関数

練習問題 4.5　URL：http://www.kyoritsu-pub.co.jp/bookdetail/9784320124295 参照

4.6　グラフの作成

表を作成して，データを分類整理しただけでなく，グラフ化する必要性はなんだろうか。数値データを読み取らずとも，グラフであれば見た瞬間に数値の大小や時間の経過に伴う変化や割合などがわかるからであろう。整理されたデータをより具体的に説明する時や，分析したい場合にグラフは有効である。視覚的にわかりやすいグラフを作成しなければグラフ化する効果がないということになる。

Excelには，多様なグラフを一瞬にして作成できる機能が備わっているが，そのままでは，何を伝えたいのかがわからないグラフになっていることも多い。グラフ作成の目的，グラフから把握できること，分析したいことを考え，適切な編集を施し，より効果的なグラフ作成を目指そう。

4.6.1　グラフの作成手順

グラフの作成手順は，以下のとおりである。

① グラフ作成の目的を考える（グラフで何を把握，説明，明確にしたいのか）。
② データの中から，作成するグラフに必要なデータ範囲を選択する。
③ グラフの種類を選択する。
④ グラフタイトル，軸ラベル（データの単位等），凡例を設定する（必須要素）。
⑤ 文字サイズや全体のバランスを整え，色合いも目的に合わせて設定する。

重要な点はまず，②の範囲選択である。数値データだけでなく項目名を含めること，数値データも必要なデータと不要なデータを見極めて選択しなければ，出来上がったグラフの視覚効果は半減する。また，見落としがちなのは④のタイトル等の要素の設定である。グラフ単独でも何を意味しているのかがわかるように要素は必ず追加する。

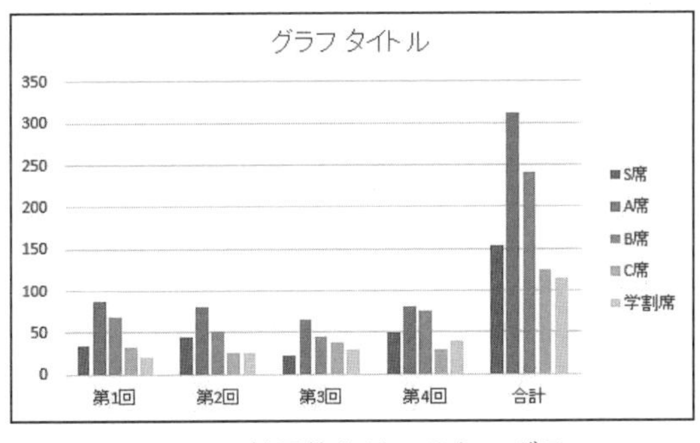

図 4.6.1　効果的とはいえないグラフ

合計のデータまで含めて選択したために本来比較したかった販売実績がわかりにくくなってしまったグラフ。

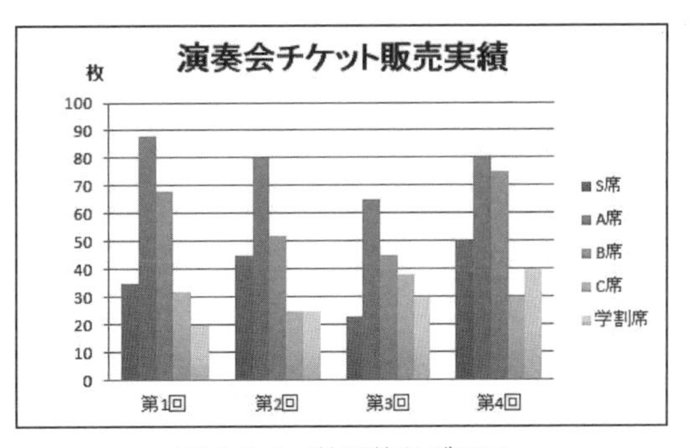

図 4.6.2　効果的なグラフ

適切に範囲を選択し，販売実績の比較がわかりやすい。グラフタイトル，軸ラベルも適切に配置されている。

4.6.2　基本グラフ

Excelでは，15種類のグラフが用意されているが，まず一般的にもっともよく使われている，縦棒グラフ，円グラフの作成方法を学習し，Excelでのグラフ作成の基本機能を確認していく。作成や編集を行う際，マウスをポイントした時点で，結果がプレビューされる。設定後の状態を確認しながら作成を行うことができる。

(1) 棒グラフ

縦棒グラフは，数値データの比較で最もよく使われている。縦棒グラフには，2D 縦棒，積み上げ縦棒，100%積み上げ縦棒のほか，3D の各種類も用意されている。

ここでは，〔コンクールの成績一覧〕というデータを利用して縦棒グラフの作成方法を学習する。

操作 4.6.1　縦棒グラフの作成方法

1．グラフ化するデータ範囲を選択する。数値データだけでなくラベルとして表示される項目名も選択する。

2．〔挿入〕タブ〔グラフ〕グループ〔縦棒グラフの挿入〕の▼をクリックし〔集合縦棒〕をクリックする。

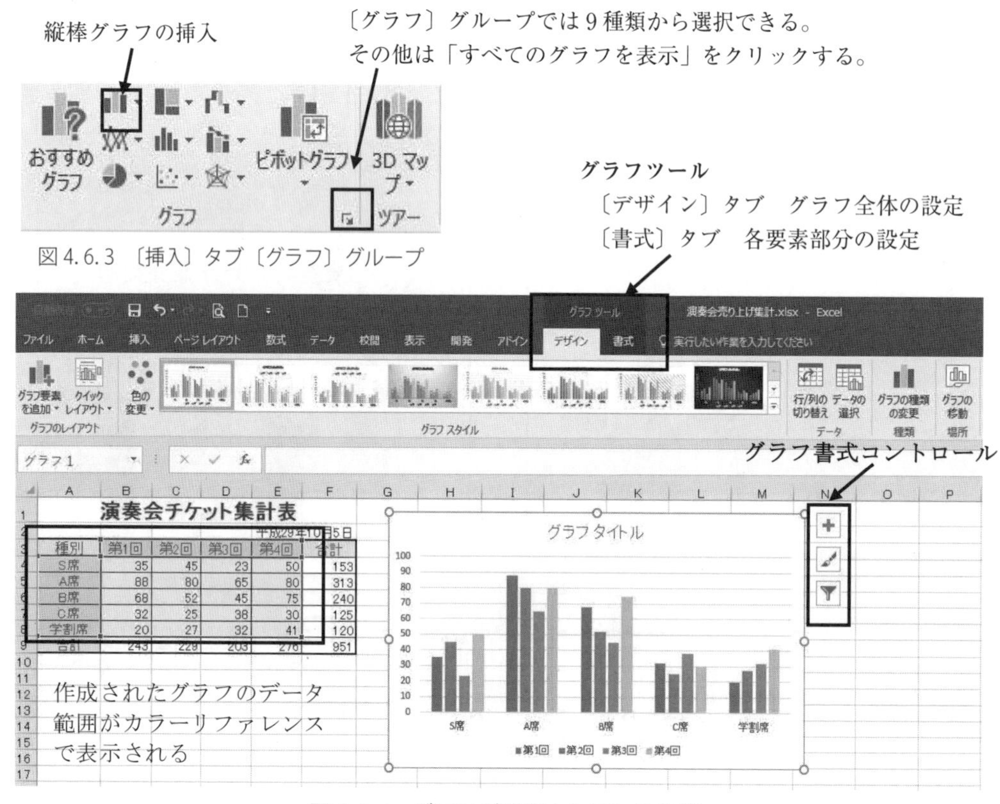

図 4.6.3　〔挿入〕タブ〔グラフ〕グループ

図 4.6.4　グラフが選択されている状態

グラフ内をクリックして選択すると，上下左右と四隅にハンドルのついた枠で囲まれ，グラフツールが表示される。グラフ以外のセルをクリックすると選択が解除される。

A．配置とサイズの変更

グラフは画面中央に作成されるため，表に重なってしまう場合がある。グラフエリアをドラッグして移動し，ハンドルを使ってサイズを変更する。

B．グラフ要素

グラフ内の各部分には名前がついており要素と呼ぶ。選択されたグラフ内で各要素をポイントするとその部分の名称が表示される。グラフの要素ごとに編集が可能である。

C．作業ウィンドウ

各グラフ要素をダブルクリックすると，右側に〔作業ウィンドウ〕が表示され，各要素の書式設定を行うことができる。右上の×をクリックすると非表示になる。

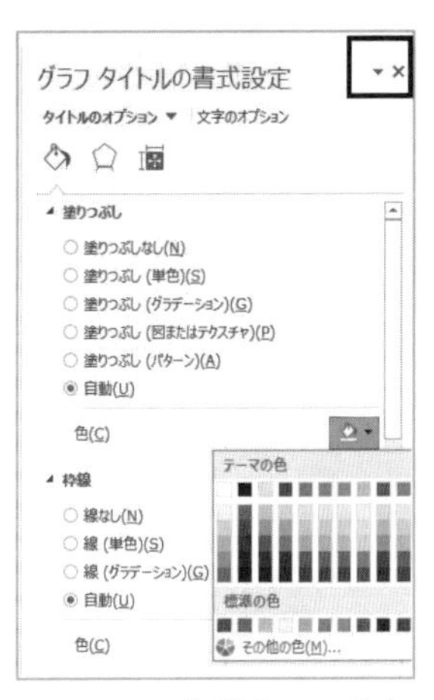

図 4.6.5　作業ウィンドウ

操作 4.6.2　グラフタイトルの入力

1．グラフタイトルをクリックする。再度クリックすると，カーソルが表示される。
2．適切なグラフタイトルを入力する。
3．〔書式〕タブに切り替え（またはダブルクリックして作業ウィンドウを表示し）文字サイズ，塗りつぶしの色などの書式設定を行う。

D．グラフ書式コントロール

グラフを選択しているときに表示される。各設定はポイントすると，プレビューがグラフ内に表示される。クリックして設定する。

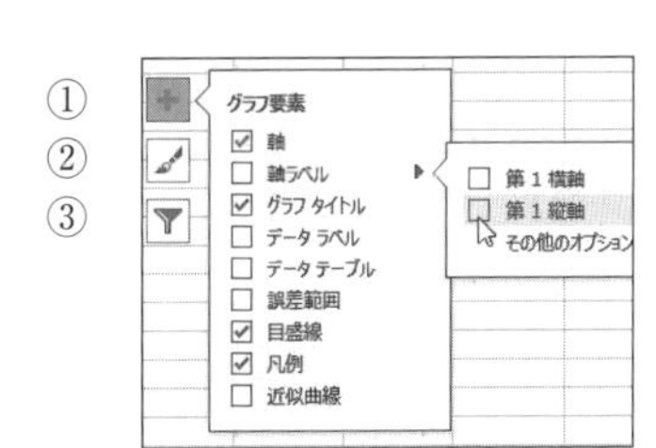

図 4.6.6　グラフ書式コントロール（グラフ要素）

表 4.6.1　グラフ書式コントロール

①　グラフ要素	タイトル，凡例，要素の表示・非表示を行う。
②　グラフスタイル	グラフのスタイルや配色を設定する。
③　グラフフィルター	グラフに表示する項目を絞り込むことができる。

操作 4.6.3　軸ラベルの追加

1. 〔デザイン〕タブの〔グラフ要素を追加〕（またはグラフ書式コントロールのグラフ要素）をクリックし〔軸ラベル〕をポイントする。第1縦軸をクリックする。
2. 追加された軸ラベルをクリックして，数値の単位など適切なラベル名を入力する。
3. 〔書式〕タブに切り替え（またはダブルクリックして作業ウィンドウを表示し）文字の方向などを適宜変更する。
4. 軸ラベルの枠線をドラッグして移動し，縦軸の上など適切な場所に配置する。

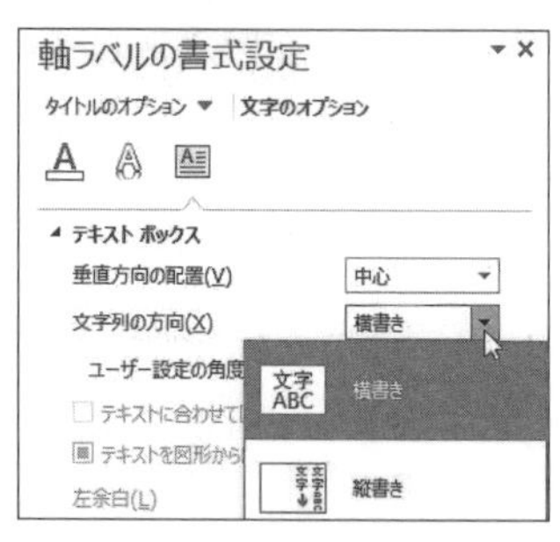

図4.6.7　文字方向の変更設定

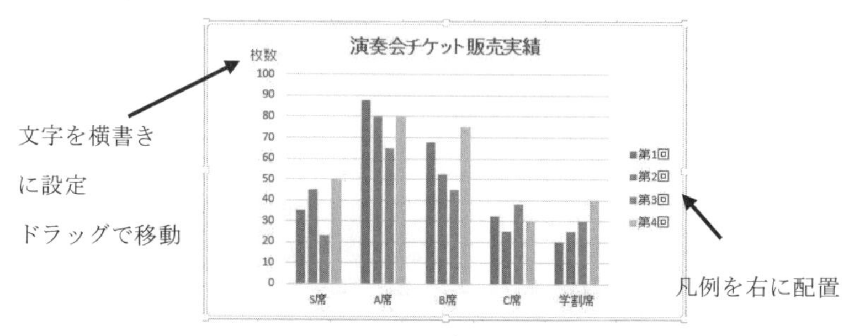

図4.6.8　編集後のグラフ

E．グラフスタイル

〔デザイン〕タブの〔グラフスタイル〕では，グラフ要素の配置や背景の色，効果（グラデーション）などの組み合わせた〔スタイル〕を選択することができる（グラフ書式コントロールのグラフスタイルでも可能）。

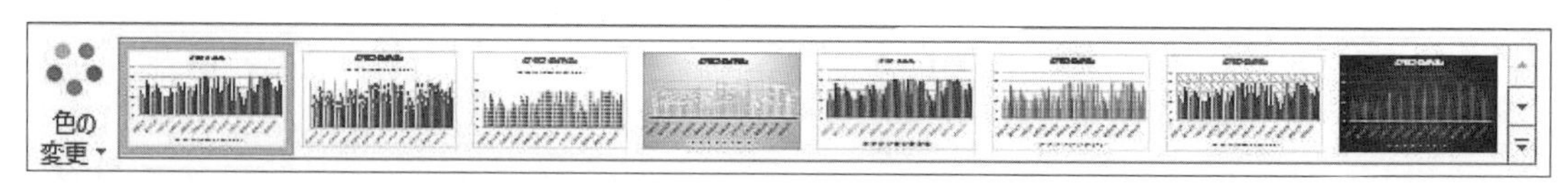

図 4.6.9　グラフスタイル

F．データの選択

グラフを作成後に，データ範囲の追加，削除，順序の変更などが可能である。

操作 4.6.4　データの選択

1. 〔デザイン〕タブの〔データ〕グループの〔データの選択〕をクリックする。
2. 〔データソースの選択〕画面の〔グラフデータ範囲〕の右端のボタンをクリックすると画面が縮小される。
3. ドラッグで新しい範囲を選択する。
4. 〔OK〕をクリックする。

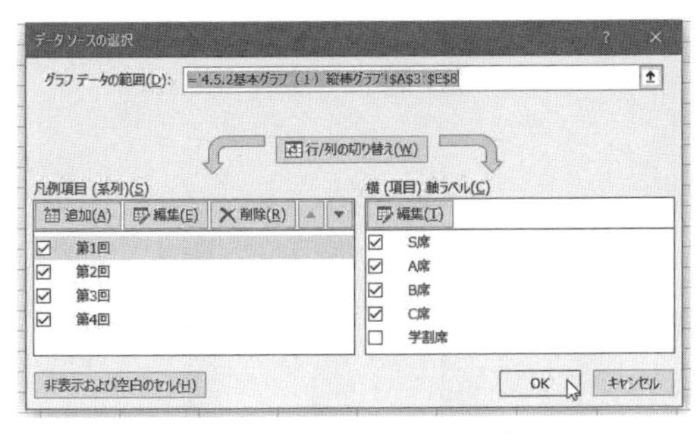

図 4.6.10 「データソースの選択」画面

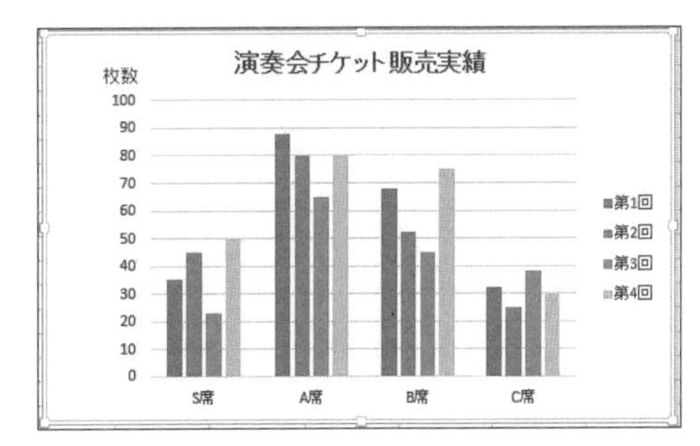

図 4.6.11　選択データ変更後のグラフ

G．行・列の切り替え

グラフの元データとして選択した項目のうち，項目数の多いほうが横軸に設定され少ないほうが凡例に設定される。

データは同じであっても何を基準にして比較したいかによって，設定を変更することができる。

操作 4.6.5　行・列の切り替え

1．〔デザイン〕タブの〔データ〕グループの〔行／列の切り替え〕をクリックする。
2．〔書式〕タブに切り替え（またはダブルクリックして作業ウィンドウを表示し）文字の方向などを必要に応じて適宜変更する。

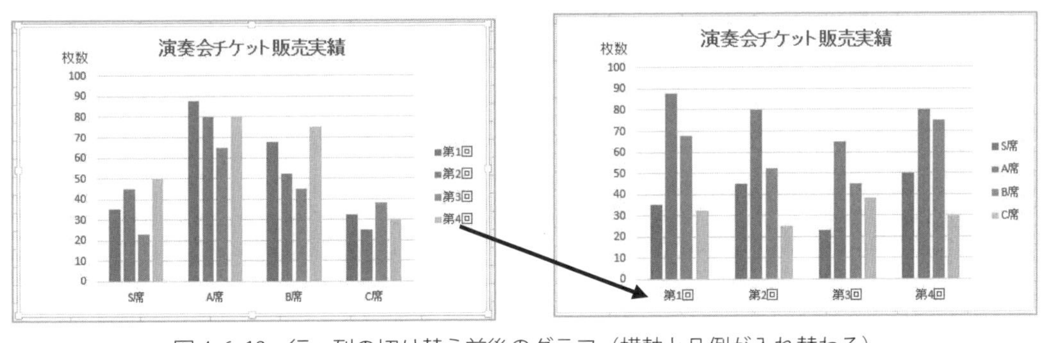

図 4.6.12　行・列の切り替え前後のグラフ（横軸と凡例が入れ替わる）

H．グラフの種類の変更

操作 4.6.6　グラフの種類の変更

1．〔デザイン〕タブの〔種類〕グループの〔グラフの種類の変更〕をクリックする。
2．〔グラフの種類の変更〕画面で，〔すべてのグラフ〕タブのなかから，クリックして選択する（グラフをポイントすると変更後のプレビューを確認できる）。
3．〔OK〕をクリックする。

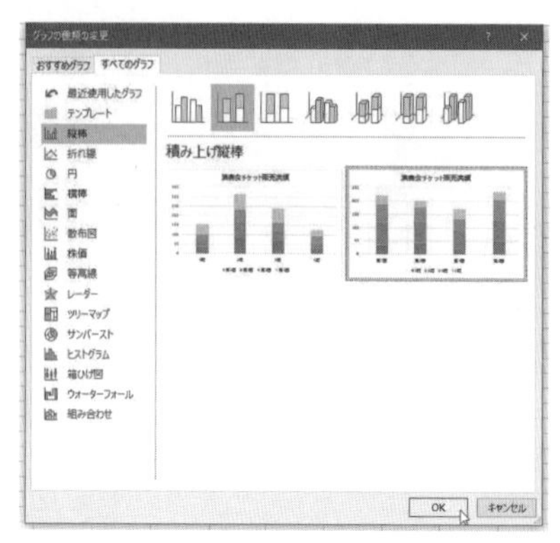

図 4.6.13 「グラフの種類の変更」画面

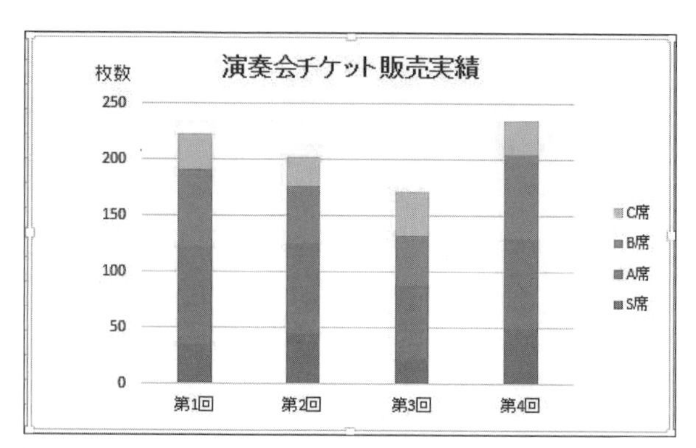

図 4.6.14　グラフの種類の変更後のグラフ

(2) 円グラフ

円グラフはデータの全体に対して，各項目がどのくらいの割合を占めているかを表現するときに使用する。ここではアンケート集計結果（図 4.6.15）をもとに，合計の満足度の割合がわかる円グラフを作成する（図 4.6.18）。

数値データだけでなく，種別（分類名）のデータも必要である。不足なく範囲を選択する。

	A	B	C	D
1	アンケート集計結果			
2				
3		男	女	合計
4	とても満足	20	18	38
5	満足	15	11	26
6	普通	10	6	16
7	期待外れ	6	3	9
8	回答なし	7	10	17
9	合計	58	48	106

図 4.6.15　例題データ

操作 4.6.7　円グラフの作成方法

1．グラフ化するデータ範囲を選択する。分類名となるデータと数値データが離れた範囲の場合は，Ctrl キーを押しながらドラッグして行う（図 4.6.15 ではセル A4:A8 と D4:D8）。
2．〔挿入〕タブの〔グラフ〕グループ〔円グラフの挿入〕の▼をクリックし，いずれかの円グラフをクリックする。
3．内容にあったグラフタイトルを入力する。

A．データラベル

凡例が表示され，色分けでおよその割合はわかるが，よりわかりやすくするには，元データをグラフ内に〔データラベル〕として表示する。グラフ内にどのように配置するか，数値データをパーセンテージにして表示するなどをオプションで設定する。

操作 4.6.8　データラベル要素の追加

1．〔デザイン〕タブの〔グラフのレイアウト〕グループの〔グラフ要素を追加〕をクリックし〔データラベル〕をクリックする。
2．▶をポイントし〔自動調整〕をクリックする（図 4.6.16）。
3．再度リストから〔その他のデータラベルのオプション〕をクリックする。
4．ラベルの内容で〔分類〕と〔パーセンテージ〕をクリックする（この場合〔凡例〕は不要になるので凡例のチェックをオフにする）（図 4.6.17）。

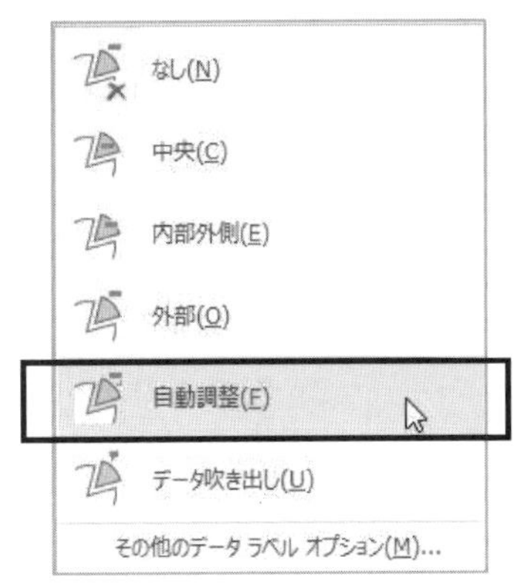

図 4.6.16　データラベルの追加

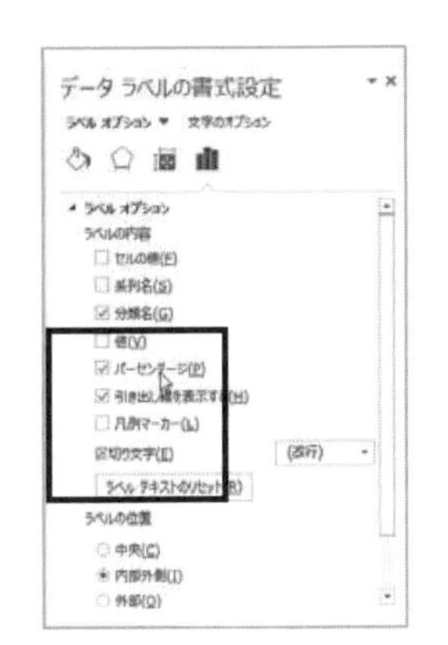

図 4.6.17　オプションの変更

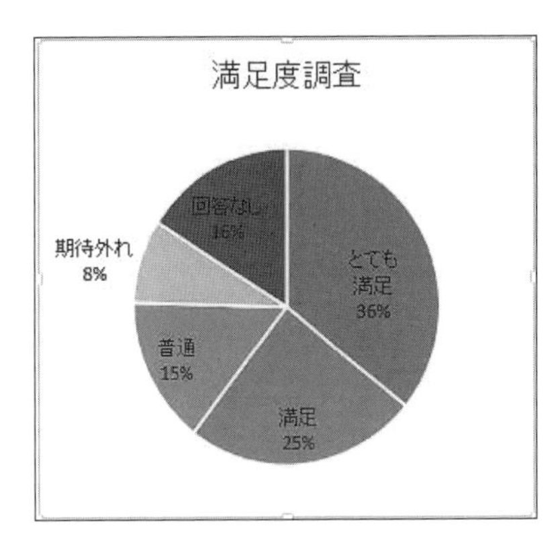

図 4.6.18　データラベル設定後のグラフ

4.6.3　複合グラフの作成

販売額と構成比（%），気温と降水量というように，単位や，数値データの大きく異なるデータをもとにグラフにしたものを複合グラフという。

構成比や比率などパーセント表示されている数値は，本来数値としては100%が1であるから，同じグラフ内で表すと，表示がわかりにくくなる。ここでは2種類のグラフを一つのグラフ内に収め，さらに軸を2つ使うことによって，単位や，数値の大きさが異なるグラフを作成する。

以下のデータを使用して2軸グラフを作成する（図 4.6.24）。

各地の月別平均気温と降水量

ブリスベン	1月	2月	3月	4月	5月	6月	7月	8月	9月	10月	11月	12月
気温(℃)	25.4	25.2	24.1	22	18.9	17.2	14.4	16.3	18.1	21	24.5	24.8
降水量(mm)	105	15	102	14	34	14	16	96	27	5	87	133

モスクワ	1月	2月	3月	4月	5月	6月	7月	8月	9月	10月	11月	12月
気温(℃)	-8.6	-1.9	2.8	7	16	16.1	21.1	19.2	12.3	3.7	-1.3	-3.9
降水量(mm)	41	19	18	22	70	74	4	82	38	36	20	64

バンコク	1月	2月	3月	4月	5月	6月	7月	8月	9月	10月	11月	12月
気温(℃)	25.7	27.8	29.5	31	31.5	30	29.5	28.8	28.9	28.4	29.2	27.5
降水量(mm)	0	2	40	8	74	147	98	276	188	218	22	31

図 4.6.19　気温と降水量データ（出典：気象庁ホームページ）

操作 4.6.9　複合グラフの作成方法

1. グラフ化するデータ範囲を選択する。
2. 〔挿入〕タブ〔グラフ〕グループ〔複合グラフの挿入〕の▼をクリックし〔集合縦棒－第2軸の折れ線〕をクリックする。
3. 作成されたグラフのグラフタイトル，軸ラベルを適切に編集する。

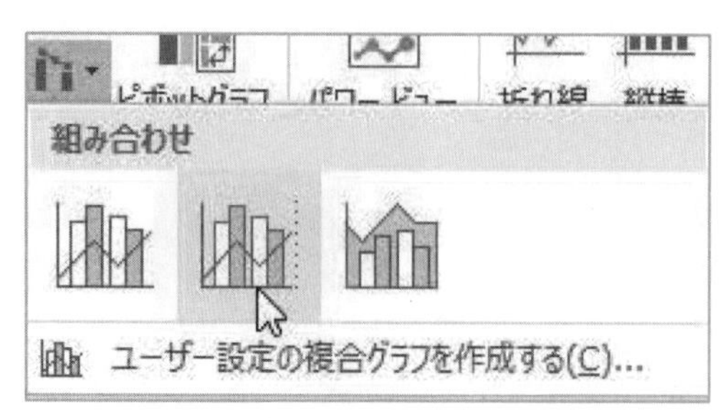

図 4.6.20　集合縦棒－第 2 軸の折れ線

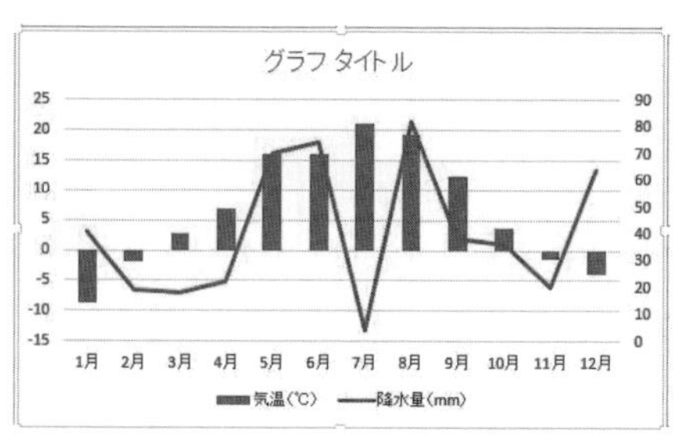

図 4.6.21　集合縦棒と折れ線の 2 軸グラフ

データの並び順により，グラフの種類が適切に表示されない場合には設定を変更する必要がある（図 4.6.21）。

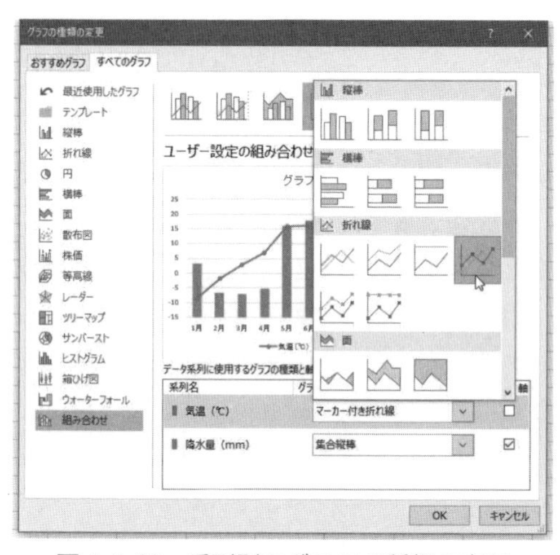

図 4.6.22　系列別のグラフの種類の変更

A．グラフの種類の変更（系列別）

縦棒と，折れ線の種類を系列別に変更する。

グラフの種類の変更画面で，それぞれの系列名の右の▼をクリックしてリストから選択する。

B．軸目盛の変更

数値軸の最大値，最小値，目盛間隔は，元となるデータにより自動的に設定される。第 1 軸と第 2 軸の目盛がずれている場合などには，変更して合わせることができる。

最大値・最小値
目盛間隔等を
修正する。

図 4.6.23　軸の書式設定

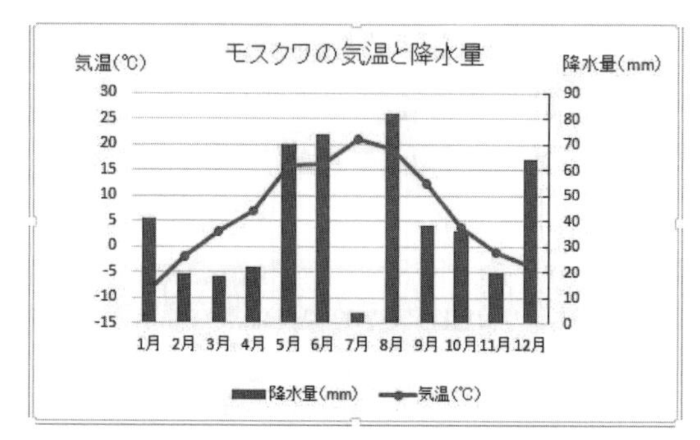

図 4.6.24　2 軸グラフ完成例

練習問題 4.6　URL：http://www.kyoritsu-pub.co.jp/bookdetail/9784320124295 参照

4.7　印刷

Excel のワークシートの大きさは最初に確認した通りである。大量の表データだけでなく，グラフなども追加されたワークシートを見やすい状態で印刷するためには，ページ内に収める方法や，複数ページであればどこでページを区切るかなど，あらかじめ設定しておく必要がある。

ここでは名簿データを利用して，様々な印刷のための設定を学習する。

4.7.1　ページレイアウト表示と印刷プレビュー

(1) ページレイアウト表示

これまで作業を行ってきた〔標準〕表示では，どこまでが1ページに印刷されるのかがわからない状態である。〔ページレイアウト〕表示に切り換えると，印刷結果に近い画面表示となる。ページレイアウト表示では，余白が表示され，ヘッダーとフッターを直接入力することができる。

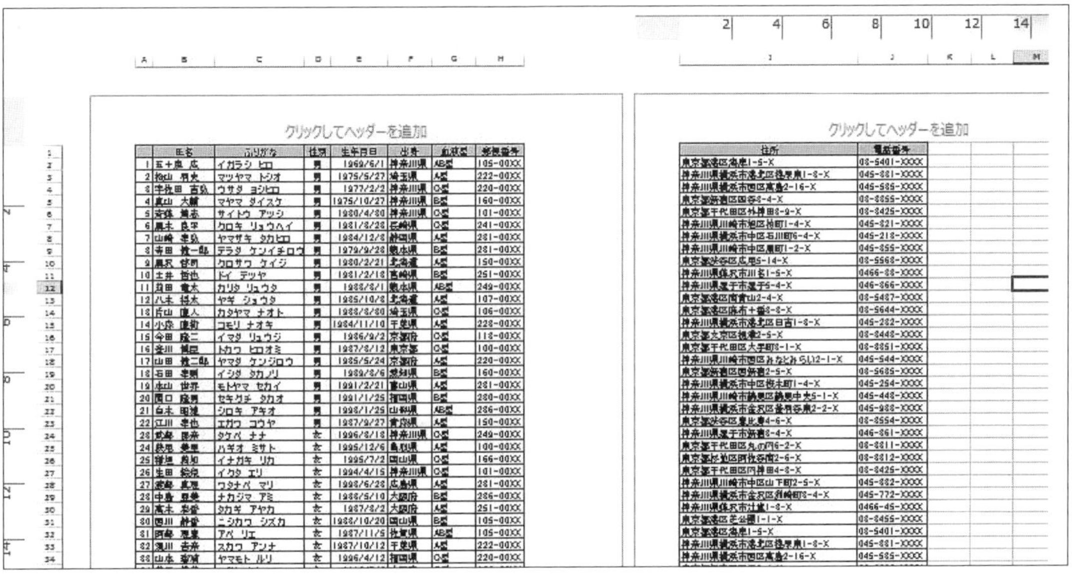

クリックしてヘッダーを追加

	氏名	ふりがな	性別	生年月日	出身	血液型	郵便番号
1	五十嵐 広	イガラシ ヒロ	男	1969/6/1	神奈川県	AB型	105-00XX
2	松山 利夫	マツヤマ トシオ	男	1975/5/27	埼玉県	A型	222-00XX
3	宇佐田 吉弘	ウサダ ヨシヒロ	男	1977/2/2	神奈川県	O型	220-00XX
4	真山 大輔	マヤマ ダイスケ	男	1975/10/27	神奈川県	B型	160-00XX
5	斎藤 篤志	サイトウ アツシ	男	1980/4/30	神奈川県	O型	101-00XX
6	黒木 隆平	クロキ リュウヘイ	男	1981/3/23	長崎県	O型	241-00XX
7	山崎 孝弘	ヤマザキ タカヒロ	男	1984/12/3	静岡県	A型	231-00XX
8	寺田 健一郎	テラダ ケンイチロウ	男	1979/9/23	熊本県	B型	231-00XX
9	黒沢 啓司	クロサワ ケイジ	男	1980/2/21	北海道	A型	150-00XX
10	土井 哲也	ドイ テツヤ	男	1981/2/13	宮崎県	B型	251-00XX
11	苅田 竜太	カリタ リュウタ	男	1983/3/1	熊本県	AB型	249-00XX
12	八木 将太	ヤギ ショウタ	男	1985/10/3	北海道	A型	107-00XX
13	片山 直人	カタヤマ ナオト	男	1983/3/30	埼玉県	O型	106-00XX
14	小森 直樹	コモリ ナオキ	男	1984/11/10	千葉県	A型	223-00XX
15	今田 隆二	イマダ リュウジ	男	1986/9/2	京都府	O型	113-00XX
16	十川 博臣	トカワ ヒロオミ	男	1987/3/12	東京都	O型	100-00XX
17	山田 健二郎	ヤマダ ケンジロウ	男	1985/5/24	京都府	A型	220-00XX
18	石田 孝則	イシダ タカノリ	男	1989/3/6	愛知県	B型	160-00XX
19	本山 世界	モトヤマ セカイ	男	1991/2/21	富山県	A型	231-00XX
20	関口 隆男	セキグチ タカオ	男	1991/1/25	福岡県	B型	230-00XX
21	白木 明雄	シロキ アキオ	男	1993/1/25	山梨県	AB型	236-00XX
22	江川 幸也	エガワ コウヤ	男	1987/9/27	青森県	A型	150-00XX
23	武部 奈奈	タケベ ナナ	女	1996/3/13	神奈川県	O型	249-00XX
24	萩尾 美里	ハギオ ミサト	女	1995/12/6	島根県	A型	100-00XX
25	稲垣 梨加	イナガキ リカ	女	1995/7/2	岡山県	O型	166-00XX
26	生田 絵里	イクタ エリ	女	1994/4/15	神奈川県	O型	101-00XX
27	渡部 真理	ワタナベ マリ	女	1993/6/23	広島県	A型	231-00XX
28	中島 亜美	ナカジマ アミ	女	1983/5/10	大阪府	B型	236-00XX
29	高木 彩香	タカギ アヤカ	女	1987/3/2	大阪府	A型	251-00XX
30	西川 静香	ニシカワ シズカ	女	1983/10/20	岡山県	B型	105-00XX
31	阿部 理恵	アベ リエ	女	1987/11/5	佐賀県	AB型	105-00XX
32	須川 杏奈	スカワ アンナ	女	1987/10/12	千葉県	A型	222-00XX
33	山本 瑠璃	ヤマモト ルリ	女	1996/4/12	福岡県	O型	220-00XX

クリックしてヘッダーを追加

住所	電話番号
東京都港区海岸1-5-X	03-5401-XXXX
神奈川県横浜市港北区綱島東1-3-X	045-531-XXXX
神奈川県横浜市西区高島2-16-X	045-535-XXXX
東京都新宿区四谷3-4-X	03-3355-XXXX
東京都千代田区外神田3-9-X	03-3425-XXXX
神奈川県川崎市幸区柳町1-4-X	045-321-XXXX
神奈川県横浜市中区石川町6-4-X	045-213-XXXX
神奈川県川崎市中区扇町1-2-X	045-355-XXXX
東京都渋谷区広尾5-14-X	03-5563-XXXX
神奈川県藤沢市川名1-5-X	0466-33-XXXX
神奈川県逗子市逗子5-4-X	046-366-XXXX
東京都港区南青山2-4-X	03-5437-XXXX
東京都港区麻布十番3-3-X	03-5644-XXXX
神奈川県横浜市港北区日吉1-3-X	045-232-XXXX
東京都文京区根津2-5-X	03-3443-XXXX
東京都千代田区大手町3-1-X	03-3351-XXXX
神奈川県川崎市西区みなとみらい2-1-X	045-544-XXXX
東京都新宿区西新宿2-5-X	03-5635-XXXX
神奈川県横浜市中区桜木町1-4-X	045-254-XXXX
神奈川県川崎市鶴見区鶴見中央5-1-X	045-443-XXXX
神奈川県横浜市金沢区釜利谷東2-2-X	045-933-XXXX
東京都渋谷区恵比寿4-6-X	03-3554-XXXX
神奈川県逗子市新宿3-4-X	046-361-XXXX
東京都千代田区丸の内6-2-X	03-3311-XXXX
東京都杉並区阿佐谷南2-6-X	03-3312-XXXX
東京都千代田区内神田4-3-X	03-3425-XXXX
神奈川県川崎市中区山下町2-5-X	045-332-XXXX
神奈川県横浜市金沢区洲崎町3-4-X	045-772-XXXX
神奈川県藤沢市辻堂1-3-X	0466-45-XXXX
東京都港区芝公園1-1-X	03-3455-XXXX
東京都港区海岸1-5-X	03-5401-XXXX
神奈川県横浜市港北区綱島東1-3-X	045-531-XXXX
神奈川県横浜市西区高島2-16-X	045-535-XXXX

図 4.7.1　ページレイアウト表示

印刷範囲の設定とクリア

あらかじめ範囲を選択し，〔ページレイアウト〕タブの〔ページ設定〕グループ〔印刷範囲〕の〔印刷範囲の設定〕をクリックすると，指定した範囲のみが印刷される。印刷プレビューでは，設定した印刷範囲のみが表示される。〔印刷範囲のクリア〕で解除することができる。

(2) 印刷プレビュー

〔ファイル〕タブの〔印刷〕をクリックすると実際の印刷画面と，印刷のための設定項目が表示される。初期設定では，A 4 サイズを縦にした状態で印刷設定されている。

印刷のための設定は〔ページレイアウト〕タブ等からも可能であるが，最終的には印刷前にこの画面で確認する。

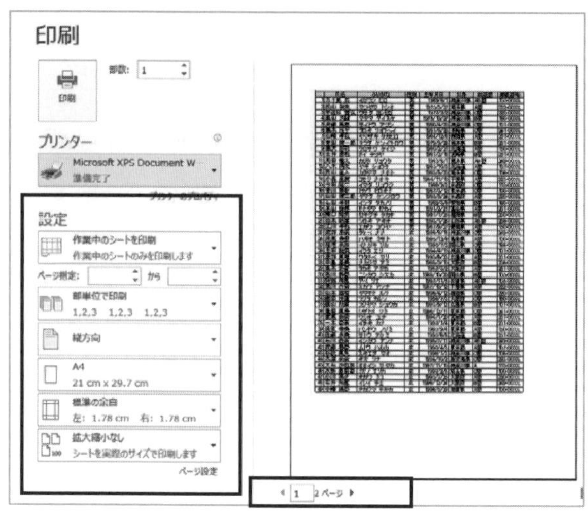

図 4.7.2　印刷設定

4.7.2　印刷の向き・用紙

各設定は，▼をクリックして行う。

〔ブック全体〕〔選択した部分〕の設定が可能である。

印刷するデータの構成により用紙を横方向に設定する。

印刷可能な用紙サイズは接続されているプリンターにより異なる。

余白サイズを，〔標準〕〔広い〕〔狭い〕から選択する。

全体を 1 ページに収める，幅のみ，高さのみ収める縮小設定が可能である。

〔ページ設定画面〕を表示し上記内容の詳細な設定を行う。

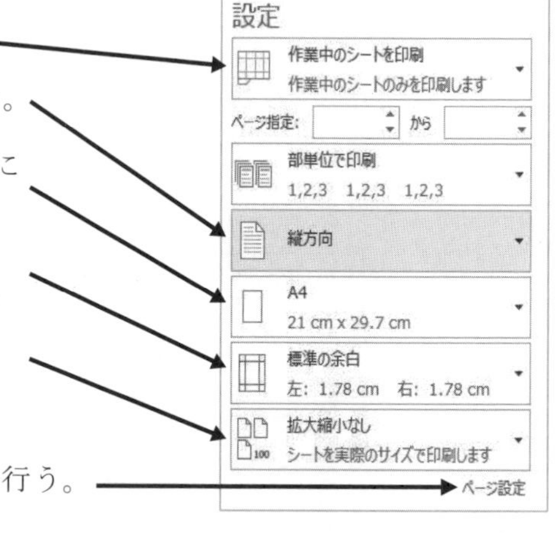

図 4.7.3　印刷設定

4.7.3　拡大・縮小印刷

印刷画面で，用紙に収まっていない場合には，縮小印刷を設定することができる。

操作 4.7.1　拡大・縮小の設定

1. 〔ファイル〕タブの〔印刷〕をクリックし〔ページ設定〕をクリックする。
2. 〔ページ〕タブをクリックして〔拡大・縮小印刷〕の％表示を指定する。または，〔次のページ数に合わせて印刷〕をチェックし，横と縦のページ数を設定する（図 4.7.4）。
3. 〔OK〕をクリックする。

図 4.7.4　拡大縮小印刷設定

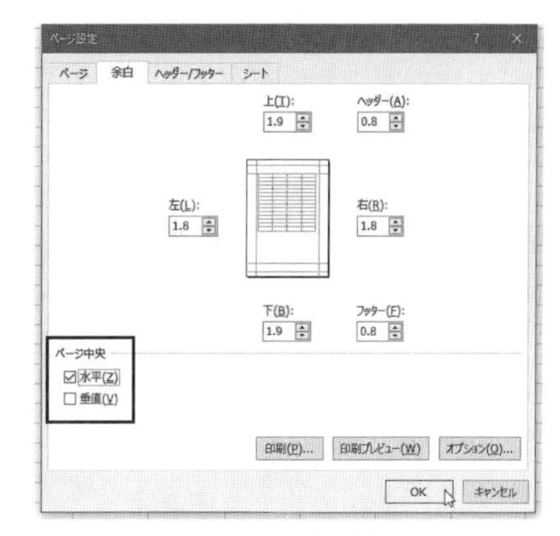

図 4.7.5　余白設定

4.7.4　余白

余白の設定を行い，ヘッダー・フッターのページの端からの位置を設定する。印刷データが少ない場合には，左上揃えで印刷されるが，用紙の中央配置を行うことができる。

操作 4.7.2　余白の設定

1.〔ファイル〕の〔印刷〕をクリックし〔ページ設定〕をクリックする。
2.〔余白〕タブをクリックして〔上・下・左・右〕にそれぞれ数値を入力する。
3.必要に応じて〔ページ中央〕にチェックを入れる（図 4.7.5）。
4.〔OK〕をクリックする。

4.7.5　ヘッダーとフッター

ヘッダー/ フッターの設定では，各ページに印刷する項目を設定する。

操作 4.7.3　ヘッダー/ フッターの設定

1.〔ファイル〕の〔印刷〕をクリックし〔ページ設定〕をクリックする。
　〔ヘッダーの編集〕をクリックして〔ヘッダー画面〕表示する。
2.左側，中央側，右側のボックス内に，設定する。

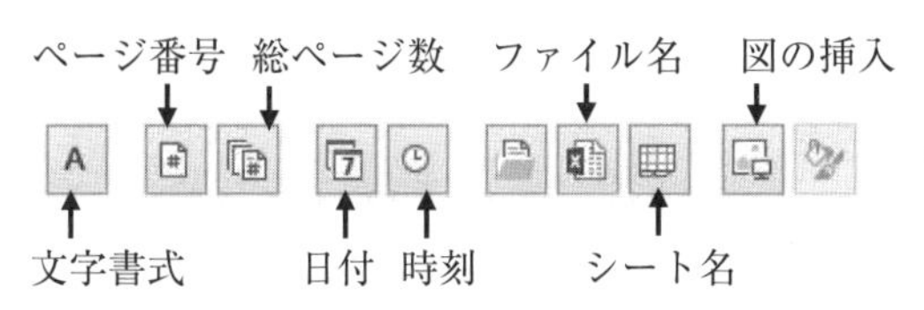

図 4.7.6　各設定ボタン

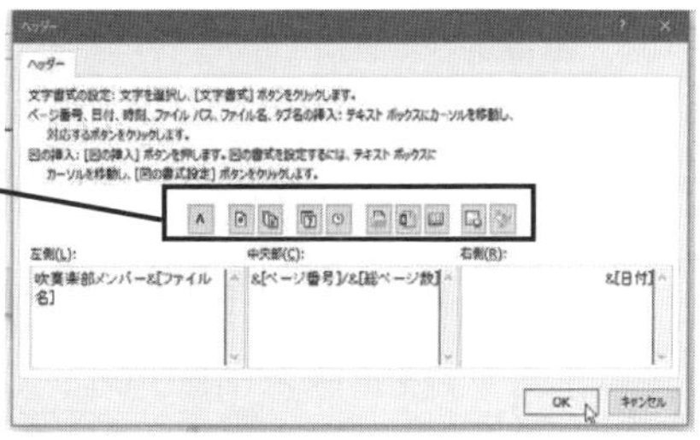

図 4.7.7　ヘッダーの設定

フッターにも同様に設定可能である。

4.7.6　タイトル行の設定

1ページに収まらないデータを印刷する場合，先頭行にある項目名は2ページ目以降印刷されず，データのみの印刷になってしまうが，タイトル行の設定を行うと，各ページに印刷することができる。

操作 4.7.4　タイトル行の印刷

1.〔ページレイアウト〕タブの〔ページ設定〕グループの〔印刷タイトル〕をクリックする。
2.〔タイトル行〕ボックスをクリックし，印刷タイトルとして各ページに印刷する行の行見出しをクリックする（図 4.7.8）。
　または〔タイトル列〕ボックスをクリックし，印刷タイトルとして各ページに印刷する列の列見出しをクリックする。

4.7.7　改ページプレビュー

改ページプレビューの画面でページの区切り位置を変更したり，印刷範囲を指定することができる。名簿などは区切りの良いところで，次ページに印刷されるように設定することができる。

操作 4.7.5　改ページプレビュー

1.〔表示〕タブ〔ブックの表示〕グループの〔改ページプレビュー〕をクリックする。
2．印刷範囲が青い実線の枠で囲まれ，その枠線をドラッグして印刷範囲を変更する。ページ区切り位置は点線で表示されドラッグで任意の区切り位置に移動する。

図 4.7.8　印刷タイトルの設定

図 4.7.9　改ページプレビュー

4.7.8 印刷

操作 4.7.6 印刷

1. 〔ファイル〕タブ〔印刷〕をクリックする。
2. 接続されている〔プリンター〕を確認する。
3. プレビューを確認して必要であれば〔ページ指定〕〔部数〕を指定する。
4. 〔印刷〕をクリックする。

練習問題 4.7　URL：http://www.kyoritsu-pub.co.jp/bookdetail/9784320124295 参照

4.8 関数の活用

この節では，ビジネス上で必要とされる関数や設定に注意が必要となる関数を紹介する。4.3.6 基本の関数で学習した関数は，引数が数値やセル範囲のみのものであった。ここで解説する関数は，引数の要素に，その関数特有の設定が必要になる。引数の設定にはいくつかの共通ルールがあり，さらに関数ごとに決められているルールもある。ルールに反した設定を行うとエラー値が表示される場合がある。エラー値は，いくつか種類があるが，何が原因であるかを示しているので修正のためのヒントになるともいえる。

以下にエラー値の種類と意味を紹介しておく。

表 4.8.1　Excel のエラー値

#####	列幅が狭いなど
#VALUE!	引数の種類が正しくないなど
#REF!	参照するセルが削除されているなど
#DIV/0!	0で割り算をしている
#N/A	検索値など，計算する値がないなど
#NAME?	関数名の誤り，″″，：の不足など
#NULL!	指定した2つのセル範囲に共通部分がない
#NUM!	処理できる範囲外の大きな値または小さな値，引数が不適切な値など

4.8.1 端数処理　ROUND（ROUNDUP・ROUNDDOWN）関数

数値を，四捨五入して指定した桁数にする関数である。

数値を丸めるという言い方もあるとおり，小数点以下の桁数が多い場合や，桁数の多い数値の端数を処理するときに使用する。

Excel では，割り切れない数値など小数点以下を含めて 15 桁目まで数値データとして格納している。表示しきれない場合はセル幅にあわせて末尾の桁で四捨五入して表示されている。また表示形式の設定で，〔小数点以下の表示桁数を増やす〕〔小数点以下の表示桁数を減らす〕という設定もできる。どちらもあくまで表示形式（一時的な見た目）のみであってデータとしての端数処理は行われていない。計算した場合などには表示されていない桁のデータも使用されるため誤差が生じる場合がある。実務で使われる数値などは，関数を使用してあらかじめ四捨五入して一定の桁数で整えておく必要がある。

■　関数の書式

= ROUND（数値，桁数）　　　　四捨五入
= ROUNDUP（数値，桁数）　　　切り上げ
= ROUNDDOWN（数値，桁数）　切り捨て

引数の数値には，端数処理の対象となる数値，セル番地，数式などを指定する。桁数には端数処理した結果の桁数を指定する（表 4.8.2）。

ROUNDUP 関数，ROUNDDOWN 関数も，考え方，設定方法は同様である。

桁数を指定する具体例を以下に示す（4567.6789 を各桁数で四捨五入した場合）。桁数は四捨五入する位ではなく，四捨五入後の小数点以下の桁数または 0 の桁数（マイナス表記）に一致している。

表 4.8.2　端数処理の関数の桁数指定方法

四捨五入する桁	四捨五入後の数値	指定する桁数
100 の位	5000	− 3
10 の位	4600	− 2
1 の位	4570	− 1
小数第 1 位	4568	0
小数第 2 位	4567.7	1
小数第 3 位	4567.68	2
小数第 4 位	4567.679	3

操作 4.8.1　ROUND 関数（四捨五入）の設定方法

1. 数式を設定するセルを選択する。
2. 〔関数の挿入〕または〔数式〕タブの〔関数の挿入〕をクリックする。
3. 表示された〔関数の挿入〕画面の〔関数の分類〕の∨をクリックし，〔すべて表示〕を選択する。
4. リストから〔ROUND〕を選択し，〔OK〕をクリックする。
5. 〔関数の引数〕画面が表示される（図 4.8.1）。〔数値〕のボックスに対象となるセル番地を入力する。またはマウスでセルを選択する。
6. Tab キーを押して桁数のボックスにカーソルを移動し，半角文字で四捨五入後の桁数（表 4.8.2 参照）を入力する。
7. 数式バーで，式を確認し，〔OK〕をクリックする。

図 4.8.1 の例では，
M4 のセルに
= ROUND（L4,0）
と設定しオートフィルで式のコピーをセル番地 M15 まで行う。
四捨五入が正しく行われているかを確認する。

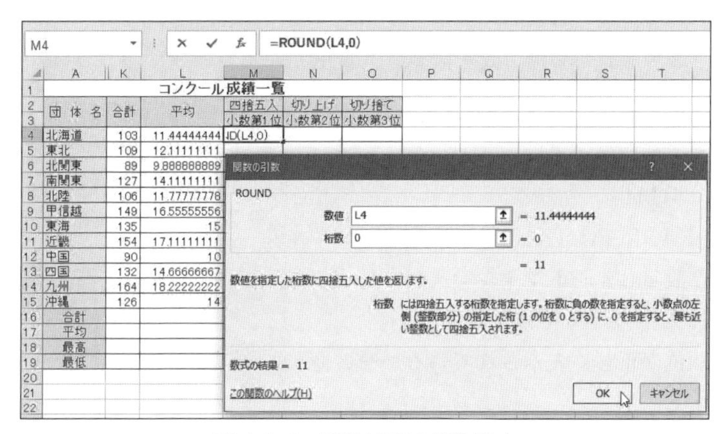

図 4.8.1　端数処理の関数設定

4.8.2　順位付け　RANK.EQ 関数

指定した範囲の数値データの中で，それぞれのデータが何番目に位置するかを求める関数である。様々なランキングといわれるものをよく目にするが，同じ数値であってもそのデータがどのような範囲の中であるかによって違ってくる。また，たとえばタイムを競うスポーツなど，数値が少ないほうが，ランキングが上位になる場合もある。この関数の設定には，数値と範囲と順序の情報が必要になる。

Excel では，数値の大きいほうが上の順位の場合は〔**降順**〕（点数の良い順）といい，数値の小さいほうが上にくる順を〔**昇順**〕と呼んでいる。

■ 関数の書式

= RANK.EQ（数値，参照，順序）

引数には，順位を求める数値（セル番地）を指定し，参照に順位付けの対象となるセル範囲を指定する，順序として 1（昇順）または 0（降順・省略も可能）を指定する。

設定後には，数式をコピーして設定するため，**〔参照〕のセル範囲には絶対参照の指定**を行う。

操作 4.8.2　RANK.EQ 関数の設定方法

1．数式を設定するセルを選択する。
2．〔関数の挿入〕または〔数式〕タブの〔関数の挿入〕をクリックする。
3．表示された〔関数の挿入〕画面の〔関数の分類〕の∨をクリックし，〔すべて表示〕を選択する。
4．RANK.EQ を選択し，〔OK〕をクリックする。
5．〔関数の引数〕画面が表示される。数値のボックスに対象となるセル番地を入力する。またはマウスでセルを選択する。
6．Tab キーを押して〔参照〕のボックスにカーソルを移動し，順位付けの対象となるデータ範囲を指定する。F4 キーを押して絶対参照の指定を行う。
7．Tab キーを押して〔順序〕のボックスにカーソルを移動し，降順の場合は 0（または省略可能）昇順の場合は 1 を指定する（図 4.8.2）。
8．数式バーで，式を確認し，〔OK〕をクリックする。

図 4.8.2 の例では，
セル M4 に
=RANK.EQ（K4,$K$4:$K$15,0）
と設定しオートフィルで式のコピーを行う。
順位が正しく表示されているかを確認する。

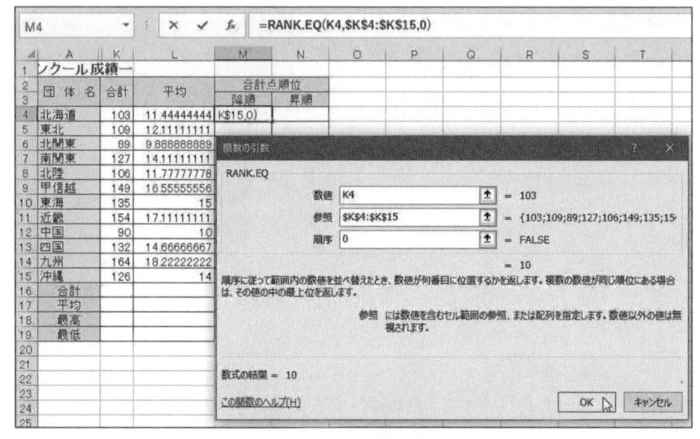

図 4.8.2　RANK. EQ 関数の設定

4.8.3　条件付き計算　COUNTIF･SUMIF（AVERAGEIF）関数

数値データの中から特定の条件に合ったデータのみを対象に計算する場合の関数を学習する。

たとえば，アンケート集計の結果から特定の回答データのみを数えたり（COUNTIF 関数），経費の一覧から特定の項目の費用のみを合計したり（SUMIF 関数），特定のグループ別の平均点を計算したり（AVERAGEIF 関数）といったことが可能である。

すでに COUNT 関数，SUM 関数，AVERAGE 関数については，その用途を含めて学習した。ここでは，IF が付け加えられている関数名のとおり「もし，この条件に合っていたならば」この範囲の中からデータを検索し，その個数を数えたり，合計したり，平均値を計算するということになる。条件を指定するからには，その**範囲と条件を明示**しなければならない。範囲の指定方法については他の関数同様であるが，条件の指定方法に，いくつかの共通したルールがあるのでまず確認しておく。

検索条件の指定方法

表 4.8.3 比較演算子の指定方法

演算子	入力例	意味
>	">80"	80 より大きい
>=	">=80"	80 以上
<	"<80"	80 より小さい（未満）
<=	"<=80"	80 以下
=	"=80"	80 と等しい
<>	"<>80"	80 と等しくない（以外）

● 数値データ

比較演算子（＝等号と ＜，＞不等号）を単独または組み合わせて使用する。

たとえば年齢が 80 歳以上という条件であれば

＞＝ 80 といった条件設定となる。

不等号＜，＞は必ず先頭にくる。

● 文字データ

文字データを条件として指定することができる。

その場合には，"男" というようにダブルクォーテーションで囲み，入力する。

● セル番地

あらかじめ比較演算子による式，文字列が入力されているセル番地を条件として指定することも可能である。

■ 関数の書式

＝ COUNTIF（範囲，検索条件）

引数には，セル範囲を指定し，その範囲内から数えるデータを検索するための条件を指定する。

＝ SUMIF（範囲，検索条件，合計対象範囲）

引数には，検索する範囲を指定し，検索条件を指定する。さらにその条件にあったデータの合計を計算する範囲を指定する。

＝ AVERAGEIF（範囲，検索条件，平均対象範囲）

引数には，検索する範囲を指定し，検索条件を指定する。さらにその条件にあったデータの平均値を計算する範囲を指定する。

図 4.8.3 のアンケート調査結果のデータを使用して，関数の設定方法を学習する。

〔男〕の人数を，COUNTIF 関数を使用して，計算する。

	A	B	C	D	E	F	G	H	I	J	K	L	M
1	コンサートの感想アンケートデータ								集計結果				
2	NO	性別	年齢	感想	回数	所要時間	チケット代		人数				
3	1	女	34	満足	1	60	1300		男	女			
4	2	女	20	回答なし	2	20	800						
5	3	男	27	とても満足	3	40	1000						
6	4	男	21	とても満足	4	30	1000		感想				
7	5	女	15	期待外れ	1	10	600		とても満足	満足	普通	期待外れ	回答なし
8	6	女	28	満足	1	45	1200						
9	7	女	24	普通	1	40	1000						
10	8	女	25	回答なし	2	40	1000		チケット売上				
11	9	男	18	回答なし	3	15	800		男	女	30歳以上	30歳未満	
12	10	女	16	回答なし	1	10	600						
13	11	女	21	とても満足	1	30	800						
14	12	女	18	満足	1	15	800		平均年齢				
15	13	女	24	普通	1	30	1000		男	女	3回	2回未満	
16	14	女	20	とても満足	2	20	800						
17	15	男	44	とても満足	3	60	1500						
18	16	男	54	とても満足	4	90	1500						
19	17	男	48	普通	5	90	1500						
20	18	男	23	満足	6	30	1000						
21	19	女	17	とても満足	1	15	600						
22	20	女	32	回答なし	2	60	1300						
23	21	男	20	とても満足	2	20	800						
24	22	男	29	期待外れ	2	45	1200						
25	23	男	15	期待外れ	5	10	600						
26	24	男	28	満足	6	45	1200						
27	25	男	19	満足	3	15	800						

図 4.8.3 COUNTIF 関数・SUMIF 関数・AVERAGEIF 関数の例題）

操作 4.8.3　COUNTIF 関数の設定方法

1．数式を設定するセルを選択する。
2．〔関数の挿入〕または〔数式〕タブの〔関数の挿入〕をクリックする。
3．関数名のリスト内で，COUNTIF 関数を選択し，〔OK〕をクリックする。
4．表示された〔関数の引数〕画面の〔範囲〕のボックスに検索対象となるセル範囲を入力する。またはマウスでドラッグして選択する。
5．〔検索条件〕のボックスにカーソルを移動し，〔条件となる文字列〕または〔式〕を入力する（図 4.8.4）。
6．Tab キーを押すと，条件指定した文字列にダブルクォーテーションがつく。
7．数式バーで，式の書式を確認し，〔OK〕をクリックする。

図 4.8.4 の例では，
セル I 4 を選択し，
＝COUNTIF（B3:B27,”男”）
と式を設定する。

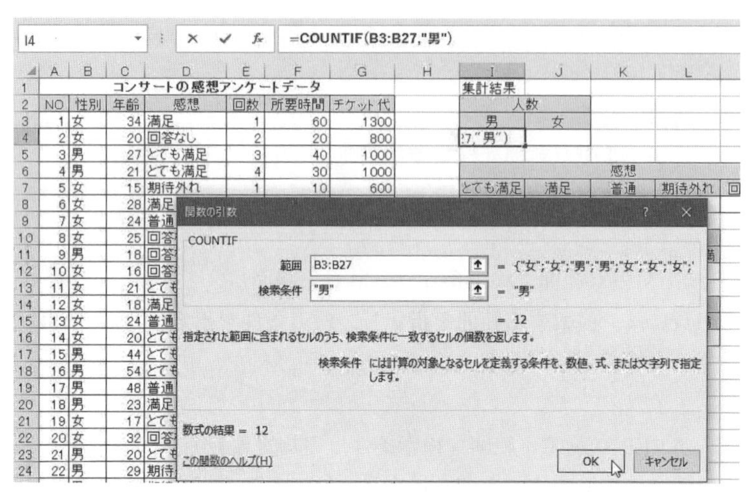

図 4.8.4　COUNTIF 関数の設定

性別が男のチケット代の合計を，SUMIF 関数を使用して計算する。

操作 4.8.4　SUMIF 関数の設定方法

1．数式を設定するセルを選択する。
2．〔関数の挿入〕または〔数式〕タブの〔関数の挿入〕をクリックする。
3．関数名のリスト内で，〔SUMIF〕を選択し，〔OK〕をクリックする。
4．〔関数の引数〕画面が表示される。〔範囲〕のボックスに検索対象となるセル範囲を入力する。またはマウスでドラッグして選択する。
5．〔検索条件〕のボックスにカーソルを移動し，「条件となる文字列」または「式」を入力する。Tab キーを押すと，条件指定した文字列（または式）にダブルクォーテーションがつく。
6．〔合計範囲〕のボックスにカーソルを移動し，計算対象のセル範囲を入力する。またはマウスでドラッグして選択する。
7．数式バーで，式の書式を確認し，〔OK〕をクリックする。

図 4.8.5 の例では，
セル I 12 を選択し
=SUMIF（B3:B27,"男",G3:G27）
と式を設定する。

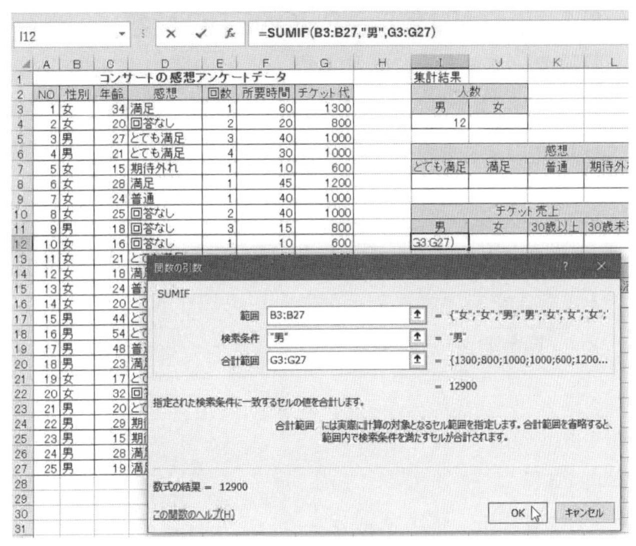

図 4.8.5 SUMIF 関数の設定

たとえば年齢が，20 歳以上（>=20）30 歳未満（<30）の人，あるいは 20 歳以上の女性の人，といった集計をしたい場合にはどうしたらよいだろうか。複数の条件指定が必要になる。そのような場合には，COUNTIFS 関数，SUMIFS 関数，AVERAGEIFS 関数を使用するとよい。条件設定を最大 127 個まで指定することができる。

4.8.4 日付・時刻 TODAY・NOW 関数

今日の日付を関数で表示する。印刷当日の日付を表示する場合などに使う。

■ 関数の書式

= TODAY（）

= NOW（）

現在の日付と時刻を表示する。

上記の関数は，引数を指定しないが，（ ）は必要である。

操作 4.8.5 TODAY 関数の設定方法

1. 数式を設定するセルを選択し，= TODAY（）と入力する。
2. Enter キーを押す。

この関数による日付と時刻は，ファイルを開いた PC の日付と時刻をもとに表示される。

日付や時刻は，計算の対象となる。たとえば今日の日付をもとに 100 日後を計算したい場合には，= TODAY（）+100 のように入力すると常に 100 日後の日付が表示される。

日付は 1900 年 1 月 1 日を 1 として 9999 年 12 月 31 まで通し番号（シリアル値）がついており計算はシリアル値を基に行われる（入力した日付の表示形式を〔標準〕に設定すると確認できる）。

4.8.5　ふりがな表示　PHONETIC 関数

名簿データなどを作成する際，氏名の隣のセルに「ふりがな」を表示させたい場合に使用する。「ふりがな」は入力したときの「読み情報」をもとに格納されており，漢字の上に表示するには，〔ホーム〕タブ〔フォント〕グループ〔ふりがな表示〕で行うことができる。また，〔ふりがなの設定〕で「ひらがな」に変更したり，〔ふりがなの編集〕で「読み情報」を修正することができる。

操作 4.8.6　PHONETIC 関数の設定方法

1．数式を設定するセルを選択し = PHONETIC（漢字の入っているセル番地）と入力する。
2．Enter キーを押す。

図 4.8.6 の例では，
セル F3 に
= PHONETIC（E3）と設定する。
数式をコピーする。結果を確認し，ひらがな表記にする場合などは，〔ふりがなの編集〕（第 6 章で詳述）を行う。

	A	B	C	D	E	F
1	担当一覧表					
2	NO	担当	分類	楽器	氏名	ふりがな
3	1				五十嵐　広	イガラシ　ヒロ
4	2				松山　利夫	マツヤマ　トシオ
5	3				宇佐田　吉弘	ウサダ　ヨシヒロ
6	4				真山　大輔	マヤマ　ダイスケ
7	5				斉藤　篤志	サイトウ　アツシ
8	6				黒木　良平	クロキ　リョウヘイ
9	7				山崎　孝弘	ヤマザキ　タカヒロ

図 4.8.6　PHONETIC 関数の設定

4.8.6　条件分岐　IF 関数

試験の点数などの集計表に 70 点以上の点数の人には合格，70 点未満の人には不合格という評価をしたい場合などには IF 関数を使用する。

IF 関数は，その関数名のとおり，〔もしもこの条件に合っていたならば〕といった条件を指定する**論理式**を設定し，その通りであった場合（**真**），そうでなかった場合（**偽**）で処理内容を分ける（分岐する）ことができる。前述の SUMIF 関数や COUNTIF 関数とも条件を指定するところは似ているが，回答はあくまでも 1 つであるのに対して，IF 関数は回答が 2 つに分かれる点がまったく違っている。

■　関数の書式
　= IF（論理式，真の場合，偽の場合）

引数の指定

表 4.8.4　IF 関数の引数

論理式	判断の基準となる数式を設定する。 試験の点数が 70 点以上であるということを表す論理式は，D5 >= 70（セル D5 に点数が入力されているとして）となる。
真の場合	論理式の結果が真（TRUE）だった場合の処理を数値，数式，文字列で指定する。 "合格" というように，文字列の場合にはダブルクォーテーション（半角）で囲む。
偽の場合	論理式の結果が偽（FALSE）だった場合の処理を数値，数式，文字列で指定する。 "不合格" というように，文字列の場合にはダブルクォーテーション（半角）で囲む。

論理式の演算子

表 4.8.5　論理式

演算子	入力例	意味	具体例	
>	A>B	A が B より大きい	D5>0	セル D5 が 0 より大きい
>=	A>=B	A が B 以上	D5>=D3	セル D5 がセル D3 以上
<	A<B	A が B より小さい（未満）	D5<150	セル D5 が 150 未満
<=	A<=B	A が B 以下	D5< = D6	セル D5 がセル D6 以下
=	A=B	A と B が等しい	D5 = ""	セル D5 が空白（表示なし）
<>	A<>B	A と B が等しくない	D5<>"男"	セル D5 が男以外

操作 4.8.7　IF 関数の設定方法

1. 数式を設定するセルを選択する。
2. 〔関数の挿入〕または〔数式〕タブの〔関数の挿入〕をクリックする。
3. 関数の分類から〔論理〕を選択し，関数名のリスト内の IF を選択し，〔OK〕をクリックする。〔関数の引数〕画面が表示される。
4. 〔論理式〕のボックスをクリックし，条件となる論理式を入力する。
5. Tab キーを押して〔真の場合〕のボックスにカーソルを移動し，真の場合の判定結果となる〔数式〕，〔セル番地〕，〔文字列〕等を入力する（文字列の場合には自動的にダブルクォーテーションがつく）。
6. Tab キーを押してカーソルを〔偽の場合〕に移動し，偽の場合の判定結果となる〔数式〕，〔セル番地〕，〔文字列〕等を入力する。
7. 数式バーで，式を確認し，〔OK〕をクリックする。
8. 判定結果を確認し，オートフィルで式をコピーする。
9. 各得点の判定結果が正確であるかを確認する。

ここでは，コンクール成績一覧を例にして，各審査員の合計点が 120 点以上の場合は合格，120 点未満は不合格と判定する。

セル M4 を選択し，IF 関数を設定する。
引数ボックスの〔論理式〕のボックスをクリックし，K4>=120 と入力する。
〔真の場合〕のボックスに〔合格〕と入力する。
〔偽の場合〕のボックスに〔不合格〕と入力する。

数式バーで，=IF（K4>=120, " 合格 "," 不合格 "）となっていることを確認し，〔OK〕をクリックする。

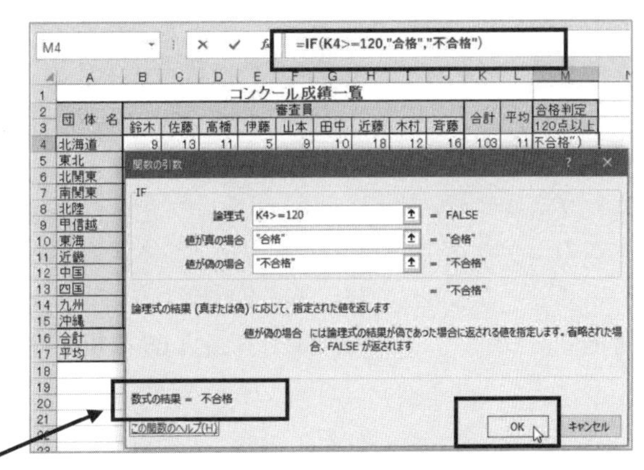

関数の引数ボックスで，
数式の結果を確認できる。

図 4.8.7　IF 関数の設定

4.8.7　関数のネスト

ネストとは，関数の中に関数を入れ込んで計算を行う仕組みである。

平均値を求めた結果を四捨五入したい場合などには，ROUND 関数の引数の〔数値〕部分に AVERAGE 関数を入れ込んで設定することができる。

たとえば，以下のように設定する。

AVERAGE 関数

＝ROUND（AVERAGE（B3:B6），1）

ROUND 関数

4.8.8　IF 関数のネスト

IF 関数では，条件を指定して，結果を２つに分岐することができたが，例えば，140 点以上が金，120 点以上が銀，110 点以上が銅，110 点未満が表示なし（空白）というように結果を分けたい場合にはどうするか，考えてみよう。

この場合にも，IF 関数をネストする（IF 関数の中に IF 関数を入れ込む）と可能となる。

１つの IF 関数の書式は　=IF（論理式，真の場合，偽の場合）という書式である。

前項の例では　=IF（K4>=120,"合格","不合格"）で **2 つの判定結果**が出すことができた。

もし K4 のセルに 120 以上の数値が入っていたならば合格，そうでなければ不合格と結果を出せという式であった。

ここでは **4 つの判定結果**が必要であるので以下の式となる。

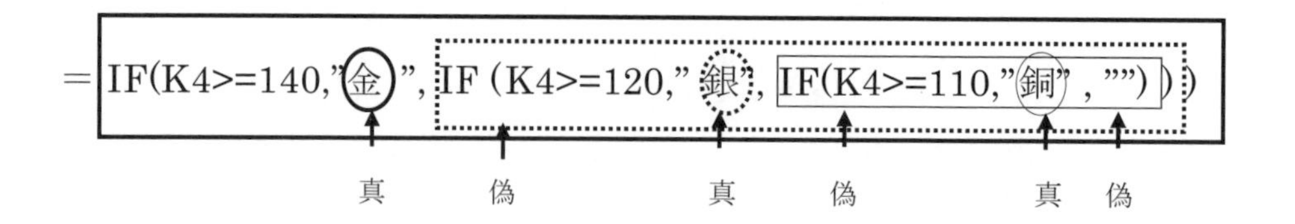

〔もし K4 に 140 以上の数値が入っていたら〕「金」という結果を出す，そうでなければ（140 未満であることは間違いないので），今度は〔もし K4 に 120 以上の数値入っていたら〕を判定し，そうであれば「銀」という結果を出す，さらにそうでなければ（120 未満であることは間違いないので）110 以上の数値であるかどうかを判定し，そうであれば「銅」と結果を出す，そうでなければ 110 未満であるから「表示なし」という結果を出す。

ということを表した式になる。

このように IF 関数は，IF 関数を２つネストすると３つの判定，３つネストすると４つの判定，４つネストすると５つの判定…・というようになる。IF 関数に限らずネストできる数は最大で 64 まで可能であるから，IF 関数であれば最大 65 種類の判定を行うことができる。

操作 4.8.8　関数の引数ボックスを使用した IF 関数のネストの設定方法

1．数式を設定するセルを選択する。
2．〔関数の挿入〕または〔数式〕タブの〔関数の挿入〕をクリックする。
3．関数の分類から〔論理〕を選択し，関数名のリスト内の〔IF〕を選択し，〔OK〕をクリックする。
4．表示された〔関数の引数〕画面の〔論理式〕のボックスをクリックし，1つ目の条件となる論理式を入力する。
5．〔真の場合〕のボックスにカーソルを移動し，1つ目の判定結果となる〔数式〕，〔セル番地〕，〔文字列〕等を入力する（文字列の場合には自動的にダブルクォーテーションがつく）。
6．〔偽の場合〕のボックスにカーソルを移動し〔名前ボックス〕の▼をクリックしてリストから IF を選択する（図 4.8.8）。
7．数式バーでネストされていることを確認する。
8．〔関数の引数〕画面で〔論理式〕のボックスをクリックし，2つの条件となる論理式を入力する。
9．〔真の場合〕のボックスにカーソルを移動し，2つ目の判定結果となる〔数式〕，〔セル番地〕，〔文字列〕等を入力する。
10．〔偽の場合〕のボックスにカーソルを移動し，3つ目の〔結果として表示する文字列〕（数式やセル番地も可）を入力する（さらにネストする場合にはここで 6．に戻り IF 関数を追加し条件を追加を繰り返す）。
11．数式バーで，式を確認し，〔OK〕をクリックする。

ここでは，コンクール成績一覧を使用し，合計得点が 140 点以上は金，120 点以上は銀，110 点以上は銅，110 未満は「表示なし」と判定する。「表示なし」はダブルクォーテーションを 2 つ続けて入力する。

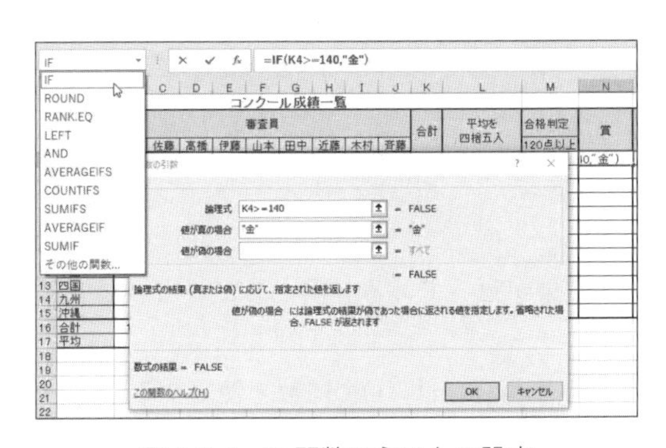

図 4.8.8　IF 関数のネストの設定

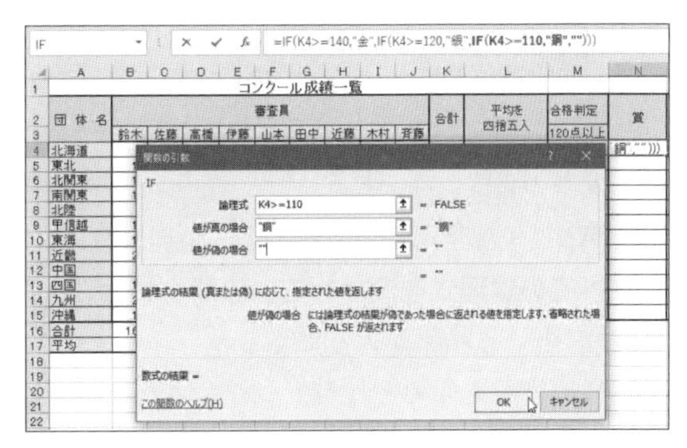

図 4.8.9　IF 関数のネストの設定

セル N4 を選択し，IF 関数を設定する。
引数ボックスの〔論理式〕のボックスをクリックし，1 つ目の条件の論理式 K4>=140 と入力する。

〔真の場合〕のボックスにカーソルを移動し，「金」と入力する。

〔偽の場合〕のボックスにカーソルを表示し〔名前ボックス〕の▼をクリックしてリストから IF を選択する（図 4.8.8）。

ネストされた IF 関数の〔関数の引数〕画面で〔論理式〕のボックスをクリックし，2 つ目の条件の論理式 K4>=120 と入力する。

〔真の場合〕のボックスにカーソルを移動し，「銀」と入力する。

〔偽の場合〕のボックスにカーソルを表示し〔名前ボックス〕の▼をクリックしてリストから IF を選択する（図 4.8.8）。

ネストされた IF 関数の〔関数の引数〕画面で〔理論式〕のボックスをクリックし，3 つ目の条件の理論式 K4>=110 と入力する。

〔真の場合〕のボックスにカーソルを移動し，「銅」と入力する。

〔偽の場合〕のボックスにカーソルを移動し，「""」（半角のダブルクォーテーションを続けて 2 つ）と入力する。

数式バーで，式を確認し，〔OK〕をクリックする（図 4.8.9）。

4.8.9　複数条件　AND 関数・OR 関数（IF 関数のネスト）

評価の結果は 2 つだが条件が複数ある場合にはどうするかを考えてみよう。例えば，審査員鈴木も佐藤も高橋も，10 点以上だった場合には合格，そうでなければ不合格と判定する。という条件の場合には，判定結果は 2 つであるから IF 関数は 1 つでよい。しかし，条件のほうが 3 種類必要となる。このような場合には，IF 関数の論理式の部分に AND 関数をネストして，複数の条件を指定することができる。

=IF（ AND（B4>=10,C4>=10,D4>=10） ," 合格 "," 不合格 "）

IF 関数の条件設定の論理式を，AND 関数を使用して複数にすることにより，複数条件をすべて満たしているという式設定が可能になる（図 4.8.10）。

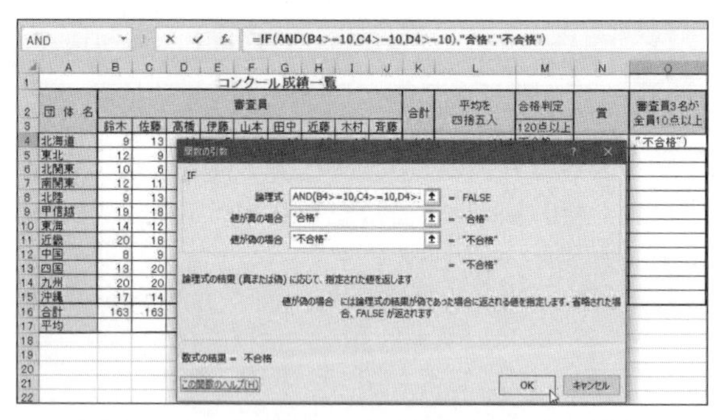

図 4.8.10　IF 関数と AND 関数のネストの設定

■　関数の書式

= AND（論理式 1，論理式 2，論理式 3，……）

すべての論理式を満たしている場合には TRUE という結果が返ってくる。満たしていない場合は FALSE という結果が返ってくる。

同様に複数条件のどれか 1 つでも満たしているという条件の場合には，OR 関数を使用する。

■　関数の書式

= OR（論理式 1，論理式 2，論理式 3，……）

論理式のどれか 1 つでも満たしている場合には TRUE という結果が返ってくる。満たしていない場合は FALSE という結果が返ってくる。

操作 4.8.9　IF 関数に AND 関数・OR 関数をネストする設定方法

1. 数式を設定するセルを選択する。
2. 〔関数の挿入〕または〔数式〕タブの〔関数の挿入〕をクリックする。
3. 関数の分類から〔論理〕を選択し，関数名のリスト内の〔IF〕を選択し，〔OK〕をクリックする。
4. 表示された〔関数の引数〕画面の〔論理式〕のボックスをクリックし，〔名前ボックス〕の▼をクリックしてリストから AND（OR）を選択する。
5. AND（OR）〔関数の引数〕画面の〔論理式 1〕のボックスに 1 つ目の条件となる論理式を入力する。〔論理式 2〕のボックスに 2 つ目の条件となる論理式を入力する（… 3 つ目，4 つ目と必要に応じて条件となる論理式を入力）。
6. 数式バーの IF にカーソルを移動し，IF 関数の〔関数の引数〕画面に切り替える。
7. 〔真の場合〕のボックスにカーソルを移動し，判定結果となる〔数式〕，〔セル番地〕，〔文字列〕等を入力する（文字列の場合には自動的にダブルクォーテーションがつく）。
8. 〔偽の場合〕のボックスにカーソルを移動し，判定結果となる〔数式〕，〔セル番地〕，〔文字列〕等を入力する（図 4.8.10）。
9. 数式バーでネストされていることを確認する。
10. 数式バーで，式を確認し，〔OK〕をクリックする。

AND 関数，OR 関数は，TRUE か FALSE という結果が返ってくるため，通常 IF 関数内にネストして使用する。

4.8.10　検索　VLOOKUP 関数

以下の左のような名簿に担当楽器を入力したい場合，右側の表のようにあらかじめ担当番号を付けた一覧表を作っておき，担当番号を入れただけで対応する「担当」，「楽器」が入力されれば，より早く正確にできるであろう。これは，例えば郵便番号を入れたら隣のセルに住所が入力される，仕事上では，例えば注文書にコード番号を入れればその商品名と定価などが入力されるなどということに，実際よく使われている。このように，特定の一覧表を参照して，入力したコード番号を検索し，それに対応するデータを表示する関数が，VLOOKUP 関数である。

	A	B	C	D	E	F	G	H	I	J
2	NO	担当番号	担当	楽器	氏名	ふりがな				
3	1	M1	木管楽器	ピッコロ	五十嵐　広	イガラシ　ヒロ		担当番号	担当	楽器
4	2	K1	金管楽器	トランペット	松山　利夫	マツヤマ　トシオ		M1	木管楽器	ピッコロ
5	3	D1	打楽器	ティンパニ	宇佐田　吉弘	ウサダ　ヨシヒロ		M2	木管楽器	クラリネット
6	4	M2	木管楽器	クラリネット	真山　大輔	マヤマ　ダイスケ		K1	金管楽器	トランペット
7	5		#N/A	#N/A	斉藤　篤志	サイトウ　アツシ		K2	金管楽器	トロンボーン
8	6		#N/A	#N/A	黒木　良平	クロキ　リョウヘイ		D1	打楽器	ティンパニ
9	7		#N/A	#N/A	山崎　孝弘	ヤマザキ　タカヒロ		D2	打楽器	パーカッション
10	8		#N/A	#N/A	寺田　健一郎	テラダ　ケンイチロウ		G	弦楽器	ハープ
11	9		#N/A	#N/A	黒沢　啓司	クロサワ　ケイジ		E	その他	ピアノ
12	10		#N/A	#N/A	土井　哲也	ドイ　テツヤ				

図 4.8.11　VLOOKUP 関数の設定

■ 関数の書式

= VLOOKUP（検索値 , 範囲 , 列番号 , 検索方法）

引数の設定

〔検索値〕は，検索対象のコード番号を入力するセル番地を指定する。〔範囲〕は，参照する表の範囲を指定する。〔列番号〕は，参照する表の左から何列目を参照するかを指定する。〔検索方法〕は，完全一致のもののみ検索する場合に FALSE，近似値も含めて検索する場合には TRUE を指定する。

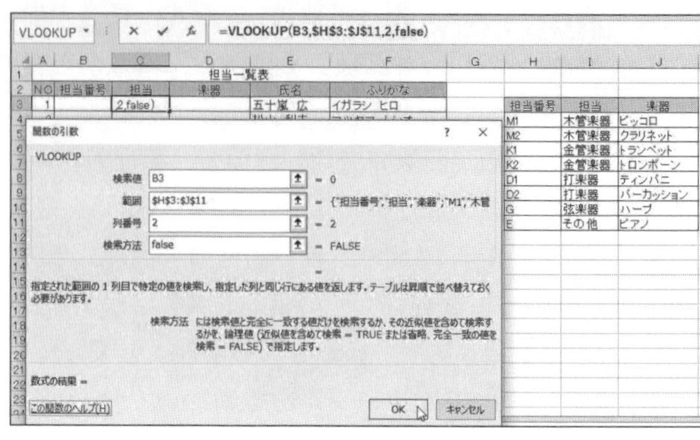

図 4.8.12　VLOOKUP 関数の設定

今回の表を当てはめるとセル C3 に設定する式は

=VLOOKUP（B3,$H$3:$J$11,2,FALSE）

つまり，左隣に入力されたデータを，H3：J11 のセル範囲（の一覧表）に探しに行き，見つけたら，その表の左から 2 列目のデータを，このセル（C3）に入力しなさい。ということになる。

操作 4.8.10　VLOOKUP 関数の設定方法

1. 数式を設定するセルを選択する。
2. 〔関数の挿入〕または〔数式〕タブの〔関数の挿入〕をクリックする。
3. 〔すべて表示〕に切り替え，関数名のリスト内の VLOOKUP を選択し，〔OK〕をクリックする。
4. 表示された〔関数の引数〕画面の〔検索値〕のボックスをクリックし，検索する値となるセル番地を入力する。
5. 〔範囲〕のボックスにカーソルを移動し，データの一覧表の範囲を選択し，F4 キーを押して絶対参照の指定をする（この後，式をコピーするときのために対象のセル番地を固定しておく）。
6. 〔列番号〕のボックスに該当の列番号（範囲に設定した表の左から数えて何列目か）を入力する。
7. 〔検索方法〕ボックスに半角で FALSE または TURE（省略可）を入力する。
8. 数式バーで，式を確認し，〔OK〕をクリックする。

近似値での VLOOKUP 関数の設定例

賞の一覧を作っておき，コンクールの合計点から該当する賞を表示する。

L4 に

=VLOOKUP（K4,$N$3:$O$8,2,TRUE）

を設定する。

検索の型を TRUE に設定することにより，合計点を一覧の左から一列目にある数値から，一致する値がない場合は，近似値（合計点未満の最大値）を探し，その左から 2 列目にあるデータを返すということになる。あらかじめ「賞」の一覧は，合計の昇順で並べ替えておく必要がある。

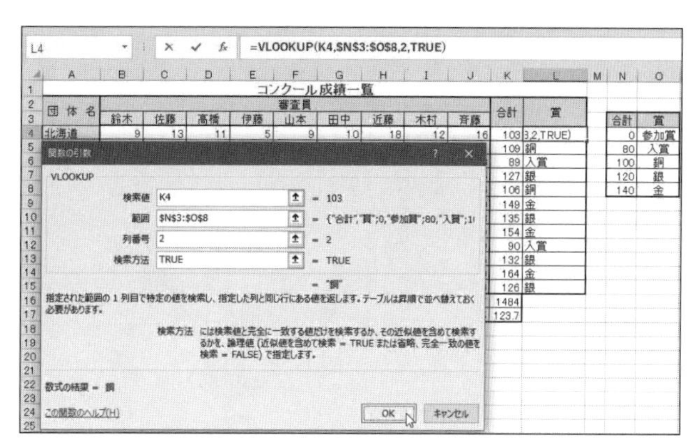

図 4. 8. 13　VLOOKUP 関数近似値での設定

検索の型を近似値（TRUE）にした設定により VLOOKUP 関数を使用すると IF 関数のネストを使用した判定と同様の結果が得られる。VLOOKUP 関数では，式を変更することなく判定基準の設定，修正等も容易であり活用の幅が広い。

4.8.11　エラー回避の設定（IF 関数のネスト）

VLOOKUP 関数をコピーすると，検索値のデータがあるところは，計算が成り立っているが，入力されていないところには，エラー値 #N/A が表示される（図 4.8.11）。この場合このエラー値は，式が間違っているわけではない。あくまでも検索値が入力されていないためである。

では，このエラー値が表示されないようにするにはどうしたらよいであろうか。もし，このセル番地が空欄であったならば，空欄のままになり，そうでなければ，VLOOKUP 関数を行うという式を作ればよいことになる。これまで解説してきた通り，IF 関数のネストを使い設定するということである。

この VLOOKUP 関数を以下の通り修正すればよい。

=IF（B3="","",VLOOKUP（B3,$H$3:$J$11,2,FALSE））

セルが空白であるという設定には ""（ダブルクォーテーションを続けて 2 つ）を使用する。

文字列を式に入れる時には "" で囲むというルールがあるが，ここでは間に何もないということで空白ということを表している（NULL 値ともいう）。

今回は，数式バーで修正を行う。

操作 4.8.11　VLOOKUP 関数の設定方法

1. 修正するセル（コピー元のセル）を選択する。
2. 数式バーでクリックし VLOOKUP の前に IF 関数を入力する。
3. 最後にかっこを追加して Enter キーを押す。
4. 再度，式をコピーしてエラー値が表示されないことを確認する。

練習問題 4.8　URL：http://www.kyoritsu-pub.co.jp/bookdetail/9784320124295 参照

5 PowerPoint 2016の活用

この章は，**プレゼンテーション**を目的としたMicrosoft Office PowerPoint 2016（以降，PowerPoint）の操作方法を学習する。

プレゼンテーションは，自分が持っている情報を聞き手に話し説得し，理解や納得を得るため，さらに言えば話し手の望む行動をとってもらうための手段の1つである。ここでいう情報は，意見，研究の成果，企画，新製品の機能の説明など，直接目には見えないものや形がないものを対象とする場合が多いので，言葉だけでなく聞き手が想像できるように視覚に訴えることができればさらに効果的である。大学において身近なプレゼンテーションは研究発表であろう。教室内で行われる小規模のものから学会や講演会など大規模なものまで例には事欠かない。わかりやすい例としてサークルの部員勧誘を考えてみよう。サークル活動に興味のある聞き手に，活動内容や人員構成などを伝える。画像なども取り入れてプレゼンテーションし，聞き手が入部してくれたらそのプレゼンテーションは成功である。部員を勧誘するという目的が達成できたからである。PowerPointは，プレゼンテーションを支援するソフトウェアなので，きれいで見やすく変更も容易な資料が簡単に作成できる。入念な事前準備をして発表に臨み，聞き手も満足するプレゼンテーションを目指そう。

5.1 PowerPointの基本操作

5.1.1 PowerPointとは

PowerPointで作成する資料の要素は「**スライド**」である。何枚かのスライドを発表内容に沿って作成する。発表時には，主である口頭での説明について，従たる関連スライドを表示していくことになる。また，資料としてスライドを印刷したものを配布することもある。

プレゼンテーション作成の流れは，①内容を考え，ストーリーを作る，②データの収集，③スライド作成，④シナリオの作成とリハーサル，⑤プレゼンテーション実施，⑥まとめと反省，となる。PowerPointを活用するのは主に③から⑤の部分である。

スライド作成の一般的な流れは，**デザイン**の決定，中身の作成，**アニメーション**など視覚効果の設定，資料の印刷，**スライドショー**の実行となる。プレゼンテーションの際，スライド1枚で1分くらいが目安だが，図が多ければ説明に時間もかかる。文字列は文章にはしない。「読む」のではなく，理解を助けるために「見る」ためのものなので平易な言葉を使い，簡潔に書くようにする。原則的に箇条書きにして，1行で収まる文字数にする。また，図解も必要で，表にまとめたりグラフ化したりすることでわかりやすくなる。必要なら**イラスト・動画・音声**を組み込むなどといった手法も利用しよう。またアニメーションなどの視覚効果を適度に施し，見映えするスライドを作成することにより，印象深いプレゼンテーションになる。

次項からPowerPointの基本操作を学ぶ。操作方法については代表的なものを記述することとした。また，他のアプリケーションと重複する説明，たとえば文字の書式設定，表や図などの編集などは第 3 章「Word 2016 の活用」，またグラフの作成や編集などは第 4 章「Excel 2016 の活用」に譲り省略した。

5.1.2　PowerPoint の起動，終了と保存

起動，保存や終了をはじめ，文字の入力や画像の編集など他の Office アプリケーションと共通している基礎的な操作は，第 1 章「Windows の基礎」で詳述されている。

5.1.3　PowerPoint の画面構成

(1)　スタート画面

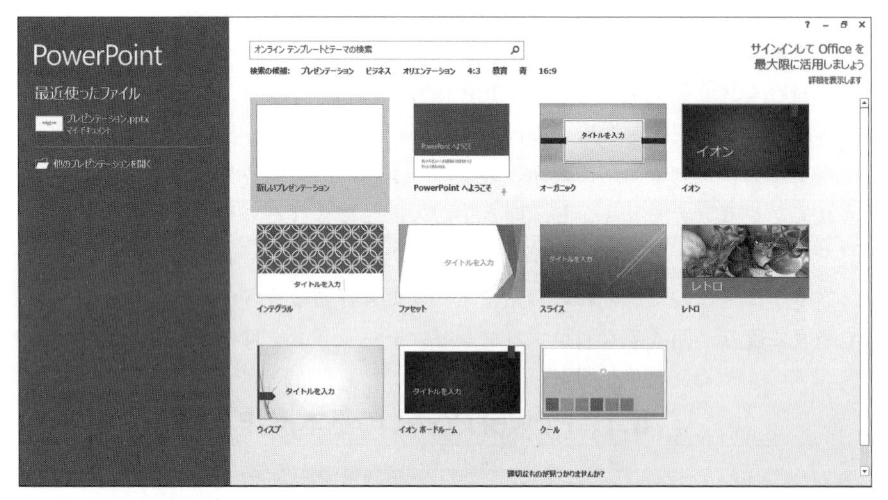

図 5. 1. 1　PowerPoint のスタート画面

PowerPoint を起動するとスタート画面（図 5.1.1）が表示される。

(2)「新しいプレゼンテーション」の画面

図 5. 1. 2　タイトルスライド

スタート画面のメニューから「新しいプレゼンテーション」をクリックすると，図5.1.2の画面が表示される。図5.1.2で，丸数字で示した部分の名称と内容は次のようになる。

①**スライド**　　　　　２か所に表示される。
②**サムネイル**　　　　スライドを縮小して複数表示
③**スライドペイン**　　現在のスライドを表示し，編集作業ができる状態
④**ノートペイン**　　　ノートを表示する部分
⑤**ステータスバー**　　左部分に現在のスライド番号と言語など
　　　　　　　　　　　右部分に表示モードを選択するボタン（表5.1.1参照）や
　　　　　　　　　　　画面の表示倍率の指定など
⑥**プレースホルダー**　スライド上，点線で表示されたボックス。文字の入力や図などを
　　　　　　　　　　　配置する。このレイアウトでは，文字

表5.1.1　ステータスバーの表示モード一覧

コマンド	表示モード
コメント　ノート	それぞれスライドにコメント，ノートを書く
（4つのボタン）	スライドの表示方法 左から順に標準表示　スライド一覧表示　閲覧表示 スライドショーを実行する
-　+　74%	スライドの表示倍率の変更と現在の倍率

(2)　複数の表示モード

以下に示す表示モードがあり，どのモードで作業してもよい。

A．標準表示（図5.1.2）

スライドが大きく表示されるので，文字列の書き込みやイラストの配置など編集用に適している。

B．アウトライン表示（図5.1.3）

画面左部分が**アウトラインペイン**，右部分が**スライドペイン**で構成される。**1**□は，１枚目のスライドを示している。図5.1.3では，５枚のスライドが作成されている。アウトラインペインには，スライド中のプレースホルダー内の文字列だけが表示される。

C．スライド一覧表示（図5.1.4）

全スライドの縮小サイズを並べた表示で，全体構成の確認や並べ替え操作が容易である。

D．ノート表示（図5.1.5，図5.1.6）

図5.1.5は標準表示モードであるが，画面下部にあるノートペイン（「ノートを入力」の部分）に自由に記述できる。文字数が多い場合はスライド部分との境界線をドラッグして可視部分を広げることができる。ノートペインの表示と非表示の設定は，操作5.1.1のように操作する。

ノートは，スライドショーの実行画面では表示されない。操作5.1.2による表示モードの変更では，図5.1.6が表示される。

操作 5.1.1　ノートの表示と非表示

1.〔表示〕タブの〔表示〕グループの〔ノート〕をクリックすることにより，表示設定。
2.　1と同じ操作で，非表示設定。

E．スライドショー表示

スライドがモニター全画面で表示される。プレゼンテーション実行時に聞き手に見せる画面。

F．閲覧表示

PowerPoint のウィンドウ内で，スライドショーと同じ表示をするモード。

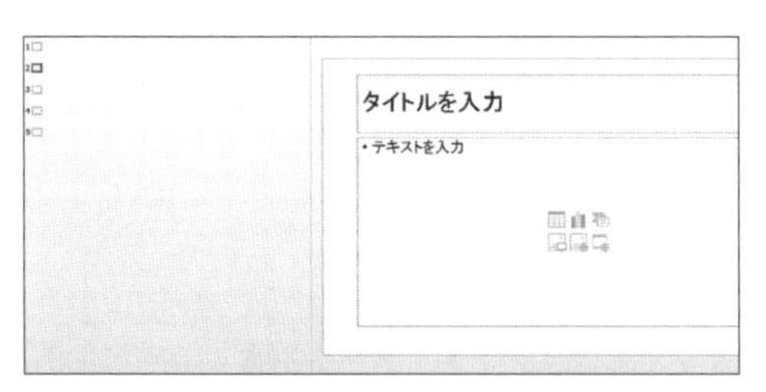

図 5.1.3　アウトライン表示

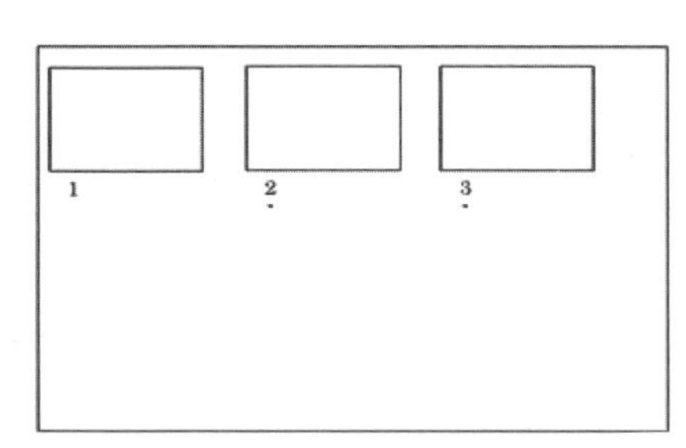

図 5.1.4　スライド一覧表示

図 5.1.5　表示したノートペイン

図 5.1.6　ノート表示モード

各表示モードは，ステータスバーのコマンドをクリックするか，次項のように表示タブを使って切り替える。

(4)　表示タブを利用した画面の表示方法

各画面の表示は，表示タブを利用する方法もある。

操作 5.1.2　表示画面の切り替え

1.〔表示〕タブの〔プレゼンテーションの表示〕グループのコマンドをクリックする。

5.2 スライドの作成と編集

最初のスライドは，**タイトルスライド**（図 5.1.2）を作成する**レイアウト**になっている。文字入力ができたら，新しいスライドを挿入して次のスライドを作成する。新しいスライドの挿入時にレイアウトを指定することができる。例えば，文字を箇条書きで書くときは，「タイトルとコンテンツ」を選択すれば，タイトルのプレースホルダーとコンテンツのプレースホルダーが設定されたレイアウトで新スライドが挿入される。レイアウトの変更やスライドの順序変更は後からでも可能である。1 枚当たりの情報量は適切にすることを心掛け，見やすいスライドを作成しよう。

5.2.1 文字の入力と修正

プレースホルダーをクリックして文字入力を行う。文字の書式は 5.3.1 項で説明する「**テーマ**」に沿って自動的に行われるのでここでは変更しない。変更が必要な場合は，〔ホーム〕タブの〔フォント〕および〔段落〕グループの各機能を利用して行う。各機能と操作方法は，第 3 章「Word 2016 の活用」を参照のこと。入力と同時にサムネイル中のスライドに同じ文字列が表示される。作成中のスライドは，サムネイルでは枠が太線で囲まれる。また，このスライドを「現在のスライド」と呼ぶ。後から修正をする場合は，サムネイルで該当スライドをクリックすれば，そのスライドが現在のスライドとして表示され編集可能になる。

5.2.2 スライドの追加，削除と順序の変更

(1) スライドの追加

次のスライドを挿入する。スライドの追加操作をすると現在のスライドの次の位置に新しいスライドが挿入される（図 5.2.1)。

操作 5.2.1 スライドの追加

1.〔ホーム〕タブの〔スライド〕グループの〔新しいスライド〕をクリックする。

現在のスライドと同じレイアウト（注）で次の位置に新しいスライドが挿入される。
レイアウトを指定しながら追加するときは，〔新しいスライド〕の▼をクリックしてメニューを表示し，クリックで選択する（図 5.2.2)。

(注) レイアウトが「タイトルスライド」の場合，次に挿入されるスライドのレイアウトは「タイトルとコンテンツ」になる。

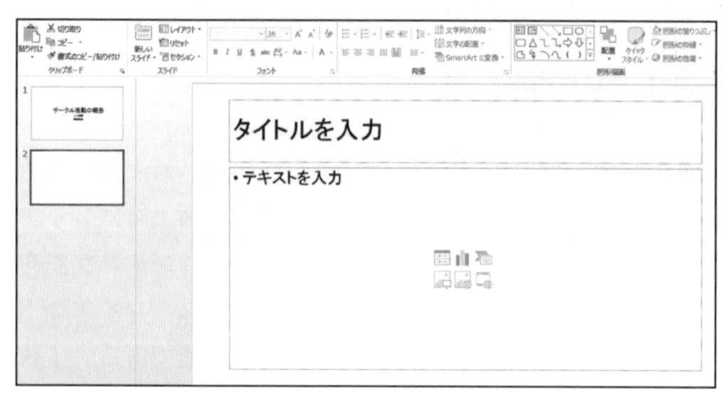

図 5.2.1　2 枚目のスライドを挿入

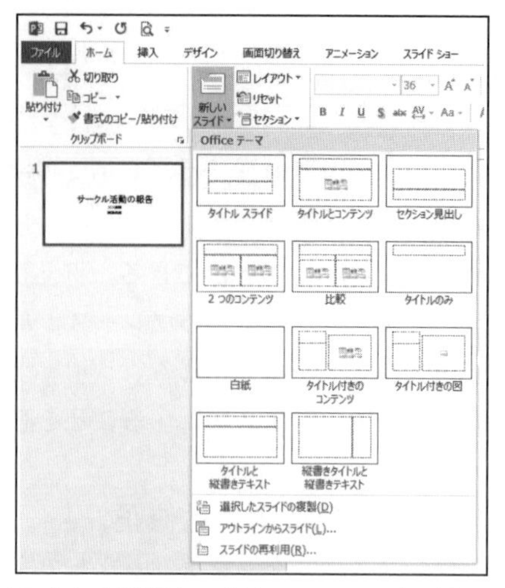

図 5.2.2　レイアウトを選択して新しいスライドを挿入

コンテンツ領域のプレースホルダーには，文字入力用の箇条書き行頭文字および6つのコンテンツが表示されている。プレースホルダーをクリックしてキーボードでタイプすれば箇条書きができるように設定されている。入力後 Enter キーを押すと，改行と同時に次の行頭文字が表示される。レベルを変更するときはインデントを利用する。初期設定でのフォントサイズは，文字数とプレースホルダーのサイズで自動的に決まるようなっている。プレースホルダーに収まらない文字数が入力されると自動的に小さくなる。自動的に小さくしたくない場合，プレースホルダーの書式設定で変更すればよい。操作 5.2.2 に示す。プレースホルダーのサイズや位置を変えることも可能である。表やグラフなどを入れるときは，6つのコンテンツから選択して作業する（5.4 節参照）。自由に作画する場合は，レイアウトを「タイトルと白紙」または「白紙」に設定するとよい。

操作 5.2.2　プレースホルダーの書式設定

1．変更するプレースホルダーの上で右クリックし，メニューから〔図形の書式設定〕をクリックする。
2．作業ウィンドウが表示されるので〔サイズとプロパティ〕をクリックし，メニューから必要な項目を設定する。

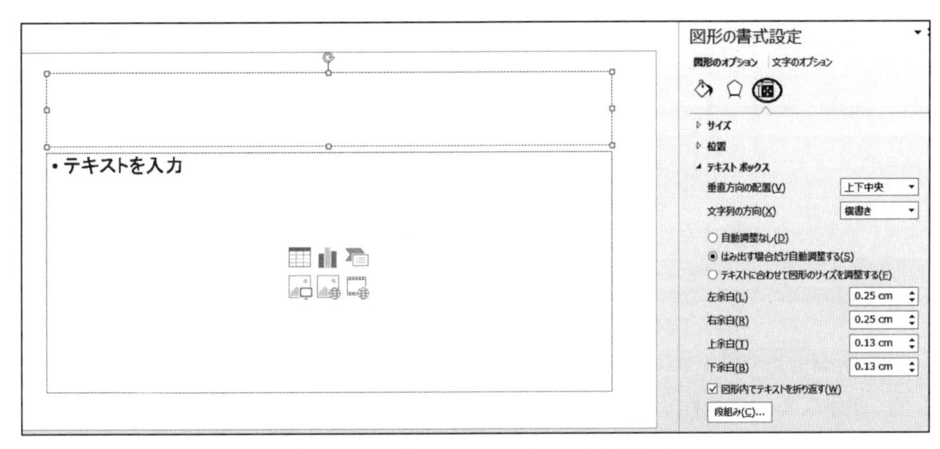

図 5.2.3 プレースホルダーの書式設定

(2) スライドの削除

不要なスライドは削除する。

操作 5.2.3 スライドの削除

1. スライドを右クリックし，メニューで「スライドの削除」をクリックする。

複数のスライドをまとめて選択することができる。連続している場合は，最初のスライドをクリック，最後のスライドを Shift キー＋クリックする。離れているスライドは，Ctrl キー＋クリックで選択していけばよい。この選択方法は，他のスライド操作でも使用できる。

(3) スライドの順序の変更

スライドの順序の変更はいつでも可能である。複数スライドをまとめて操作することもできる。

操作 5.2.4 スライドの順序の変更

1. 順番を変更したいスライドをドラッグし，新しい位置でドロップする。

(4) スライドの複製と複写

作成したスライドは，複製と複写ができる。元のスライドと同じスライドが追加されるので，そのままもしくは修正して利用する。

A. スライドの複製

操作 5.2.5 スライドの複製

1. 複製するスライドを右クリックし，メニューで「スライドの複製」をクリックすると，現在のスライドの次に複製スライドが追加される。

B．スライドの複写（コピーして貼り付ける）

操作 5.2.6　スライドの複写

1．複写するスライドを右クリックし，メニューでコピーを選択する。
2．追加する位置を右クリックし，メニューから貼り付けを選択する。
右クリックする位置がスライドの場合：そのスライドの次に，スライドとスライドの間の場合（ガイドラインが表示される）は，その位置に複写スライドが追加される。

操作 5.2.6 の操作は，別のプレゼンテーションのスライドでも可能である。2つのプレゼンテーションを並べて表示してから操作するとわかりやすい（図 5.2.4）。

操作 5.2.7　2つのプレゼンテーションを並べて表示する

1．現在のプレゼンテーションはそのまま，利用したいプレゼンテーションを新たに開く。
2．左に配置したいプレゼンテーションで，〔表示〕タブの〔ウィンドウ〕グループの〔並べて表示〕をクリックする。

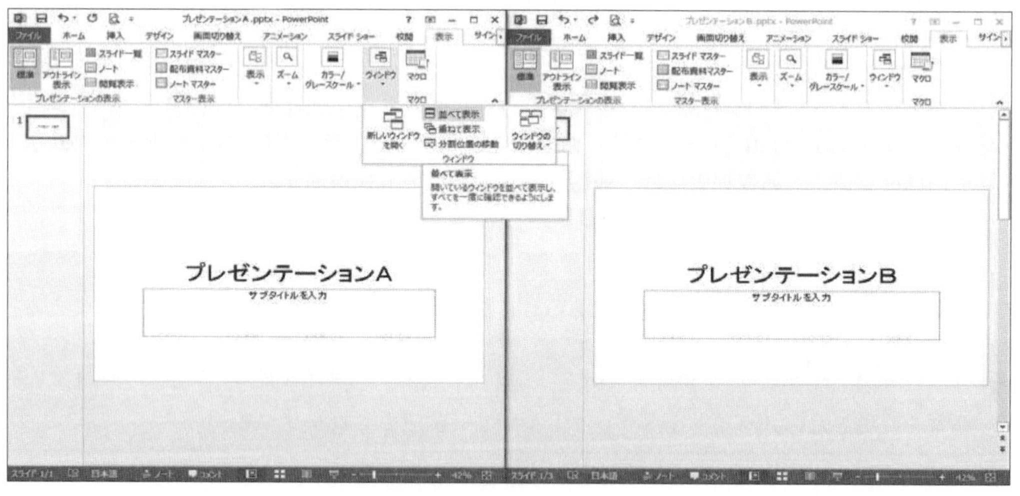

図 5.2.4　2つのプレゼンテーションを並べて表示

5.2.3　レイアウトの変更

作成中や作成後にレイアウトを変更することができる。レイアウトは，次節で学ぶデザインのテーマによって異なる。

操作 5.2.8　レイアウトの変更

1．〔ホーム〕タブの〔スライド〕グループの〔レイアウト〕をクリックしてメニューを表示し，適したレイアウトをクリックして選択する。

5.2.4 ノートの作成

それぞれのスライドのノート部分に，発表者用のメモなどを書いておくことができる。スライドショーの実行時に聞き手が見る画面には表示されない。発表者は，環境によって発表者ツールを利用して見ることができる。また，印刷ができるので発表前に準備しておくとよい。

操作 5.2.9 ノートの作成

1. タスクバーの「ノート」をクリックする。
2. スライドの下部に，ノートペインが表示されるのでクリックしてから入力する。

練習問題 5.2　URL：http://www.kyoritsu-pub.co.jp/bookdetail/9784320124295 参照

5.3 スライドのデザイン

5.3.1 テーマの利用

テーマを選択すると，文字列の書式やオブジェクトの配置，背景などが一括して設定される。これらの情報はそれぞれスライドマスターとして保存されている。スライドマスターは，全スライドに同じ文字列や画像を入れるときに利用できる。5.2.2 項で解説したスライドの追加や複写の際の新しいスライドは，自動的にテーマの形式になる。別のプレゼンテーションからの複写の場合は，貼り付け時の貼り付けのオプションで，元の書式を保持するかまたは貼り付け先のテーマに変更するかを選択できる。

操作 5.3.1 テーマの利用

1. 〔デザイン〕タブをクリックする。
2. 〔テーマ〕グループでテーマをポイントするとスライドのデザインが変わるので確認し，適したものをクリックする。
3. 〔バリエーション〕グループで〔その他〕をクリックしてメニューを開き，各要素（フォント，配色，効果など）をクリックしてバリエーションをつけることができる。

5.3.2 文字，背景の編集

文字列の書式は〔ホーム〕タブの〔フォント〕と〔段落〕グループで，背景は〔デザイン〕タブの〔ユーザ設定〕グループで設定できる。独自の設定することが可能である。

練習問題 5.3　URL：http://www.kyoritsu-pub.co.jp/bookdetail/9784320124295 参照

5.4 オブジェクトの作成と編集

以降，図形やイラストなどを「オブジェクト」と記述する。わかりやすい資料を作成するためには，オブジェクトの利用は必須である。この節ではオブジェクトの設定方法を学ぶ。Word や Excel など他のアプリケーションで作成した文字列やオブジェクトをスライドに取り込むことができるので，既存の資料がある場合は有効利用するとよい。

5.4.1 オブジェクトの挿入

表，グラフ，SmartArt グラフィック，画像，動画をスライド上に挿入する方法を操作 5.4.1 に示す。各コンテンツについては 5.4.3 項から説明する。

操作 5.4.1　オブジェクトの挿入

次のいずれかの方法でオブジェクトを作成する。

方法 1

1.〔ホーム〕タブの〔スライド〕グループの〔レイアウト〕で「タイトルとコンテンツ」など「コンテンツ」を含むものを選択してスライド中央部に図 5.4.1 を表示し，利用するコンテンツをクリックする。

方法 1

1.〔挿入〕タブの〔表〕,〔画像〕や〔メディア〕グループからオブジェクトをクリックする。

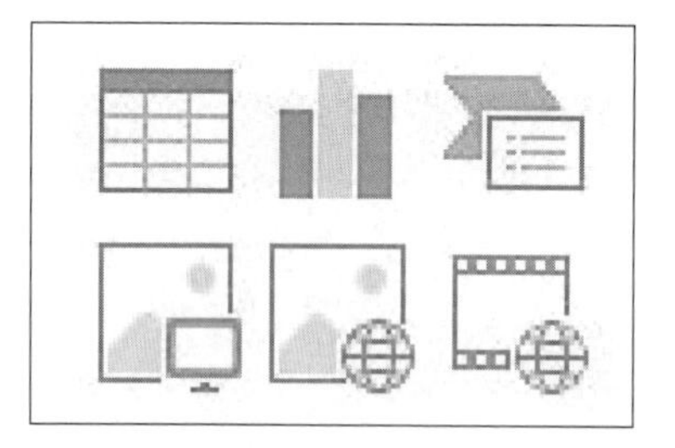

上段　左から表の挿入，グラフの挿入，SmartArt グラフィックの挿入
下段　左から画像，オンライン画像，ビデオの挿入

図 5.4.1　スライド中央部のオブジェクト選択メニュー

5.4.2 オブジェクトの削除

不要のオブジェクトは削除する。

操作 5.4.2　オブジェクトの削除

オブジェクトを選択し，キーボードの Delete キーを押す。

5.4.3 表の挿入

表は，情報を見やすくまとめる手法の1つである。操作5.4.1の方法1で，表の挿入をクリックすると，図5.4.2の画面が表示されるので，列数と行数を指定してから〔OK〕をクリックする。また，方法2の場合は，〔挿入〕タブの〔表〕グループから〔表〕をクリックすると，図5.4.3のメニューが表示されるのでマウスのドラッグとクリックで行数と列数を指定する。挿入操作をするとスライド上に指定した行と列の表が挿入され，同時に表ツールとして，〔デザイン〕と〔レイアウト〕タブが表示される。

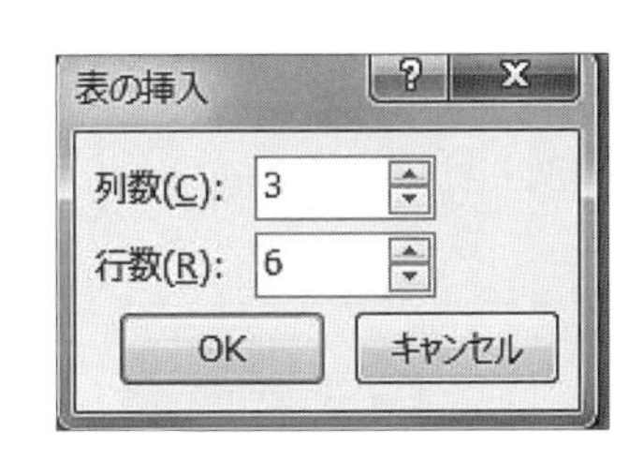

図 5.4.2 表の挿入図

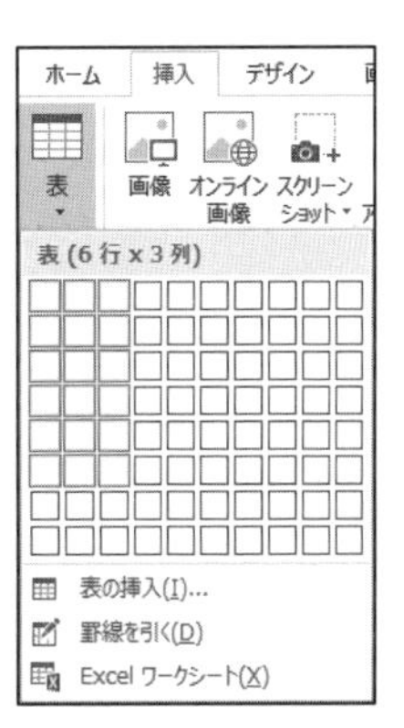

図 5.4.3 表タブでの作表 列と行の指定

5.4.4 グラフの挿入

操作5.4.1で，グラフの挿入をクリックするとグラフを選択する画面（図5.4.4）が表示されるので適切な種類を選択し，〔OK〕をクリックする。

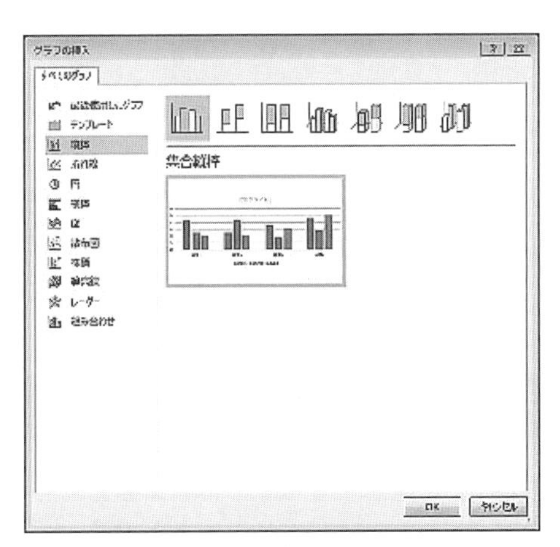

図 5.4.4 グラフの挿入

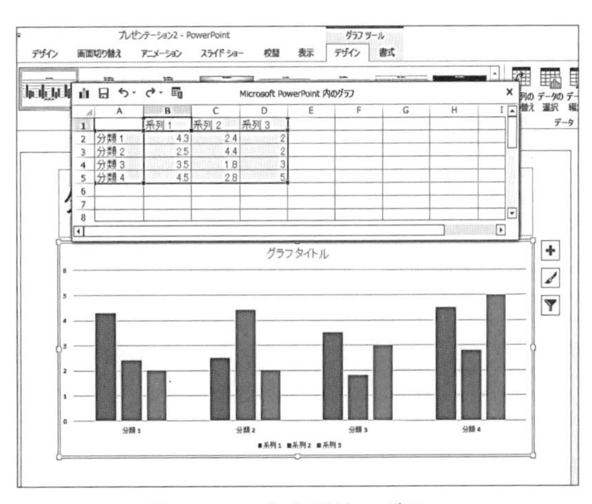

図 5.4.5 集合縦棒のグラフ

縦棒の集合縦棒を選択してみよう。図 5.4.5 に示す通り，Excel と同様のグラフとワークシートが表示され，ワークシート部分に入力したものがグラフ化したものがサンプルとして表示されている。

また，編集用にグラフツールのタブが追加される。このワークシートのサンプルの文字や数字に直接上書きしていけばよい。既存の Excel ワークシートから表を複写することもできる。即座にグラフに反映される。また，すでにワークシート上にグラフがある場合は，グラフ自体をスライド上に複写してもよい。ワークシート操作やグラフの編集は，第 4 章「Excel 2016 の活用」に詳述されている。

5.4.5　画像の挿入

操作 5.4.1 で，画像の挿入操作をするとファイルを選択する画面になるので，保存してあるファイルを指定する。図 5.4.6 は，操作 5.4.1 の挿入操作の直後に，画像を格納してあるフォルダを指定したところである。表示されるファイルは環境によって異なる。この画面でファイルをクリックしてから画面下部の〔挿入〕をクリックするとスライド上に該当の画像が挿入される。同時に図ツールとして書式タブが表示される。デジタルカメラで撮影した画像などを貼り付けてみよう。

図 5.4.6　画像の挿入

5.4.6　SmartArt グラフィックの挿入

SmartArt グラフィックの挿入をクリックすると，SmartArt グラフィックの選択画面が表示されるのでメニューから適切なグラフィックを選択する。SmartArt ツールとしてデザインタブと書式タブも表示される。編集の詳細は第 3 章「Word 2016 の活用」に譲るが，相違点として PowerPoint には箇条書きから SmartArt グラフィックに変換する機能があるので，操作方法を示す。

操作 5.4.3　箇条書きから SmartArt グラフィックを作成する

1. 箇条書きで入力する。
2. SmartArt グラフィックで表現する行をドラッグして選択する。
3. 〔ホーム〕タブ〔段落〕グループ〔SmartArt に変換〕をクリックし，メニューから適切なグラフィックを選択する。

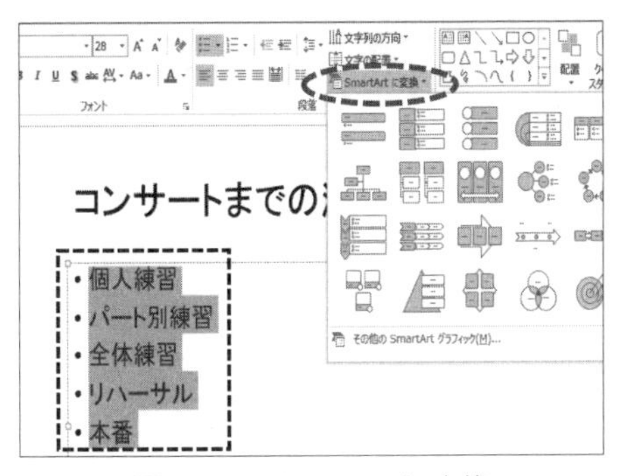

図 5.4.7 SmartArt に変換

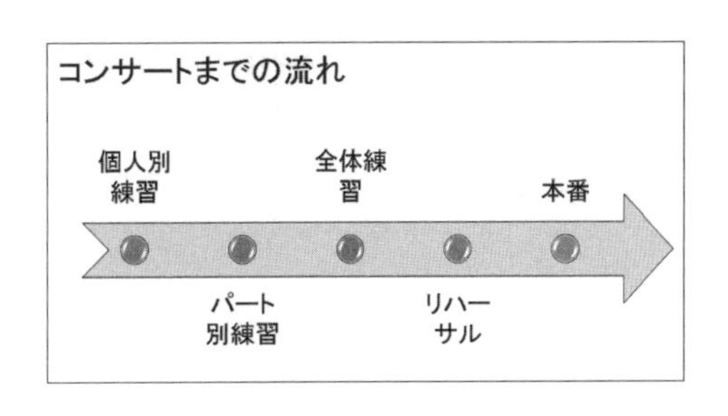

図 5.4.8 SmartArt に変換後の例

5.4.7 ビデオや音声の挿入

動画・音声・図形など様々なオブジェクトの挿入が可能である。コンピュータ内のファイルを利用する場合は，5.4.5 項と同じく対象となるファイルを選択する画面になるのでファイルを指定して挿入をクリックする。インターネット上から取得する場合は，検索の画面になるのでキーワードを入力して取得する。取得操作は簡単であるが，著作権など留意しなければならない。第２章「インターネット」で詳述の**情報倫理**を充分に学習し，理解のうえ利用すること。

5.4.8 作画の挿入

描画ツールを使ってスライド上に直接作画する。地図などいろいろ描いて試してみるとよい。スライドのデザインは，「タイトルと白紙」か「白紙」が適している。

練習問題 5.4　URL：http://www.kyoritsu-pub.co.jp/bookdetail/9784320124295 参照

5.5 アニメーションの設定

アニメーションは，**スライドショー**の実行時に文字列やオブジェクトに動作をつけて強調するための機能である。適度な設定で印象的なスライドになる。

5.5.1 文字列，オブジェクトにアニメーションを設定する

アニメーションの設定は，オブジェクトやプレースホルダーごとに行う。同じ対象に複数設定することが可能で，工夫すると多彩な動作を実現できる。

操作 5.5.1　アニメーションの設定

1. アニメーションを設定するオブジェクトをクリックする。
2. 〔アニメーション〕タブの〔アニメーション〕グループのメニューから適切なアニメーションをクリックする。
3. それぞれのアニメーションに効果のオプションを付けることができるので，必要だったら〔効果のオプション〕をクリックして設定する。
4. 同じオブジェクトに複数のアニメーションを設定できる。〔アニメーション〕タブの〔アニメーションの詳細設定〕グループの〔アニメーションの追加〕をクリックして，表示されたメニューから動作をクリックする。

アニメーションを設定すると，設定されたオブジェクトのそばに 1 のように動作の順番が表示され，サムネイル内のスライド番号下に ★ マークが表示される。スライド一覧表示でも同様の表示がされる。設定したアニメーションは，作業ウィンドウに表示される。詳細な設定や動作の順番を変更するにはこのウィンドウを利用する。〔アニメーション〕タブの〔プレビュー〕などで再生できる。

操作 5.5.2　アニメーションウィンドウの表示と非表示

1. 〔アニメーション〕タブの〔アニメーションの詳細設定〕グループの〔アニメーションウィンドウ〕をクリックする。

   不要な時は，再度クリックして非表示にする。

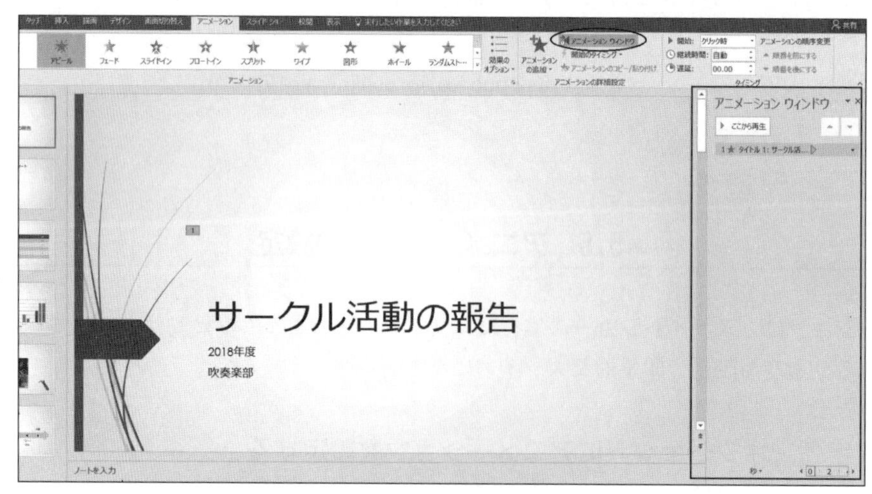

図 5.5.1　アニメーションウィンドウ

5.5.2 アニメーションの削除

操作 5.5.3 アニメーションの削除

1. 操作 5.5.2 により，アニメーションウィンドウを表示する。
2. 表示された一覧から削除するアニメーションをクリックで選択すると，右に▼が表示されるので，クリックしてメニューを開き，〔削除〕をクリックする。

アニメーションが複数設定してある場合は，削除操作により自動的に順序が繰り上がる。

5.5.3 アニメーションの順序変更

操作 5.5.4 アニメーションの順序を変更する

次のいずれかの方法で順序を変更する。

方法 1

1. 操作 5.5.2 の 1 と同じ操作で，アニメーションウィンドウを表示する。順序を変更したいアニメーションをクリックで選択し，右上の ▼ か ▲ をクリックして移動する。

方法 2

1. アニメーションを選択してから，〔アニメーション〕タブの〔タイミング〕グループの〔順番を前にする〕か〔順番を後にする〕をクリックする。

5.5.4 アニメーションのその他の設定

アニメーションは，動作のタイミングや時間配分など詳細に設定することができる。設定は，操作 5.5.2 で表示したアニメーションウィンドウか，同じく〔アニメーション〕タブの〔タイミング〕グループで行う。

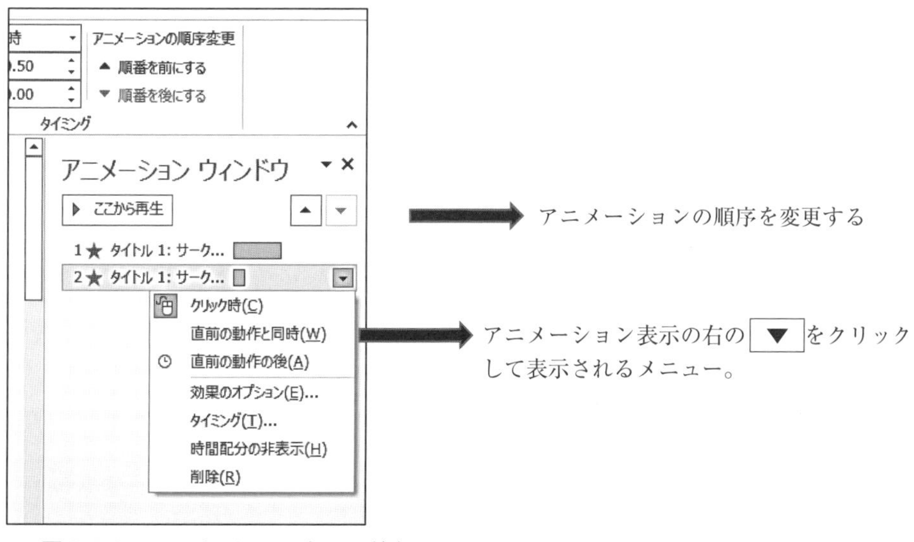

図 5.5.2 アニメーションウィンドウ

5.5.5　画面切り替えを設定する

スライドを表示するタイミングでの効果を設定するのが**画面切り替え**である。

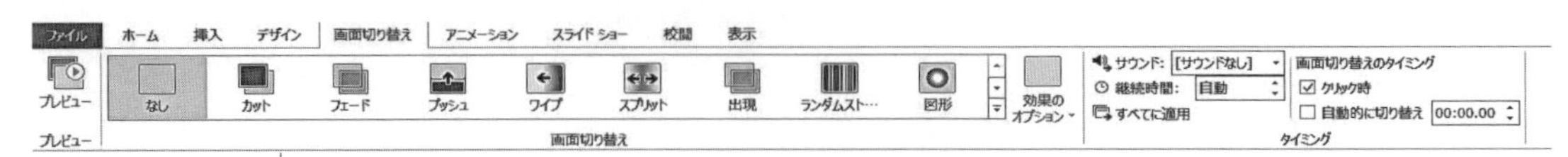

図 5.5.3　画面切り替えタブ

操作 5.5.5　画面切り替えの設定と解除

1. 画面切り替えを設定するスライドを選択する。
2. 〔画面切り替え〕タブの〔画面切り替え〕グループから効果を選びクリックする。
3. 全スライドに同じ切り替えを設定する場合は，〔タイミング〕グループの〔すべてに適用〕をクリックする。
4. 動作を確認する場合は，〔プレビュー〕グループのプレビューをクリックする。
   画面切り替え効果を解除するには，〔画面切り替え〕グループで〔なし〕を選択する。

「チャイム」などの**サウンド効果**を使うときは，〔タイミング〕グループの〔サウンド〕でメニューを表示し，クリックで効果音を選択する。

練習問題 5.5　URL：http://www.kyoritsu-pub.co.jp/bookdetail/9784320124295 参照

5.6　スライドショー

スライドが完成したら，スライドショーを実行しアニメーション効果や画面切り替え効果も合わせて確認する。

5.6.1　スライドショーの実行

操作 5.6.1　スライドショーの実行

1. 〔スライドショー〕タブの〔スライドショーの開始〕グループから開始する位置を選択してクリックする。開始位置は「現在のスライド」か「最初から」が指定できるので，途中のスライドから始めるときは，そのスライドを表示しておき「現在の……」をクリックすればよい。

5.6.2 スライドショーの進め方

スライドショーにおける「次」は，「次の動作」を表している。スライドの場合もあるが，アニメーションが設定されているとそれが1動作になる。

操作 5.6.2 次へ移動

次のいずれかの方法で，次の動作へ移動する。

方法 1

1. マウスでクリックする。

方法 2

1. キーボードの[↓]キー，[→]キーまたは[Enter]キーを押す。
   [↓]キーか[→]キーで，前に戻ることができる。

5.6.3 スライドショーの終了

操作 5.6.3 スライドショーの終了

次のいずれかの方法でスライドショーを終了する。

方法 1

1. 最後のスライドの表示した後，「次へ」の操作をする。画面上部にクリックするようメッセージが表示されるので，メッセージ通りクリックする。

方法 2

1. 画面の左下に表示されるメニュー（図5.6.1）の(…)をクリックし，表示されるメニューから「スライドショーの終了」をクリックする。

方法 3

1. キーボードで[Esc]キーを押す。

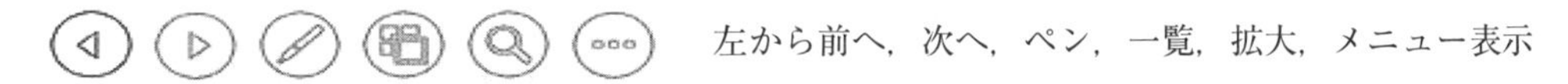

図 5.6.1 スライドショー実行時の画面下のメニューと意味

5.6.4 ペンの利用

スライドショーの実行中，スライドに直接書き込みをするときは，マウスをペンとして使用する。

操作 5.6.4 ペンの利用

次のいずれかの方法でペンを表示する。

方法 1

1. 右クリックしてメニューから「ポインターオプション」をポイントして，サブメニューからペンなど適切なものをクリックする。

方法 2

1．画面の左下に表示されたメニュー（図 5.6.1）から「ペン」をクリックする。

マウスの機能を変更して，ペンなど選択した形態（蛍光ペンやレーザーポインタなど）や色で，ドラッグした軌跡を表示することができる。マウスの機能を通常に戻すときは，「ポインターオプション」から「矢印のオプション」「自動」を選択する。ここで描いたものは，スライドショーの終了時に保存するかの確認がされる。保存後の削除も可能である。

5.6.5　発表者ビュー

プロジェクターの接続やモニターが 2 台使用できる環境の場合，スライドショーの実行時に**発表者ビュー**の機能が利用できる。聞き手が見るスクリーンやモニターには通常のスライドショー画面を表示し，発表者のモニターには図 5.6.2 のような発表者ビュー画面を表示する。現在のスライドに加えて操作ボタン，次のスライドの情報，経過時間，ノートなどが表示されて便利である。モニターが 1 台のみの場合，聞き手側の表示は確認できないが発表者ビューは利用できるので確認してみよう。

操作 5.6.5　発表者ビューの表示と非表示

1．スライドショーの実行中，図 5.6.1 のメニューからを（…）クリックする。
2．表示されるメニューから〔発表者ビューを表示する〕をクリックする。
3．元の画面に戻すときは，発表者ビューで表示される，1 と同じボタンをクリックしてメニューを表示して，〔発表者ビューを非表示にする〕をクリックする。

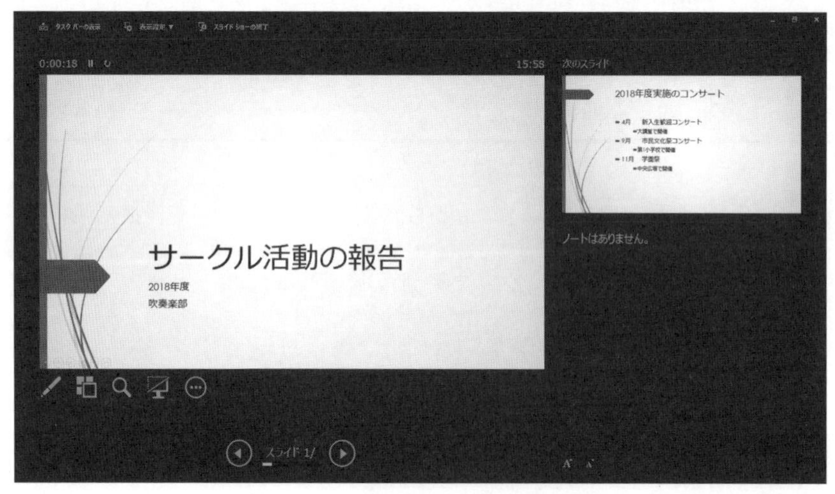

図 5.6.2　発表者ビューの表示画面

5.6.6　拡大表示

図 5.6.1 のメニューで，をクリックすると，画面上に四角形の拡大鏡を置いたような表示になるので，拡大したい部分にドラッグで移動させクリックする。右クリックで元のサイズに戻す。

5.7　印刷

一般的な印刷の操作方法は第1章「Windows と Office の基礎」に詳述されているので，ここでは PowerPoint 独自の設定について，〔ファイル〕の〔印刷〕を使った方法を説明する。印刷前にはプレビュー画面（図 5.7.1 の右部分）で確認すること。印刷画面を図 5.7.1 に示す。

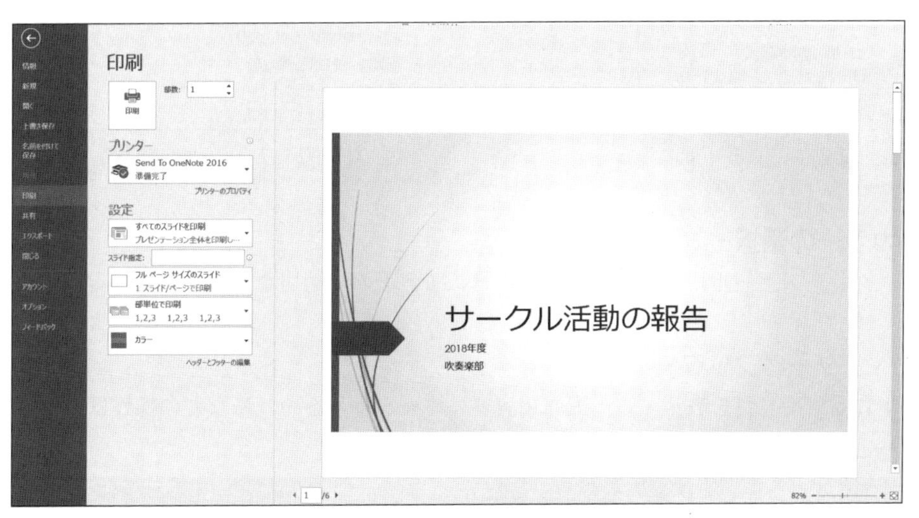

図 5.7.1　印刷画面

5.7.1　いろいろな資料の印刷

(1)　スライドの印刷

図 5.7.2 は，設定で〔すべてのスライドを印刷〕をクリックした画面。印刷するスライドを指定する。一部のスライドを印刷する場合は，スライド番号を指定する。

(2)　配布資料の印刷

図 5.7.3 は，設定で〔フルサイズのスライド〕をクリックした画面。いろいろな印刷レイアウトと配置などがあるのでクリックして選択後，それぞれどのように印刷されるかプレビューで確認してみるとよい。聞き手に資料として配布するときは，1ページに複数枚のスライドを配置した配布資料形式を選択することが多い。

(3)　ノートおよびアウトラインの印刷

図 5.7.3 の「印刷レイアウト」で，「ノート」，「アウトライン」を選択するとそれぞれ印刷ができるので必要に応じて利用する。

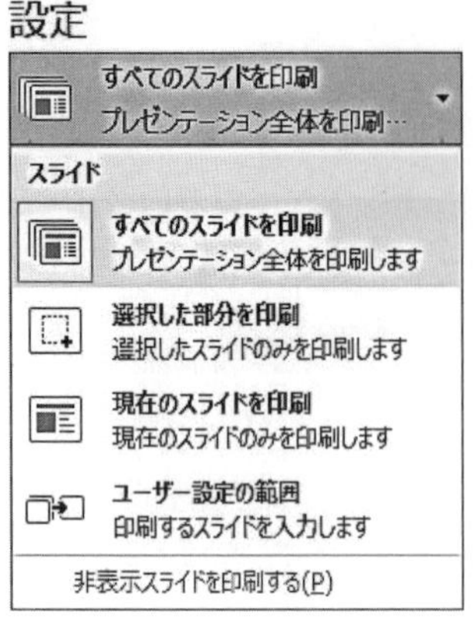

図 5.7.2　印刷するスライドの指定

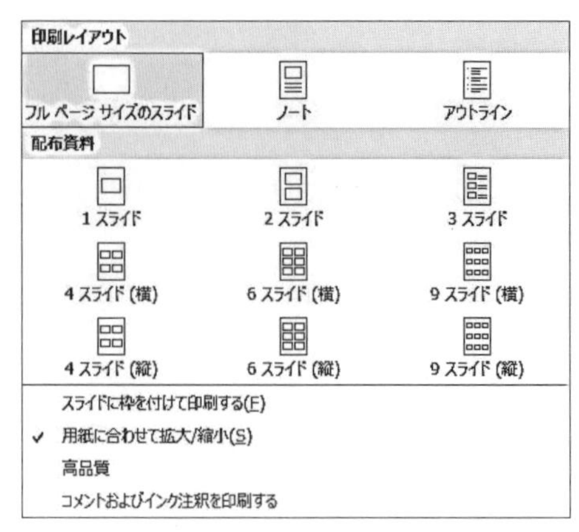

図 5.7.3　印刷の形式

5.7.2　カラーの選択

カラー，グレースケール，白黒の 3 種類から選択できるので適切なものを選択する。

5.7.3　ヘッダーとフッター

スライドに番号や日付を表示する，配布用資料にページ番号をつけるなどの操作は，一括してできるヘッダーとフッターを利用する。

操作 5.7.1　ヘッダーとフッター

1.〔挿入〕タブの〔テキスト〕グループの〔ヘッダーとフッター〕をクリックする。
　必要な情報をタイプして，〔適用〕か〔すべてに適用〕をクリックする。

図 5.7.4 のように，表示される〔ヘッダーとフッター〕画面には〔スライド〕タブと〔ノートと配布資料〕タブがある。それぞれに必要な項目を入力するかクリックしてチェックマークを入れる。プレビューで位置が確認できる。スライドの場合は〔適用〕か〔すべてに適用〕を使い分けることにより，必要なスライドだけに表示することができる。不要の際は，チェックをクリックする。

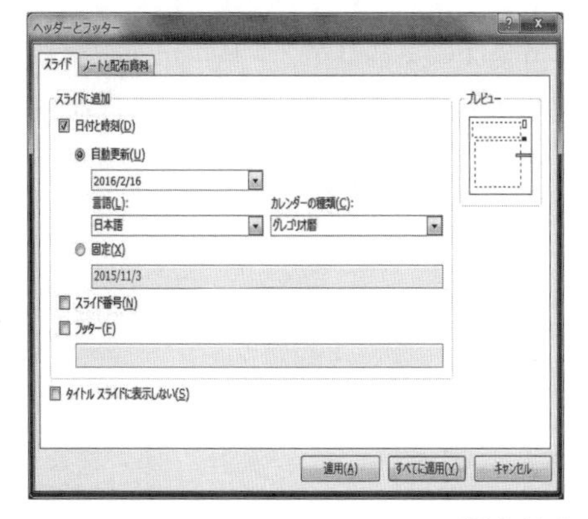

図 5.7.4　ヘッダーとフッター

本節の最後に，練習問題で作成してきたプレゼンテーション「サークル活動の報告」の各スライドの完成例を，スライド一覧表示にして示す。テーマは，ウィスプを使用した。

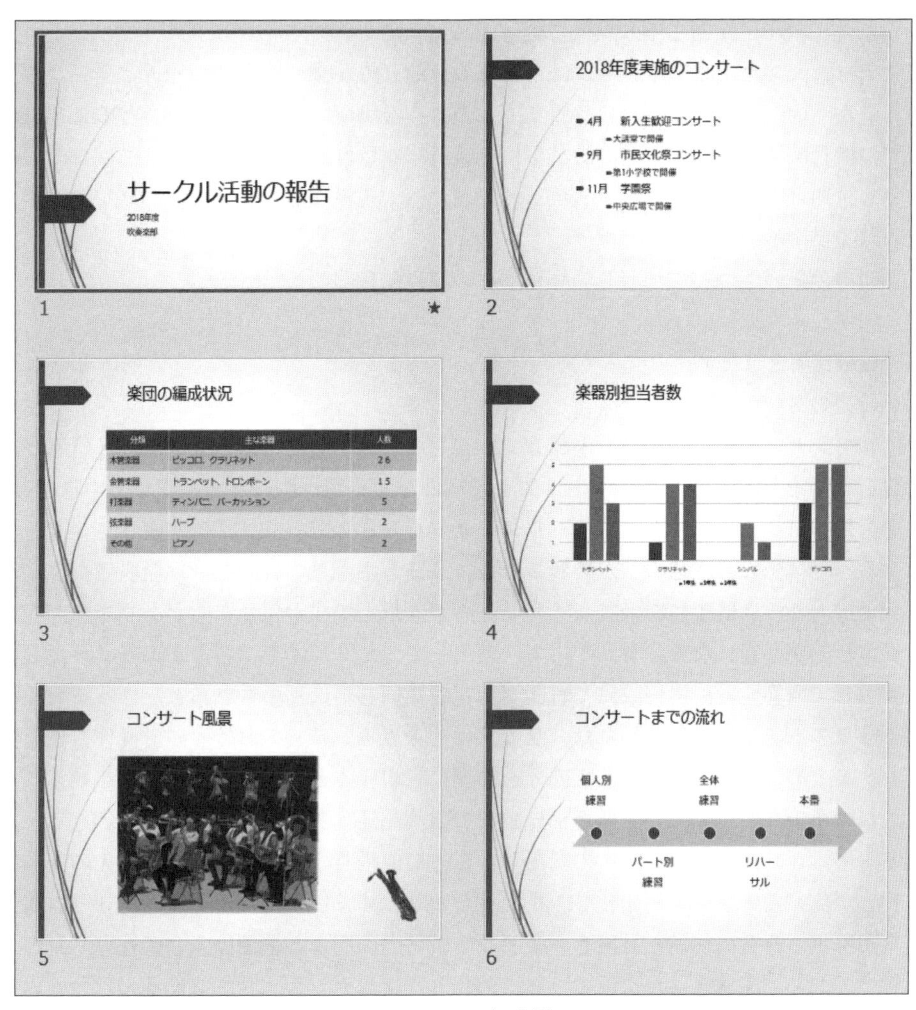

図 5.7.5　完成例

練習問題 5.7　URL：http://www.kyoritsu-pub.co.jp/bookdetail/9784320124295 参照

5.8　プレゼンテーション

5.8.1　プレゼンテーションの準備と終了後の作業

プレゼンテーションを企画するときには，実施の目的，誰が誰（聞き手の分析と発表者の立場）に対して行うのか，いつ・どのくらいの時間で，どのような場所（会場）で，何をどのように行う（パソコンなどの機材環境）といった基本的な事柄を検討しなければならない。一言にプレゼンテーションといっても，聞き手が 1 人の場合から数百名におよぶ大規模な場合まである。プレゼンテーションの流れをおおまかに示すと，

① 初めのあいさつとプレゼンテーションの題目や目的の提示
② 本題
③ 質疑応答とまとめ
④ 最後のあいさつ

となる。①はプレゼンテーションの導入部分で，初対面の聞き手だったら最低限でも所属と氏名程度の簡単な自己紹介をしてから，テーマや目的を述べるなど本題へつなげる話をする。PowerPoint を利用する場合は，スライドショーでタイトルスライドを表示しておく。②は本題。プレゼンテーションの核である。③は発表の本題の話が終わった後に，聞き手からの質問を受け発表者が答える形態をとる。スライドショーは終了しないでおく。発表者が「以上ですが何か質問がありますか？」など，聞き手を促す行動が必要になる。質問が出て，使用していたスライドで答えが出るようならそのスライドを再表示して回答する。準備段階で質問を想定して回答用に別のスライドを作っておくこともある。そのようなストーリーからは外れたスライドは「非表示」にしておけるので操作方法を習得しておくとよい。まとめの部分で，再度重点部分を簡潔に表現すると聞き手に強い印象を残すことができる。④は最後のあいさつになるので聞き手に感謝の言葉を述べる。講演会や学会発表など，通常は，持ち時間として示された時間には，①の登場時から④の退場時までと考えておく。先の基本的な事柄の確認，自分が伝えたい情報を明確化し，正しくわかりやすく伝えるためのストーリー作成，裏付け情報の収集と整理，資料の作成と見直し，必要なら資料の印刷など準備は入念に行い，リハーサルも繰り返し行っておく。実施後は，次回のさらに進化したプレゼンテーションに備え，今回の質疑応答の内容や良かった点，反省点なども含めてまとめたレポートを作成しておくことが重要である。

5.8.2　プレゼンテーションの実施時に意識すること

当日は身だしなみを整えることから始める。服装なども場に適したものを選ぶとよい。聞き手に好印象をもってもらえるよう所作や口調にも気を配る。相手を尊重しているかは態度などですぐに伝わる。本番では相手を見て，大きな声で会話よりゆっくりとメリハリをつけて話す，敬語は使わなくてよいが丁寧語を使う，聞き手を観察しわかりにくそうなときは言葉を変えていろいろな角度から話す。節度とマナーを守り，自信を持ってプレゼンテーションしよう。プレゼンテーションは，発表者だけではなく聞き手も一体になった行為である。発表者も聞き手も満足のプレゼンテーションが良いプレゼンテーションである。

6 データベースの活用

この章は，第 4 章「Excel 2016 の活用」で学習した Excel 2016（以降，Excel）の基礎を土台に，さらなる活用として，大量のデータを効率的に取り扱う**データベース**（Database）機能について，Excel と Access2016（以降，Access）を用いて学習する。

Windows 環境でよく利用されるデータベース専用ソフトとして Microsoft Office パッケージの中の Access（アクセス）が挙げられる。Excel にも**データベース機能**が備えてあり，このデータベース機能を利用して，表形式（テーブル）でまとめたデータベースに対して，データの並べ替え，検索，抽出，またデータの追加，修正，削除といった処理ができ，さらに，簡単なデータ集計もできる。ここでは，まず Excel を用いてデータベースの概要やイメージを掴み，次に Access を用いて本格的なデータベースの活用方法を学習する。

この章では，「国勢調査データベース（以降，国勢調査 DB)」と「相撲力士データベース（以降，相撲力士 DB)」の 2 つのデータベースを例として用いる。それぞれのデータベースはインターネット上で実際に公表されている**生のデータ**を加工して作成したものであり，この 2 つの例を通して，**数値データ**と**文字データ**の両方からデータベースの各機能について学習する。

以後，第 1 節でデータベースの基礎，第 2 節で Excel によるデータベースの活用，第 3 節で Access によるデータベースの活用を学習する。

6.1 データベースの基礎

情報化社会において，IT（Information Technology）技術がますます身近なものとなっている。大量のデータを保存・管理し，検索などの処理を効率良く行うシステムは非常に重要な役割を担っている。このようなシステムを「**データベース**」と呼ぶ。個人の住所録や携帯電話の電話帳のような小規模なデータから，企業の在庫管理や顧客管理などのような大規模なデータまで，様々なデータがデータベースで管理されている。

また，最近よく耳にする「クラウドコンピューティング」でも，大量のデータを扱うためにデータベースが重要な役割を果たしている。例えば，検索エンジンの Google では，「Big Table」という巨大なデータベースを使うことによって，大量な検索要求を素早くさばいている。

6.1.1 データベースとは

データベースとは，事前に定義された形式で集められて蓄積したデータの集合である。また，集められたデータを管理するシステムである **DBMS**（Data Base Management System）を含めて称することもある。

データベースの特徴として以下の点が挙げられる。

- データの正確性：正確なデータであること
- データの独立性：データベースの仕様変更が発生してもデータへの影響がないこと
- データの整合性：矛盾なくデータを保持できること
- データの冗長性の排除：重複なくデータを保持できること
- データの排他制御：データの改ざんが起こらず，安全性が確保できること
- データの可用性：情報を集中させ，複数の人が必要に応じて容易に利用できること

データベースにはいくつかの種類がある。例えば，階層型データベース，ネットワーク型データベース，分散型データベース，オブジェクト型データベースなどである。今，最も多く利用されているのは**リレーショナルデータベース**（RDB：Relational Data Base）であり，関係データベースと呼ぶこともある。そして，リレーショナルデータベースを管理している DBMS は「リレーショナルデータベース管理システム（RDBMS）」と呼ぶ。オラクル社の「Oracle Database」やマイクロソフト社の「Microsoft SQL Server」，「Access」などをはじめ，様々な RDBMS が販売されている。また，「MySQL（http://www-jp.mysql.com/）」　や「PostgreSQL（http://www.postgresql.org/）」　や「SQLite（https://sqlite.org/）」など，オープンソースで無料提供されている RDBMS もある。

リレーショナルデータベースは 1970 年に E.F.Codd 氏により提案された。当時 IBM 社に所属している Codd 氏はリレーショナルモデルについての論文を発表し，関係代数によるリレーショナルデータベースの理論的な裏付けを樹立した。この点においては階層型やネットワーク型などの従来のデータベースと大きく異なる。

リレーショナルデータベースの構造は**表（テーブル）**形式で，非常にシンプルで理解しやすいものである。これがリレーショナルデータベースの最大の特徴である。テーブルは行（row）と列（column）の２次元で構成される。行は「**レコード**（record）」，列は「**フィールド**（field）」とも呼ばれる（図 6.1.1）。テーブルの１行目は列見出し（項目名）と呼ぶ。各々の行を１件分のデータとする。データを構成する個々の項目を列として扱う。そして，図 6.1.1 で示したように，「レコード」と「フィールド」が交差する「0112」は社員番号 10003 番の石野さんの「内線番号」のデータとなる。

社員表(テーブル)

列(フィールド)

列見出し（項目名）　行(レコード)

社員番号	社員名	内線番号	部署コード
10001	松山	0111	101
10002	金子	0121	102
10003	石野	0112	101
10004	黒沢	0113	101
10005	黄	0122	102

図 6.1.1　表（テーブル）のイメージ

リレーショナルデータベースのもう１つの大きな特徴は，複数のテーブルを**リレーション**して利用

できることである（図 6.1.2)。また，データベース内にあるデータに対する定義や操作などは，「**SQL**（Structured Query Language)」という国際標準化されたデータベース言語によって行わなければならない。

6.2 Excel によるデータベースの活用

Excel はデータベース専用のソフトウェアではない。そのため，複数のテーブルで構成しているリレーショナルデータベースを扱えない。しかし，テーブル 1 つからなるデータベースに対応する「データベース機能」を備えている。例えば，データベース化したテーブルからデータを並べ替えたり，必要なデータを抽出したり，データの項目別に集計することができる。

さらに，1 つのワークシートで最大 1,048,576 行，16,384 列のテーブルを扱うことができ，ある程度大きな規模のデータベースにも対応できる。さらに，「PowerPivot in Excel」というデータ分析に使用できるアドインを利用すれば，外部のデータベースを Excel に取り込んで，様々な分析を行うことも可能である。

Excel のデータベース機能を使うには，Excel がデータベースとして認識できるようにデータを「**リスト**」という形式の表で作成する必要がある。リストは，リレーショナルデータベースのテーブルと同様に，表の先頭行に「**列見出し**（項目名)」，列ごとに同じ項目に対するデータが入力されている表である。また，1 枚のワークシートに 1 リストを基本とする（図 6.2.1)。

国勢調査DB

都道府県コード	都道府県名	地域名	人口総数（平成17年）	人口総数（平成22年）	15歳未満人口	15～64歳人口	65歳以上人口	男性	女性	日本人	外国人
1	北海道	北海道・東北	5,627,737	5,506,419	657,312	3,482,169	1,358,068	2,603,345	2,903,074	5,482,650	18,280
2	青森県	北海道・東北	1,436,657	1,373,339	171,842	843,587	352,768	646,141	727,198	1,367,057	3,688
3	岩手県	北海道・東北	1,385,041	1,330,147	168,804	795,780	360,498	634,971	695,176	1,322,417	5,184
4	宮城県	北海道・東北	2,360,218	2,348,165	308,201	1,501,638	520,794	1,139,566	1,208,599	2,325,744	12,367
5	秋田県	北海道・東北	1,145,501	1,085,997	124,061	639,633	320,450	509,926	576,071	1,078,608	3,356
6	山形県	北海道・東北	1,216,181	1,168,924	149,759	694,110	321,722	560,643	608,281	1,161,087	6,158
7	福島県	北海道・東北	2,091,319	2,029,064	276,069	1,236,458	504,451	984,682	1,044,382	2,012,016	9,347
8	茨城県	関東	2,975,167	2,969,770	399,638	1,891,701	665,065	1,479,779	1,489,991	2,922,821	40,477
9	栃木県	関東	2,016,631	2,007,683	269,823	1,281,274	438,196	996,855	1,010,828	1,964,917	26,429
10	群馬県	関東	2,023,996	2,008,068	275,225	1,251,608	470,520	988,019	1,020,049	1,964,136	35,458
11	埼玉県	関東	7,054,382	7,194,556	953,668	4,749,108	1,464,860	3,608,711	3,585,845	7,054,944	88,734
12	千葉県	関東	6,056,462	6,216,289	799,646	4,009,060	1,320,120	3,098,139	3,118,150	6,023,584	78,927
13	東京都	関東	12,576,611	13,159,388	1,477,371	8,850,225	2,642,231	6,512,110	6,647,278	12,623,619	318,829
14	神奈川県	関東	8,791,587	9,048,331	1,187,743	5,988,857	1,819,503	4,544,545	4,503,786	8,846,903	125,686
15	新潟県	北陸・甲信越	2,431,459	2,374,450	301,708	1,441,262	621,187	1,148,236	1,226,214	2,355,361	11,914

図 6.2.1 Excel におけるデータベースの例

図 6.2.1 は，例として使用するデータベース（国勢調査 DB）である。最初の行にタイトルがあり，1 行空けて，データベースの先頭行は「列見出し」であり，他の行のデータと区別するため，セルの背景に色が塗られている。

リストの列見出しには，**空白のセルや項目名の重複があってはいけない**。そして，データベース機能を利用して他のデータを生成する場合は，**リスト自体から少なくとも 1 行，1 列を離す必要がある**。

6.2.1　データの並べ替え

データベース機能の「**並べ替え**」とは特定の項目，あるいは複数の項目をキーにしてレコードを一定の基準に従って並べ替えることである。並べ替えの対象キーのデータが数値データである場合，小さい順に並べ替える昇順と大きい順に並べ替える降順がある。対象キーのデータが文字データの場合は並べ替える基準が少々複雑であるが，基本的には文字データの言語系統（中国語，韓国語，ドイツ語など）における文字の順序に則って，昇順あるいは降順で並べ替える。例えば，日本語の場合は五十音順に従う。アルファベットはABCの順序を基準とする（表6.2.1）。

表6.2.1　昇順と降順

	数値	日付	英字	かな	コード
昇順	0→9	古 → 新	A→Z	あ → ん	大 → 小
降順	9→0	新 → 古	Z→A	ん → あ	小 → 大

(1)　1項目をキーとした並べ替え

(A)　数値データの場合

操作6.2.1　数値データに対する並べ替え

1. 対象キーとなるフィールドの任意のセル（列見出しを除外）をクリックする。
2. 〔データ〕タブの〔並べ替えとフィルター〕グループの〔昇順〕または〔降順〕ボタンをクリックする。

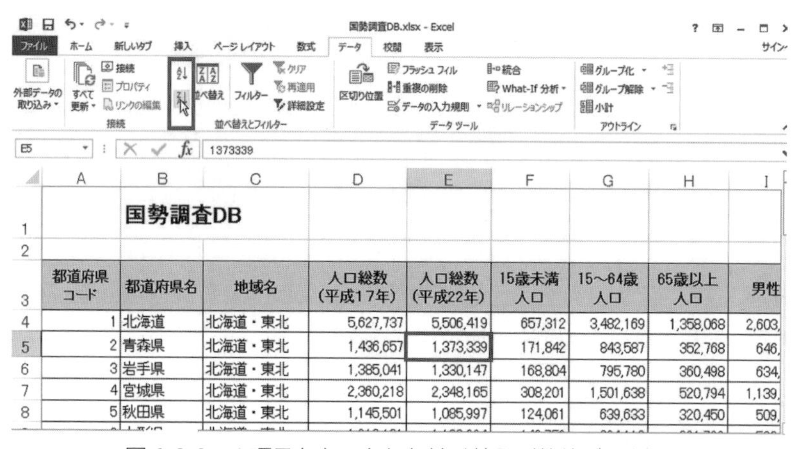

図6.2.2　1項目をキーとした並べ替え（数値データ）

並べ替えによってデータベースのレコードの順番が変わる。最初の状態に戻したい場合，様々な方法がある。
図6.2.2の例では，列見出し「都道府県コード」を昇順に並べ替えれば元に戻れる。

(B) 文字データの場合

Excel で文字データを入力する際に，入力される文字の情報（例えば，日本語の場合はひらがな情報）が記録される。ただし，Excel 以外で入力されたデータでは**表示されない**。

操作 6.2.2 ふりがなの表示

1. ふりがなを表示したい対象データをドラッグして範囲を指定する。
2. 〔ホーム〕タブの〔フォント〕グループの〔ふりがなの表示 / 非表示〕ボタンをクリックする。

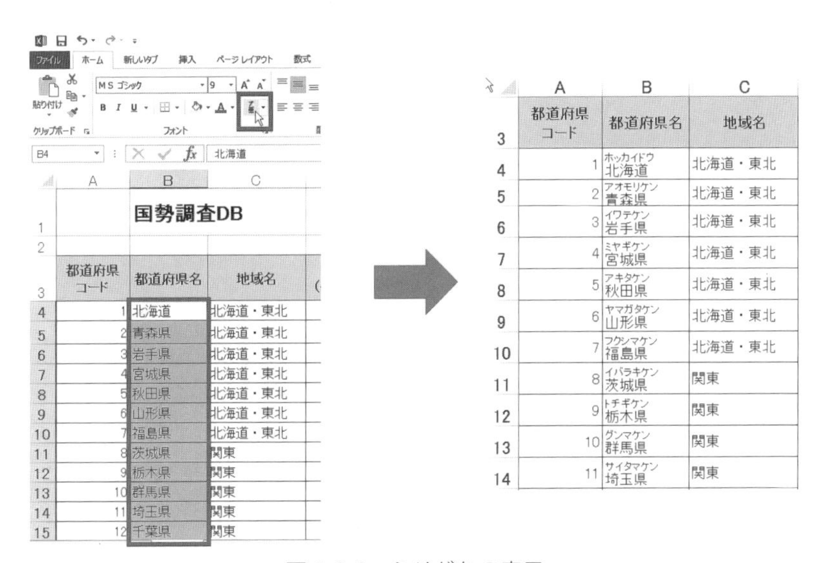

図 6.2.3 ふりがなの表示

日本語の文字データをキーとして並べ替える場合，基本的には「操作 6.2.1」と同じ操作をすればよい。しかし，日本語の漢字の読みは一通りではないため，注意する必要がある。さらに，「**ふりがなを使う**」と「**ふりがなを使わない**」並べ替えがある。

「ふりがなを使う」は，データを入力した際に PC に記録されたひらがなに従って並べ替える。「ふりがなを使わない」は，PC の持つ対象文字の「**文字コード**」の値で並べ替える。文字コードとは，PC の内部で文字ごとに割り当てられた固有の数字である。

操作 6.2.3 「ふりがなを使う」と「ふりがなを使わない」の設定

1. データベース内の任意の 1 セルをクリックする。
2. 〔データ〕タブの〔並べ替えとフィルター〕グループの〔並べ替え〕ボタンをクリックする。
3. 〔最優先されるキー〕に該当する列見出しを選択し，〔オプション〕をクリックする。
4. 〔並べ替えオプション〕ダイアログボックスが表示され，項目〔方法〕の〔ふりがなを使う〕または〔ふりがなを使わない〕を選択し，〔OK〕をクリックする。
5. 〔並べ替え〕の画面の〔OK〕をクリックする。

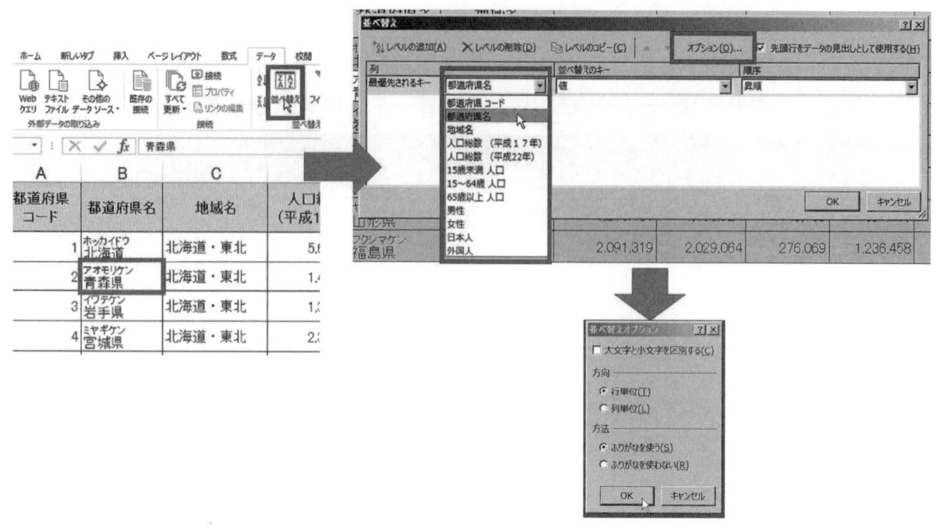

図 6.2.4 「ふりがなを使う or 使わない」の設定

	A	B	C
3	都道府県コード	都道府県名	地域名
4	23	アイチケン 愛知県	東海
5	2	アオモリケン 青森県	北海道・東北
6	5	アキタケン 秋田県	北海道・東北
7	17	イシカワケン 石川県	北陸・甲信越
8	8	イバラキケン 茨城県	関東
9	3	イワテケン 岩手県	北海道・東北
10	38	エヒメケン 愛媛県	四国
11	44	オオイタケン 大分県	九州・沖縄
12	27	オオサカフ 大阪府	近畿
13	33	オカヤマケン 岡山県	中国
14	47	オキナワケン 沖縄県	九州・沖縄

	A	B	C
3	都道府県コード	都道府県名	地域名
4	23	アイチケン 愛知県	東海
5	38	エヒメケン 愛媛県	四国
6	8	イバラキケン 茨城県	関東
7	33	オカヤマケン 岡山県	中国
8	47	オキナワケン 沖縄県	九州・沖縄
9	3	イワテケン 岩手県	北海道・東北
10	21	ギフケン 岐阜県	東海
11	45	ミヤザキケン 宮崎県	九州・沖縄
12	4	ミヤギケン 宮城県	北海道・東北
13	26	キョウトフ 京都府	近畿
14	43	クマモトケン 熊本県	九州・沖縄

図 6.2.5 「ふりがなを使う」（左）と「ふりがなを使わない」（右）並べ替えの結果

(2)　2項目以上をキーとした並べ替え

1項目の並べ替えと同様に，2項目以上をキーとしてレコードを並べ替えるには，〔データ〕タブの〔並べ替えとフィルター〕グループを使用する。

操作 6.2.4　2項目以上をキーとした並べ替え

1. データベース内の任意の1セルをクリックする。
2. 〔データ〕タブの〔並べ替えとフィルター〕グループの〔並べ替え〕ボタンをクリックする。
3. 〔最優先されるキー〕に該当する列見出しを選択し，右側の〔順序〕で〔昇順〕または〔降順〕を選ぶ。
4. 〔並べ替え〕画面の左上に〔レベルの追加〕をクリックし，〔最優先されるキー〕の下に〔次に優先されるキー〕が現れ，上記3．を繰り返す。
5. 設定したいすべてのキーの指定が終了したら〔OK〕をクリックする。

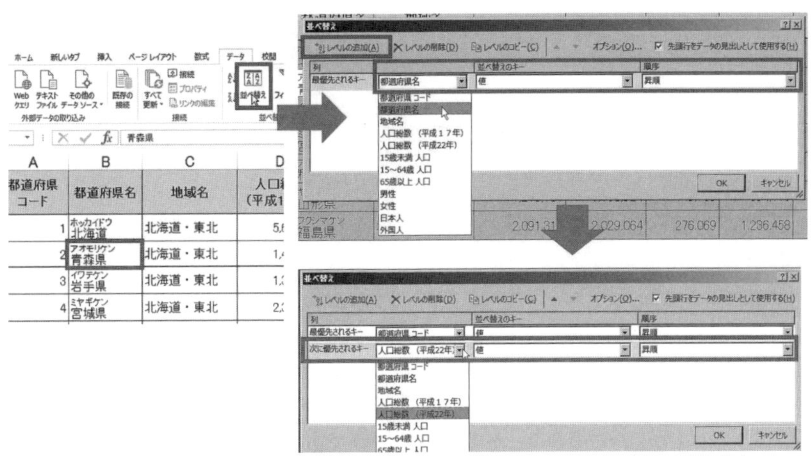

図 6.2.6　2 項目以上をキーとした並べ替えの設定

(3)　ユーザー設定を利用した並べ替え

ユーザーは自らデータの順序リストを設けることによって，対象データを意図した順番に並べ替えることができる。

操作 6.2.5　ユーザー設定リストの準備

1. データベース内の任意の 1 セルをクリックする。
2. 〔データ〕タブの〔並べ替えとフィルター〕グループの〔並べ替え〕ボタンをクリックする。
3. 〔最優先されるキー〕に該当する列見出しを選択し，右側の〔順序〕で〔ユーザー設定リスト〕を選ぶ。
4. 〔ユーザー設定リスト〕ダイアログボックスが表示され，右側の〔リストの項目〕欄にリストを追加する。区切る場合は，Enter キーを押す。
5. リストを入力終えたら右上の〔追加〕をクリックする。

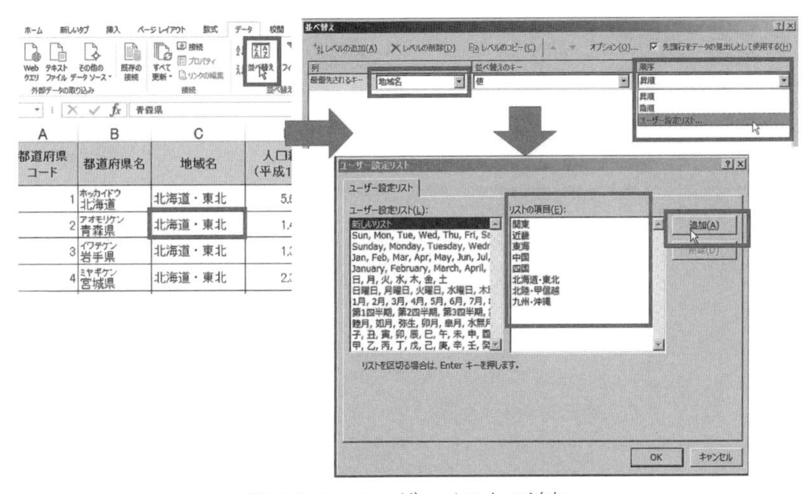

図 6.2.7　ユーザーリストの追加

操作 6.2.6　ユーザー設定リストを利用した並べ替え

1．操作6.2.5の1～3を行う。
2．〔ユーザー設定リスト〕ダイアログボックスが表示され，左側の〔ユーザー設定リスト〕欄から利用したいリストをクリックする。
3．右側の〔リストの項目〕欄に選択したリストが入り，〔OK〕をクリックすると，該当するデータが選択したユーザーリストに従って並べ替えられる。

6.2.2　データの抽出

データベース機能を利用して，データベースの中から指定した条件に合うレコードだけを表示（抽出）することができる。指定する条件は一つでも，複数でも可能である。また，指定した条件と「**完全一致**」するデータの抽出だけではなく，「**部分一致**」といった曖昧な条件での抽出も可能である。ただし，指定する条件の数や条件の対象は数値データと文字データによって操作が異なる。特に，2つ以上の条件で抽出を行う際には「**論理演算**」の知識が必要となる。

(1)　フィルター機能

フィルター機能（オートフィルター）を利用することによって，1つ以上の列のデータの内容（値）を検索し，レコードを抽出することができる。そして，指定する条件に一致する値がない場合は，すべてのデータが非表示になる。

操作 6.2.7　オートフィルターによるレコードの抽出

1．データベース内の任意の1セルをクリックする。
2．〔データ〕タブの〔並べ替えとフィルター〕グループの〔フィルター〕ボタンをクリックすると，すべての列見出しの右側に「下向き矢印▼」が現れる（図6.2.8)。
3．指定する条件対象の列見出しの▼をクリックすると，プルダウンメニュー（図6.2.9）が表示される。
4．値を選択する場合は，抽出したい値のチェックボックス（複数可）を「オン」にし，それ以外は「オフ」にする。
5．値を探したい場合は，「検索」ボックスに探す値（文字列または数字）を入力する。
6．〔OK〕をクリックすると，該当するデータを含むレコードが表示される。

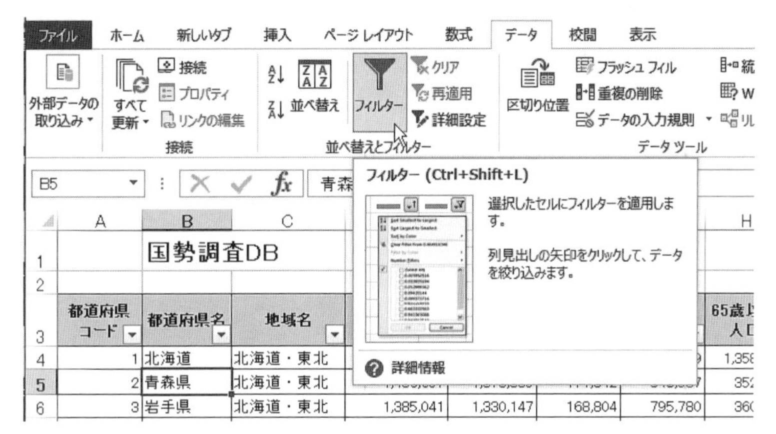

図 6.2.8　「フィルター」ボタンをクリックした例

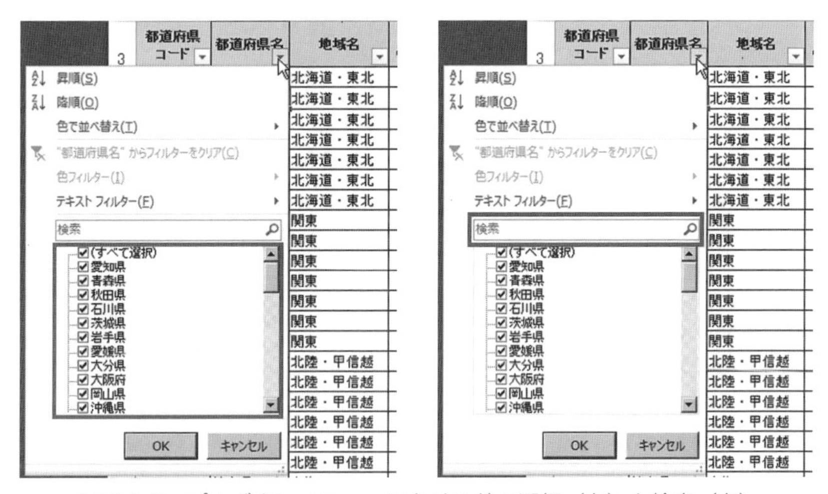

図 6.2.9　プルダウンメニューにおける値の選択（左）と検索（右）

フィルターを行うと，図 6.2.10 のように，条件対象となる列見出しの右側のが「フィルター」のマークに代わる。そして，データベースに対して，順番にいくつかのフィルターを行い，抽出範囲を限定していくことを，条件による「**絞り込み**」という。

	A	B	C	D	E	F
3	都道府県コード	都道府県名	地域名	人口総数（平成17年）	人口総数（平成22年）	15歳未満人口
9	6	山形県	北海道・東北	1,216,181	1,168,924	149,759
22	19	山梨県	北陸・甲信越	884,515	863,075	115,337
38	35	山口県	中国	1,492,606	1,451,338	184,049

図 6.2.10　列見出しに付いた「フィルター」マーク

フィルターを解除して，元のデータベースに戻るには，操作 6.2.8 を行う。

操作 6.2.8　フィルターの解除

1．データベース内の任意の１セルをクリックする。
2．〔データ〕タブの〔並べ替えとフィルター〕グループの〔クリア〕ボタンをクリックすると，すべてのフィルターを解除することになる（図 6.2.1）。

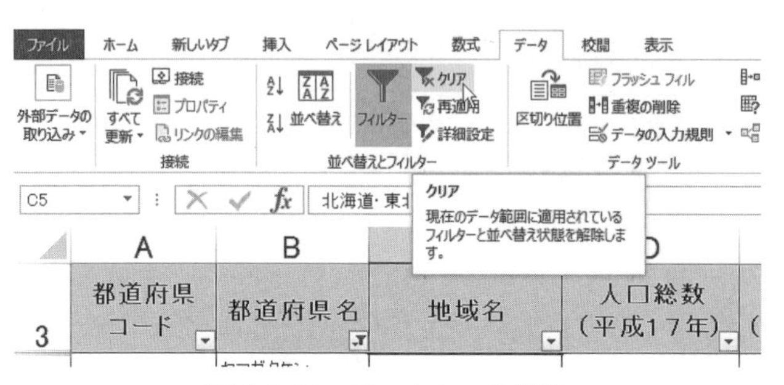

図 6.2.11　フィルターの解除

指定する条件と完全に一致する値だけ抽出する場合は，「**完全一致**」抽出である。例えば，国勢調査 DB の列見出し「都道府県名」の中から「山梨県」を探す場合は，操作 6.2.7 の手順５のところで，検索ボックスに「山梨県」を入力すればよい。これは完全一致による抽出である。

> 操作 6.2.7 の手順 4 のところで「すべて選択」のチェックを外し，リストの中から「山梨県」だけをチェックすると，検索ボックスと同様に，「完全一致」による「山梨県」を含むレコードの抽出ができる。

一方，指定する条件と一部分だけ一致すればよい場合は，「**部分一致**」抽出である。例えば，「山梨県」と「山形県」と「山口県」のような**文字データ**を同時に探す場合には，部分一致による抽出を利用する。その際には，「?（任意の一文字を表す）」や「*（任意の文字列を表す）」のような「**ワイルドカード**」を使う。ワイルドカードは**半角英数**である。従って，「山梨県」と「山形県」と「山口県」を同時に探す場合では，操作 6.2.7 の検索ボックスに「山？県」と入力すればよい（図 6.2.12）。

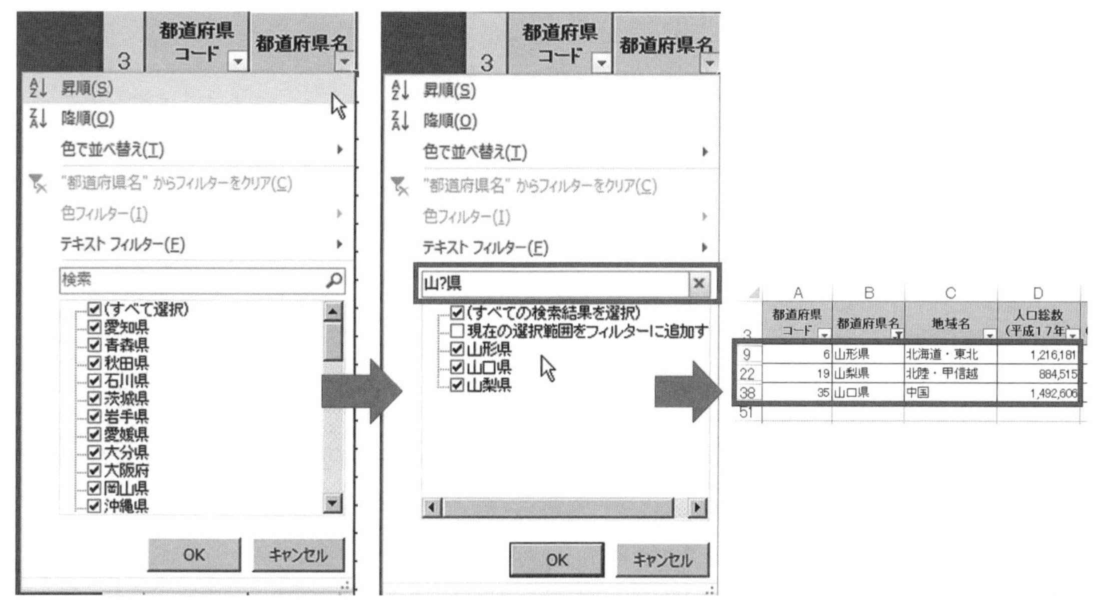

図 6. 2. 12　文字データの部分一致による抽出

また，数値データの場合は，完全一致による抽出より「1000 以上」や「10000 未満」といった条件で抽出することが多く，Excel の「**比較演算子**」を利用すると便利である（表 6.2.2）。

表 6. 2. 2　Excel の比較演算子一覧表

比較演算子	フィルターの表現	一般表現
=	等しい	一致，同じ，同様
<>	等しくない	不一致，異なる，以外
>	より大きい	超過
>=	以上	以上
<	より小さい	未満
<=	以下	以下

操作 6.2.9　数値フィルターによるレコードの抽出

1．操作 6.2.7 の 1～3 まで行う。
2．プルダウンメニューの〔数値フィルター〕にマウスポインタを当てると，サブメニューが表示される（図 6.2.13）。
3．サブメニューから指定する条件に合う方法を選択する（表 6.2.2）。
4．〔OK〕をクリックすると，該当するデータを含むレコードが抽出される。

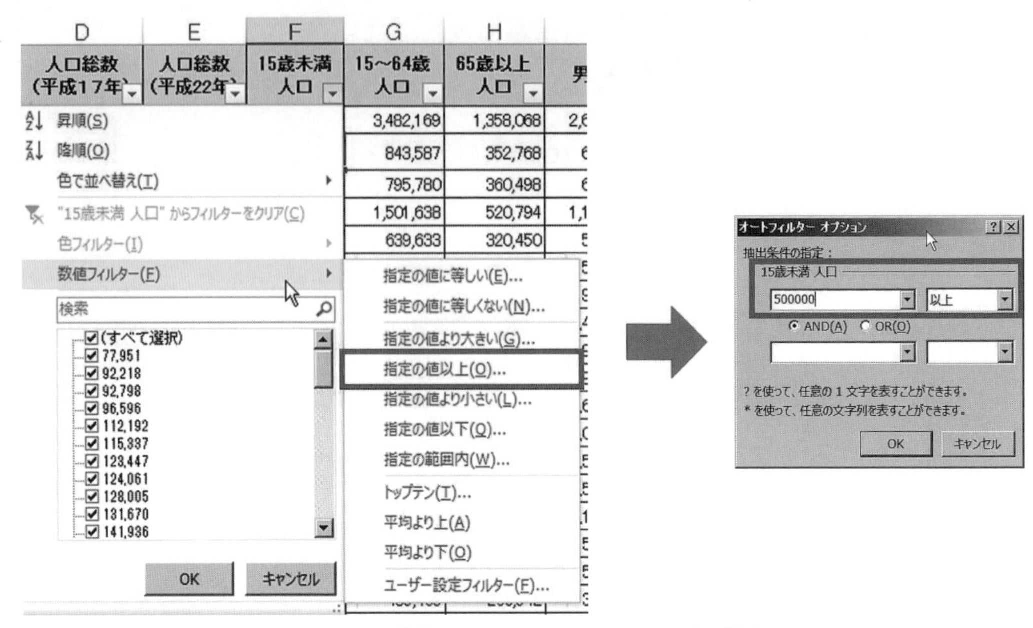

図 6.2.13　数値フィルターによるレコードの抽出

図 6.2.13 は国勢調査 DB から「15 歳未満人口」が 50 万人以上の都道府県を抽出したい場合の操作画面である。図 6.2.14 は抽出結果の一部を示している。

	A	B	C	D	E	F
3	都道府県コード	都道府県名	地域名	人口総数（平成17年）	人口総数（平成22年）	15歳未満人口
4	1	北海道	北海道・東北	5,627,737	5,506,419	657,312
14	11	埼玉県	関東	7,054,382	7,194,556	953,668
15	12	千葉県	関東	6,056,462	6,216,289	799,646
16	13	東京都	関東	12,576,611	13,159,388	1,477,371
17	14	神奈川県	関東	8,791,587	9,048,331	1,187,743
25	22	静岡県	東海	3,792,377	3,765,007	511,575
26	23	愛知県	東海	7,254,704	7,410,719	1,065,254
30	27	大阪府	近畿	8,817,166	8,865,245	1,165,200
31	28	兵庫県	近畿	5,590,601	5,588,133	759,277
43	40	福岡県	九州・沖縄	5,049,908	5,071,968	684,124

図 6.2.14　数値フィルターによる抽出結果（一部）

同じ列見出しに対して，２つの条件によるレコードの抽出は「**論理演算**」を利用する。２つの条件がともに成立しなければならない場合は，「AND（論理積）」演算を行う。２つの条件のどちらかが成立すればよい場合は，「OR（論理和）」演算を行う。

操作 6.2.10 2つの条件によるレコードの抽出

1. 操作 6.3.1 の 1 ～ 3 まで行う。
2. プルダウンメニューの〔数値フィルター〕(文字データの場合は，〔テキスト フィルター〕になる) にマウスポインタを当てると，サブメニューが表示され，〔ユーザー設定フィルター〕をクリックする (図 6.2.15)。
3. 〔オートフィルター オプション〕画面で 2 つの条件を設定し，〔OK〕をクリックする。
4. 該当するデータを含むレコードが抽出される。

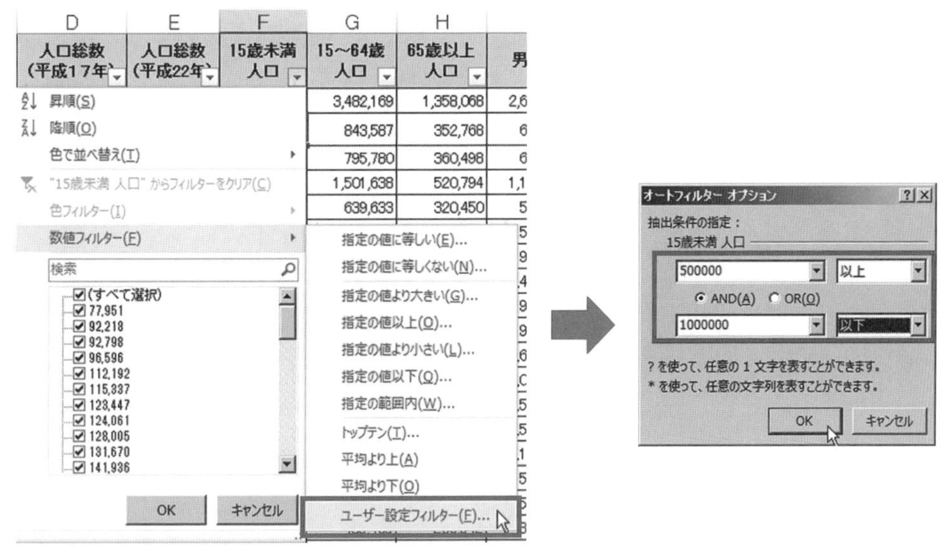

図 6.2.15 2つの条件によるレコードの抽出

図 6.2.15 は国勢調査 DB から「15 歳未満人口」が 50 万人以上 (条件 1) かつ 100 万以下 (条件 2) の都道府県を抽出する場合の操作画面である。図 6.2.16 は抽出結果の一部を示している。

	A	B	C	D	E	F
3	都道府県コード	都道府県名	地域名	人口総数（平成17年）	人口総数（平成22年）	15歳未満人口
4	1	北海道	北海道・東北	5,627,737	5,506,419	657,312
14	11	埼玉県	関東	7,054,382	7,194,556	953,668
15	12	千葉県	関東	6,056,462	6,216,289	799,646
25	22	静岡県	東海	3,792,377	3,765,007	511,575
31	28	兵庫県	近畿	5,590,601	5,588,133	759,277
43	40	福岡県	九州・沖縄	5,049,908	5,071,968	684,124
51						

図 6.2.16 2つの条件による抽出の結果（一部）

(2)　複雑な条件での抽出

ここまで説明した抽出方法では 1 列見出しに対して，2 つの条件までという制限があった。しかし，フィルター機能の〔**詳細設定**〕を使うと，複数の列見出しの値についてより複雑な条件での抽出ができる。さらに，抽出結果の表示項目についても指定できる。

図 6.2.17 のように，フィルター機能の「詳細設定」をクリックすると，「フィルター オプションの設定」画面が現れ，状況に応じて，〔**リスト範囲**〕，〔**検索条件範囲**〕，〔**抽出範囲**〕の 3 つの設定が必要である。リスト範囲は抽出対象となるデータベースを選択すればよいが，検索条件範囲と抽出範囲は事前に用意する必要がある。

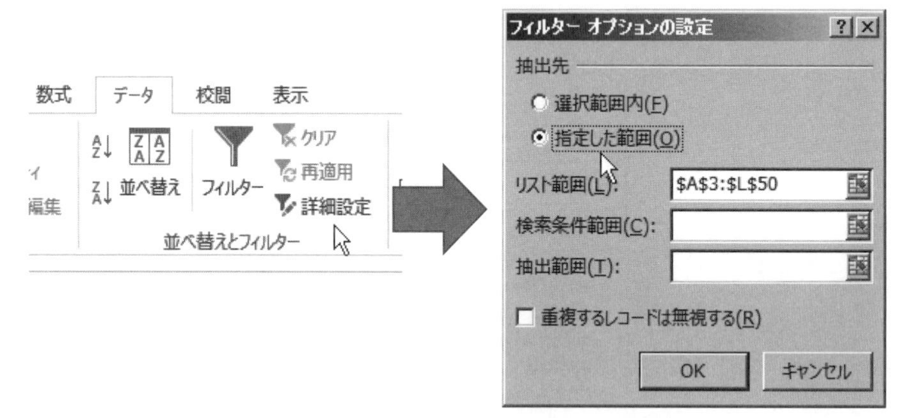

図 6.2.17　フィルター機能の「詳細設定」画面

A．検索条件範囲

データベースの領域から **1 行 1 列以上離れた場所**で検索条件を設定する必要があり，検索条件の列見出しは，**検索対象の列見出しをコピーして利用しなければならない**。コピーした列見出しの下に検索条件を設定するが，条件が複数ある場合には，6.3.1 節で説明した「論理演算」を利用する。AND 条件の場合は同じ行に並べ，OR 条件の場合は異なる行に入力する（図 6.2.18）。

B	C	D	E	F	G	H
同じ列見出しの複数条件の設定		**AND条件の設定**			**OR条件の設定**	
列見出し		列見出しA	列見出しB		列見出しA	列見出しB
検索条件1		検索条件1	検索条件2		検索条件1	
検索条件2						検索条件2
検索条件3						

図 6.2.18　条件範囲における検索条件の指定

操作 6.2.11 検索条件範囲と検索条件の設定

1．データベースから1行1列以上離れたセルをクリックし，「検索条件範囲」を決める。
2．「検索条件範囲」の1行目に検索対象となる列見出しをデータベースからコピーする。
3．コピーされた列見出しの下に，図6.2.19のように検索条件を入力する。なお，検索条件は，必要に応じて「ワイルドカード」や「比較演算子」を使用できる（図6.2.19）。

N	O	P	Q	R	S	T	U	V	W	X
	都道府県名	外国人		都道府県名	地域名	人口総数（平成22年）	男性	女性	外国人	
	山	>=10000								
	山	<=5000								

図 6.2.19 検索条件範囲（左側）と抽出範囲（右側）の例

図6.2.19は，国勢調査DBから「都道府県名」に「山」という文字を含み，なおかつ，「外国人」の人口が「10000人以上，あるいは5000人以下」の条件を満たすデータを抽出したい場合の検索条件範囲の設定例である。なお，抽出範囲は「都道府県名」「地域名」「人口総数（平成22年）」「男性」「女性」「外国人」である。図6.2.20は抽出結果である。

N	O	P	Q	R	S	T	U	V	W
	都道府県名	外国人		都道府県名	地域名	人口総数（平成22年）	男性	女性	外国人
	山	>=10000		富山県	北陸・甲	1,093,247	526,605	566,642	11,002
	山	<=5000		山梨県	北陸・甲	863,075	422,526	440,549	12,484
				和歌山県	近畿	1,002,198	471,397	530,801	4,837
				岡山県	中国	1,945,276	933,168	1,012,108	18,476
				山口県	中国	1,451,338	684,176	767,162	12,292

図 6.2.20 図 5.3.12の設定における抽出結果

B．抽出範囲

他のデータにかぶらないデータベースの領域から1行1列以上離れた場所で，抽出結果として表示したい列見出しを元のデータベースからコピーして，抽出範囲として用意する。なお，抽出範囲を指定しなかった場合は全フィールドが表示される。

操作 6.2.12 抽出範囲の設定

1．データベースから1行1列以上離れたセルをクリックし，「抽出範囲」を決める。
2．「抽出範囲」に抽出したい列見出しをデータベースからコピーする（図6.2.19）。

C．検索の実行

「検索条件範囲」と「抽出範囲」の用意ができたら，実際の検索を行える。

操作 6.2.13　フィルターの「詳細設定」を利用した検索

1．データベース内の任意の1セルをクリックする。
2．〔データ〕タブの〔並べ替えとフィルター〕グループの〔詳細設定〕をクリックする。
3．「フィルター オプションの設定」画面で〔抽出先〕の〔指定した範囲〕を選択する（図 6.2.21）。
4．〔リスト範囲〕がデータベースのセル範囲であることを確認する。
5．〔検索条件範囲〕には，準備していた検索条件範囲をすべて（列見出しを含む）ドラッグして指定する（空白行は含めないように）。
6．〔抽出範囲〕には，準備していた抽出範囲の列見出しをドラッグして指定する。
7．〔OK〕をクリックすると，抽出範囲の列見出しの下に検索結果が表示される（図 6.2.21）。

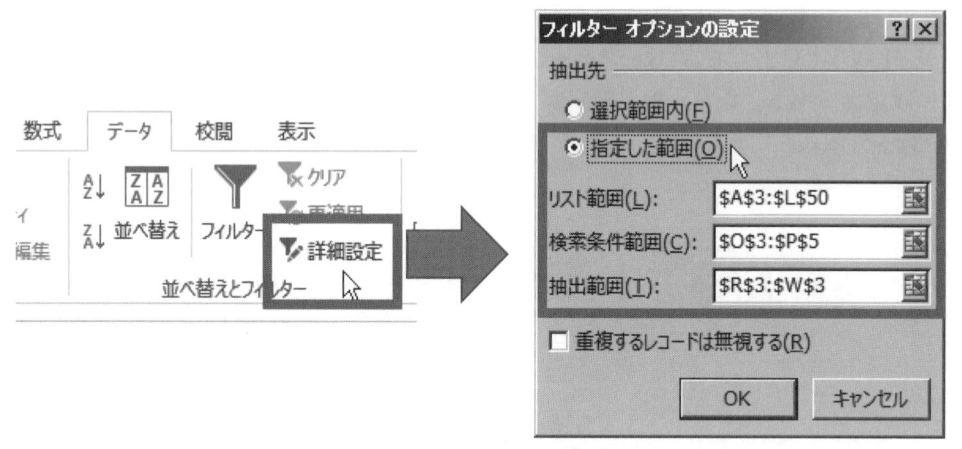

図 6.2.21　「詳細設定」におけるフィルターオプションの設定

6.2.3　テーブル機能

Excel では，作成された表を「**テーブル**」として設定することにより，データの管理や分析が簡単になるだけではなく，フィルター機能や行の網掛けなど，自動的に様々な組み込みの機能が使えるようになる（Excel 2007 以降）。

(1)　テーブルを作成するメリット

前述した方法でデータベースの並べ替えをする場合や，行や列を挿入・削除をした場合などには，ワークシート内の他のデータが一緒に並べ替わってしまうや，削除されてしまうなどの影響があるため，同一ワークシート内に他の表を作成しないように配慮する必要がある。しかし，「テーブル」の設定をしておくことにより，テーブル以外のデータに影響を及ぼすことなく様々な操作が可能となる。

また，データの見やすさのために1行おきにセルの色を設定する場合にも，並べ替えたり，行を追加・削除したりすると，通常改めて色設定が必要になるが，テーブルのスタイルでの設定を行うことにより，色設定が保たれる。これまで活用してきたデータベース機能がより効率よく簡単に行うことができる。

(2) テーブル機能の適用

作成された表にテーブル機能を適用させると，そのセル範囲は，データベースとして扱われ，各列の見出し（先頭行）にはフィルターボタン[▼]が表示される。また，既定のテーブルスタイルが設定される。

テーブル機能に適用されたデータベースは，列見出しの枠が固定され，データを上下にスクロールしても常に列見出しが確認できる状態となり，データの閲覧に非常に便利である。

また，テーブル内のセルが選択されている状態では，〔テーブルツール〕の〔デザイン〕タブが表示され，スタイルの変更や，オプションの設定を行うことができる。

操作 6.2.14 テーブル機能の適用

方法 1

1. 表内の任意の1セルをクリックする。
2. 〔挿入〕タブの〔テーブル〕グループの〔テーブル〕をクリックする。
3. 「テーブルの作成」画面で指定した範囲が正しいかを確認して〔OK〕をクリックする（図6.2.22)。
4. データベースに色が付き，列見出しにフィルターボタン[▼]が現れ，リボンに〔テーブルツール　デザイン〕が表示される。

方法 2（テーブルスタイルを選択して設定する）

1. 表内の任意の1セルをクリックする。
2. 〔ホーム〕タブの〔スタイル〕グループの〔テーブルとして書式設定〕をクリックし，表示されたテーブルスタイルのリストから任意のスタイルを選択する（図6.2.23)。
3. 〔テーブルの作成〕画面で自動的に選択されたデータ範囲を確認し，〔OK〕をクリックする。

方法 3（クイック分析ツール）

1. テーブル機能に適応するセル範囲を選択する。
2. 右下に表示される〔クイック分析ツール〕をクリックし，ツール内の〔テーブル〕をクリックする。
3. 〔テーブル〕ボタンをクリックする（図6.2.24)。

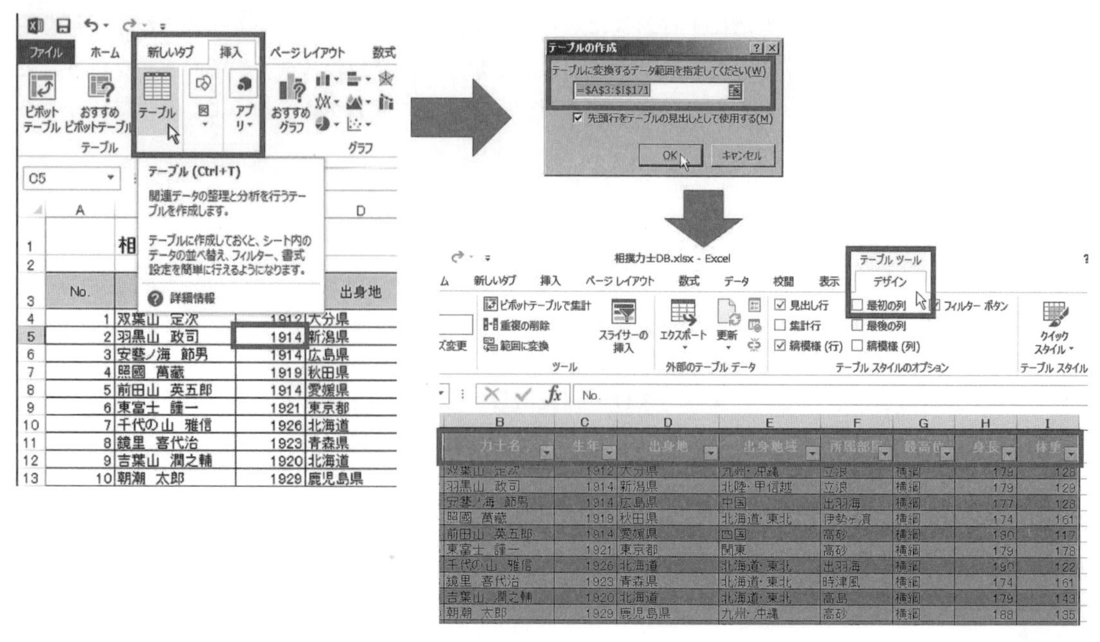

図 6. 2. 22　テーブル機能の適用

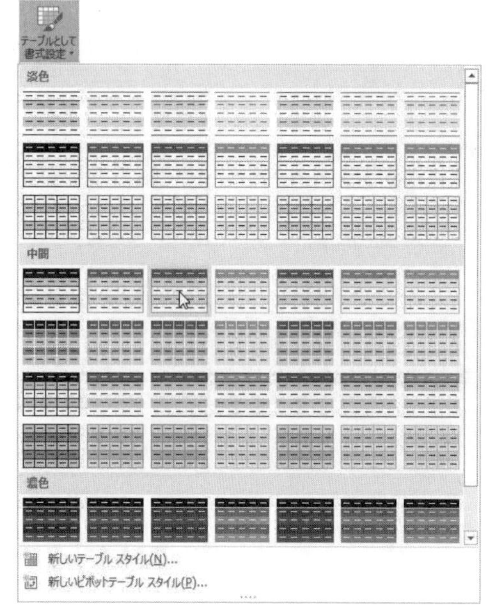

すでに書式設定済みの表にテーブルスタイルを設定した場合には，設定済みの書式が優先される。テーブルスタイルを低要するには書式をクリアにしてから設定を行う。

図 6. 2. 23　テーブルスタイルの一覧

No.	力士名	生年	出身地
1	双葉山 定次	1912	大分県
2	羽黒山 政司	1914	新潟県
3	安藝ノ海 節男	1914	広島県
4	照國 萬藏	1919	秋田県
5	前田山 英五郎	1914	愛媛県
6	東富士 謹一	1921	東京都
7	千代の山 雅信	1926	北海道
8	鏡里 喜代治	1923	青森県
9	吉葉山 潤之輔	1920	北海道
10	朝潮 太郎	1929	鹿児島県

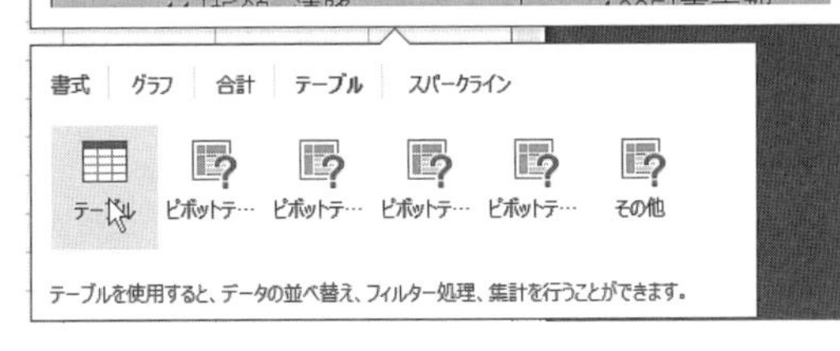

クイック分析
Excel 2013より追加された機能セルを範囲選択すると，右下に表示されるボタンをクリックすると条件付き書式設定や，グラフ作成，集計行を追加して計算式を設定するなどの，様々な設定を行える画面が表示される。各機能は，マウスでポイントすると結果がプレビュー表示され確認してからクリックして設定を行う。

なお，クイック分析ボタンを非表示にする場合にはExcelのオプション］の［基本設定］－［ユーザーインターフェースのオプション］の［選択時にクイック分析オプションを表示する］チェックボックスをオフに設定する。

図6.2.24 クイック分析ツールを使用したテーブル作成

(3) テーブルスタイルのオプション設定

テーブルスタイルの設定後は，フィルターボタンの表示・非表示，集計行の追加等のオプション設定ができる。

チェックボックスの「オン」で表示，「オフ」で非表示に設定が可能である。

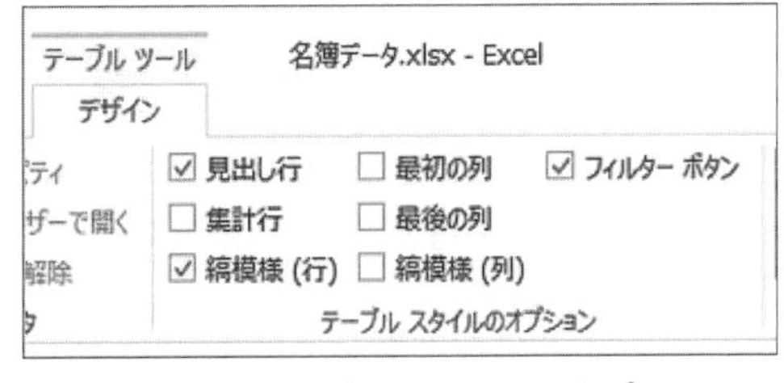

図6.2.25 テーブルスタイルのオプション

A．集計行

最終行に集計行を追加し，集計方法を変更する。

操作6.2.15 集計行の追加

1．表内の任意の1セルをクリックする。
2．表示された〔テーブルツール〕の〔デザイン〕タブをクリックし，〔テーブルスタイルのオプション〕の〔集計行〕のチェックをクリックする。
　最終行に集計行が追加され，計算結果が表示される。
3．計算結果のセルを選択し▼をクリックして計算の種類を変更する（図6.2.26）。
　数式バーで，= SUBTOTAL(集計方法 ,[見出し名])の式が設定されていることを確認する。
4．必要に応じてオートフィルで他の列に式をコピーする。
5．フィルターを使用して抽出すると，表示されたデータのみの集計結果になることを確認する。

SUBTOTAL 関数
関数の書式
=SUBTOTAL（集計方法，範囲）

表の間に「小計」を SUBTOTAL 関数で設定しておき，最終行に SUBTOTAL 関数で総合計を求めると，小計を含めず（集計が重複せず）に集計することができる。
集計方法は，101～111（または 1～11）の数値が平均，データの個数，合計などの関数と対応している。
「テーブル」の〔集計行〕をオンにすると初期設定で自動的に合計が設定される。フィルターで非表示となったデータは集計されない。

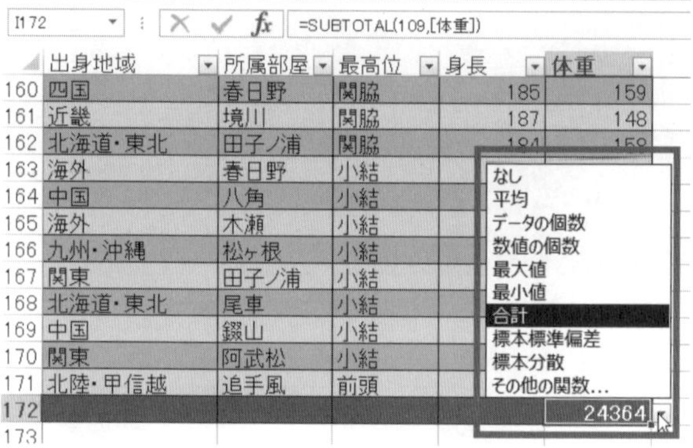

I172　=SUBTOTAL(109,[体重])

	出身地域	所属部屋	最高位	身長	体重
160	四国	春日野	関脇	185	159
161	近畿	境川	関脇	187	148
162	北海道・東北	田子ノ浦	関脇	184	158
163	海外	春日野	小結		
164	中国	八角	小結		
165	海外	木瀬	小結		
166	九州・沖縄	松ヶ根	小結		
167	関東	田子ノ浦	小結		
168	北海道・東北	尾車	小結		
169	中国	錣山	小結		
170	関東	阿武松	小結		
171	北陸・甲信越	追手風	前頭		
172					24364
173					

なし
平均
データの個数
数値の個数
最大値
最小値
合計
標本標準偏差
標本分散
その他の関数...

図 6.2.26　集計方法の変更

B．縞模様

大量のデータを扱うデータベースでは，縞模様の書式設定をすると見やすくなるが，テーブルの機能で簡単に行うことができる。

行（列）を追加した場合にも，自動的に塗りつぶしの色の設定が修正される。

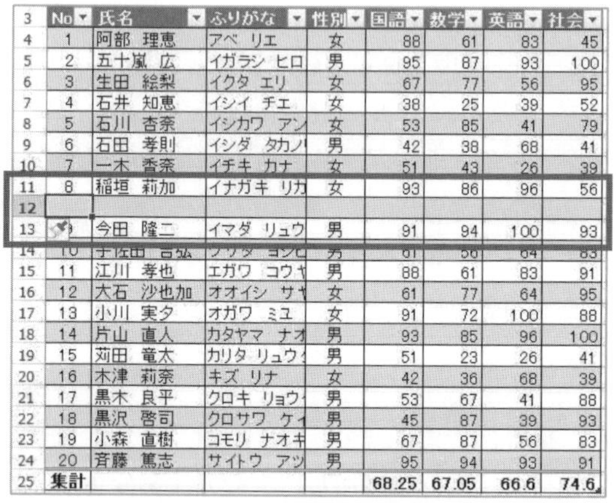

3	No	氏名	ふりがな	性別	国語	数学	英語	社会
4	1	阿部　理恵	アベ　リエ	女	88	61	83	45
5	2	五十嵐　広	イガラシ　ヒロ	男	95	87	93	100
6	3	生田　絵梨	イクタ　エリ	女	67	77	56	95
7	4	石井　知恵	イシイ　チエ	女	38	25	39	52
8	5	石川　杏奈	イシカワ　アン	女	53	85	41	79
9	6	石田　孝則	イシダ　タカノ	男	42	38	68	41
10	7	一木　香奈	イチキ　カナ	女	51	43	26	39
11	8	稲垣　莉加	イナガキ　リカ	女	93	86	96	56
12								
13	9	今田　隆二	イマダ　リュウ	男	91	94	100	93
14	10	宇佐田　吉弘	ウサダ　ヨシヒ	男	61	56	64	83
15	11	江川　孝也	エガワ　コウヤ	男	88	61	83	91
16	12	大石　沙也加	オオイシ　サヤ	女	61	77	64	95
17	13	小川　実夕	オガワ　ミユ	女	91	72	100	88
18	14	片山　直人	カタヤマ　ナオ	男	93	85	96	100
19	15	苅田　竜太	カリタ　リュウ	男	51	23	26	41
20	16	木津　莉奈	キズ　リナ	女	42	36	68	39
21	17	黒木　良平	クロキ　リョウ	男	53	67	41	88
22	18	黒沢　啓司	クロサワ　ケイ	男	45	87	39	93
23	19	小森　直樹	コモリ　ナオキ	男	67	87	56	83
24	20	斉藤　篤志	サイトウ　アツ	男	95	94	93	91
25	集計				68.25	67.05	66.6	74.6

図 6.2.27　縞模様の設定

(4)　テーブルの解除

テーブル機能を解除して，通常のセル範囲に変換できる。変換後も，テーブルスタイルで設定した書式設定は維持される。

操作 6.2.16　テーブル機能の解除

1．データベース内の任意の 1 セルをクリックする。
2．〔テーブル ツール〕の〔デザイン〕タブの〔ツール〕グループの〔範囲に変換〕をクリックする（図 6.2.28）。
3．確認画面が表示され，〔はい〕をクリックする。

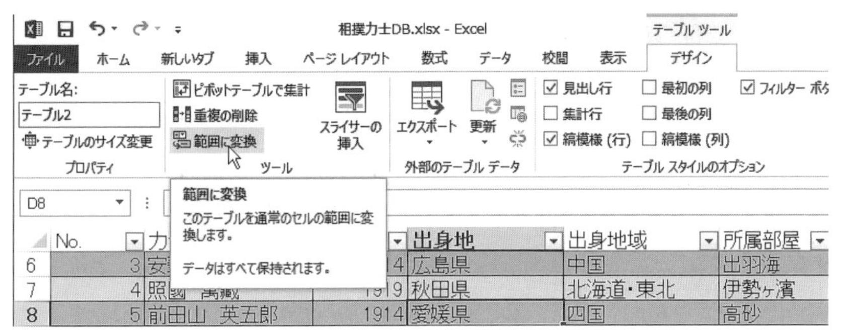

図 6.2.28　テーブル機能の解除

6.2.4　ピボットテーブルによるデータのクロス集計

Excel のデータベース機能はデータの並べ替えや検索・抽出だけではない。「**ピボットテーブル**」を利用してデータのクロス集計やグラフの作成もできる。ピボットテーブルとはデータベースから列見出しを選択して新たな表を作成する機能である。大量のデータを様々な角度から効果的に集計，分析することができる。また，ピボットテーブルの「行」と「列」は簡単に入れ替えることができ，作成した表のレイアウトを自由に変更することができる。この節では，目的に合わせて２項目あるいは３項目の「クロス集計」について学習する。

(1)　２項目のクロス集計

データベースから２つの列見出しを選択し，クロス集計表を作成する。

操作 6.2.17　２項目のクロス集計

1. データベース内の任意の１セルをクリックする。
2. 〔挿入〕タブの〔テーブル〕グループの〔ピボットテーブル〕をクリックし，「ピボットテーブルの作成」画面が表示される（図 6.2.29）。
3. 〔分析するデータを選択してください。〕で〔テーブルまたは範囲の選択〕のチェックとテーブルの範囲を確認し，〔ピボットテーブル　レポートを配置する場所を選択してください。〕で〔新規ワークシート〕のチェックを確認し〔OK〕をクリックする。
4. 新規ワークシートが作成され，リボンの上に〔ピボットテーブル ツール〕が表示される。ワークシードの左側にピボットテーブルを作成する領域，右側にピボットテーブルのフィールドリストが表示される（図 6.2.30）。
5. 〔ピボットテーブルのフィールド〕のリストから，行に設定する項目を選択し，下の〔行〕のボックスまでドラッグする。同様に，列に設定する項目を選択し，〔列〕のボックスまでドラッグする。最後に，集計する項目を選び，〔値〕のボックスまでドラッグすると左側のピボットテーブルの領域に新たに作成した集計表が表示される（図 6.2.31）。

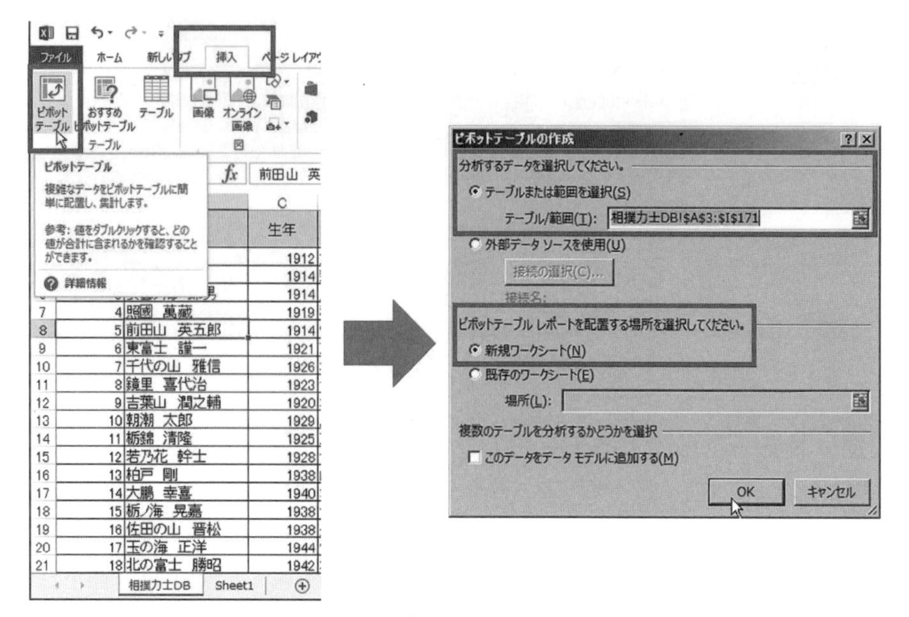

図 6.2.29　ピボットテーブルの作成

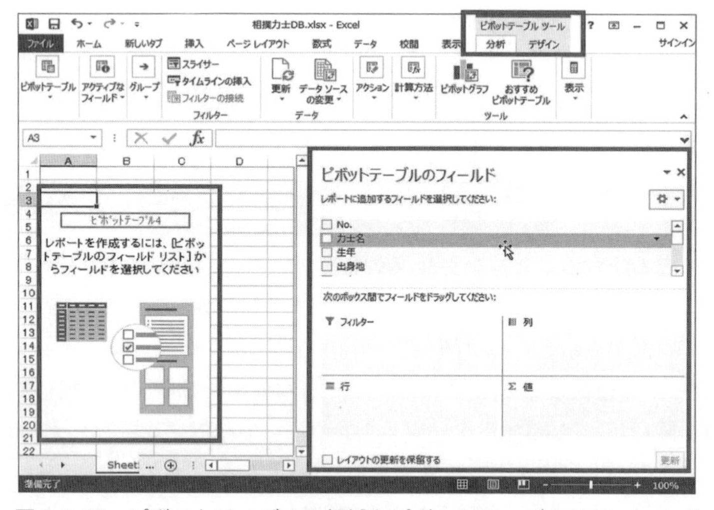

図 6.2.30　ピボットテーブルの領域とピボットテーブルのフィールド

データの個数 / 力士名	列ラベル									
行ラベル	海外	関東	近畿	九州・沖縄	四国	中国	東海	北海道・東北	北陸・甲信越	総計
横綱	6	4		3	1	2	3	14	2	35
関脇	3	13	3	7	5	2	3	12	3	51
小結	8	9	4	8		2	1	9	3	44
前頭									1	1
大関	3	8	4	8	2	1	1	8	2	37
総計	20	34	11	26	8	7	8	43	11	168

図 6.2.31　相撲力士 DB の項目「最高位」と「出身地域」の度数分布表

図 6.2.31 は操作 6.2.17 に従って作成した相撲力士 DB の項目「最高位」「出身地域」に関するクロス集計表である。

ピボットテーブル作成する際に，「値」のところで指定するデータによって集計方法が異なる。数値データの場合は合計された値が表示され，文字データの場合はカウントされた個数が表示される。もちろん，集計方法は変更可能である。

(2)　3 項目のクロス集計

3 項目のクロス集計と 2 項目のクロス集計の区別は〔ピボットテーブルのフィールド〕における「フィルター」を使うかどうかである（図 6.2.32)。

2 項目のクロス集計の場合には，操作 6.2.17 の手順 5 で「行」，「列」と集計項目として「値」を設定したが，「フィルター」について何もしなかった。

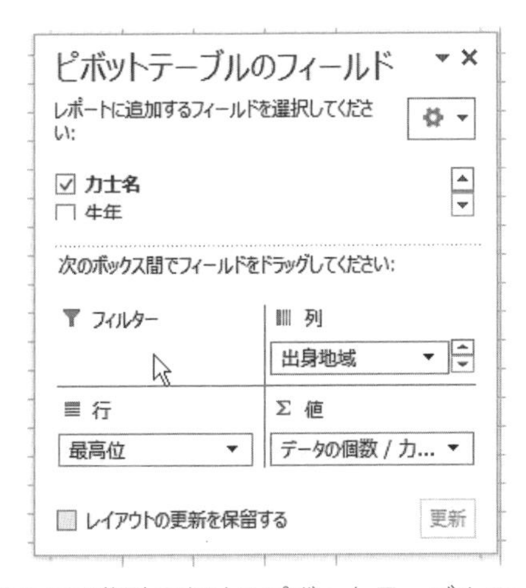

図 6.2.32　2 項目のクロス集計におけるピボットテーブルのフィールド設定（例）

「フィルター」を設定することによって，第 3 項目による詳細なデータの絞り込みができる。

操作 6.2.18　3 項目のクロス集計

1. 操作 6.2.17 の 1 ～ 5 まで行う。
2. 〔ピボットテーブルのフィールド〕のリストから，〔フィルター〕に設定する項目を選択し，ボックスまでドラッグする（図 6.2.33）と左側のピボットテーブルの領域に新たに作成した集計表が表示される（図 6.2.34)。

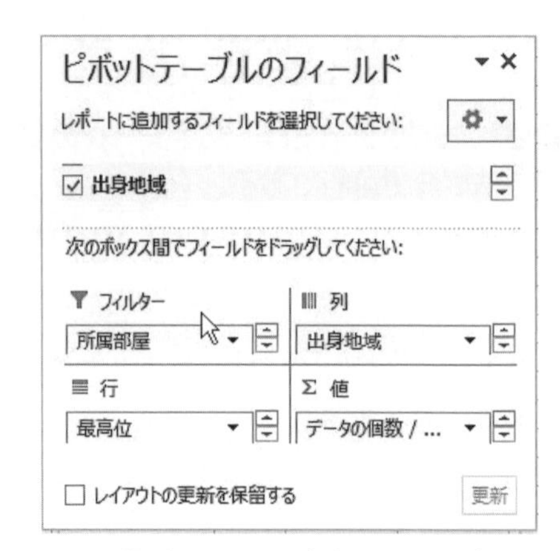

図 6.2.33　3 項目のクロス集計におけるピボットテーブルのフィールド設定（例）

	A	B	C	D	E	F	G	H
1	所属部屋	（すべて）						
2								
3	データの個数 / 力士名	列ラベル						
4	行ラベル	海外	関東	近畿	九州・沖縄	四国	中国	東海
5	横綱	6	4		3	1	2	3
6	関脇	3	13	3	7	5	2	3
7	小結	8	9	4	8		2	1
8	前頭							
9	大関	3	8	4	8	2	1	1
10	総計	20	34	11	26	8	7	8

図 6.2.34　相撲力士 DB の項目「所属部屋」を大分類で，「最高位」「出身地域」によるクロス集計

図 6.2.33 の「所属部屋」のセル「(すべて)」をクリックすると，下の表は各相撲部屋に所属する力士の「最高位」「出身地域」によるクロス集計表に変わる（図 6.2.35)。

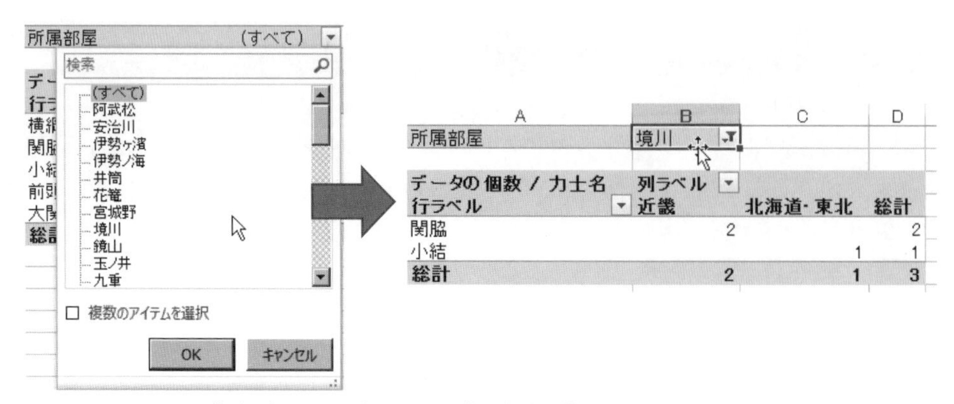

図 6.2.35 「所属部屋」を大分類で，「最高位」「出身地域」によるクロス集計

(3)　クロス集計表のグラフ化

ピボットテーブルによるクロス集計表のグラフ化は簡単に実現できる。

操作 6.2.19　クロス集計表のグラフ化

1. 操作 6.2.17 を行う。
2. グラフ化したい集計表を表示し，〔ピボットテーブルツール〕下の〔分析〕タブの〔ツール〕グループを見つけ，〔ピボットグラフ〕をクリックする（図 6.2.36）。
3. 「グラフの挿入」画面が表示され，適切なグラフを選択し，〔OK〕をクリックすればグラフが作成される（図 6.2.37）。

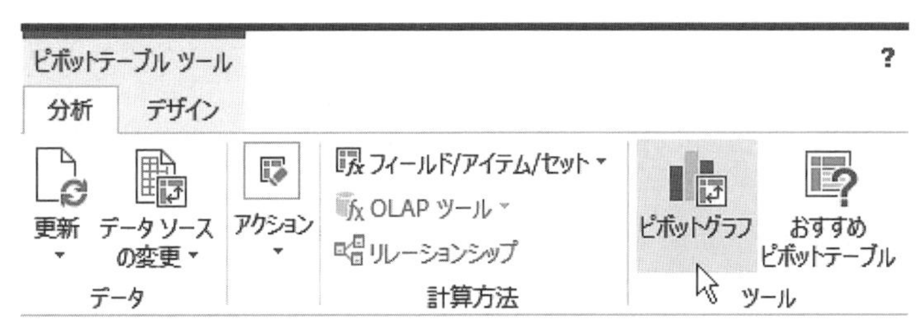

図 6.2.36 「ピボットグラフ」の呼出し

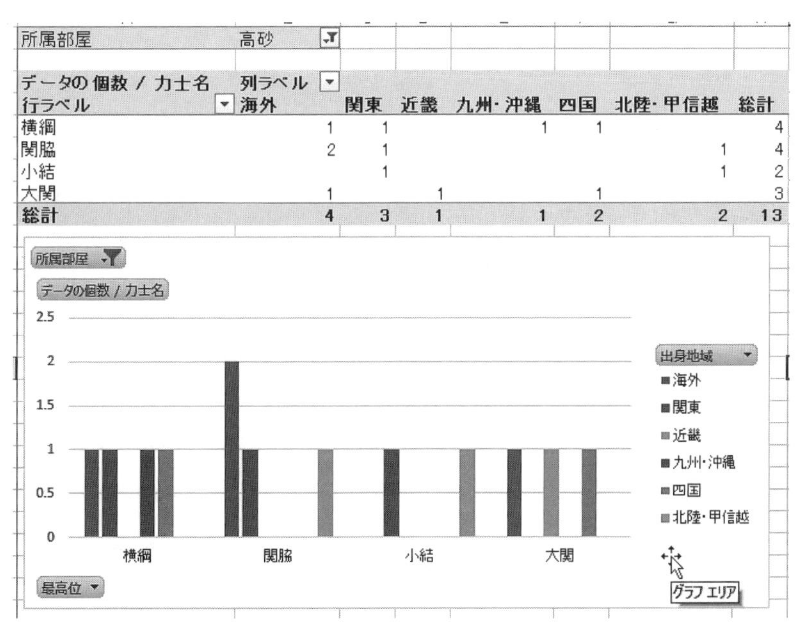

所属部屋	高砂						
データの 個数 / 力士名	列ラベル						
行ラベル	海外	関東	近畿	九州・沖縄	四国	北陸・甲信越	総計
横綱	1	1		1	1		4
関脇	2	1				1	4
小結		1				1	2
大関	1		1		1		3
総計	**4**	**3**	**1**	**1**	**2**	**2**	**13**

図 6.2.37　高砂部屋に所属する力士に関する「最高位」「出身地域」のクロス集計グラフ

6.2.5　フォームを利用したデータベースの作成

前節までは，すでに構築されているデータベースに関する操作について解説を進めてきた。この節ではエクセルでのデータベースの作成について学習する。

データベースの作成には主に2つの方法がある。1つはExcelのワークシート上に直接入力する方法である。もう1つはインターネット上に公開されているファイル，あるいは，他のソフトウェアで作ったファイルを利用する方法である。前者の場合は，入力作業が必要である。大きなデータベースを作成するには時間と費用がかかる。一方，後者の場合は，ファイル形式によって扱いが異なる。また，利用できるファイルの形式を注意しなければならない。一般的には，Excel形式のファイル，あるいは，テキストファイルがよく利用される。

この章の解説で使用してきた「相撲力士DB」は，直接Excelのワークシートに入力して作成している。また，「国勢調査DB」は，総務省統計局がすでにExcel形式で公開している国勢調査の結果をダウンロードし，必要な項目を編集して作成している。

ここでは，Excelのワークシート上に直接データを入力する方法について学ぶ。

(1)　データ入力の準備

Excelにおけるデータ入力はすでに第4章「Excel 2016の活用」で行っている。この節では，データベースを想定し，「フォーム」を利用する入力方法について解説する。

作成するデータベースの項目数が32以下の場合には，「フォーム」ダイアログボックスを利用してデータ入力ができる。この場合は，フィールド名を確かめながらデータを入力することができる。項目数が32を超過する場合には，「フォーム」を利用することができない。直接ワークシート画面を使ってすべてのデータを入力するしかない。

Excel 2007以後，「フォーム」の利用にはユーザー設定を行う必要がある。

操作6.2.20 「フォーム」に関するユーザー設定

1. Excelを起動した後に，〔ファイル〕をクリックし，〔オプション〕を選択すると，「Excelのオプション」ダイアログボックスが表示される（図6.2.38）。
2. 〔リボンのユーザー設定〕を選択し，右側の〔コマンドの選択〕のところで〔すべてのコマンド〕を選び，下で表示されたコマンドのリストの中から〔フォーム〕をクリックする。
3. 設定画面の右下の〔新しいタブ〕をクリックすると，その上のリストに〔新しいタブ〕と〔新しいグループ〕が加えられるので，画面中央の〔追加（A)>>〕ボタンをクリックすると〔フォーム〕が〔新しいグループ〕に追加される。
   なお，〔新しいタブ〕や〔新しいグループ〕には改めて名前を付けることができる。その際に，〔新しいタブ〕ボタンの右側の〔名前の変更〕ボタンを使う。また，〔リセット（E)〕ボタンや，画面中央の〔<<削除（R)〕ボタンを使うと簡単に設定を取り消すことができる。

図 6.2.38 「Excel のオプション」による「フォーム」の設定

(2)　フォームを利用したデータ入力

「フォーム」をリボンに追加できたら，操作 6.2.21 に従って，データの入力を開始できる。

操作 6.2.21　フォームを利用したデータ入力

1. ワークシートの適当なセルから同じ行に入力する項目のフィールド名を記入する。
2. フィールド名のセルの 1 つをクリックし，操作 6.2.20 で設定した〔新しいタブ〕中の〔新しいグループ〕の〔フォーム〕をクリックする。
3. フィールド名のみが入力されている状態では，「Microsoft Excel」ダイアログボックスが表示され（図 6.2.39），〔OK〕をクリックすると，「フォーム」ダイアログボックスが表示される（図 6.2.40）。
4. データを入力する場合には，右側の上部に〔新しいレコード〕の表記を確かめてから，順に各項目を入力していく。
5. 1 レコードの入力が終了したら，〔新規〕ボタンをクリックすると次の〔新しいレコード〕の入力画面になる。
   なお，入力作業を停止する場合には，〔閉じる〕ボタンをクリックすると，入力「フォーム」ダイアログボックスが消え，ワークシートの画面に戻る。

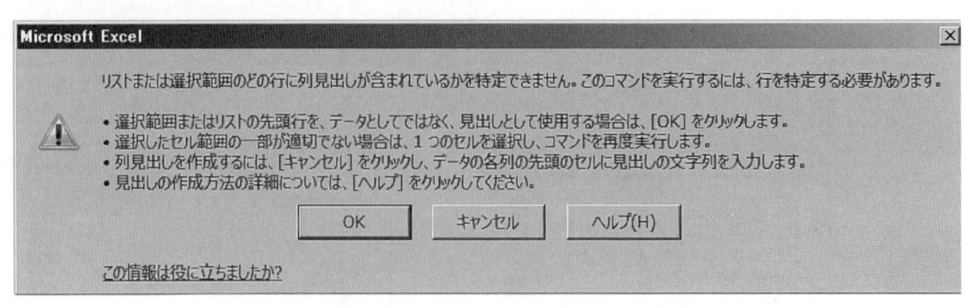

図 6. 2. 39 「Microsoft Excel 」ダイアログボックス

図 6. 2. 40 「フォーム」ダイアログボックス

練習問題 6.2　URL：http://www.kyoritsu-pub.co.jp/bookdetail/9784320124295 参照

6.3 Access によるデータベースの活用

この節では，Windows パソコンでよく利用されているデータベースソフト Microsoft Office Access（以下，Access と記す）の操作方法を学習する。Access は，Word や Excel と大きく異なり，1つのファイルに1つのデータベースが対応し，構成するすべての部品が格納されている。これからデータベースやテーブル，スキーマなど複数の項目を扱うが，1つのファイルの中にテーブルのデータやスキーマなどすべての情報が入っており，テーブルが複数あってもファイルは1つであることに注意が必要である。Access のファイル形式（拡張子）は accdb（Access2007 以降），mdb（Access2003 以前）などがある。

6.3.1 Access について

ここでは Access の基礎知識や基本操作を学習する。

(1)　Access の起動と終了

起動，保存や終了は他の Office アプリケーションと共通している。基礎的な操作は，第 1 章「Windows の基礎」で記述されている。あらかじめ学習しておくことが望ましい。

(2)　新規データベースの作成

操作 6.3.1　新規データベースの作成

1．Access を起動する。
2．〔空のデータベース〕を選択し，ファイル名をつけ，作成をクリックする。

(3)　Access の画面構成

データベースを開いた際の基本画面は，3つの画面からなる（図 6.3.1）。

1）**ナビゲーションウインドウ**：テーブルやクエリ，レポートなどの一覧が表示される。

2）**ドキュメントウインドウ**：テーブルのデータやデザインや検索などが操作できる。操作している内容によってデータシートビューやデザインビューなど複数のビューが存在する。

3）**ステータスバー**：作業中のデータベースや操作に関する情報が表示される。

6.3.2　データベースの作成

Access を起動し，作成したデータベースファイルにテーブルを作成する。1つのデータベースファイルの中に，複数のテーブルを作成することができる。

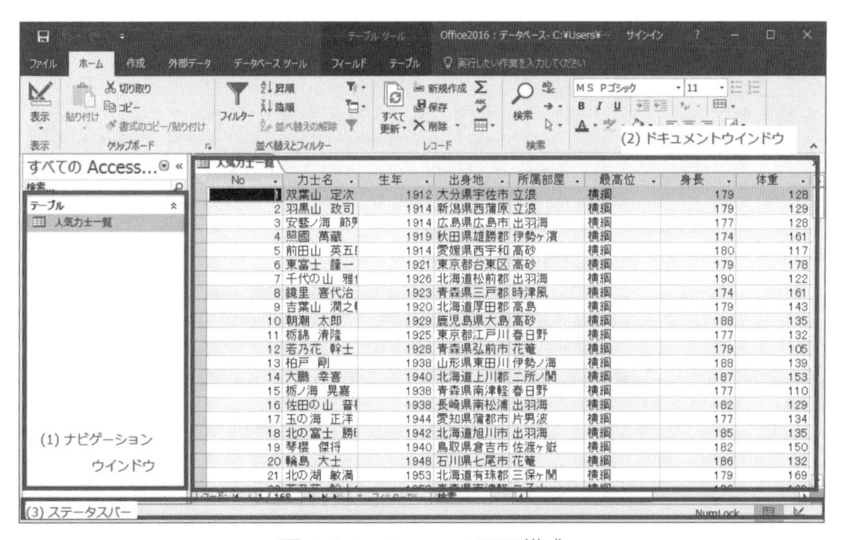

図 6.3.1　Access の画面構成

(1)　テーブルの作成

データを格納するためのテーブルを作成する。テーブルの作成には，データに矛盾が生じないように，データの他に列見出しやデータの型，キーなどスキーマを宣言する必要がある。

A．スキーマについて

Access は，Excel と大きく異なり，データだけでなくデータの構造も同時に管理し，矛盾のない状態を保っている。このデータと一緒に管理されるデータベースの構造，枠組みが**スキーマ**であり，Access では**デザイン**と呼ばれる。スキーマには，データベースにはどのようなテーブルがあるのか，誰がどのようなアクセスができるのか，テーブルにはどのようなデータが入り，そのデータは最大何文字か，数値計算はできるのかなどを詳しく記述する。記述には次で説明する，データ型，キー，制約などが用いられ，テーブルの作成と同時に設定される。スキーマは非常に重要であり，通常，データベースの作成の前に時間をかけて設計される。

B．データ型について

データベースで取り扱うデータには，文字列や数値列，時刻，画像など種類があり，これをデータ型と呼ぶ。目的や使用する操作なども考え適したデータ型を選ぶ必要がある。視覚的には同じように見える場合でも，文字で表された数字と数値ではできる操作なども異なる。Access で取り扱えるデータ型はたくさんあるが，よく使われるデータ型が表 6.3.1 である。

表 6.3.1　Access で扱えるデータ型

名前	意味
オートナンバー型	自動的に生成される連続した数字か乱数
日付 / 時刻型	日付と時刻。8 バイト
短いテキスト型	最大 255 文字。名前，住所など文字データに用いる
長いテキスト型	最大 1GB の長い文字や数字に用いる
数値型	1,2,4,8,16 バイト[1]
通貨型	通貨データに用いる
OLE オブジェクト型	Word，Excel ファイルや画像，音声などのデータに用いる
ハイパーリンク型	ハイパーリンクの URL など

1　数値型には整数や実数など複数の種類が存在し，扱うデータに合わせて細かく設定することもできる。

C．キー

関係モデルはデータの位置情報を持たないため，1 つひとつのレコードを区別するための基準が必要となる。そこで，テーブル中の特定のフィールドを「**主キー**（primary key)」として，レコードの識別のために利用する。主キーとなるフィールドの値は重複せず，また空白の状態であってはいけないなどの条件がある。そのため，人工的に主キーを作ることも多い。主キーを宣言しなくてもテーブルは作成できるが，更新や検索の際に不便が生じる可能性がある。

また，他のフィールドが管理しているデータを利用しているフィールドは「**外部キー**」と呼ぶ。管理している方のフィールドは，必ずそのテーブルの主キーにならなければならない。図6.3.2の例では，社員テーブルと部署テーブルの主キーはそれぞれ「社員番号」と「部署コード」である。また，社員テーブルの「部署コード」は部署テーブルの「部署コード」と関連づけられた外部キーである。Accessでは**リレーションシップ機能**を用いて関連づけを行う。

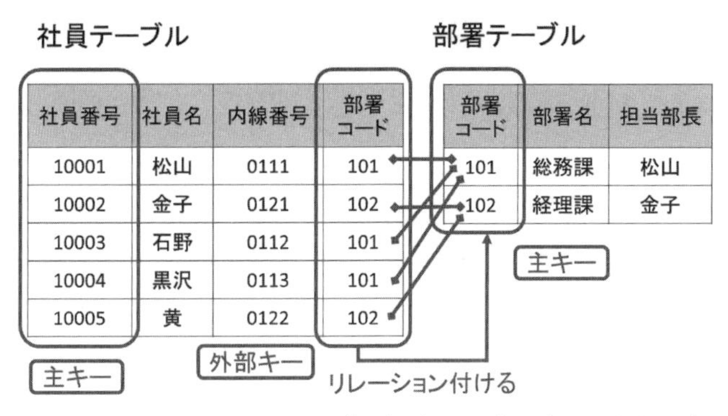

図6.3.2　リレーショナルデータベース（RDB）のイメージ

D．制約について

登録されたデータを常に正しい状態を保つために満たす条件のことを整合性制約といい，テーブルの作成時に設定する。整合性制約には，非NULL制約（Not Null Constraint），一意性制約（Unique Constraint），参照整合性（referential constraint）の3種類が存在する。

NULL（ヌル）とは値が未設定の状態をいい，**非NULL制約**とはNULL値の入力を許可しない，つまり，その列に必ず意味のある値が設定されることを要求する。**一意性制約**とは，フィールドあるいは複合したフィールドに含まれるデータが，テーブル内のすべての行で**一意**（「他に同じデータがない」という意味）であることを要求する。つまり，重複を禁止している。**参照整合性**は，外部キーとして入力される値が，外部キーとして指し示す他のテーブルの列内に必ず存在する値でなければならないという制約である。主キーは非NULL制約と一意性制約と満たしている。

E．正規化について

正規化とは，冗長なデータを削除し，1つのテーブルに1つの事象のみを扱えるようにテーブルを分割する手順である。正規化を行ったデータは効率よく格納，検索できる。正規化を行わないデータもデータベースで扱うことができるが，更新時に**異常**（update anomaly）が出たり，効率のよい検索ができなくなる可能性があるため，データの入力前に正規化を行ったほうがよい。**正規形**には第一正規形，第二正規形，第三正規形や，ボイス＝コッド正規形などがあり，通常，第三正規形まで正規化されることが多い。この本ではデータの正規化手法は扱わず，既に正規化されたデータを利用する。しかし，データベースにはとても重要な概念であるため，正規化を学習し自分でできるようにしておくことをお勧めする。

F．テーブルへのデータの入力方法

データの入力方法はテーブルデザインを実施したのちキーボードから直接入力したり，ファイルから一括で入力したりと複数の方法が存在する。どの方法でも同じようにデータを追加することができるが，多くのデータがある場合はExcelでデータを作りインポートした方が正確に早く入力することができる。ここではキーボードから直接入力する方法と，次に（2）で既にExcelで作成されたデータをインポートする方法を学習する。

操作 6.3.2　テーブルの作成とデータの入力

1．［作成］をクリックした後，［テーブル］を選択すると，ドキュメントウインドウに新しく作成されたテーブルのデータシートビューが表示される。
2．［テーブルツール］の［フィールド］を選択し［表示］から［デザインビュー］を選択する（図6.3.3）。
3．テーブルの名前を入力し，［OK］ボタンを押す。
4．フィールドのIDを社員番号に変更する。オートナンバー型をテキスト型に変更する。
5．フィールド名に「社員名」「内線番号」「部署コード」を入力する。データ型はすべて短いテキストでよい（図6.3.4）。
6．テーブルを保存して，データシートビューに変更し，データを入力する（図6.3.5）。

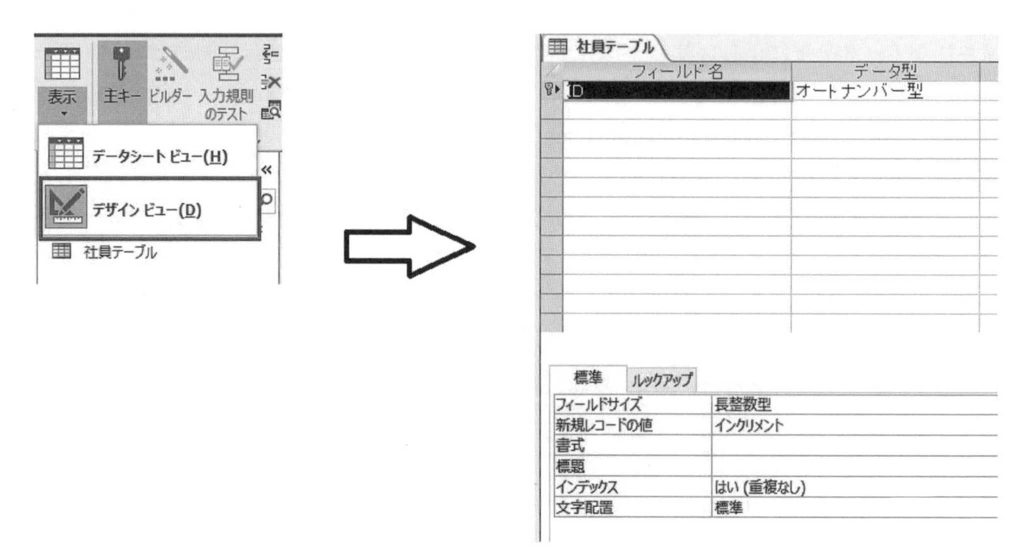

図6.3.3　デザインビューへの変更

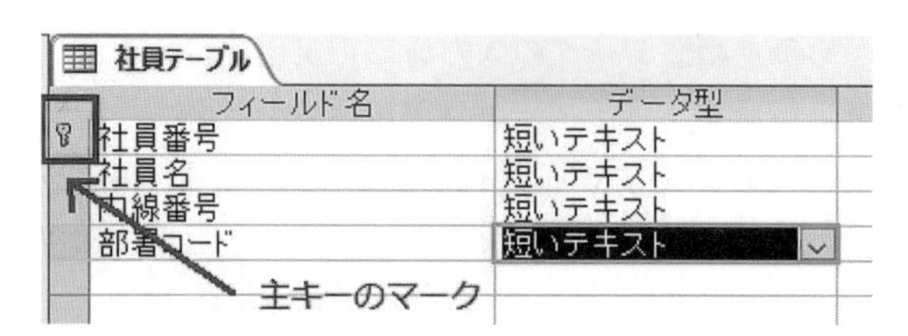

図6.3.4　デザインビューの表示

主キーはフィールド名の横のキーマークが目印となる。新規にテーブルを作る際はフィールド「ID」が自動的に作成され，主キーに設定されているが，データに合わせて変更するとよい。また，外部キーはマークが表示されず，リレーションシップを表示させることによって確認できる。

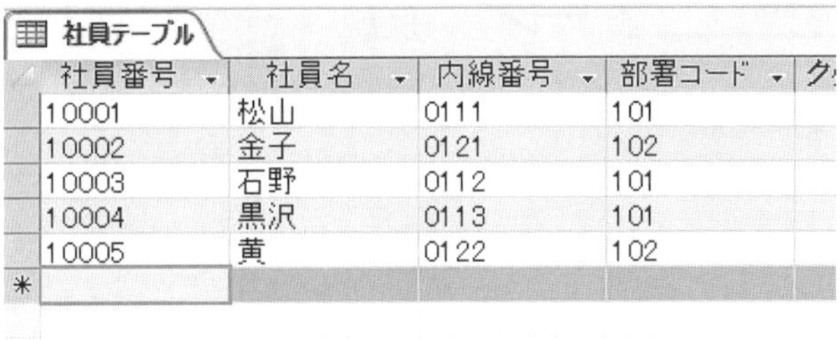

社員テーブル

社員番号	社員名	内線番号	部署コード
10001	松山	0111	101
10002	金子	0121	102
10003	石野	0112	101
10004	黒沢	0113	101
10005	黄	0122	102

図 6.3.5　データシートビューの表示

(2)　データのインポート

既に Access で作成されたデータや，Access 以外のアプリケーションを用いて作成されたデータを Access にインポートすることができる。拡張子が csv（カンマ区切り），txt（テキスト），xlmx (Excel)，doc, docx（Word）で作成されたデータを Access にインポートし，利用することができる。拡張子によってデータの性質が変わるため注意が必要である。ここでは，エクセルのデータをインポートするが，インポート前に以下 3 点の準備をしておくと便利である。

1．一番上の列には，フィールド名が来るようにする。
2．1 ワークシートに 1 テーブルずつ準備する。
　テーブルを複数作る場合は，ワークシートごとにテーブルを用意しておくと便利である。
3．Excel の段階で正規形もしておくとよい。

ここからは，国勢調査 DB ファイルと相撲力士 DB ファイルの各ワークシート「ACCESS 用」を用いる。

操作 6.3.3　データのインポート

1．〔外部データ〕を選択した後，〔ファイルから〕より〔Excel〕を選択する。
2．ウィザードが出てくるので，ファイルを選択し，〔OK〕をクリックする（図 6.3.6）。
3．スプレッドシートウィザードのワークシート名を選択し，〔次へ〕をクリックする。サンプルデータを見ながら確認できる（図 6.3.7）。
4．〔先頭行をフィールド名として使う〕にチェックを入れ，〔次へ]をクリックする（図 6.3.8）。
5．〔次のフィールドに主キーを設定する〕にチェックを入れ，〔次へ〕をクリックし，DB の名前を「相撲力士 DB」などわかりやすいものに変え，〔完了〕をクリックする（図 6.3.9）。

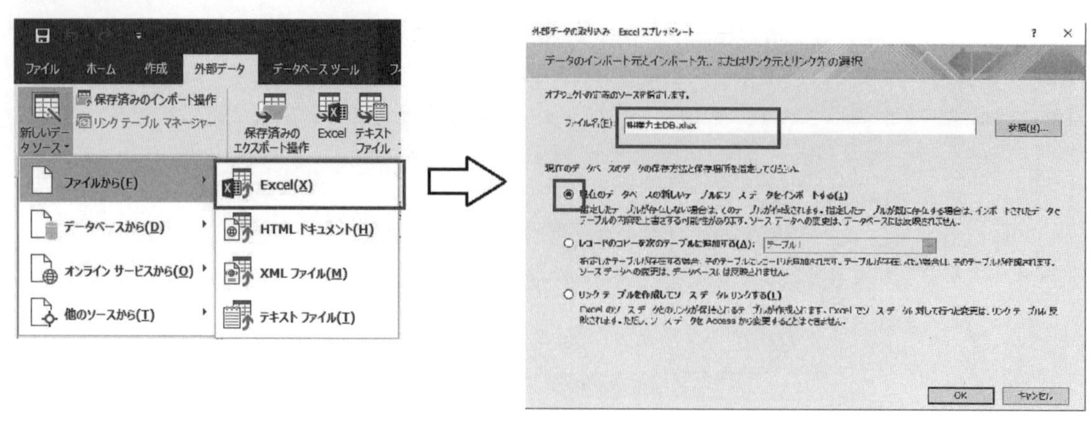

図 6. 3. 6　Excel からのインポート

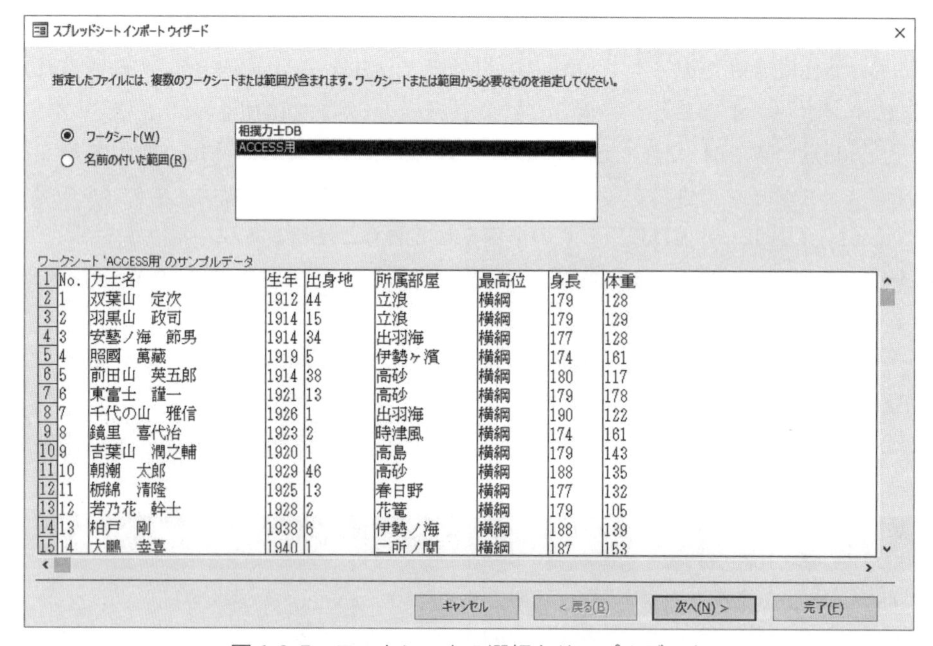

1	No.	力士名	生年	出身地	所属部屋	最高位	身長	体重
2	1	双葉山　定次	1912	44	立浪	横綱	179	128
3	2	羽黒山　政司	1914	15	立浪	横綱	179	129
4	3	安藝ノ海　節男	1914	34	出羽海	横綱	177	128
5	4	照國　萬藏	1919	5	伊勢ヶ濱	横綱	174	161
6	5	前田山　英五郎	1914	38	高砂	横綱	180	117
7	6	東富士　謹一	1921	13	高砂	横綱	179	178
8	7	千代の山　雅信	1926	1	出羽海	横綱	190	122
9	8	鏡里　喜代治	1923	2	時津風	横綱	174	161
10	9	吉葉山　潤之輔	1920	1	高島	横綱	179	143
11	10	朝潮　太郎	1929	46	高砂	横綱	188	135
12	11	栃錦　清隆	1925	13	春日野	横綱	177	132
13	12	若乃花　幹士	1928	2	花籠	横綱	179	105
14	13	柏戸　剛	1938	6	伊勢ノ海	横綱	188	139
15	14	大鵬　幸喜	1940	1	二所ノ関	横綱	187	153

図 6. 3. 7　ワークシートの選択とサンプルデータ

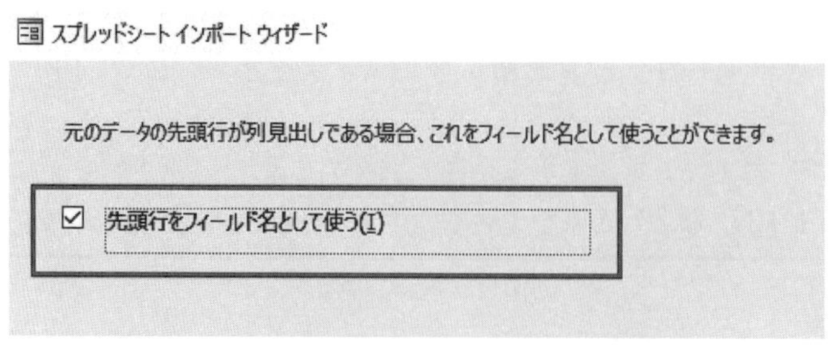

図 6. 3. 8　インポート時のフィールド名の設定

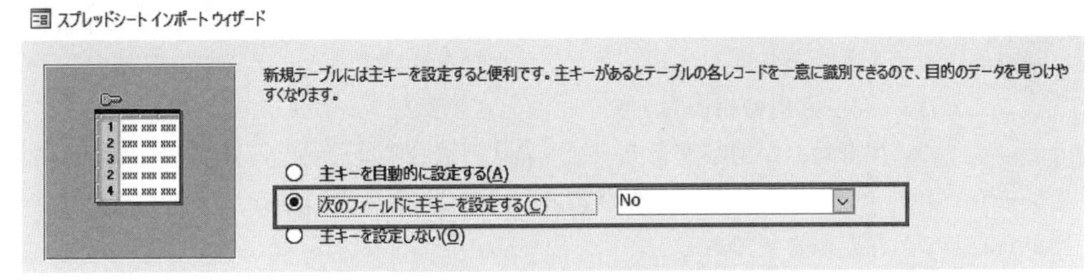

図 6.3.9　インポート時の主キーの設定

相撲力士DB

No	力士名	生年	出身地	所属部屋	最高位	身長	体重
1	双葉山　定次	1912	44	立浪	横綱	179	128
2	羽黒山　政司	1914	15	立浪	横綱	179	129
3	安藝ノ海　節	1914	34	出羽海	横綱	177	128
4	照國　萬藏	1919	5	伊勢ヶ濱	横綱	174	161
5	前田山　英五	1914	38	高砂	横綱	180	117
6	東富士　謹一	1921	13	高砂	横綱	179	178
7	千代の山　雅	1926	1	出羽海	横綱	190	122
8	鏡里　喜代治	1923	2	時津風	横綱	174	161
9	吉葉山　潤之	1920	1	高島	横綱	179	143
10	朝潮　太郎	1929	46	高砂	横綱	188	135
11	栃錦　清隆	1925	13	春日野	横綱	177	132
12	若乃花　幹士	1928	2	花籠	横綱	179	105
13	柏戸　剛	1938	6	伊勢ノ海	横綱	188	139
14	大鵬　幸喜	1940	1	二所ノ関	横綱	187	153
15	栃ノ海　晃嘉	1938	2	春日野	横綱	177	110
16	佐田の山　晋	1938	42	出羽海	横綱	182	129
17	玉の海　正洋	1944	23	片男波	横綱	177	134
18	北の富士　勝	1942	1	出羽海	横綱	185	135
19	琴櫻　傑將	1940	31	佐渡ヶ嶽	横綱	182	150
20	輪島　大士	1948	17	花籠	横綱	186	132
21	北の湖　敏満	1953	1	三保ヶ関	横綱	179	169

図 6.3.10　インポートされたデータの表示（一部）

テーブル名の変更なども簡単にできる。

操作 6.3.4　テーブルの名前の変更

1．開いているテーブルをすべて閉じる。
2．ナビゲーションウインドウの該当ファイルを選択し右クリックする（図 6.3.11）。
3．古い名前を削除し，新しい名前を入力する。

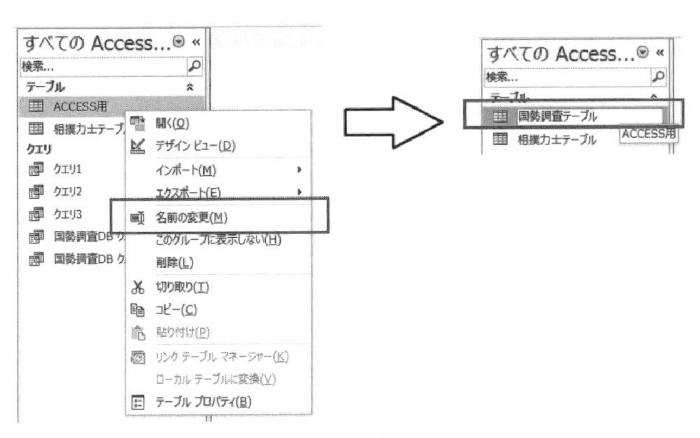

図 6.3.11　テーブル名の変更

(3) リレーションシップの作成

関連しているフィールドがあれば，リレーションシップを作成すると，テーブルの結合や操作が容易になる。ここでは，Access用の相撲力士テーブルと国勢調査テーブルがインポート済みであり，相撲力士テーブルの「出身地」が国勢調査テーブルの「都道府県コード」の外部キーの関係にあるとする。リレーションシップ作成や名前の変更などスキーマに関連する操作は，関係するテーブルを閉じる必要があるので，注意が必要である。

操作 6.3.5　リレーションシップの作成

1. 〔データベースツール〕の〔リレーションシップ〕をクリックする。
2. テーブルの表示ウインドウが表示されるので，すべてのテーブルを選択し，表示する。
3. 国勢調査テーブルの「都道府県コード」を選択し，相撲力士テーブルの「出身地」までドラッグする。
4. リレーションシップウインドウが現れるので，参照整合性にチェックを入れ作成ボタンを押す（図 6.3.12）。
5. データベースツールを閉じ，リレーションシップを保存する。

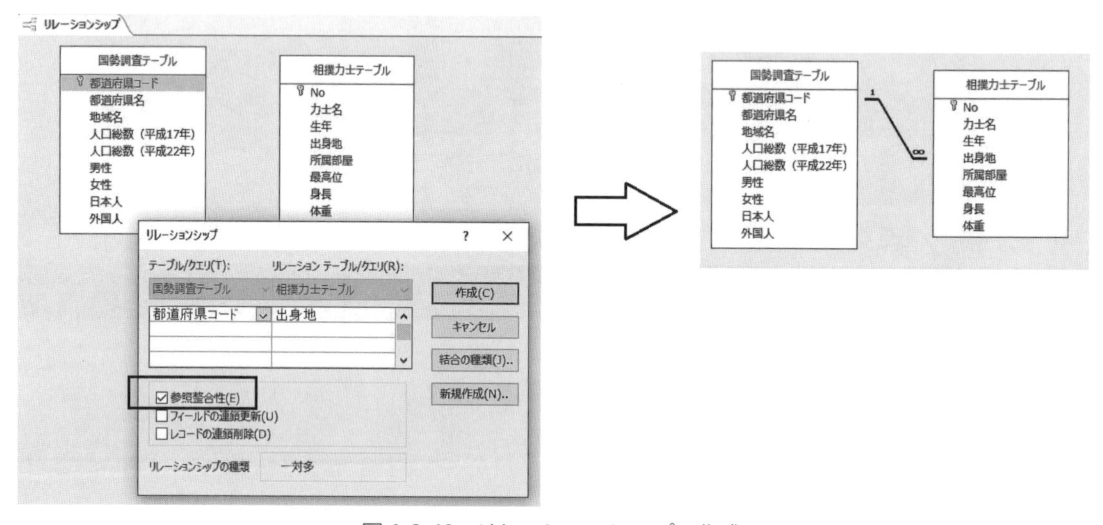

図 6.3.12　リレーションシップの作成

6.3.3　データの操作

データベースを操作するためのデータベース言語として，**データ定義言語**（DDL; Data Definition Language）と**データ操作言語**（Data Manipulation Language, DML）が用意されている。データベースのモデルごとに言語が存在し，関係データベースのデータベース言語としては**SQL**（Structured Query Language）がある。SQLは標準SQL規格が存在するが，各ソフトやシステムによって少しずつ異なるので注意が必要である。ここではAccessで利用できるSQLを紹介する。また，昨今では**QBE**（Query by Example）として，マウス操作で例を用いて操作ができるようになっている。AccessもQBEを採用しており，クエリウィザード，クエリデザインという2つの操作方法を用意している。QBEで操作した場合も，SQLと無関係なわけではなくSQLビューに変更することで，実際に動いているSQLを確認することができる。

また，関係データベースはそれまでのデータベースと異なり，関係代数で表現できる。表6.3.2のように，4つの集合演算と4つの関係演算をベースにし，テーブルの中のデータを集合とみなしデータを操作することができる。数値と同じように，テーブルに対して加減乗除ができるようになっている。

表6.3.2 リレーショナルデータベースの8つの演算

集合演算	関係演算
和演算	選択演算
差演算	射影演算
共通演算（積）	結合演算
直積演算	商演算

以下，クエリウィザード，クエリデザイン，SQLの3通りの手法で問い合わせを行う。

(1) クエリウィザード

Accessが準備してくれている問い合わせであり，マウス操作のみで簡単に検索や操作を行うことができる。簡単な検索や，一致しないものを探したり，集計を行ったりすることができる。次の操作では，マウスで選択するだけで，2つの表を結合し検索したり，集計したりすることができる。

相撲力士テーブルの力士名と出身地域を表示させたいときはクエリウィザードが便利である。

操作6.3.6 クエリウィザードを用いた検索

1.〔作成〕から〔クエリウィザード〕をクリックする。
2.「選択クエリ ウィザード」を選択してOKボタンをクリックする。
3.「テーブル / クエリ」からDBを選択し，フィールドを選択したのち，「>」記号をクリックする。表示したいフィールドがすべて「右の選択したフィールド」に表示されたら次へ進む。
4.「各レコードのすべてのフィールドを表示する」にチェックを入れ完了する。

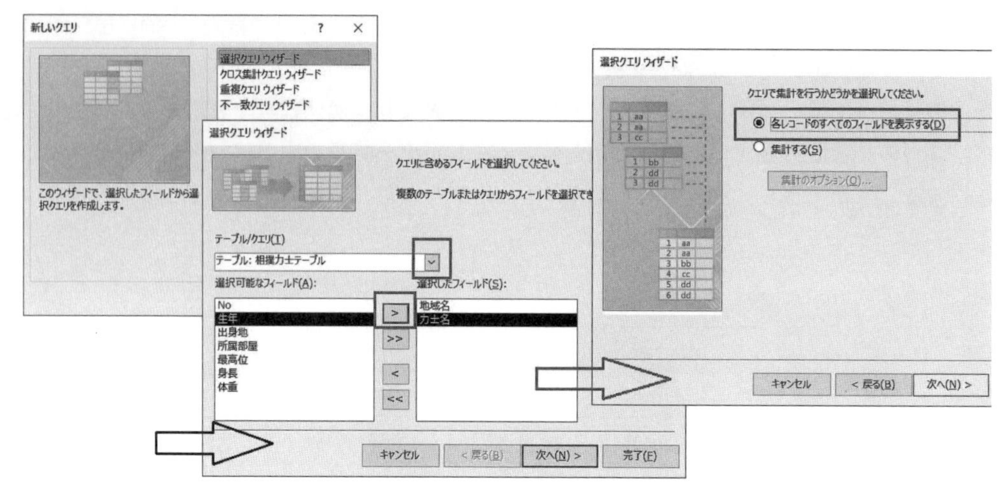

図 6.3.13　選択クエリウィザードによる検索

国勢調査テーブル クエリ

地域名	力士名
北海道・東北	千代の山　雅信
北海道・東北	吉葉山　潤之輔
北海道・東北	大鵬　幸喜
北海道・東北	北の富士　勝昭
北海道・東北	北の湖　敏満
北海道・東北	千代の富士　貢
北海道・東北	北勝海　信芳
北海道・東北	名寄岩　静男
北海道・東北	北葉山　英俊
北海道・東北	旭國　斗雄
北海道・東北	大受　久晃
北海道・東北	北天佑　勝彦
北海道・東北	北の洋　昇
北海道・東北	羽黒山　礎丞
北海道・東北	金剛　正裕

図 6.3.14　選択クエリウィザードによる検索結果（一部）

図 6.3.13 の選択クエリウィザードでは，「>」は 1 つずつフィールドの追加を行い，「>>」はそのテーブルにあるすべてのフィールドを一度に追加する。反対に「<」は一つずつフィールドを戻し，「<<」で選択したフィールドをすべて一度に戻す。

相撲力士テーブルの力士が出身地域ごとに何人いるか集計して表示させたいときは次の操作を行う。フィールド名の選択する順番によって，集計結果が異なることに注意が必要である。

操作 6.3.7　クエリウィザードを用いた集計

1．操作 6.3.6 の操作 1～3 を行う。
2．「集計する」にチェックを入れ，集計のオプションをクリックする。
3．集計のオプションの，「相撲力士テーブルのレコードをカウントする」にチェックを入れ，OK をクリックし，完了する（図 6.3.15）。

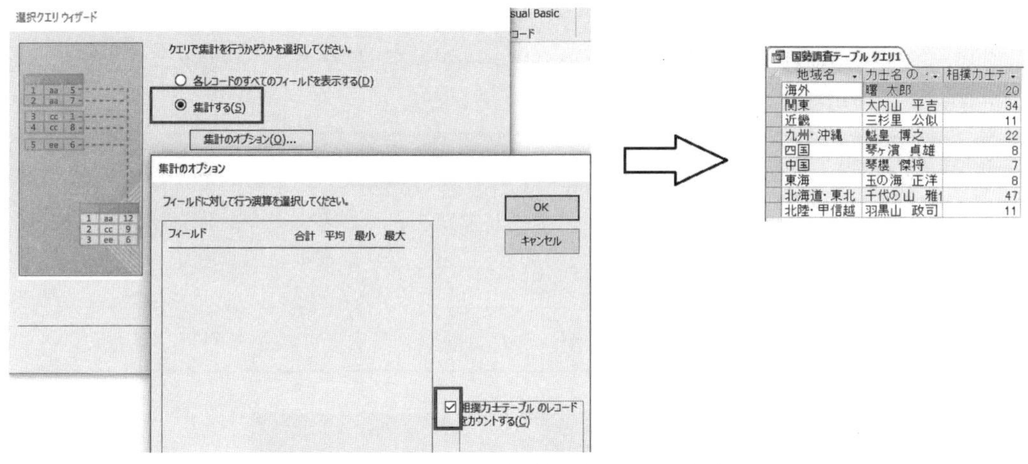

地域名	力士名の	相撲力士テ
海外	曙 太郎	20
関東	大内山 平吉	34
近畿	三杉里 公似	11
九州・沖縄	魁皇 博之	22
四国	琴ヶ濱 貞雄	8
中国	琴櫻 傑將	7
東海	玉の海 正洋	8
北海道・東北	千代の山 雅1	47
北陸・甲信越	羽黒山 政司	11

図 6.3.15　クエリウィザードによる集計方法と結果

(2)　クエリデザイン

クエリデザインを用いると，クエリウィザードよりも柔軟に検索をすることができる。

クエリデザインを用いて，「北海道・東北」地域出身の力士名と出身都道府県，出身地域を表示させる。抽出条件には，エクセルのデータベース機能で学んだ方法で検索式を書くことができる。文字列の検索の際は「文字列を " "（ダブルクォーテーション）」で囲むことに注意する。

操作 6.3.8　クエリデザインを用いた検索

1. 〔作成〕から，〔クエリデザイン〕を選択する。
2. テーブルの表示ウインドウが出てくるので，テーブルをすべて選択し，追加をクリックする。
3. テーブルとフィールドに，表示したいものを選択し，表示欄のチェックボックスにチェックが入っているか確認する。
4. フィールド「地域名」の抽出条件に「北海道・東北」と記入する。
5. 〔クエリツール〕の〔！（実行)〕をクリックする（図 6.3.16）。

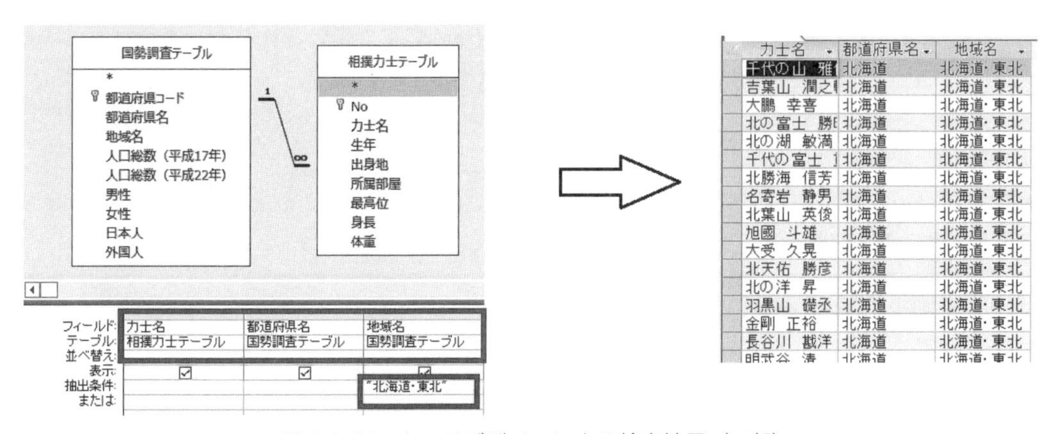

力士名	都道府県名	地域名
千代の山 雅	北海道	北海道・東北
吉葉山 潤之	北海道	北海道・東北
大鵬 幸喜	北海道	北海道・東北
北の富士 勝	北海道	北海道・東北
北の湖 敏満	北海道	北海道・東北
千代の富士	北海道	北海道・東北
北勝海 信芳	北海道	北海道・東北
名寄岩 静男	北海道	北海道・東北
北葉山 英俊	北海道	北海道・東北
旭國 斗雄	北海道	北海道・東北
大受 久晃	北海道	北海道・東北
北天佑 勝彦	北海道	北海道・東北
北の洋 昇	北海道	北海道・東北
羽黒山 礎丞	北海道	北海道・東北
金剛 正裕	北海道	北海道・東北
長谷川 戡洋	北海道	北海道・東北
明武谷 清	北海道	北海道・東北

図 6.3.16　クエリデザインによる検索結果（一部）

(3)　SQL ビュー

SQL ビューは SQL を用いて操作をするためのビューである。標準では，一度クエリデザインを開き，クエリツールの中から SQL ビューを表示するようになる。

操作 6.3.9　SQL ビューの表示

1. 〔作成〕を選択した後，〔クエリ〕より〔クエリデザイン〕を選択する。
2. 〔テーブルの表示〕ウインドウが出てくるので，〔閉じる〕を選択し閉じる。
3. 一番左端にある〔SQL〕をクリックすると SQL ビューが表示される（図 6.3.17)。
「SELECT;」という文字が自動に入るが，これは削除しても，このまま利用してもよい。

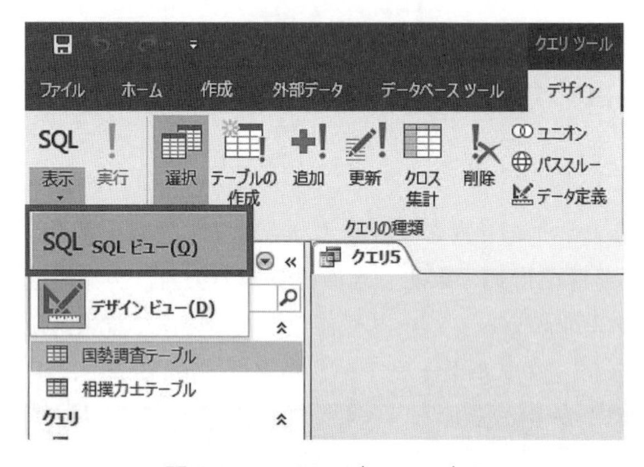

図 6.3.17　SQL ビューの表示

6.3.4　SQL の構文

ここでは，SQL ビューを用いて，検索を行う操作方法を学習する。一度作成した「クエリ」は保存することも，SQL 文を削除し使いまわすこともできるが，複数の SQL 文を一度に実行することはできない。

(1)　基本構文

以下は最も基本的な SQL 文の構文である。意味は，from 以下で指定されたテーブルの各レコードの中から，select で指定されたフィールド名の値を表示することである。

select フィールド名 from テーブル；

相撲力士テーブルから，力士の名前と所属部屋，最高位を表示させたいときは以下を SQL ビューに記入し，実行ボタンをクリックすると結果が表示される。

操作 6.3.10　指定されたテーブルの中の，フィールド名の値を表示する。

1. 操作 6.3.9 の方法で，SQL ビューを表示する。
2. 「select 力士名，所属部屋，最高位 from 相撲力士テーブル；」を入力する。
3. 実行ボタンをクリックする（図 6.3.18)。

SQLビューを使用する際は，以下の点に注意する。
・フィールド名，テーブル名以外は半角英数字のみが利用できる。
・フィールド名，テーブル名は複数書くことができ，「,（半角カンマ）」で区切る。
・selectやfromなどのSQLで定義されている語句の前後は半角スペースを入れる。
・最後は「;（半角セミコロン）」で終了の合図となる。

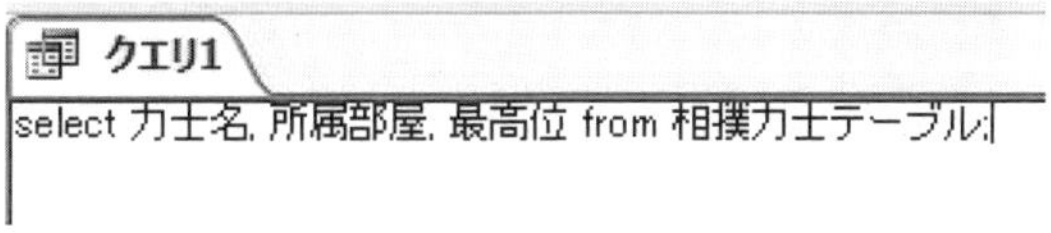

クエリ1

select 力士名, 所属部屋, 最高位 from 相撲力士テーブル;

図6.3.18　基本的なSQL文

力士名	所属部屋	最高位
双葉山　定次	立浪	横綱
羽黒山　政司	立浪	横綱
安藝ノ海　節男	出羽海	横綱
照國　萬藏	伊勢ヶ濱	横綱
前田山　英五	高砂	横綱
東富士　謹一	高砂	横綱
千代の山　雅	出羽海	横綱
鏡里　喜代治	時津風	横綱
吉葉山　潤之	高島	横綱
朝潮　太郎	高砂	横綱
栃錦　清隆	春日野	横綱
若乃花　幹士	花籠	横綱
柏戸　剛	伊勢ノ海	横綱
大鵬　幸喜	二所ノ関	横綱
栃ノ海　晃嘉	春日野	横綱

図6.3.19　操作6.3.10のSQL文の抽出結果（一部）

(2)　条件付き検索

指定した項目をただ表示するだけでなく，指定した条件に合致するものだけを表示することもできる。先の基本構文にwhere句が追加されたものであり，where以降に比較演算子を用いて条件を記述する。Accessで利用できる比較演算子は，Excelと同じもので，表6.2.2を参考にするとよい。

select フィールド名 from テーブル where 条件;

二子山に所属している力士のみを表示させたい，190cm以上の力士名のみを表示させたいなどの条件付きの問い合わせが可能となる。以下は，二子山に所属している力士のみを表示させる。

操作6.3.11　条件を指定した問い合わせ（文字列）

1. 操作6.3.9の方法でSQLビューを表示する。
2. 「select 力士名 , 所属部屋 , 最高位 from 相撲力士テーブル where 所属部屋 = "二子山";」を入力する。
3. 実行ボタンをクリックする。

力士名	所属部屋	最高位
若乃花 幹士(	二子山	横綱
隆の里 俊英	二子山	横綱
貴乃花 光司	二子山	横綱
若乃花 勝	二子山	横綱
貴ノ花 利彰	二子山	大関
若嶋津 六夫	二子山	大関
貴ノ浪 貞博	二子山	大関
安芸ノ島 勝E	二子山	関脇
若翔洋 俊一	二子山	関脇
隆三杉 太一	二子山	小結
浪乃花 教天	二子山	小結
三杉里 公似	二子山	小結
*		

図 6. 3. 20　条件付き（文字列）SQL 文の結果

以下は，身長が 190cm 以上の力士の全フィールドを表示させる。

操作 6.3.12　条件を指定した問い合わせ（数値）

1．SQL ビューを表示する。
2．「select * from 相撲力士テーブル where 身長 >= 190;」を入力する。
3．実行ボタンをクリックする。

No	力士名	生年	出身地	所属部屋	最高位	身長	体重
7	千代の山 雅信	1926	1	出羽海	横綱	190	122
27	曙 太郎	1969	48	東関	横綱	204	233
28	双羽黒 光司	1963	24	立浪	横綱	199	157
30	武蔵丸 光洋	1971	48	武蔵川	横綱	192	237
36	大内山 平吉	1926	8	時津風	大関	202	152
59	貴ノ浪 貞博	1971	2	二子山	大関	197	173
78	高見山 大五郎	1944	48	高砂	関脇	192	205
96	旭天鵬 勝	1974	48	友綱	関脇	191	157
98	琴乃若 將勝	1968	6	佐渡ヶ嶽	関脇	192	176
99	琴富士 孝也	1964	12	佐渡ヶ嶽	関脇	192	150
109	水戸泉 政人	1962	8	高砂	関脇	194	192
112	旭豊 勝照	1968	23	大島	小結	191	146
120	陣岳 隆	1959	46	井筒	小結	191	148
123	大徹 忠晃	1956	18	二所ノ関	小結	193	125
124	孝乃富士 忠雄	1963	13	九重	小結	192	138
127	玉龍 大蔵	1954	42	片男波	小結	191	120
129	闘牙 進	1974	12	高砂	小結	190	177
131	巴富士 俊英	1971	5	九重	小結	192	153
139	琴欧洲 勝紀	1983	48	佐渡ヶ嶽	大関	203	153
141	白鵬 翔	1985	48	宮城野	横綱	192	158
143	露鵬 幸生	1980	48	大嶽	小結	195	146
148	黒海 太	1981	48	追手風	小結	190	154
151	把瑠都 凱斗	1984	48	尾上	大関	198	187
153	栃ノ心 剛	1987	48	春日野	小結	192	162
160	碧山 亘右	1986	48	春日野	小結	192	195
*							

図 6. 3. 21　条件付き（数値）SQL 文の結果

上記2つの条件式はよく見ると違いがある。値が文字列の場合は「所属部屋 = "二子山"」と文字列を「"(ダブルクォーテーション)」で囲むが，数値の場合は「身長 >= 190」とそのまま記述する。以上や以下を意味する演算子は左側に不等号，右側に等号がつくので注意が必要となる。また，ここではselectの次にフィールド名でなく「*」が記述されているが，これは「テーブルにあるすべてのフィールド名」を意味する。つまり，レコード単位で結果を表示する。

(3)　論理演算　(AND，OR，NOT）を用いた検索

(2)では1つの条件式を記述したが，ここでは複数の条件からなる複雑な条件式を論理演算子を用いて記述する方法を学習する。論理演算についてはp220の5.5.3節を参考にするとよい。

二子山部屋に所属する力士のうち，身長が185cmより大きい力士の全フィールドを表示するには条件式の中でANDを用いる。

操作6.3.13　論理演算（AND）

1．SQLビューを表示する。
2．「select * from 相撲力士テーブル where 所属部屋 =" 二子山 " AND 身長 > 185; 」を入力する。
3．実行ボタンをクリックする。

No	力士名	生年	出身地	所属部屋	最高位	身長	体重
22	若乃花　幹士(二	1953	2	二子山	横綱	186	129
26	貴乃花　光司	1972	13	二子山	横綱	187	159
53	若嶋津　六夫	1957	46	二子山	大関	188	122
59	貴ノ浪　貞博	1971	2	二子山	大関	197	173
*							

図6.3.22　論理演算（AND）SQL文の結果

条件に合った4人の力士のみが表示される。

二子山部屋か高砂部屋に所属する力士の全フィールドを表示するには，条件式の中でORを用いる。

操作6.3.14　論理演算（OR）

1．SQLビューを表示する。
2．「select * from 相撲力士テーブル where 所属部屋 =" 二子山 " OR 所属部屋 =" 高砂 "; 」を入力する。
3．実行ボタンをクリックする。

25人の力士が表示される。

No	力士名	生年	出身地	所属部屋	最高位	身長	体重
5	前田山　英五郎	1914	38	高砂	横綱	180	117
6	東富士　謹一	1921	13	高砂	横綱	179	178
10	朝潮　太郎	1929	46	高砂	横綱	188	135
22	若乃花　幹士(二	1953	2	二子山	横綱	186	129
24	隆の里　俊英	1952	2	二子山	横綱	182	159
26	貴乃花　光司	1972	13	二子山	横綱	187	159
31	若乃花　勝	1971	13	二子山	横綱	180	134
32	朝青龍　明徳	1980	48	高砂	横綱	185	153
47	貴ノ花　利彰	1950	2	二子山	大関	182	106
51	前の山　和一	1945	27	高砂	大関	187	130
53	若嶋津　六夫	1957	46	二子山	大関	188	122
55	朝潮　太郎(二代	1955	39	高砂	大関	183	186
58	小錦　八十吉	1963	48	高砂	大関	183	284
59	貴ノ浪　貞博	1971	2	二子山	大関	197	173

図 6. 3. 23　論理演算（OR）の SQL 文の結果（一部）

二子山部屋以外に所属している力士の全フィールドを表示するには，NOT を用いる。

操作 6.3.15　論理演算（NOT）

1．テーブルビューを表示する。
2．「select * from 相撲力士テーブル where NOT 所属部屋 =" 二子山 ";」を入力する。
3．実行ボタンをクリックする。

No	力士名	生年	出身地	所属部屋	最高位	身長	体重
1	双葉山　定次	1912	44	立浪	横綱	179	128
2	羽黒山　政司	1914	15	立浪	横綱	179	129
3	安藝ノ海　節男	1914	34	出羽海	横綱	177	128
4	照國　萬藏	1919	5	伊勢ヶ濱	横綱	174	161
5	前田山　英五郎	1914	38	高砂	横綱	180	117
6	東富士　謹一	1921	13	高砂	横綱	179	178
7	千代の山　雅信	1926	1	出羽海	横綱	190	122
8	鏡里　喜代治	1923	2	時津風	横綱	174	161
9	吉葉山　潤之輔	1920	1	高島	横綱	179	143
10	朝潮　太郎	1929	46	高砂	横綱	188	135
11	栃錦　清隆	1925	13	春日野	横綱	177	132
12	若乃花　幹士	1928	2	花篭	横綱	179	105
13	柏戸　剛	1938	6	伊勢ノ海	横綱	188	139
14	大鵬　幸喜	1940	1	二所ノ関	横綱	187	153
15	栃ノ海　晃嘉	1938	2	春日野	横綱	177	110

図 6. 3. 24　論理演算（NOT）の SQL 文の結果（一部）

相撲力士 168 人中，二子山部屋所属の 12 人を抜いた 156 人の力士が表示される。この問い合わせでは NOT でなく演算子「<>」を用いても同じ結果が得られる。

(4)　便利な演算 1（in，between）

ここでは，使わなくても記述できるが，知っていると便利な演算を学習する。二子山部屋か高砂部屋の力士を検索したい場合，OR 演算を用いて記述することができた。しかし，立浪部屋も春日野部屋もと条件を増やすると，OR では表現が複雑になる。そこで，in を用いる。

操作 6.3.16　論理演算（IN）

1．SQL ビューを表示する。
2．「select * from 相撲力士テーブル where 所属部屋 in（" 二子山 "," 高砂 "," 立浪 "," 春日野 "）;」を入力する。
3．実行ボタンをクリックする。

身長が 180cm 以上 190cm 以下の力士を検索したい場合も，AND を用いることによって条件式が作成できる。しかし，BETWEEN AND を用いると簡単に式が作成できる。但し，条件は「以上」,「以下」と等号が含まれる条件式になることに注意が必要となる。

操作 6.3.17　論理演算（BETWEEN）

1．SQL ビューを表示する。
2．「select * from 相撲力士テーブル where 身長 between 180 and 190;」を入力する。
3．実行ボタンをクリックする。

(5)　便利な演算 2（NULL 値の検出，あいまい検索）

次に便利な演算として，NULL 値の検出とあいまい検索があげられる。値の入っていないものを探したり，ある特定の文字を含むものなどの検索したりできる。

都道府県テーブルから，人口総数（平成 17 年）のフィールドに値が入っていないものを検出する。

操作 6.3.18　NULL 値の検出（IS NULL）

1．SQL ビューを表示する。
2．「select * from 国勢調査テーブル where 人口総数（平成 17 年）is null;」を入力する。
3．実行ボタンをクリックする。

	都道府県コ	都道府県名	地域名	人口総数(	人口総数(	男性	女性	日本人	外国人
	48	海外	海外						
*									

図 6.3.25　人口総数（平成 17 年）のフィールドに値の入っていないレコード

名前に「花」という文字が含まれる力士を検出する。

操作 6.3.19　あいまい検索（LIKE）

1．SQL ビューを表示する。
2．「select * from 相撲力士テーブル where 力士名 like "* 花 *";」を入力する。
3．実行ボタンをクリックする。

条件式内で「*（ワイルドカード）」を利用し，あいまい検索をする際の演算子は「=」ではなく，「like」であることに注意が必要である。

No	力士名	生年	出身地	所属部屋	最高位	身長	体重
12	若乃花　幹士	1928	2	花篭	横綱	179	105
22	若乃花　幹士(二	1953	2	二子山	横綱	186	129
26	貴乃花　光司	1972	13	二子山	横綱	187	159
31	若乃花　勝	1971	13	二子山	横綱	180	134
40	佐賀ノ花　巳	1917	41	二所ノ関	大関	170	128
47	貴ノ花　利彰	1950	2	二子山	大関	182	106
80	福の花　孝一	1940	43	出羽海	関脇	183	135

図 6.3.26　あいまい検索の結果（一部）

(6)　集計関数

Select の次の項目に集計関数を用いることができる。これによって，力士の身長の最大値や最小値，所属部屋の力士の数などが計算できる。次は，相撲力士テーブルにある力士数と最大身長を計算して表示する問い合わせである。count 以外はどのフィールドを計算するかの指定が必要となる count のみ * で指定できる。

操作 6.3.20　集計関数

1．SQL ビューにし，「select count(*) from 相撲力士テーブル ;」を入力する。
2．実行ボタンをクリックする（図 6.3.27）。
3．SQL ビューに戻し，「select max(身長) from 相撲力士テーブル ;」を入力する。
4．実行ボタンをクリックする。

表 6.3.2　集計関数

集計関数	意味
count	件数
max	最大値
min	最小値
avg	平均値

図 6.3.27　count 関数の結果

(7)　ソート（order by），グループ化（group by）

検索結果の表示される順番を指定したり，グループ化したりすることもできる。身長の降順に力士を表示したい場合，order by 身長 desc と指定する。昇順の場合は asc である。

操作 6.3.21　ソート（order by）

1．SQL ビューを表示する。
2．「select * from 相撲力士テーブル order by 身長 desc; 」を入力する。
3．実行ボタンをクリックする。

次は，所属部屋ごとにグループ化し，所属している力士の人数を表示する。しかし，結果の項目が「Expr1001」などと表示されるため，この表示を変更するため「AS」を用いる。

操作 6.3.22　グループ化（group by）

1．SQL ビューを表示する。
2．「select 所属部屋 , count(*) from 相撲力士テーブル　group by 所属部屋 ;」を入力する。
3．実行ボタンをクリックする（図 6.3.28(左)）。
4．SQL ビューに戻し，「select 所属部屋 , count(*) as 人数 from 相撲力士テーブル group by 所属部屋 ;」と入力する。
5．実行ボタンをクリックする（図 6.3.28(右)）。

所属部屋	Expr1001
阿武松	1
安治川	1
伊勢ヶ濱	3
伊勢ノ海	3
井筒	5
花篭	5
宮城野	3
境川	3
鏡山	2
玉ノ井	1
九重	6
高砂	13
高島	3
佐渡ヶ嶽	11

所属部屋	人数
阿武松	1
安治川	1
伊勢ヶ濱	3
伊勢ノ海	3
井筒	5
花篭	5
宮城野	3
境川	3
鏡山	2
玉ノ井	1
九重	6
高砂	13
高島	3
佐渡ヶ嶽	11

図 6.3.28　ASを使わないとき（左）と使ったとき（右）

(8)　複雑な構文（副問い合わせ，結合）

条件式の中に文を入れ，複雑な問い合わせをしたり，複数のテーブルを結合したりすることもできる。

例えば，相撲力士テーブルの体重が一番軽い力士の名前と体重を表示したい場合である。この問い合わせでは，次のような２段階の問い合わせが必要となる。

1）相撲力士テーブルの中で最低体重を求める。

select min（体重）from 相撲力士テーブル；

2）1）で求めた最低体重を持つ力士名と体重を表示させる。

select 力士名，体重 from 相撲力士テーブル where 体重 = （1）で得られた値 ；

しかし，副問い合わせを用いることにより，一度の問い合わせで実行することができる。２番目の条件式の中に１番目の式を入れる。

相撲力士テーブルの体重が一番軽い力士の名前と体重を，副問い合わせを用いて検索する。

操作 6.3.23　副問い合わせ

1．SQL ビューを表示する。
2．「select 力士名，体重 from 相撲力士テーブル where 体重 = (select min(体重) from 相撲力士 DB);」を入力する。
3．実行ボタンをクリックする。

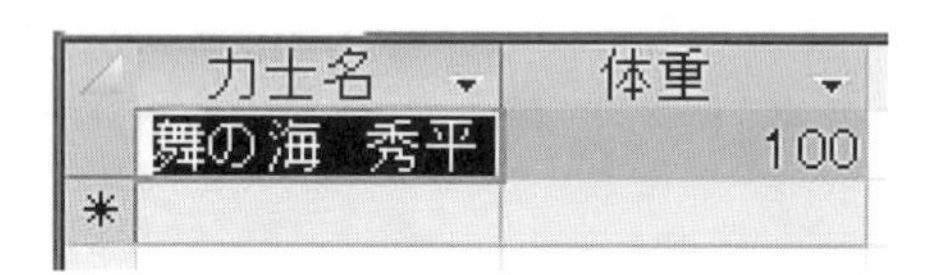

図 6. 3. 29　副問い合わせの結果

これまでは from の次に１つのテーブルが来る検索を取り扱ってきた。ここでは，複数のテーブルを利用した検索を実施する。関係データベースでは１テーブル１事実ということで，データを分割し管理し，必要なときにデータを結合する。

select フィールド名 from テーブル1 {inner | right | left} join テーブル2　ON　結合条件

相撲力士テーブルと都道府県テーブルを結合し，力士名と出身都道府県名，出身地域名を表示する。

操作 6.3.24　結合（INNER JOIN）

1．SQL ビューを表示する。
2．「SELECT 力士名，所属部屋，身長，体重，出身地，地域名 FROM 国勢調査テーブル INNER JOIN 相撲力士テーブル ON 国勢調査テーブル．都道府県コード = 相撲力士テーブル．出身地;」を入力する。
3．実行ボタンをクリックする。

SQL文中の「相撲力士テーブル．力士名」は，「相撲力士テーブル」のフィールド「力士名」を意味し，「.（半角ピリオド）」でテーブルとフィールドを接続している。

力士名	所属部屋	身長	体重	出身地	地域名
千代の山 雅	出羽海	190	122	1	北海道・東北
吉葉山 潤之	高島	179	143	1	北海道・東北
大鵬 幸喜	二所ノ関	187	153	1	北海道・東北
北の富士 勝	出羽海	185	135	1	北海道・東北
北の湖 敏満	三保ヶ関	179	169	1	北海道・東北
千代の富士	九重	183	127	1	北海道・東北
北勝海 信芳	九重	181	151	1	北海道・東北
名寄岩 静男	立浪	173	128	1	北海道・東北
北葉山 英俊	時津風	173	119	1	北海道・東北
旭國 斗雄	立浪屋	174	121	1	北海道・東北
大受 久晃	高島	177	150	1	北海道・東北
北天佑 勝彦	三保ヶ関	183	139	1	北海道・東北

図6.3.30　結合の結果（一部）

結合には，INNER JOIN（内部結合），RIGHT JOIN（右外部結合），LEFT JOIN（左外部結合）の3種類が存在する。内部結合は，2つのテーブルの該当部分のみを表示する。右外部結合は，SQL文中の「RIGHT JOIN」の左側に書いてあるテーブルが優先され，そのテーブルの内容はすべて表示される。左外部結合は「LEFT JOIN」の左側にあるテーブルが優先され，右側にあるテーブルに該当する値がない場合も表示される。

SQL文ではJOINの文字の右にあるか左にあるかで優先が決まるが，Accessでは手法が異なる。テーブルデザインで結合を行う場合，テーブルをマウスで簡単に移動可能なためか，テーブルの位置は関係ない。常に，1側（管理する側のテーブル）のテーブルが左にあるとみなされ，結合のプロパティで結合の種類を選択する。得られる結果は，SQL文でもテーブルデザインでも同じである。

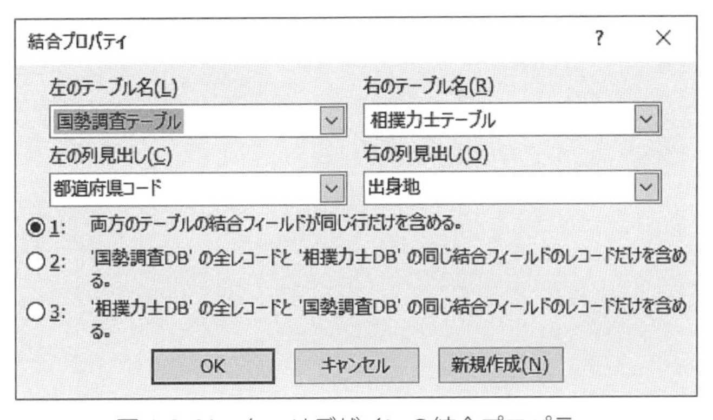

図6.3.31　クエリデザインの結合プロパティ

Fromにテーブルを複数書く場合，書き方によっては，直積とみなされ想定した答えと異なるので，注意が必要である。

練習問題6.3　URL：http://www.kyoritsu-pub.co.jp/bookdetail/9784320124295 参照

Webページの作成

この章は，インターネットを通じて情報発信を行う方法として，Webページの基本的な作成方法を学習する。

タブレット端末，スマートフォンの急速な普及により，インターネットの利用がより身近になっている。インターネット上のホームページや携帯サイトのページのことはWebページと呼び，ブラウザソフト（IE，Google Chromeなど）で閲覧するように作られた文書のことである。様々な社会活動を行っている企業や団体にとって，Webページで情報を発信することの重要性はますます高まっている。Webページ作成のための技術や知識を一定程度，身に着けておくことがこれからの社会人として必要とされてくる。

Webページの内容はHTML（Hyper Text Markup Language）という言語で書かれている。デザインやスタイルはCSS（Cascading Style Sheets）という言語で指定する。

本書は大学生にとって身近な組織として，サークル活動（図7.1.1）のWebページ作成を通して，HTMLおよびCSSに関連する技能を学習する。

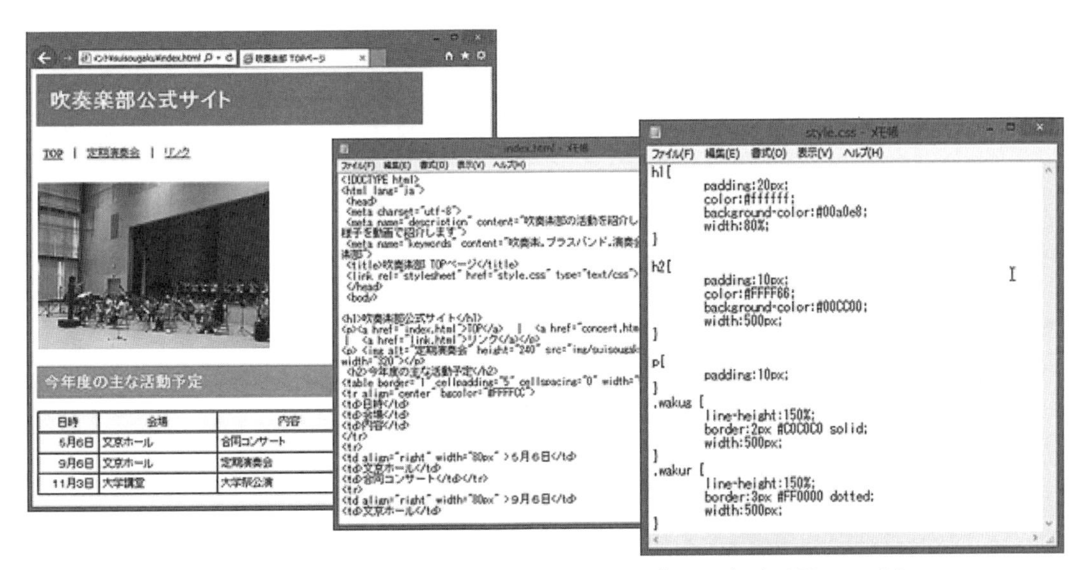

図7.1.1　ブラウザでの表示とHTMLファイル（ソース）とCSSファイル

7.1　Webサイト作成から公開までの準備と基礎知識

7.1.1　作成の準備

まず作成の準備として，必要なソフトウェアや素材，ファイル管理などの基礎知識について解説する。

(1)　ソフトウェア

Webページの作成には，Web制作の専門家の使用するDreamweaver（Adobe社）や，より一般的なホームページビルダー（ジャストシステム社）といった，専用のアプリケーションソフトウェアを使用して作成から転送まで行う方法や，CMS（content management system）を利用したブラウザ上でテンプレートを選択して簡単に作成し公開まで行う方法などがある。いずれの場合でも，基本的なベースとなるHTMLの知識や，ファイル管理の基礎知識が必要である。

ここでは，Web作成に必要なソフトウェアとしてWindowsに付属しているソフトウェアや，無料で使用することのできるソフトウェア等（表7.1.1）を以下に紹介する。

表7.1.1　ソフトウェア一覧

ソフトの種類	ソフトウェア名	役割
ブラウザ	Internet Explorer GoogleChrome	作成したHTMLファイルのWeb上での表示状態を確認する
テキストエディタ	メモ帳，秀丸エディタ， TeraPad　等	HTMLファイル，CSS（Cascading Style Sheets）ファイルの記述を行う
グラフィックソフト	ペイント，Jtrim Picasa	画像（写真，イラストなど）のサイズ調整やトリミングなどの加工を行い，Web上に掲載可能な形式で保存する
ファイル転送	FFFTP，WinSCP	ファイルをWebサーバへ転送する

(2)　拡張子とファイル管理

Webページは，HTMLファイルのほかに画像ファイルやCSSファイル（後述）など複数の種類のファイルを使用する。アップロードや更新などの管理がしやすいように，種類別やページの内容別にフォルダを作成し，まとめて保存しておく。また，ファイルの種類を表す拡張子を表示しておく必要がある。

フォルダの作成方法は，第1章「Windows基礎」のファイル管理で学習した通りであるが，Web作成用にはフォルダ名の指定に注意が必要である。

フォルダ名，ファイル名は，アドレスの一部となるため，半角英数字を使用し，わかりやすい名前をつける。また使用できる記号は半角の－（hyphen）と_（Underscore）のみで，スペースも使用できない。

写真や，動画，音楽などの素材ファイルは，それぞれimage，video，audioといったフォルダを作成し，ファイルの種類別に整理してフォルダ内に保存する。

操作7.1.1　フォルダの作成

1. ドキュメントフォルダを開く。
2. 〔ホーム〕タブの〔新規〕グループの〔新しいフォルダ〕ボタンをクリックする。
3. フォルダ名を半角で〔suisougaku〕（または各自のサークル名等）と入力し，Enterキーを押す。

(3)　ファイルの種類と拡張子

Webページに使用可能なファイルの種類と拡張子の主なものは以下のとおりである。

表7.1.2　ファイルの種類と拡張子一覧

ファイルの種類		拡張子	概要
HTMLファイル		.html .htm	Webページの骨組みとなるページの構成要素をルールに従ったタグを用いて記述したもの
CSSファイル		.css	Webページのデザイン部分を記述したもの
画像ファイル	JPEG形式	.jpg	デジタルカメラで撮影した場合など，写真に使われるファイル形式。圧縮率を変更してファイルサイズを抑えることもできる
	GIF形式	.gif	色数256色に制限してサイズを軽量化したファイル
	PNG形式	.png	フルカラー（約1600万色）で透過も可能
動画ファイル	Windows Media	.wmv	Windows標準の動画フォーマット
	Flash Video	.flv	Adobe社が作成したフラッシュプレイヤーで再生可能な形式，YouTubeにも採用されている
	MP4	.mp4	圧縮効率の良い動画形式。タブレットやスマートフォンでも利用可能

(4)　画像素材の加工

写真やイラスト等の画像素材をWebページに使用するには，事前に適切な加工を施す必要がある。画像のトリミング，サイズの変更などの作業はWindows付属のグラフィックソフト〔ペイント〕を利用することができる。詳細は方法第1章の1.6節を参照してください。ここでは，JPEG形式で画像を保存する方法について説明する。

操作7.1.2　JPEG形式で保存

1. 〔ペイント〕で対象画像ファイルを開く。
2. 〔ファイル〕タブの〔名前を付けて保存〕をポイントし，〔JPEG画像〕をクリックする。
3. 保存先として操作7.1.1で作成済みの画像用フォルダ〔img〕を選択する。
4. 〔ファイル名〕ボックスに半角英数字でファイル名〔concert2015〕（任意の半角英数字）を入力し，〔ファイルの種類〕でJPEGを選び，〔保存〕をクリックする（図7.1.2）。

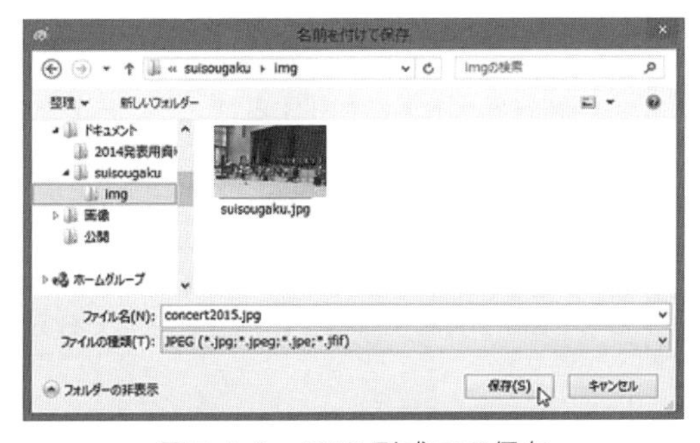

図7.1.2　JPEG形式での保存

7.1.2 公開のための準備

(1) Webサーバの確認

作成したWebページを公開するには，ファイルをWebサーバにアップロードする必要がある。

大学では，学生個人やサークルに対してWebサーバの利用を許可している場合があるが，申請が必要な場合があるため，事前に確認しておく必要がある。

個人でWebを公開するためには，プロバイダーと契約するか，無料のWebサーバなどに申し込みを行う。無料のWebサーバは通常メールアドレスがあれば申し込み可能である。

(2) アクセス権の取得

Webサーバの利用が可能になると，アクセス用アカウントが与えられ，アップロードする際に必要となる。〔ホスト名（アドレス）〕〔ユーザー名〕〔FTPパスワード〕などの情報が含まれるため管理には十分注意が必要である。

(3) FTPソフト

FTP（File Transfer Protocol）とはファイルを転送する通信方式のことである。作成したWebページのファイルをWebサーバにアップロードするには，FTPソフトが必要である。ネット上で無償提供されている場合が多い。ここでは，FFFTPというフリーソフトを使用する。以下のサイトからダウンロードし，自分のPCにインストールすれば利用できる。

http://sourceforge.jp/projects/ffftp/

なお，大学内で利用できるPCでは，ソフトウェアのダウンロードや，インストールは制限されていることが多いため，ネットワーク管理者に確認する必要がある。

(4) URL（Uniform Resource Locator）

URLとは，インターネット上に存在する情報（データやサービスなど）の位置を記述したもので，一般的にはアドレスと呼ばれる。Webページだけでなく，Webサーバにアップロードしたファイル（画像，映像，PDF等）にはすべてにURLがある。

http://www.kyouritsu.ac.jp/suisougaku/index.html

①http:　②www.kyouritsu.ac.jp　③suisougaku　④index.html

表7.1.3 URLの構成

①通信方式（スキーム名）	Hyper Text Transfer Protocolという通信方式を使用していることを表す
②サーバ名（ドメイン名）	インターネット上に存在するコンピュータを管理するために登録されている名前で，重複しないように発行・管理されている
③ディレクトリ名（パス）	フォルダの所在を示す。階層をスラッシュで区切って表記する
④ファイル名	index.htmlはブラウザ上で最初に表示されるページとして設定されている。URLを表記するときには省略可能である

練習問題7.1　URL：http://www.kyoritsu-pub.co.jp/bookdetail/9784320124295 参照

7.2 HTML による Web ページ作成

7.2.1 HTML とは

HTML（HyperText Markup Language）とは，Web ページを作成するために開発された言語で，HTML ファイルは一定のルールに従って記述されたテキストファイルである。テキストエディタがあれば作成することができる。

HTML はバージョンがあり，最新ではスマートフォン対応となった HTML5 が正式勧告（2014 年 10 月）されている。動画を埋め込む要素など新しい属性が追加されたが，基本的な要素や使い方はこれまでの HTML を引き継いでいる。

実際の Web 制作では様々な作成支援ソフトやツールを使用することも多いが，ここでは，HTML の基本的な構造やルールを学ぶ。

7.2.2 HTML の基本構造

(1) タグと要素

HTML は，Web ページを構成している文字列に「タグ」と呼ばれる<>で囲まれた要素名を記述することで，文字に「見出し」「段落」といった意味付け（Markup）を行う。「タグ」で囲まれた情報の単位を「要素」という。タグは一定のルールに従って記述する必要がある。

タグは，開始タグ < 要素名 > と終了タグ </ 要素名 > が対となっており，要素の内容（文字列）を囲む。

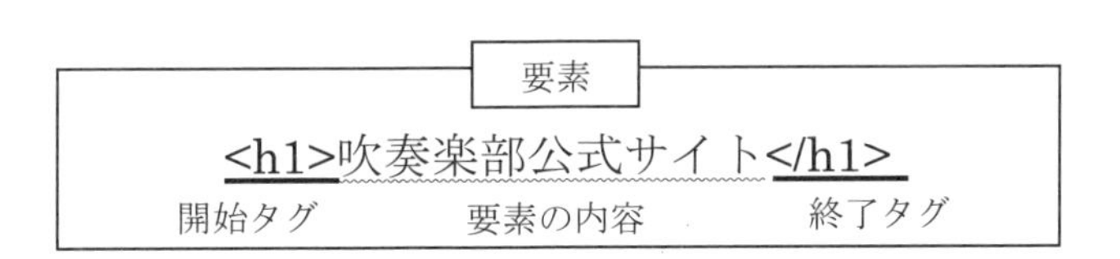

タグはすべて**半角の英数字の小文字**で入力する。（HTML は大文字小文字の区別はされないが，仕様によって区別される場合があるためすべて小文字で記述する方が望ましい。）

(2) 要素の親子構造

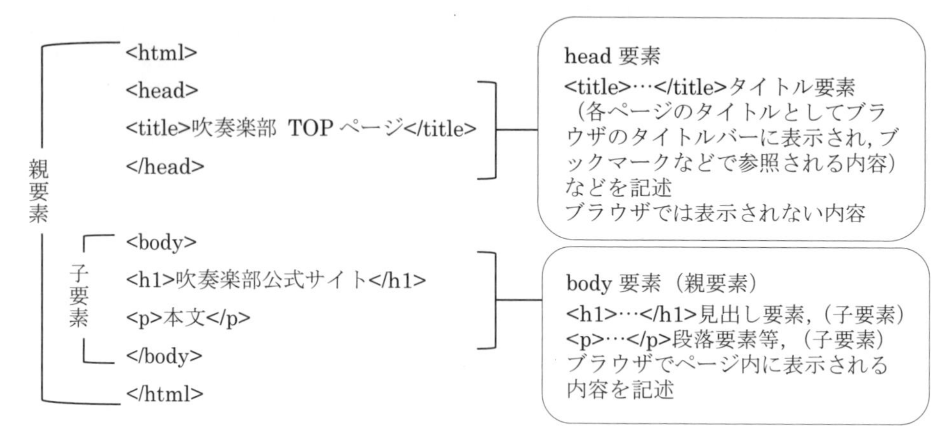

図 7.2.1　HTML の構造

要素は，要素の中に別の要素が含まれる入れ子構造（ツリー構造）となっている。

HTML ファイルは，html 要素が起点となって上位（外側）にある要素が親要素，下位（内側）にある要素が子要素となっている。

(3) 要素の属性について

属性とは，要素の性質や設定を追加する情報であり，記述方法にはルールがある。

開始タグの要素名の後に〔半角スペース〕〔属性名＝"属性値"〕という書式で記述し，要素によって必須の属性と，省略可能な属性がある。必要に応じて複数の属性を追加することができる。

<a href="http://www.yahoo.co.jp">Yahoo!へ</a>

（属性：href="http://www.yahoo.co.jp"　属性名：href　属性値：http://www.yahoo.co.jp）

(4) HTML ファイルの新規作成

ここでは HTML ファイルを，Windows 付属のアプリケーションソフト〔メモ帳〕を使用して記述し，作成する。

操作 7.2.1　HTML ファイルの新規作成

1．メモ帳を起動する。
2．図 7.2.1 を入力する。
3．〔ファイル〕メニューの〔名前を付けて保存〕をクリックする。
4．保存先として作成済みのフォルダ〔suisougaku〕を選択する。
5．〔ファイル名〕ボックスに半角英数字でファイル名〔index.html〕を入力し，〔保存〕をクリックする。

作成した HTML ファイルを，ブラウザで確認する。

操作 7.2.2　ブラウザでの確認

1．保存先のフォルダを開く。
2．ファイル名〔index.html〕のアイコンをダブルクリックする。

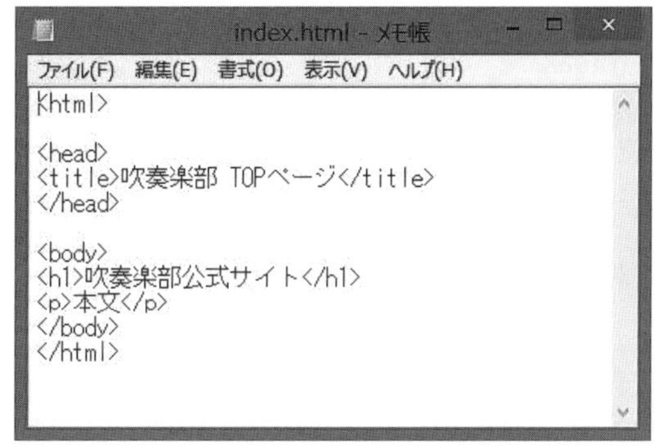

図 7.2.2　メモ帳で作成した index. html ファイル

図 7.2.3　ブラウザで表示した index. html ファイル

(5)　修正と再読み込み

HTML ファイルの修正は，メモ帳で行う。内容を修正，ブラウザで確認する場合には，ブラウザの〔最新情報に更新〕をクリックするか，[F5] キーを押して再読み込みを行い，確認する。

7.2.3　見出し，段落，箇条書きの設定

(1)　見出し＜ h ＞要素（heading）

見出しは 6 レベルあり，最大レベルの <h1> から最小レベルの <h6> のように h のあとに数字を付けて記述する。

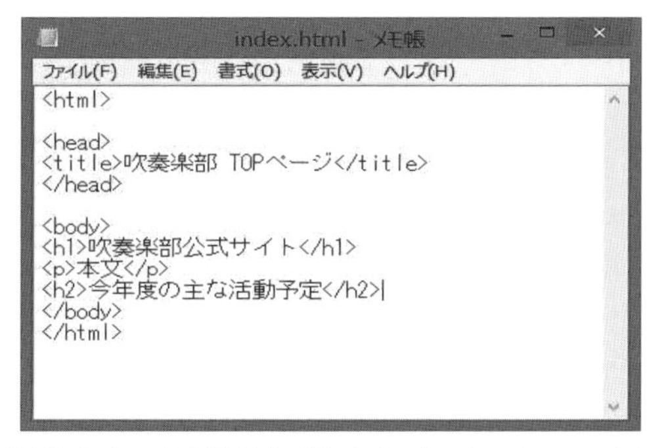

図 7.2.4　メモ帳で作成した index. html ファイル

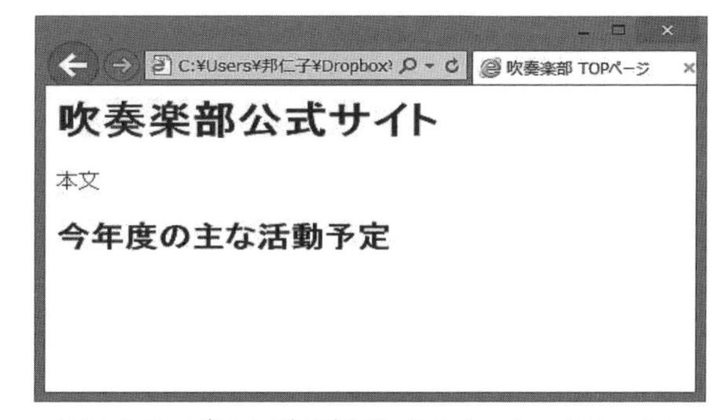

図 7.2.5　ブラウザで表示した index. html ファイル

操作 7.2.3　見出し要素の追加

1．メモ帳を起動し index.html ファイルを開く。
2．本文の下に　<h2> 今年度の主な活動予定 </h2>　と入力する。
3．〔ファイル〕メニューの〔上書き保存〕をクリックする。
4．ブラウザで〔index.html〕を開き，確認する。

(2)　段落＜ p ＞要素（paragraph）・改行＜ br ＞要素（break）

<p> と </p> で囲まれた範囲が 1 つの段落となり，終了タグのあとで改行され，ブラウザ表示では 1 行分の空白行が追加される。

段落は内容的なまとまりを表すため，単なる改行をする場合には空白行のはいらない
 タグを使用する。
 タグは，終了タグのない要素で，空要素と呼ばれる。

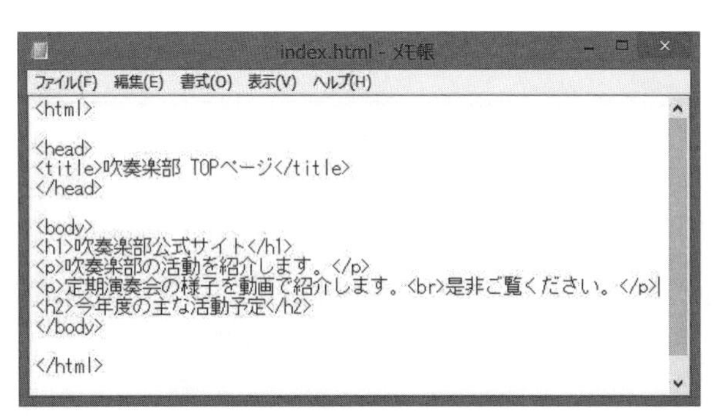

図 7.2.6　メモ帳で作成した index. html ファイル

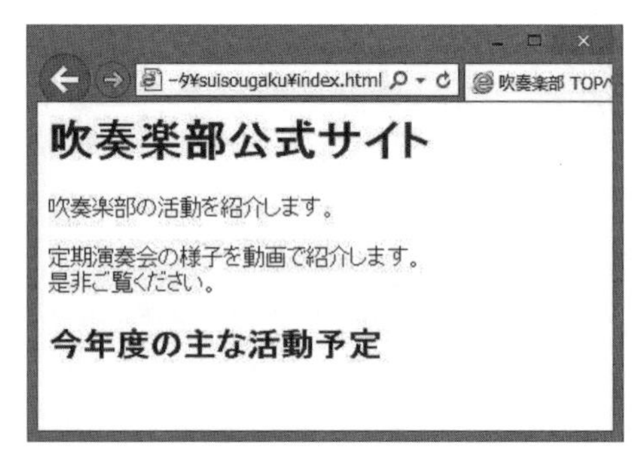

図 7.2.7　ブラウザで表示した index. html ファイル

(3)　箇条書き＜ ul ＞要素（unorderd list）

箇条書きの設定には，順序のない（unorderd）<ul> 要素と，順序付（orderd）の <ol> 要素がある。開始タグ <ul> のあとに，項目の文字列を <li> と </li> で囲み，任意の項目数を追加し，最後に終了タグ </ul> で閉じる。

```
<h2>２０１５年の開催予定</h2>
<ul>
<li>開催日　２０１５年９月６日（日）</li>
<li>時　間　開演　１８：３０　</li>
<li>会　場　文京ホール（交通案内）</li>
</ul>
<h3>プログラム</h3>
<p>演奏曲は以下の通りです。</p>
<ol>
<li>星条旗よ永遠なれ</li>
<li>アルヴァマー序曲</li>
<li>ボギー大佐<br>他</li>
</ol>
```

図 7.2.8　メモ帳で作成した concert. html ファイル

2015年の開催予定

- 開催日　2015年9月6日(日)
- 時 間　開演　18:30
- 会 場　文京ホール(交通案内)

プログラム

演奏曲は以下の通りです。

1. 星条旗よ永遠なれ
2. アルヴァマー序曲
3. ボギー大佐
他

図 7.2.9　ブラウザで表示した concert. html ファイル

7.2.4 画像の挿入

(1) 画像＜ img ＞要素（image）

ページに画像を挿入するには，<img> 要素を使用する。終了タグのない空要素である。属性として画像ファイルの場所を指定する src 属性を記述することが必須である。

```
<img␣src=”img/concert2015.jpg”␣alt=”2015年定期演奏会”␣width=”320”␣height=”240”>
```

(2) 画像要素の属性

img 要素の主な属性値の記述方法は以下の通りである。

表 7.2.1 主な画像要素の属性

src 属性	画像ファイル名	画像が保存されている場所の URL またはパスを含めて記述する。必須属性である
alt 属性	代替テキスト	画像が表示されない場合や音声ブラウザ用の画像の説明を記述する。省略可能であるが，アクセシビリティ，SEO の観点からも必ず記述する
width 属性	画像の横幅	数値のみを記述した場合は，単位はピクセルである。スマートフォンでは画面幅で表示されるように〔100%〕と指定するのが一般的である（CSS にて記述する必要がある）
height 属性	画像の高さ	

操作 7.2.4 画像の追加

1．メモ帳を起動し index.html ファイルを開く。
2．<img␣src="img/concert2015.jpg"␣alt="2015 年 定 期 演 奏 会 "␣width="320"␣height="240"> を入力する。
3．〔ファイル〕メニューの〔上書き保存〕をクリックする。
4．ブラウザで〔index.html〕を開き，確認する。

7.2.5 ハイパーリンク

(1) リンク＜ a ＞要素（anchor）

文字列や画像にリンクを設定するには <a> 要素を使用する。href 属性に URL やファイル名を記述してリンク先を指定する。

A．サイト内の別ページへのリンク

<a href="concert.html" > 定期演奏会 </a>

リンク先が同一フォルダ内に保存されているファイルの場合は，ファイル名のみ指定する。下層フォルダ内にある場合には”フォルダ名 / ファイル名”というようにパスを含めて記述する。

B．画像からのリンク設定

<a href="concert.html"><img src="img/concert2015.jpg" alt="2015 年定期演奏会 "></a>

リンク要素内に，<img> 要素を入れ込んで記述する。

C．外部サイトへのリンク設定

<a href="http://www.ajba.or.jp/" target="_blank"> 一般社団法人 全日本吹奏楽連盟 </a>

リンク先の URL を href 属性として絶対パスで記述する。外部サイトや PDF ファイルへのリンクの場合など，リンク先のページを別ウィンドウや別タブで表示したい場合には，target 属性を記述し，属性値に "_blank" を指定する。

(2)　パスについて

パスとは指定するファイルが保存されている場所のことで，絶対パスと相対パスの２つの方法がある。

A．絶対パス

ファイルのある場所の最上位からたどってすべてのフォルダ名を / で区切って記述する方法で，Web ページのリンク先として http で始まる URL を記述する方法である。外部の Web ページにリンクする場合はこの方法で指定する。

B．相対パス

ファイルが保存されているフォルダを起点として経路をたどって場所を記述する方法で，フォルダの階層構造によって記述方法が異なる。階層が上のフォルダにある場合には〔.. /img/photo.jpg〕（１つ階層上のフォルダの中（下）にある img フォルダ内の photo.jpg というファイル）というように指定する。

操作 7.2.5　リンク設定

1．メモ帳を起動し index.html ファイルを開く。
2．<h1> 見出しタグの下の行に，<p><a href="index.html">TOP</a>　|　<a href="concert.html"> 定期演奏会 </a>　|　<a href="link.html"> リンク </a></p>　を入力する。
3．〔ファイル〕メニューの〔上書き保存〕をクリックする。
4．ブラウザで〔index.html〕を開き，リンクを確認する。

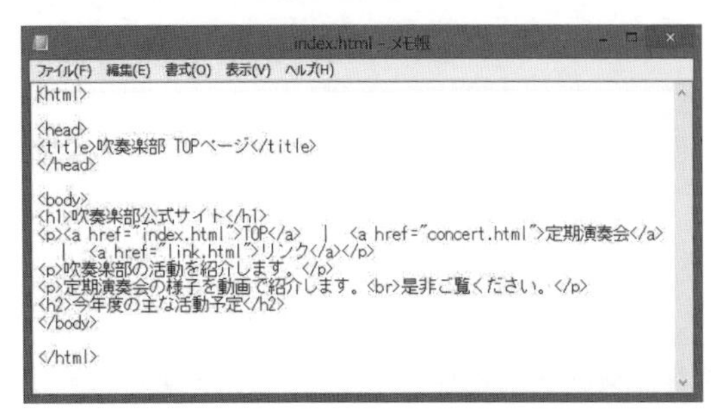

図 7.2.10　メモ帳で作成した index. html ファイル

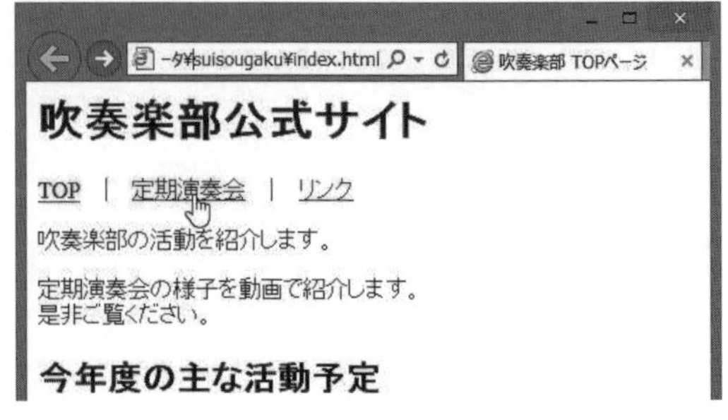

図 7.2.11　ブラウザで表示した index. html ファイル

7.2.6　表の設定

(1)　表＜ table ＞要素

表を作成するには <table> 要素を使用する。一覧表など情報を整理して表示する場合に使用する。<tr> 要素（行），<th> 要素（見出し）<td> 要素（列）を組み合わせて作成する。レイアウトの手段としてのテーブル使用は，推奨されていない。

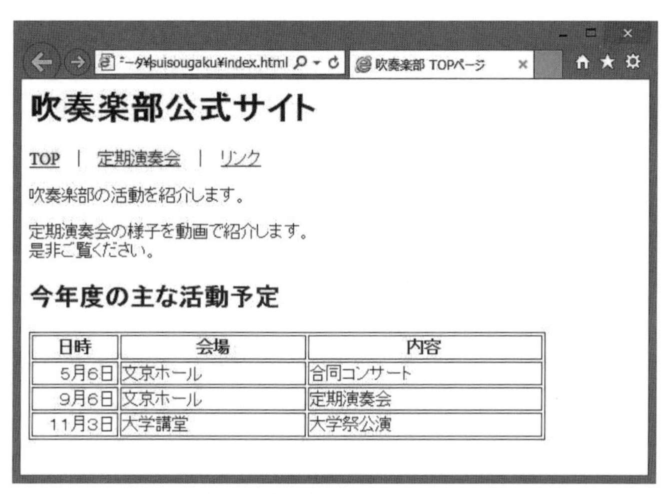

図 7. 2. 12　ブラウザで表示した index. html ファイル

上記の 4 行 3 列の表を作成し，スケジュール表を完成する。タグは以下の通りである。

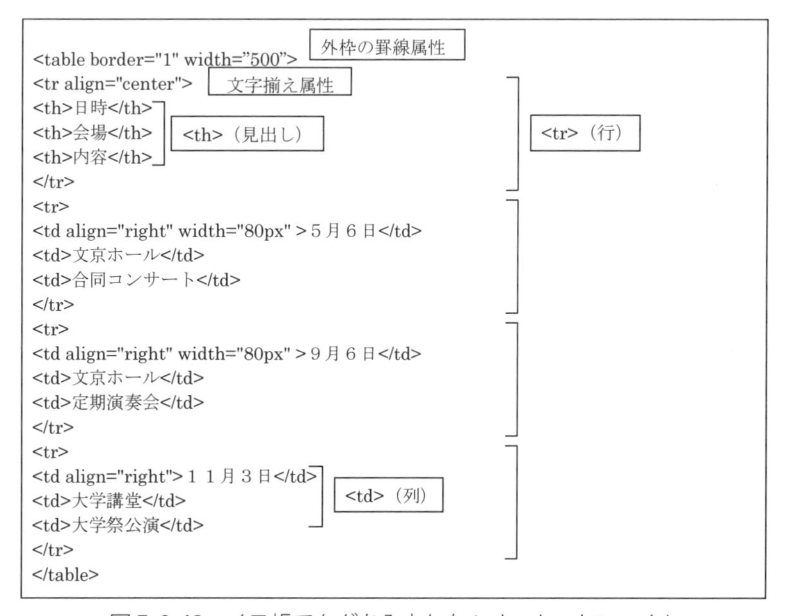

```
<table border="1" width="500">
<tr align="center">
<th>日時</th>
<th>会場</th>
<th>内容</th>
</tr>
<tr>
<td align="right" width="80px" > 5 月 6 日</td>
<td>文京ホール</td>
<td>合同コンサート</td>
</tr>
<tr>
<td align="right" width="80px" > 9 月 6 日</td>
<td>文京ホール</td>
<td>定期演奏会</td>
</tr>
<tr>
<td align="right">1 1 月 3 日</td>
<td>大学講堂</td>
<td>大学祭公演</td>
</tr>
</table>
```


図 7. 2. 13　メモ帳でタグを入力した index. html ファイル

(2)　属性値について

要素名のあとに属性名，属性値を追加することで，セル内の文字の配置や幅や高さなどを設定することができる。主なものは以下の通りである。

表7.2.2　主な属性値

属性名	属性値	解説
border	1	属性を省略すると線が非表示になる
align	left	左揃え（初期設定）
	center	中央揃え
	right	右揃え
colspan	結合するセル数	複数セルを横方向に結合する
rowspan		複数セルを縦方向に結合する

操作7.2.6　表の作成

1．メモ帳を起動しindex.htmlファイルを開く。
2．<h2>見出しタグの下の行に，図7.2.13のタグを入力する。
3．〔ファイル〕メニューの〔上書き保存〕をクリックする。
4．ブラウザで〔index.html〕を開き，確認する。

練習問題7.2　URL：http://www.kyoritsu-pub.co.jp/bookdetail/9784320124295 参照

7.3　CSSによるスタイルの設定

7.3.1　CSSとは

CSS（Cascading Style Sheets）とは，Webページのデザインや装飾を設定するための言語であり，HTMLと組み合わせて使用する。

HTMLがWebページの骨組みや構造をタグで記述するのに対して，CSSはそのタグ付けされた要素をどのように装飾するかをルールに従って記述する。

CSSにもバージョンがあり，現在はCSS3が最新である。

7.3.2　CSSでできること

デザイン部分はCSSを使用して設定することによって以下のようなメリットがある。

- HTMLでは実現できないデザイン設定が可能になる。
- HTML文書構造がシンプルになる。
- リニューアルのなどのメンテナンスが容易になる。

- デザインの統一が容易である。
- SEO（検索エンジン最適化）やアクセシビリティが向上する。
- パソコンやスマートフォンなどメディアごとの対応が可能になる。

企業や組織の Web ページは，多くのページで構成されているが，全体のデザインが統一されている。

また，ページの追加や定期的なリニューアルが繰り返されていることも多い。

HTML と CSS を組み合わせて Web ページの作成を行うことにより，文書の構造部分は変更せずにデザイン部分の変更や統一感を保つことが容易になる。

7.3.3　CSS の記述方法

CSS はデザイン部分を担当する記述なので，HTML ファイルの「どの部分に対してどのスタイルをどのように設定するか」ということを明確にする書式が必要である。

(1)　CSS の基本書式

以下の記述が基本的な書式である。「セレクター（どの部分に対して)〕〔プロパティ（どのスタイルを)〕〔値（どのように)〕」で構成される。プロパティと値は：(コロン) でつなぎ，半角英数字の小文字で記述する。

図 7.3.1　CSS の基本書式例

上記は，「見出し 1 (h1)」の部分に対して，「文字色のスタイル (color)」を「赤 (#ff0000)」に設定するということである。このまとまりを「宣言」と呼ぶ。

(2)　複数のプロパティの記述

1 つの要素に対して複数のプロパティを設定する場合には，{ } カッコの中に，セミコロン (；) で区切って記述する。半角スペース・タブ・改行は，無視され影響はないので，内容が見やすくなるように入力する。

```
h1{
	padding:20px;	/*余白を上下左右に 20 ピクセル*/
	color:#ffffff;	/*文字色を白にする*/
	background-color:#00a0e8;	/*背景色を青にする*/
	/*width:80%;*/
}
```

図 7.3.2　CSS の入力例

/*～ */ の間にコメントを入力することができる。コメントはブラウザで無視されるため，一時的に非表示にしたり，メモを残したい場合などに記述する。

(3)　CSS の記述場所

CSS の記述は HTML ファイル内に直接〔style 要素〕や〔style 属性〕を追加して記述する方法と，HTML ファイルとは別に CSS ファイルを作成して，リンクする方法がある。

CSS ファイルを別途作成する方法であれば，複数の HTML ファイルに適用することができ，デザインの変更などを一括して行い統一感を保つなど，より効率のよいスタイル管理に有効である。

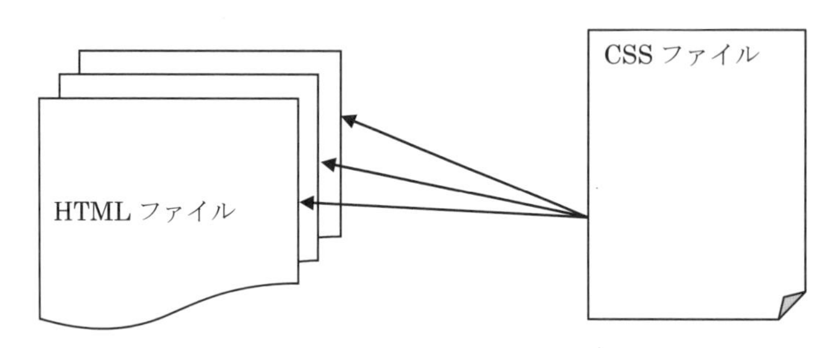

図 7. 3. 3　CSS ファイルと HTML ファイルの連携

(4)　CSS ファイルの作成

ここでは，前節で作成した，HTML ファイル，〔index.html〕〔concert.html〕〔link.html〕に共通して適用するための CSS ファイルを作成する。

操作 7.3.1　CSS ファイルの新規作成

1．メモ帳を起動し index.html ファイルを開く。
2．h1 要素に対する〔宣言〕を図 7.3.2 の通りに入力する。
3．〔ファイル〕メニューの〔名前を付けて保存〕をクリックする。
4．保存先を〔index.html〕が保存されているフォルダ〔suisougaku〕に指定し，ファイル名〔style.css〕と入力し，保存ボタンをクリックする。

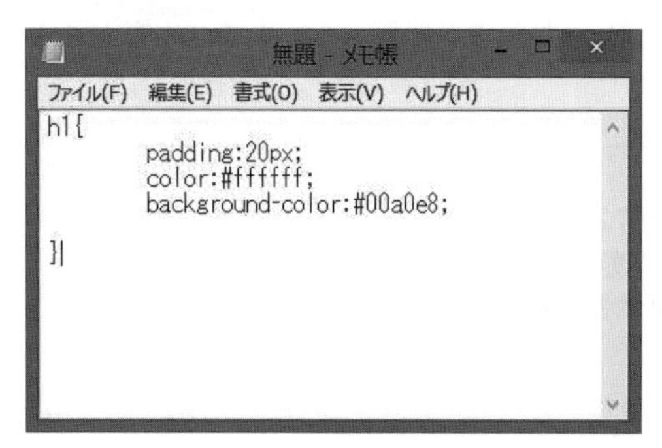

図 7. 3. 4　CSS の入力例

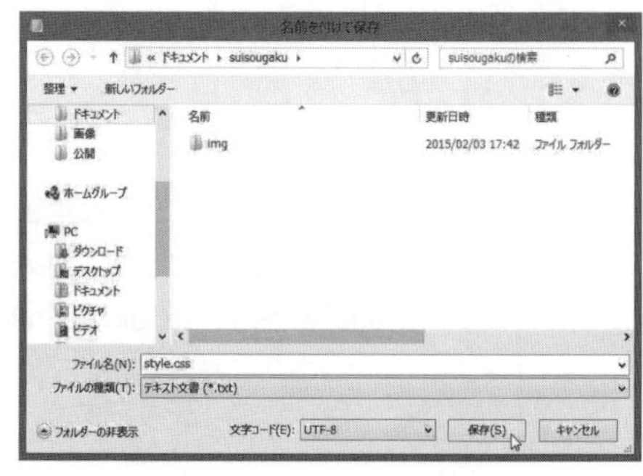

図 7. 3. 5　CSS ファイルの保存

7.3.4　HTMLファイルへの適用

作成したCSSファイルをHTMLファイルに適用するには，HTMLファイルの<head>要素の中にCSSファイルの保存場所とファイル名を示すリンクを記述する。

リンク<link>要素

```
<link␣rel="stylesheet"␣href="style.css"␣type="text/css">
```

表7.3.1　設定項目の解説

属性名	属性値	解説
rel	stylesheet	必須属性
href	style.css	（パス /）CSSファイル名を記述。必須属性
type	text/css	適用されるスタイルがCSSによるものであることをブラウザなどに知らせる。必須属性

操作7.3.2　HTMLファイルへのリンク設定

1. メモ帳を起動しindex.htmlファイルを開く。
2. <head>要素内に<link␣rel="stylesheet"␣href="style.css"␣type="text/css">と入力する。
3. 〔ファイル〕メニューの〔上書き保存〕をクリックする。
4. ブラウザでindex.htmlファイルを開き，CSSファイルが適用され，余白と背景色文字色のデザインが反映されていることを確認する。

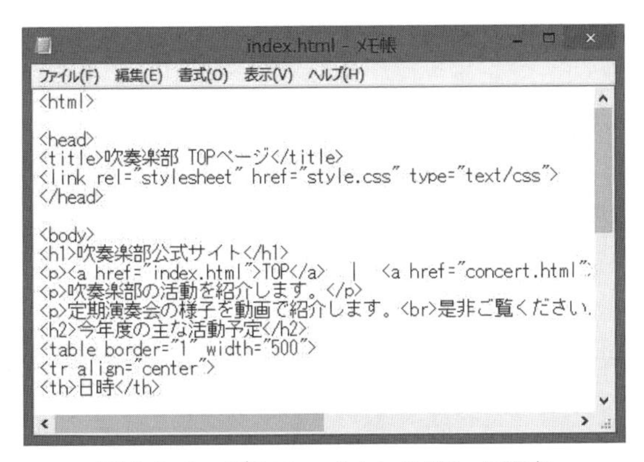

図7.3.6　CSSファイルへのリンク設定

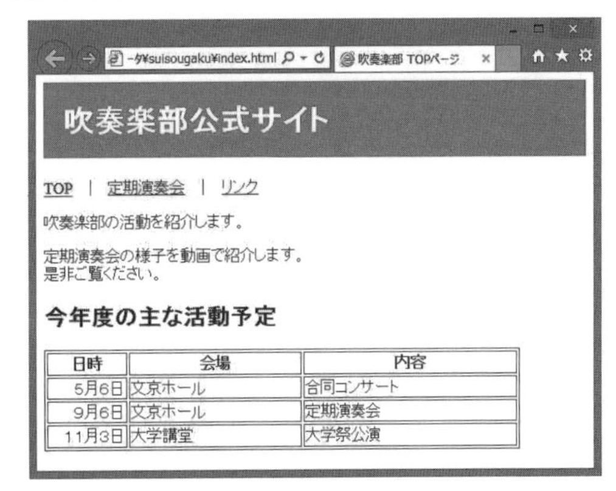

図7.3.7　CSSファイルのデザインの確認

7.3.5　主なCSS一覧

表7.3.2　CSS一覧

設定対象		設定値	具体例と意味	
文字	色	{color: 値 }	p {color:#ff0000;}	文字列を赤に設定
	大きさ	{font-size: 値 }	p {font-size:large;}	初期値の120%
	行間	{line-height: 値 }	p {line-height:1.5 em;}	文字サイズの1.5倍の行間
	配置	{text-align: 値 }	p {text-align:center;}	中央揃え
		{vertical-align: 値 }	p {vertical-align:middle;}	上下の中央揃え
背景色		{background-color: 値 }	h1 {background-color:blue;}	見出しの背景を青に設定
ボックス	外側余白	{margin: 値 }	p {margin:10px 20px 30px 40px;}	段落外側に上10px，右20px 下30px 左40pxの余白をとる
	内側余白	{padding: 値 }	p {padding-top;10px}	段落内側に上に10pxの余白をとる
	線の太さ	{border-width: 値 }	p {border-width:5px;}	段落の枠線の太さをピクセルに設定
	線の色	{border-color: 値 }	p {border-color:green;}	段落の枠線の色を緑に設定
回り込み		{float: 値 }	{float:left;}	要素を左側に配置して次に来る内容を右に回り込ませる

7.3.6　CMSによるWebページ作成

CMSとは，コンテンツ管理システム（content management system）の略称である。前述のように，Webページの内容を公開するために，HTMLやCSSで記述されたWebページのファイルを直接編集し，FTPソフトを使い，事前に用意したWebサーバにアップロードしなければならない。一方，CMSの場合では，ユーザー登録すると，自分用のWebページが自動的に生成され，HTMLやCSSなどの記述言語を知らなくでも，サーバを意識することなく，管理画面からテキストや画像などを自由に編集できる。ブログもCMSの一種である。

CMSを使うと，以下のような利点がある。

- HTMLやCSSに関する最低限の知識だけでもWebページの作成と管理ができる。
- すべての作業はネットを通じて行えるため，通常のWebページ更新よりも手軽に変更できる。
- 様々なテンプレートが用意されているため，デザインの統一が容易である。

CMSはオープンソースと企業が提供しているシステムの2種類がある。オープンソースのCMSは無料で利用できる。その反面，サポートが基本的にない。さらに，Webサーバを構築する場合がある。例えば，WordPress，XOOPSなどがある。企業のCMSは有料の場合が多い。ただし，個人利用に限定する時には無料提供もある。例えば，WixやJimdoなどがある。本書はJimdoの利用方法についてまとめている。詳しい情報は本書の参考サイトを参照されたい。

練習問題7.3　URL：http://www.kyoritsu-pub.co.jp/bookdetail/9784320124295 参照

7.4　Web サイトの公開

7.4.1　転送設定

作成した Web ページを公開するには，FTP ソフトを使用して Web サーバへの転送を行う。

ここではフリーソフト FFFTP を利用した転送方法を紹介する。

まず，転送設定を行う。転送設定は，変更点がない限り一度行えば，転送のたびに行う必要はない。

操作 7.4.1　FFFTP の転送設定

1．FFFTP のアイコンをダブルクリックして起動する。
2．ホスト一覧画面の〔新規ホスト〕ボタンをクリックする。
3．図 7.4.1 の通り，設定項目を入力する。
4．〔OK〕をクリックする。

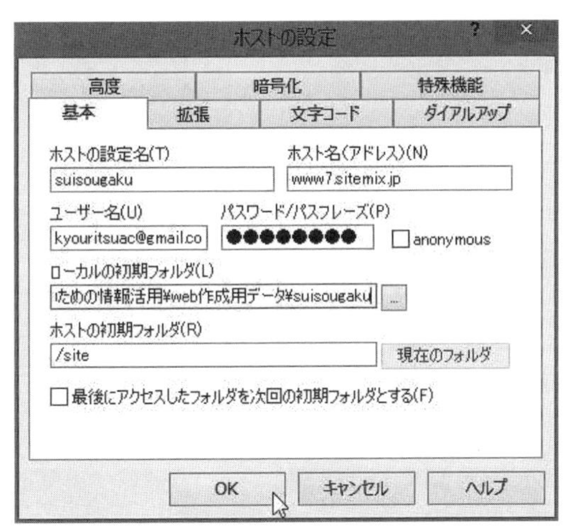

図 7.4.1　転送設定

表 7.4.1　設定項目の解説

①ホストの設定名	任意。わかりやすい名前を入力する
②ホスト名（アドレス）	取得したアクセスアカウントの〔FTP ホスト名〕を入力する
③ユーザー名	取得したアクセスアカウントの〔FTP ユーザー名〕を入力する
④パスワード / パスフレーズ	取得したアクセスアカウントの〔ログインパスワード〕を入力する
⑤ローカルの初期フォルダ	作成した Web ページが保存してある自分の PC 内のフォルダのパスを入力（ … をクリックしてフォルダを選択）する
⑥ホストの初期フォルダ	取得したアクセスアカウントに指定がある場合には入力する

7.4.2 アップロード

転送設定後は，FFFTPを起動すると，図7.4.2の通り一覧に設定名がある接続画面が表示される。

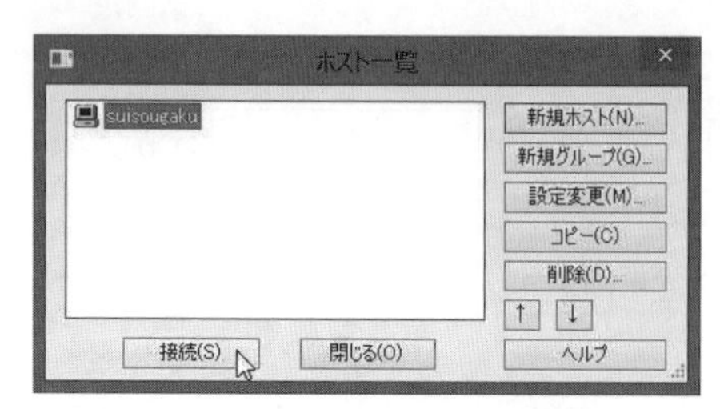

図7.4.2　転送設定後の接続画面

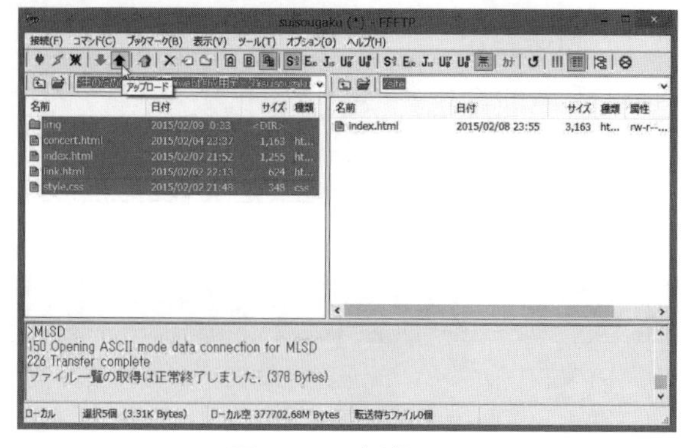

図7.4.3　転送画面

転送画面の左側に，自分のPC内に保存されたフォルダ内（ローカル）のデータが表示される。右側には転送先のフォルダ内（リモート）のデータが表示される（図7.4.3）。

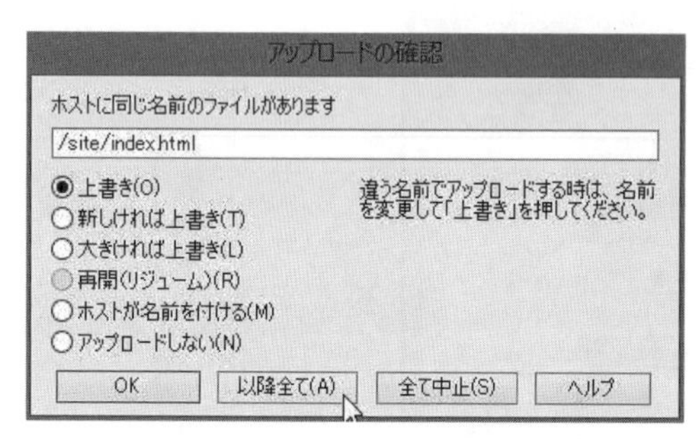

図7.4.4　転送確認画面

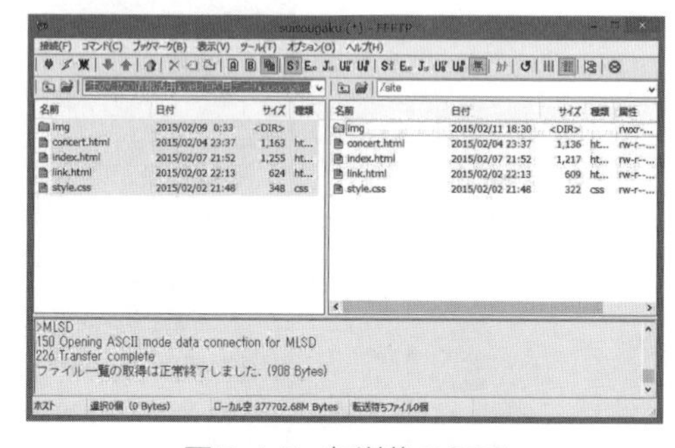

図7.4.5　転送後の画面

操作7.4.2　アップロード（データの転送）

1. FFFTPのアイコンをダブルクリックして起動する。
2. ホスト一覧画面の〔接続〕ボタンをクリックする。
3. 図7.4.3の通り，ローカル側のファイルを選択し，アップロードボタンをクリックする。（ホスト側に同じファイル名がある場合には，確認画面（図7.4.4）が表示される。）
4. 〔上書き〕または〔新しければ上書き〕を選択し，〔OK〕または〔以降全て〕をクリックする。

アップロード後の画面で，ローカル側とホスト側のデータの名前，日付，時刻が同一となっていることを確認することができる（図7.4.5）。

ブラウザを起動しURLをアドレスバーに入力してアクセス，公開されたWebページを確認する。

繰り返しアップロードを行った場合には，ブラウザの〔最新の情報に更新〕をクリックして確認する必要がある。

Excel 記録マクロの活用

この章は，Excel 2016（以降，Excel）で行う日々の処理をより早く正確に，自分用に実践的に活用するための記録マクロについて学習する。本書とは異なるバージョンでも同様にできるので是非学んでほしい技法である。Excel の基本的な知識があれば十分理解できる内容となっている。

Excel では様々な処理を行うことができるが，代表的なものとして売上処理や成績処理などがある。データの値を月末などに入力し，毎回同じ処理を行うケースはよくあるが，処理の過程で簡単なミスをしてしまうこともある。また，特定の人にしかできない複雑な処理が含まれていると，その人がいないと困るという場合もある。

Excel のマクロには「操作手順を記録する機能」と「記録した操作手順を自動的に実行する機能」がある。毎回の同じ操作手順を記録マクロとして設定しておくと，新たな値を入力して 1 回のクリックで記録した操作手順を瞬時に終えることが可能になる。たとえば図 8.1.1 のように各教科の点数を入力し，記録マクロで結果を出した状態である。

Excel の記録マクロは通常の操作手順とほぼ同じ方法で作成できるが，記録内容は VBA（Visual Basic for Application）言語のプログラムから成り立っている。したがって，記録マクロを作成した Excel ファイルはプログラムを含んでいると判断される。プログラムを使って悪意を持ったウイルスなどを侵入させることもできるため，このようなマクロを含む Excel ブックを開く度に「セキュリティの警告」が表示される。このメッセージが表示され，マクロに心当たりがない場合は慎重に扱う必要がある。

記録マクロの作成と実行について学習していくが，マクロの作成には欠かせない VBA の基本ルールと編集機能である VBE（Visual Basic Editor）の見方にも少し触れていく。

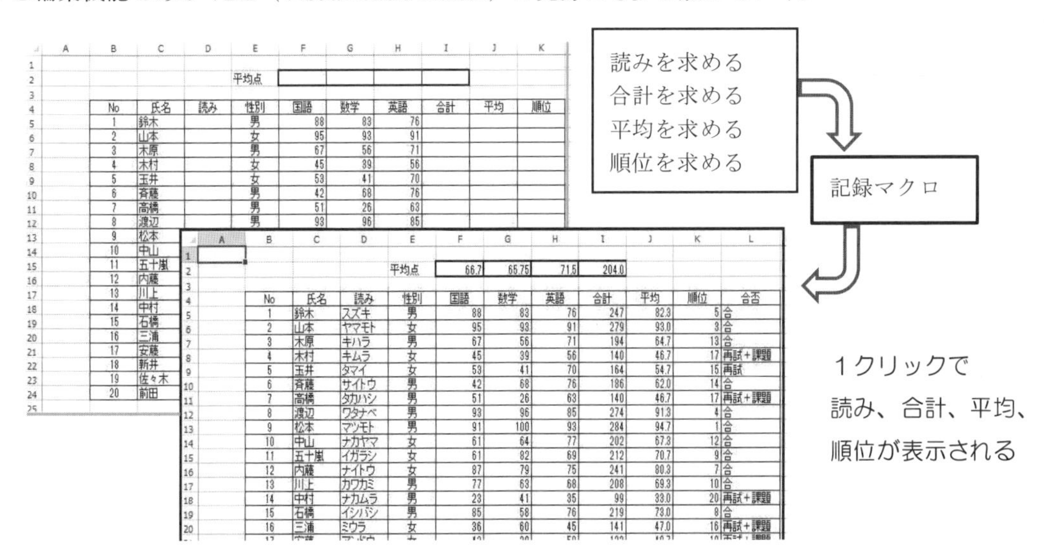

図 8.1.1　記録マクロのイメージ

8.1　記録マクロの作成から実行

図 8.1.2　記録マクロの手順

8.1.1　記録マクロの環境設定

記録マクロを作成するには，リボンに〔開発〕タブを追加する必要がある。次にデータおよびシートの環境設定と操作手順の確認が大切な前準備となる。環境設定は最初のみ行う。**シート名やデータの位置に変更があると正しい結果が得られなくなる**ので，環境設定は注意が必要である。

操作 8.1.1　開発タブの追加

1．〔ファイル〕をクリックし，〔オプション〕を選択する。
2．Excel のオプションの左側メニューから〔リボンのユーザー設定〕をクリックする。
3．図 8.1.3 の一覧から〔開発〕をクリックしてチェックを入れ，〔OK〕をクリックする。

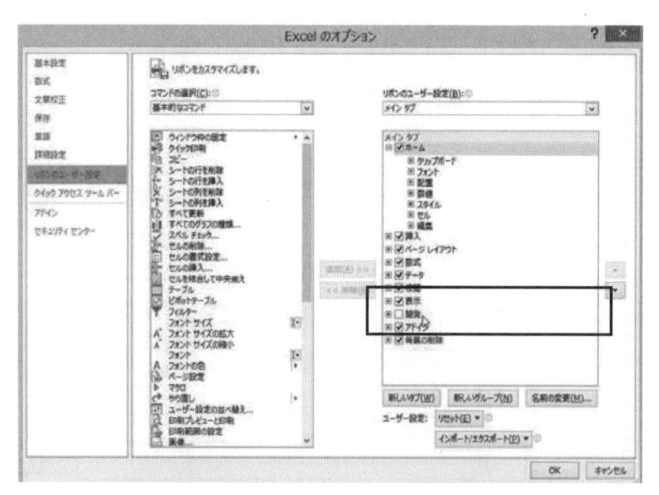

図 8.1.3　〔開発〕タブの選択

ここでは，図 8.1.4 の例題を使い，「読み」「合計点」「平均点」「順位」を求める記録マクロを次の手順に沿って作成していく。

(1)　データおよびシートの環境設定

データの入力……図 8.1.4 と同じようにデータを入力し，シート名は「テスト結果」とする。平均点の値が入るセル番地【J5:J24】はセルの書式設定から小数点第 1 位の表示にあらかじめ設定しておく。ファイル名は「マクロ用データ」で保存する。

(2) 操作手順の確認

以下の操作手順の確認が終わったら，データを図 8.1.4 の初期状態（D，I，J，K 列が空白）に戻す。

読み…… 【D5】に「=PHONETIC(C5)」を入力し，【D24】まで計算式をコピーする。

合計…… 【I5】に「=SUM(F5:H5)」を入力し，【I24】まで計算式をコピーする。

平均…… 【J5】に「=AVERAGE(F5:H5)」を入力し，【H24】まで計算式をコピーする。

順位…… 【K5】に「=RANK(I5,$I$5:$I$25,0)」を入力し，【K24】まで計算式をコピーする。

	A	B	C	D	E	F	G	H	I	J	K
1											
2					平均点						
3											
4		No	氏名	読み	性別	国語	数学	英語	合計	平均	順位
5		1	鈴木		男	88	83	76			
6		2	山本		女	95	93	91			
7		3	木原		男	67	56	71			
8		4	木村		女	45	39	56			
9		5	玉井		女	53	41	70			
10		6	斉藤		男	42	68	76			
11		7	高橋		男	51	26	63			
12		8	渡辺		男	93	96	85			
13		9	松本		男	91	100	93			
14		10	中山		女	61	64	77			
15		11	五十嵐		女	61	82	69			
16		12	内藤		女	87	79	75			
17		13	川上		男	77	63	68			
18		14	中村		男	23	41	35			
19		15	石橋		男	85	58	76			
20		16	三浦		女	36	60	45			
21		17	安藤		女	43	29	50			
22		18	新井		男	86	76	80			
23		19	佐々木		男	94	90	96			
24		20	前田		女	56	71	78			
25											

図 8.1.4 マクロの例題用データ

8.1.2 記録マクロの作成

記録マクロの作成時に**マクロ名**の入力を求められる。記録マクロを実行する際に**正確なマクロ名の指定**が必要となるので，処理内容がわかる名称にする。記録マクロの数が多くなる場合はマクロ名を記録しておくことが大切である。

操作 8.1.2 の 1 と 4 で示したように，**計算式を入れるセルをアクティブセルにするという処理から記録することがポイント**となる。図 8.1.4 の例題ではセル番地 A1 をクリックした状態で記録マクロを作成していく。

操作 8.1.2 記録マクロの作成

1. **処理には関係ないセルをクリックしアクティブセルに指定**する。
2. 〔開発〕タブの〔コード〕グループの〔マクロの記録〕をクリックする。
3. 図 8.1.5 のマクロの記録画面から〔マクロ名〕を入力して〔OK〕をクリックする。
   ＊＊ここからの処理が記録される＊＊
4. **結果を求めるセルをアクティブセルにして**，確認した操作手順の処理を行う。
5. 操作が終了したら，〔開発〕タブの〔コード〕グループの〔記録終了〕をクリックする（図 8.1.6)。

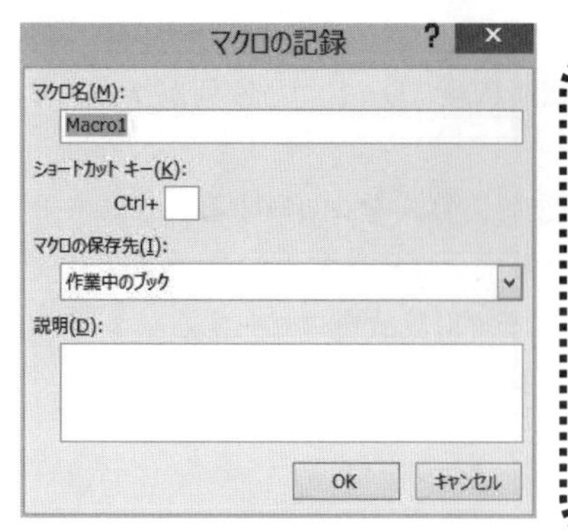

図 8.1.5　マクロ名の指定

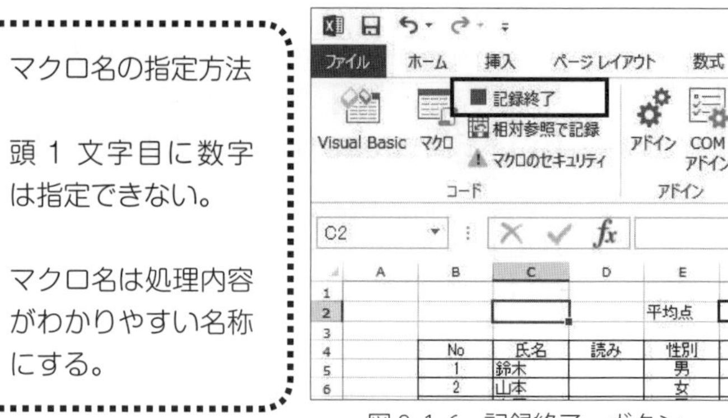

図 8.1.6　記録終了　ボタン

8.1.3　記録マクロの削除

処理を記録している過程で操作方法の間違いに気づいたら，その時点でいったん終了し，作成した記録マクロを削除してから，再度作成する。

操作 8.1.3　記録マクロの削除

1.〔開発〕タブの〔コード〕グループの〔マクロ〕をクリックする。
2. 表示されたマクロ名の一覧から削除するマクロ名を指定して「削除」をクリックする。
3.「マクロを削除しますか？」という確認メッセージが表示される。
4.〔はい〕を選択する。

8.1.4　記録マクロの実行

作成した記録マクロを実行する方法を学習する。実行した結果が正しくない場合はマクロを削除し，操作 8.1.2「記録マクロの作成」の 1 と 4 を確認して再度作り直す。実行途中で VBE の画面が表示された場合は，エラーとなった原因を修正する（8.5 節を参照）。

操作 8.1.4　記録マクロの実行

1. データを図 8.1.4 の入力時の状態に戻し，処理には関係ないセルをクリックする。
2.〔開発〕タブの〔コード〕グループの〔マクロ〕をクリックする。
3. 表示されたマクロ名の一覧から，処理を実行するマクロ名を指定して〔実行〕をクリックする。

例題 8.1.1　ファイル「マクロ用データ」を使い，記録マクロの作成から実行までを行う。

1）マクロ名「読み」でセル番地【D5：D24】に読みが表示される記録マクロを作成する。
2）同様に「合計」「個人平均」「順位」のマクロを作成する。
3）図 8.1.4 の状態に戻す。（「読み」「合計」「平均」「順位」の結果を消去する。）
4）マクロを「読み」「合計」「平均」「順位」の順番で実行する。
5）正しい結果が出ないマクロは，削除して再度作成する。

練習問題 8.1　URL：http://www.kyoritsu-pub.co.jp/bookdetail/9784320124295 参照

8.2　マクロを含むブックの保存と開け方

8.2.1　マクロを含むブックの保存

記録マクロはプログラミングで構成されているため，マクロを含むExcelブックは通常のブックとは異なる拡張子で保存する。また，ファイルアイコンも異なる（図8.2.1）。これは，ブックを開いた直後に悪意を持ったマクロ（プログラム）が自動実行することを防ぐためである。拡張子とファイルアイコンを確認する。

図8.2.1　通常のExcelブックのアイコンとマクロを含むExcelブックのアイコン

操作8.2.1　マクロを含むブックの保存

1. 〔ファイル〕をクリックし，〔名前を付けて保存〕を選択する。
2. 保存先を選択すると「名前を付けて保存」ダイアログボックスが表示される。
3. ファイル名を入力する。
4. ファイルの種類の右側vをクリックし，一覧から〔Excelマクロ有効ブック(*.xlsm)〕を選択し〔保存〕をクリックする。

マクロを含んでいるブックを通常のExcelブックで保存しようとすると図8.2.2のようなメッセージが表示される。〔はい〕を選択すると，マクロを実行できない状態での保存となる。

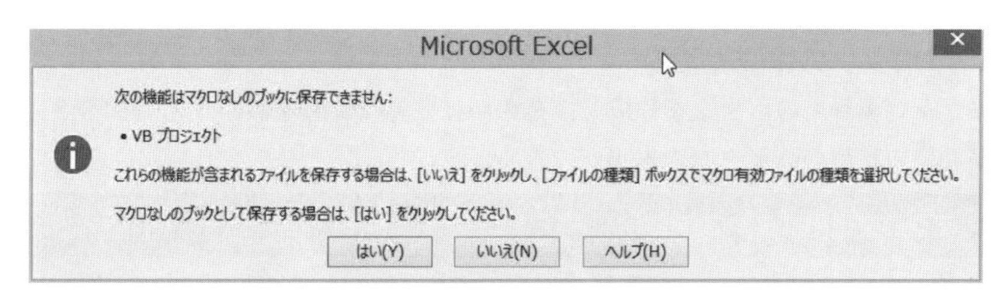

図8.2.2　マクロを含むブック時のメッセージ

8.2.2　マクロを含むブックの開け方

操作8.2.2　マクロを含むブックの開け方

1. 〔ファイル〕をクリックし，〔開く〕を選択する。
2. 保存先を選択すると「ファイルを開く」ダイアログボックスが表示される。
3. 表示されたファイル名の一覧から該当ファイル名を選択して「開く」をクリックする。
4. ファイルを開くと，図8.2.3のような「セキュリティの警告」が表示されるので，〔コンテンツの有効化〕をクリックする。

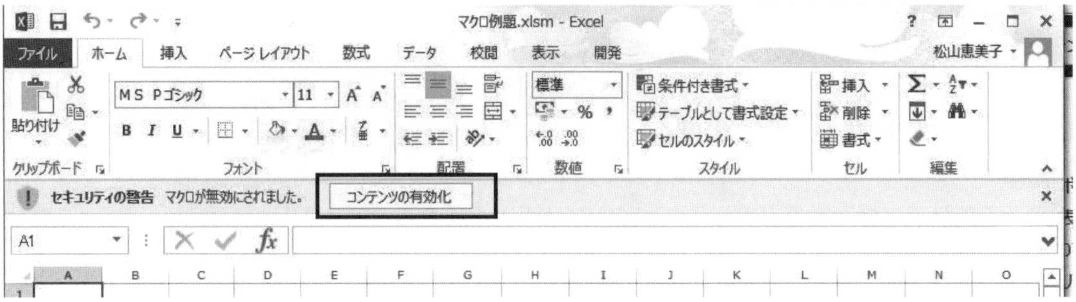

図 8.2.3　マクロを含むブックを開けた状態

例題 8.2.1　例題で作成したファイル「マクロ用データ」について行う。

1）　マクロ有効ブックで保存する。ファイル名は同じ「マクロ用データ」とする。

2）　エクスプローラーを開き，ファイルアイコンと拡張子を確認する。

練習問題 8.2　URL：http://www.kyoritsu-pub.co.jp/bookdetail/9784320124295 参照

8.3　複数のマクロを1クリックで実行する

記録マクロの数が多くなるとマクロを実行する順番が重要となる。この節では一度の操作ですべての記録マクロを実行する方法を学習する。誰がいつ実行しても，同じ結果を得ることができる。

8.3.1　実行用ボタンの作成と設定

シート内にマクロ実行用のボタンを作成し，その中に記録マクロを設定する。図 8.3.1 の〔デザインモード〕が ON の状態のみボタンの編集ができる。

操作 8.3.1　マクロ実行用ボタンの作成

1. 〔開発〕タブの〔コントロール〕グループの〔挿入〕の▼をクリックする。
2. プルダウンメニューの〔ActiveX コントロール〕の「コマンドボタン」をクリックする（図 8.3.1）。
3. マウスの形状が + の状態でボタンを配置する箇所をドラッグして作成する（図 8.3.2）。
4. ボタンを選択し，〔開発〕タブの〔コントロール〕グループの〔プロパティ〕をクリックしプロパティ画面（図 8.3.3）を表示する。
5. オブジェクト名と Caption を設定し，右上の閉じるボタンで閉じる。

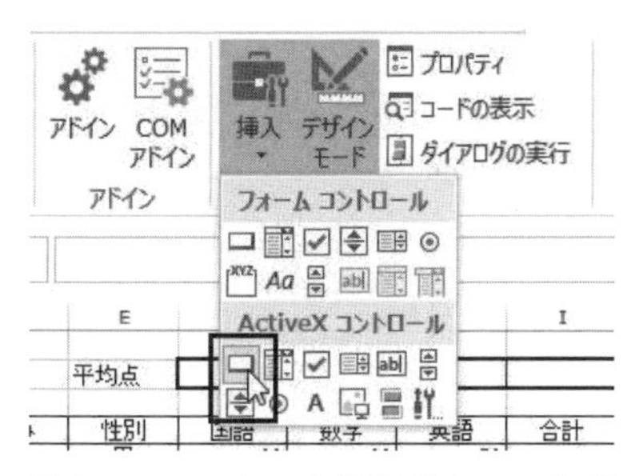

図8.3.1　マクロ実行用ボタンの作成

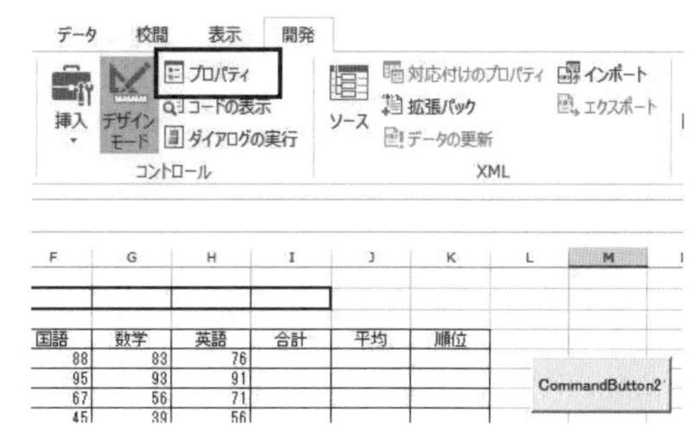

図8.3.2　マクロ実行用ボタンを作成した状態

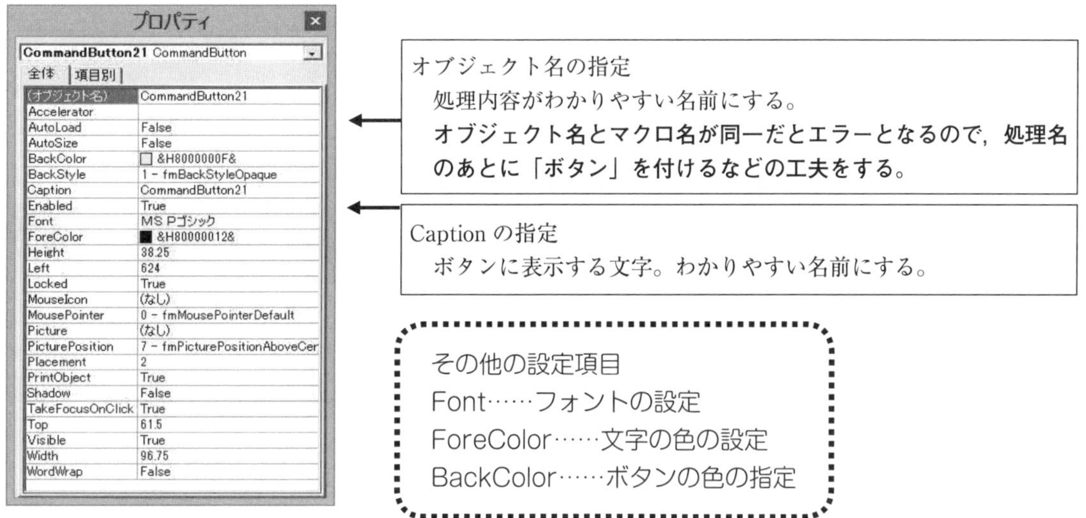

図8.3.3　ボタンのプロパティ

8.3.2　マクロ実行用ボタンに記録マクロを設定する

マクロ実行用ボタンに記録マクロを設定する方法を学習する。設定はイベントプロシージャを編集するVBEで行う。

操作 8.3.2　マクロ実行用ボタンに記録マクロを設定する

1. 〔開発〕タブの〔コントロール〕グループの〔デザインモード〕をOFFにする。
2. マクロ用実行ボタンを右クリックし，一覧から〔コードの表示〕をクリックする。
3. VBEの画面が表示されるので，「End Sub」の上部分に実行する順番で記録マクロ名を改行しながら入力する（図8.3.4）。
4. ②のボタンは保存，①のボタンでExcel画面に切り替える。

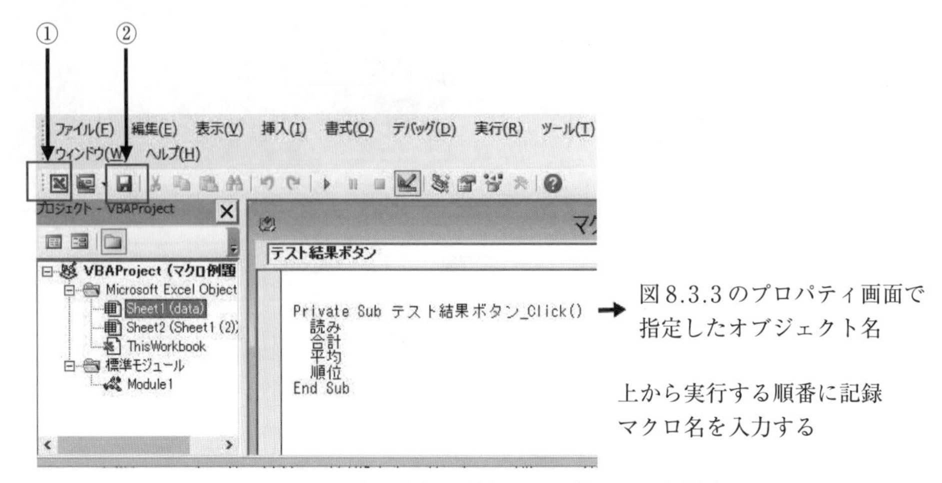

図 8.3.4　マクロ実行用ボタンに記録マクロを設定

8.3.3　マクロ実行用ボタンからの実行

実行する前に，データを図 8.1.4 の入力時の状態に戻す。

操作 8.3.3　マクロ実行用ボタンからの実行

1．〔開発〕タブの〔コントロール〕グループの〔デザインモード〕を OFF にする。
2．処理には関係ないセルをクリックしアクティブセルに指定する。
3．マクロ実行用ボタンをクリックする。

例題 8.3.1　例題 8.2.1 で保存した「マクロ用データ」ファイルを開き，以下の処理を行う。

1）　マクロ実行用ボタンを作成する。オブジェクト名は「テスト結果ボタン」，Caption は「テスト結果」。
2）　マクロ実行用ボタンに記録マクロ「読み」「合計」「平均」「順位」を設定する。
3）　マクロ用実行ボタンから実行し，結果を確認する。

練習問題 8.3　URL：http://www.kyoritsu-pub.co.jp/bookdetail/9784320124295 参照

8.4　メッセージコマンドの利用

処理の途中でメッセージを表示することができる。また「はい」「いいえ」などの選択肢が付いたメッセージの表示もできる。VBE の画面にコマンドと呼ばれる「命令語」を書き方（**構文**）に従って入力する。英字はすべて小文字で構わない。VBA が命令語だと判断すると該当文字を自動的に大文字表示とする。コマンドを入力すると構文チェックが行われ，エラー箇所の文字は赤で表示される。エラーの対処については 8.5 節を参照する。

8.4.1　メッセージの表示

操作 8.4.1　メッセージコマンドの表示　(メッセージの表示のみ)

1. 〔開発〕タブの〔コントロール〕グループの〔デザインモード〕を ON にする。
2. マクロ実行用ボタンを右クリックしてコードを表示し，VBE のウィンドウを開く。
3. メッセージコマンドを入力し（図 8.4.1），VBE のウィンドウを閉じる。
4. 〔開発〕タブの〔コントロール〕グループの〔デザインモード〕を OFF にする。
5. マクロ実行用ボタンをクリックすると，メッセージが表示される（図 8.4.2）。

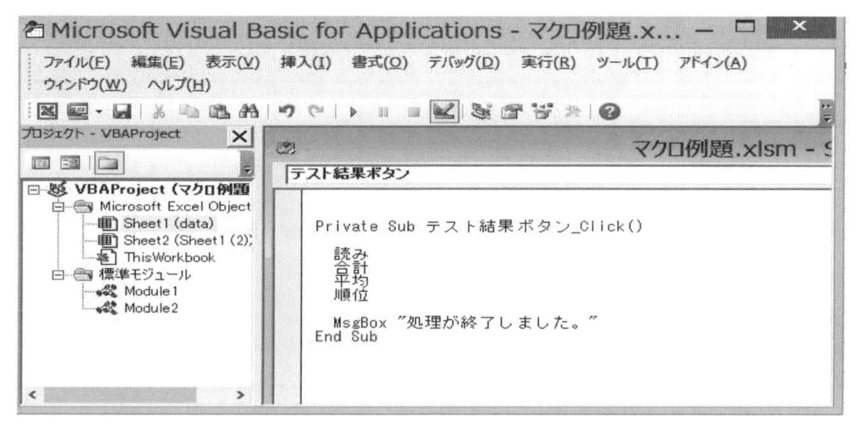

図 8.4.1　VBE ウィンドウからのメッセージコマンドの入力

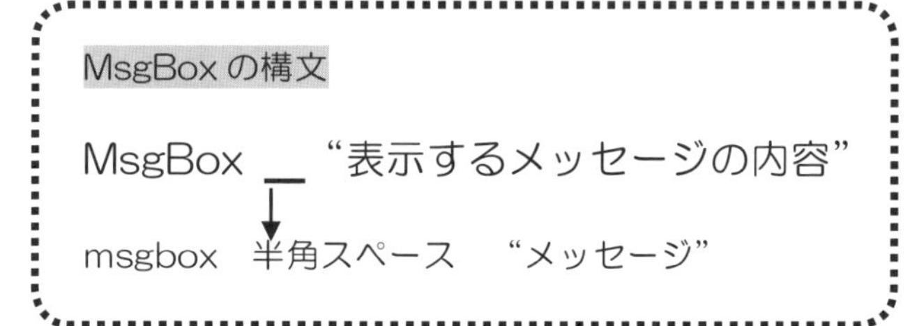

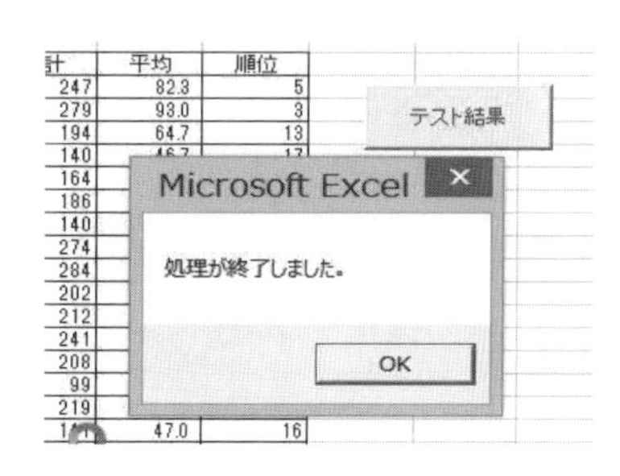

図 8.4.2　メッセージの表示

例題 8.4.1　例題 8.3.1 で保存したマクロを含むブックを開き，以下の処理を行う。

1）マクロ実行用ボタンからコードを表示する。

2）「読み・合計・平均・順位の処理が終了しました。」というメッセージを表示する。

8.4.2　選択肢付きメッセージの表示

選択肢付きメッセージとは，メッセージとともに「はい」「いいえ」「キャンセル」などのボタンが表示され，ユーザーが選択したボタンで次に行う処理を決定できる機能である。

操作 8.4.2　選択肢付きメッセージの表示

1. 〔開発〕タブの〔コントロール〕グループの〔デザインモード〕を ON にする。
2. マクロ実行用ボタンを右クリックしてコードを表示し，VBE のウィンドウを開く。
3. メッセージコマンドを入力し（図 8.4.3)，VBE のウィンドウを閉じる。
4. 〔開発〕タブの〔コントロール〕グループの〔デザインモード〕を OFF にする。
5. マクロ実行用ボタンをクリックすると選択肢付きメッセージが表示される（図 8.4.3)。
6. 選択肢のいずれかをクリックする。

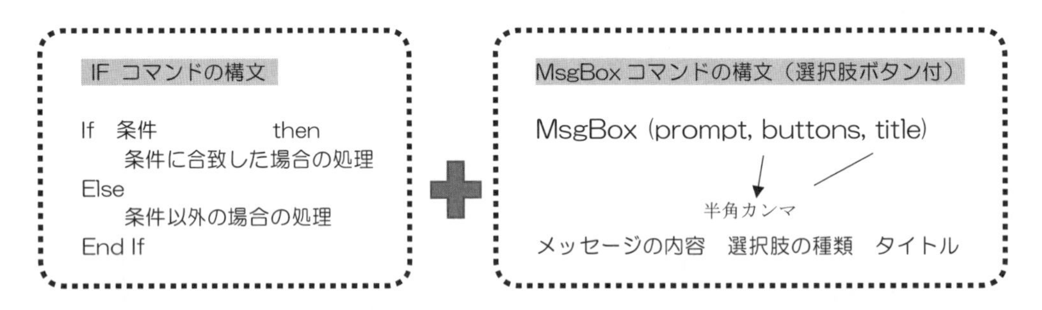

※条件に合致した場合のみ処理を行う時は「Else 処理」は省略できる（図 8.4.3)。

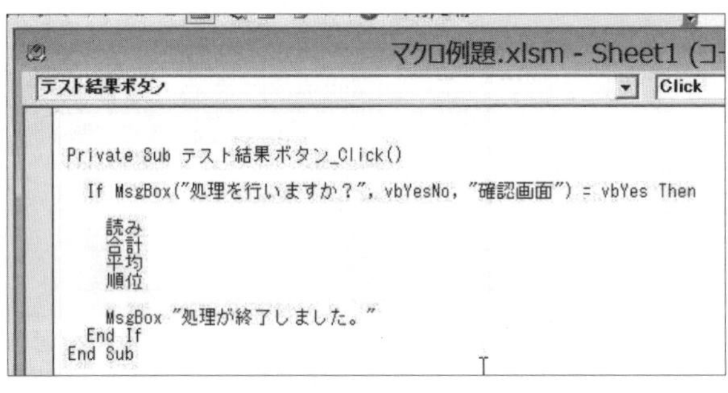

選択肢付きメッセージが表示，
VbYes（はい）が選択されたら
　記録マクロを実行する
　MsgBox を実行する
End If　（終了）

図 8.4.3　選択肢付きメッセージの表示

例題 8.4.2　例題 8.4.1 で保存した「マクロ用データ」ファイルを開き，以下の処理を行う。

1）データを入力時の状態にする（読み・合計・平均・順位の値を消去する)。
2）マクロ実行用ボタンから選択肢付きメッセージのコードを入力する。
　prompt:「読み・合計・平均・順位の処理を実行しますか？」
　buttons: vbYesNo　（「はい」「いいえ」）
3）「いいえ」選択時は何も処理されずに終了し,「はい」選択時のみ記録マクロが実行することを確認する。

練習問題 8.4　URL：http://www.kyoritsu-pub.co.jp/bookdetail/9784320124295 参照

8.5　エラー処理

記録マクロの作成過程，実行時にエラーが発生するとVBE画面が表示され，エラーとなった原因がメッセージで表示される。エラーには構文エラーと実行時のエラーがある。

8.5.1　構文エラーと対処法

VBAコマンド入力にエラーがある場合は図8.5.1のようなメッセージが表示される。

操作8.5.1　構文エラーの対処

1．構文エラーは文字が赤くなり，エラーメッセージが表示される（図8.5.1）。
2．メッセージの内容を確認し〔OK〕をクリックするとVBE画面に戻る。
3．VBEの赤い文字の箇所を修正して，作業を続ける。

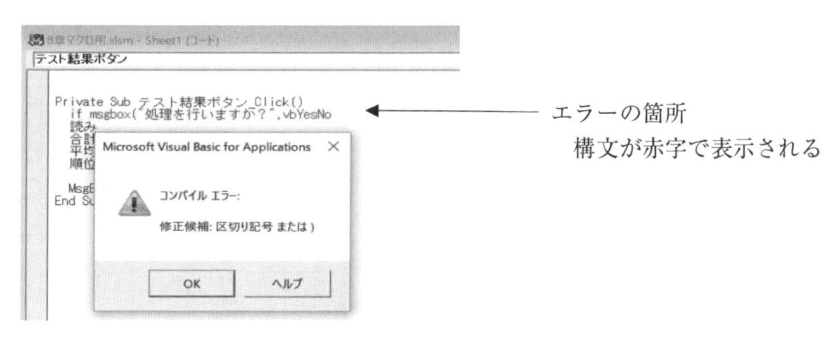

図8.5.1　構文エラーメッセージの場合

8.5.2　実行時のエラーと対処法

実行時はエラー個所が反転表示され，メッセージが表示される。マクロ名が正しいか確認する。

操作8.5.2　実行時のエラーの対処

1．メッセージの内容を確認し〔OK〕をクリックするとVBEに戻る。
2．内容を修正後，VBEを閉じる時にメッセージ（図8.5.2　右）が表示される。
3．〔OK〕をクリックするとExcelの画面に戻る。再度実行する。

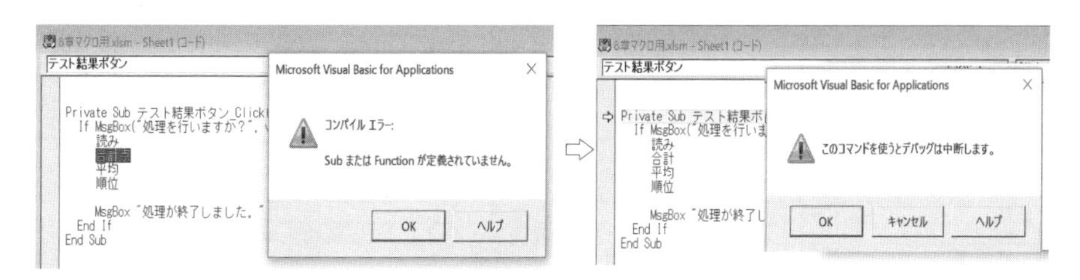

図8.5.2　実行時のエラーメッセージの場合

付録1 相撲力士データベース(相撲力士DB)

No.	力士名	生年	出身地	出身地域	所属部屋	最高位	身長	体重
1	双葉山 定次	1912	大分県	九州・沖縄	立浪	横綱	179	128
2	羽黒山 政司	1914	新潟県	北陸・甲信越	立浪	横綱	179	129
3	安藝ノ海 節男	1914	広島県	中国	出羽海	横綱	177	128
4	照國 萬藏	1919	秋田県	北海道・東北	伊勢ヶ濱	横綱	174	161
5	前田山 英五郎	1914	愛媛県	四国	高砂	横綱	180	117
6	東富士 謹一	1921	東京都	関東	高砂	横綱	179	178
7	千代の山 雅信	1926	北海道	北海道・東北	出羽海	横綱	190	122
8	鏡里 喜代治	1923	青森県	北海道・東北	時津風	横綱	174	161
9	吉葉山 潤之輔	1920	北海道	北海道・東北	高島	横綱	179	143
10	朝潮 太郎	1929	鹿児島県	九州・沖縄	高砂	横綱	188	135
11	栃錦 清隆	1925	東京都	関東	春日野	横綱	177	132
12	若乃花 幹士	1928	青森県	北海道・東北	花篭	横綱	179	105
13	柏戸 剛	1938	山形県	北海道・東北	伊勢ノ海	横綱	188	139
14	大鵬 幸喜	1940	北海道	北海道・東北	二所ノ関	横綱	187	153
15	栃ノ海 晃嘉	1938	青森県	北海道・東北	春日野	横綱	177	110
16	佐田の山 晋松	1938	長崎県	九州・沖縄	出羽海	横綱	182	129
17	玉の海 正洋	1944	愛知県	東海	片男波	横綱	177	134
18	北の富士 勝昭	1942	北海道	北海道・東北	出羽海	横綱	185	135
19	琴櫻 傑将	1940	鳥取県	中国	佐渡ヶ嶽	横綱	182	150
20	輪島 大士	1948	石川県	北陸・甲信越	花篭	横綱	186	132
21	北の湖 敏満	1953	北海道	北海道・東北	三保ヶ関	横綱	179	169
22	若乃花 幹士(二代目)	1953	青森県	北海道・東北	二子山	横綱	186	129
23	三重ノ海 剛司	1948	三重県	東海	出羽海	横綱	181	135
24	隆の里 俊英	1952	青森県	北海道・東北	二子山	横綱	182	159
25	千代の富士 貢	1955	北海道	北海道・東北	九重	横綱	183	127
26	貴乃花 光司	1972	東京都	関東	二子山	横綱	187	159
27	曙 太郎	1969	アメリカ合衆国	海外	東関	横綱	204	233
28	双羽黒 光司	1963	三重県	東海	立浪	横綱	199	157
29	北勝海 信芳	1963	北海道	北海道・東北	九重	横綱	181	151
30	武蔵丸 光洋	1971	アメリカ合衆国	海外	武蔵川	横綱	192	237
31	若乃花 勝	1971	東京都	関東	二子山	横綱	180	134
32	朝青龍 明徳	1980	モンゴル	海外	高砂	横綱	185	153
33	名寄岩 静男	1914	北海道	北海道・東北	立浪	大関	173	128
34	増位山 大志郎	1919	兵庫県	近畿	三保ヶ関	大関	174	116
35	三根山 隆司	1922	東京都	関東	高島	大関	176	150
36	大内山 平吉	1926	茨城県	関東	時津風	大関	202	152
37	琴ヶ濱 貞雄	1927	香川県	四国	佐渡ヶ嶽	大関	177	117
38	松登 晟郎	1924	千葉県	関東	大山	大関	172	154
39	汐ノ海 運右エ門	1918	兵庫県	近畿	出羽海	大関	180	113
40	佐賀ノ花 巳	1917	佐賀県	九州・沖縄	二所ノ関	大関	170	128
41	豊山 勝男	1937	新潟県	北陸・甲信越	時津風	大関	189	137
42	清國 忠雄	1941	秋田県	北海道・東北	伊勢ヶ濱	大関	182	134
43	北葉山 英俊	1935	北海道	北海道・東北	時津風	大関	173	119
44	大麒麟 将能	1942	佐賀県	九州・沖縄	二所ノ関	大関	182	140
45	栃光 正之	1933	熊本県	九州・沖縄	春日野	大関	176	128
46	若羽黒 朋明	1934	神奈川県	関東	立浪	大関	176	150
47	貴ノ花 利彰	1950	青森県	北海道・東北	二子山	大関	182	106
48	旭國 斗雄	1947	北海道	北海道・東北	立浪屋	大関	174	121
49	魁傑 将晃	1948	山口県	中国	花篭	大関	188	128
50	大受 久晃	1950	北海道	北海道・東北	高島	大関	177	150
51	前の山 和一	1945	大阪府	近畿	高砂	大関	187	130
52	増位山 大志郎(二代目)	1948	兵庫県	近畿	三保ヶ関	大関	180	109
53	若嶋津 六夫	1957	鹿児島県	九州・沖縄	二子山	大関	188	122
54	琴風 豪規	1957	三重県	東海	佐渡ヶ嶽	大関	184	173
55	朝潮 太郎(二代目)	1955	高知県	四国	高砂	大関	183	186
56	北天佑 勝彦	1960	北海道	北海道・東北	三保ヶ関	大関	183	139
57	魁皇 博之	1972	福岡県	九州・沖縄	友綱	大関	185	175
58	小錦 八十吉	1963	アメリカ合衆国	海外	高砂	大関	183	284
59	貴ノ浪 貞博	1971	青森県	北海道・東北	二子山	大関	197	173
60	千代大海 龍二	1976	大分県	九州・沖縄	九重	大関	180	145
61	出島 武春	1974	石川県	北陸・甲信越	武蔵川	大関	180	160
62	栃東 大裕	1976	東京都	関東	玉ノ井	大関	180	155
63	雅山 哲士	1977	茨城県	関東	武蔵川	大関	187	180
64	武双山 正士	1972	茨城県	関東	武蔵川	大関	184	178
65	霧島 一博	1959	鹿児島県	九州・沖縄	井筒	大関	186	130
66	時津山 仁一	1925	福島県	九州・沖縄	時津風	関脇	182	137
67	北の洋 昇	1923	北海道	北海道・東北	時津風	関脇	180	120
68	羽黒山 礎丞	1934	北海道	北海道・東北	立浪	関脇	181	111
69	房錦 勝比古	1936	千葉県	関東	若松	関脇	176	118
70	玉乃海 代太郎	1923	大分県	九州・沖縄	二所ノ関	関脇	181	120
71	信夫山 治貞	1925	福島県	九州・沖縄	小野川	関脇	177	109
72	鶴ヶ嶺 昭男	1929	鹿児島県	九州・沖縄	井筒	関脇	177	114
73	富士錦 章	1937	山梨県	北陸・甲信越	高砂	小結	175	136
74	若浪 順	1941	茨城県	関東	立浪	小結	178	103
75	栃東 知頼	1944	福島県	九州・沖縄	春日野	関脇	177	115
76	金剛 正裕	1948	北海道	北海道・東北	二所ノ関	関脇	184	116
77	長谷川 戡洋	1944	北海道	北海道・東北	佐渡ヶ嶽	関脇	184	127
78	高見山 大五郎	1944	アメリカ合衆国	海外	高砂	関脇	192	205
79	出羽錦 忠雄	1925	東京都	関東	出羽海	関脇	181	143
80	福の花 孝一	1940	熊本県	九州・沖縄	出羽海	関脇	183	135
81	明武谷 清	1937	北海道	北海道・東北	宮城野	関脇	189	113

82	陸奥嵐　幸雄	1943	青森県	北海道・東北	宮城野	関脇	177	115
83	大豪　久照	1937	香川県	四国	花篭	関脇	188	133
84	海乃山　勇	1940	茨城県	関東	出羽海	関脇	172	120
85	藤ノ川　豪人	1946	北海道	北海道・東北	伊勢ノ海	関脇	178	108
86	黒姫山　秀男	1948	新潟県	北陸・甲信越	立浪	関脇	182	147
87	龍虎　勢朋	1941	東京都	関東	花篭	小結	186	132
88	富士櫻　栄守	1948	山梨県	北陸・甲信越	高砂	関脇	178	141
89	麒麟児　和春	1953	千葉県	関東	二所ノ関	関脇	182	145
90	栃赤城　敬典	1954	群馬県	関東	春日野	関脇	180	138
91	出羽の花　双一	1951	青森県	北海道・東北	出羽海	関脇	186	122
92	多賀竜　昇司	1958	茨城県	関東	鏡山	関脇	178	142
93	鷲羽山　佳員	1949	岡山県	中国	出羽海	関脇	174	112
94	安芸ノ島　勝巳	1967	広島県	中国	二子山	関脇	176	155
95	巨砲　丈士	1956	三重県	東海	大鵬	関脇	183	146
96	旭天鵬　勝	1974	モンゴル	海外	友綱	関脇	191	157
97	琴錦　功宗	1968	群馬県	関東	佐渡ヶ嶽	関脇	177	142
98	琴乃若　將勝	1968	山形県	北海道・東北	佐渡ヶ嶽	関脇	192	176
99	琴富士　孝也	1964	千葉県	関東	佐渡ヶ嶽	関脇	192	150
100	琴光喜　啓司	1976	愛知県	東海	佐渡ヶ嶽	関脇	182	154
101	多賀竜　昇司	1958	茨城県	関東	鏡山	関脇	178	142
102	玉春日　良二	1972	愛媛県	四国	片男波	関脇	183	155
103	寺尾　常史	1963	鹿児島県	九州・沖縄	井筒	関脇	186	117
104	土佐ノ海　敏生	1972	高知県	四国	伊勢ノ海	関脇	186	157
105	栃赤城　雅男	1954	群馬県	関東	春日野	関脇	180	138
106	栃司　哲史	1958	愛知県	東海	春日野	関脇	180	157
107	栃乃洋　泰一	1974	石川県	北陸・甲信越	春日野	関脇	187	164
108	栃乃和歌　清隆	1962	和歌山県	近畿	春日野	関脇	189	160
109	水戸泉　政人	1962	茨城県	関東	高砂	関脇	194	192
110	若翔洋　俊一	1966	東京都	関東	二子山	関脇	180	169
111	若の里　忍	1976	青森県	北海道・東北	鳴戸	関脇	185	156
112	旭豊　勝照	1968	愛知県	東海	大島	小結	191	146
113	岩木山　竜太	1976	青森県	北海道・東北	境川	小結	184	171
114	小城錦　康年	1971	千葉県	関東	出羽海	小結	186	142
115	海鵬　涼至	1973	青森県	北海道・東北	八角	小結	177	122
116	旭鷲山　昇	1973	モンゴル	海外	大島	小結	184	141
117	旭道山　和泰	1964	鹿児島県	九州・沖縄	大島	小結	182	107
118	琴稲妻　佳弘	1962	群馬県	関東	佐渡ヶ嶽	小結	181	137
119	霜鳥　典雄	1978	新潟県	北陸・甲信越	時津風	小結	188	139
120	陣岳　隆	1959	鹿児島県	九州・沖縄	井筒	小結	191	148
121	大翔鳳　昌巳	1967	北海道	北海道・東北	立浪	小結	187	148
122	大善　尊太	1964	大阪府	近畿	二所ノ関	小結	189	160
123	大徹　忠晃	1956	福井県	北陸・甲信越	二所ノ関	小結	193	125
124	孝乃富士　忠雄	1963	東京都	関東	九重	小結	192	138
125	高見盛　精彦	1976	青森県	北海道・東北	東関	小結	188	144
126	隆三杉　太一	1961	神奈川県	関東	二子山	小結	179	150
127	玉龍　大蔵	1954	長崎県	九州・沖縄	片男波	小結	191	120
128	千代天山　大八郎	1976	大阪府	近畿	九重	小結	184	154
129	闘牙　進	1974	千葉県	関東	高砂	小結	190	177
130	栃乃花　仁	1973	岩手県	北海道・東北	春日野	小結	185	138
131	巴富士　俊英	1971	秋田県	北海道・東北	九重	小結	192	153
132	智ノ花　伸哉	1964	熊本県	九州・沖縄	立浪	小結	175	115
133	浪乃花　教天	1969	青森県	北海道・東北	二子山	小結	179	133
134	舞の海　秀平	1968	青森県	北海道・東北	出羽海	小結	170	100
135	三杉里　公似	1962	滋賀県	近畿	二子山	小結	185	158
136	和歌乃山　洋	1972	和歌山県	近畿	武蔵川	小結	178	164
137	日馬富士　公平	1984	モンゴル	海外	伊勢ヶ濱	横綱	185	133
138	安美錦　竜児	1978	青森県	北海道・東北	安治川	関脇	185	150
139	琴欧洲　勝紀	1983	ブルガリア	海外	佐渡ヶ嶽	大関	203	153
140	時天空　慶晃	1979	モンゴル	海外	時津風	小結	185	134
141	白鵬　翔	1985	モンゴル	海外	宮城野	横綱	192	158
142	朝赤龍　太郎	1981	モンゴル	海外	高砂	関脇	183	147
143	露鵬　幸生	1980	ロシア	海外	大嶽	小結	195	146
144	豊ノ島　大樹	1983	高知県	四国	時津風	関脇	168	154
145	玉乃島　新	1977	福島県	九州・沖縄	片男波	小結	188	160
146	稀勢の里　寛	1986	茨城県	関東	田子ノ浦	大関	188	172
147	普天王　水	1980	熊本県	九州・沖縄	出羽海	小結	181	152
148	黒海　太	1981	グルジア	海外	追手風	小結	190	154
149	北勝力　英樹	1977	栃木県	関東	八角	関脇	183	151
150	垣添　徹	1978	大分県	九州・沖縄	武蔵川	小結	177	138
151	把瑠都　凱斗	1984	エストニア	海外	尾上	大関	198	187
152	琴奨菊　和弘	1984	福岡県	九州・沖縄	佐渡ヶ嶽	大関	179	176
153	栃ノ心　剛	1987	グルジア	海外	春日野	小結	192	162
154	白馬　毅	1983	モンゴル	海外	陸奥	小結	185	128
155	鶴竜　力三郎	1985	モンゴル	海外	井筒	横綱	186	154
156	豪栄道　豪太郎	1986	大阪府	近畿	境川	関脇	183	156
157	栃煌山　雄一郎	1987	高知県	四国	春日野	関脇	185	159
158	妙義龍　泰成	1986	兵庫県	近畿	境川	関脇	187	148
159	若の里　忍	1976	青森県	北海道・東北	田子ノ浦	関脇	184	158
160	碧山　亘右	1986	ブルガリア	海外	春日野	小結	192	195
161	隠岐の海　歩	1985	島根県	中国	八角	小結	188	163
162	臥牙丸　勝	1987	グルジア	海外	木瀬	小結	186	199
163	松鳳山　裕也	1984	福岡県	九州・沖縄	松ヶ根	小結	178	137
164	高安　晃	1990	茨城県	関東	田子ノ浦	小結	187	168
165	豪風　旭	1979	秋田県	北海道・東北	尾車	小結	171	150
166	豊真将　紀行	1981	山口県	中国	錣山	小結	185	147
167	若荒雄　匡也	1984	千葉県	関東	阿武松	小結	180	162
168	遠藤　聖大	1990	石川県	北陸・甲信越	追手風	前頭	182	145

付録2　国勢調査データベース(国勢調査DB)

都道府県コード	都道府県名	地域名	人口総数(平成17年)	人口総数(平成22年)	15歳未満人口	15～64歳人口	65歳以上人口	男性	女性	日本人	外国人
1	北海道	北海道・東北	5,627,737	5,506,419	657,312	3,482,169	1,358,068	2,603,345	2,903,074	5,482,650	18,280
2	青森県	北海道・東北	1,436,657	1,373,339	171,842	843,587	352,768	646,141	727,198	1,367,057	3,688
3	岩手県	北海道・東北	1,385,041	1,330,147	168,804	795,780	360,498	634,971	695,176	1,322,417	5,184
4	宮城県	北海道・東北	2,360,218	2,348,165	308,201	1,501,638	520,794	1,139,566	1,208,599	2,325,744	12,367
5	秋田県	北海道・東北	1,145,501	1,085,997	124,061	639,633	320,450	509,926	576,071	1,078,608	3,356
6	山形県	北海道・東北	1,216,181	1,168,924	149,759	694,110	321,722	560,643	608,281	1,161,087	6,158
7	福島県	北海道・東北	2,091,319	2,029,064	276,069	1,236,458	504,451	984,682	1,044,382	2,012,016	9,347
8	茨城県	関東	2,975,167	2,969,770	399,638	1,891,701	665,065	1,479,779	1,489,991	2,922,821	40,477
9	栃木県	関東	2,016,631	2,007,683	269,823	1,281,274	438,196	996,855	1,010,828	1,964,917	26,429
10	群馬県	関東	2,023,996	2,008,068	275,225	1,251,608	470,520	988,019	1,020,049	1,964,136	35,458
11	埼玉県	関東	7,054,382	7,194,556	953,668	4,749,108	1,464,860	3,608,711	3,585,845	7,054,944	88,734
12	千葉県	関東	6,056,462	6,216,289	799,646	4,009,060	1,320,120	3,098,139	3,118,150	6,023,584	78,927
13	東京都	関東	12,576,611	13,159,388	1,477,371	8,850,225	2,642,231	6,512,110	6,647,278	12,623,619	318,829
14	神奈川県	関東	8,791,587	9,048,331	1,187,743	5,988,857	1,819,503	4,544,545	4,503,786	8,846,903	125,686
15	新潟県	北陸・甲信越	2,431,459	2,374,450	301,708	1,441,262	621,187	1,148,236	1,226,214	2,355,361	11,914
16	富山県	北陸・甲信越	1,111,729	1,093,247	141,936	662,072	285,102	526,605	566,642	1,078,898	11,002
17	石川県	北陸・甲信越	1,174,026	1,169,788	159,283	725,951	275,337	564,972	604,816	1,154,833	9,768
18	福井県	北陸・甲信越	821,592	806,314	112,192	485,409	200,942	389,712	416,602	791,396	10,562
19	山梨県	北陸・甲信越	884,515	863,075	115,337	531,455	211,581	422,526	440,549	848,421	12,484
20	長野県	北陸・甲信越	2,196,114	2,152,449	295,742	1,281,683	569,301	1,046,178	1,106,271	2,119,073	29,841
21	岐阜県	東海	2,107,226	2,080,773	289,748	1,282,800	499,399	1,006,247	1,074,526	2,037,175	36,879
22	静岡県	東海	3,792,377	3,765,007	511,575	2,339,915	891,807	1,853,952	1,911,055	3,688,016	61,610
23	愛知県	東海	7,254,704	7,410,719	1,065,254	4,791,445	1,492,085	3,704,220	3,706,499	7,174,451	160,228
24	三重県	東海	1,866,963	1,854,724	253,174	1,142,275	447,103	903,398	951,326	1,812,500	32,825
25	滋賀県	近畿	1,380,361	1,410,777	210,753	897,583	288,788	696,769	714,008	1,376,541	21,537
26	京都府	近畿	2,647,660	2,636,092	334,444	1,653,812	605,709	1,265,387	1,370,705	2,557,625	41,855
27	大阪府	近畿	8,817,166	8,865,245	1,165,200	5,648,070	1,962,748	4,285,566	4,579,679	8,584,957	164,704
28	兵庫県	近畿	5,590,601	5,588,133	759,277	3,515,442	1,281,486	2,673,328	2,914,805	5,459,903	79,040
29	奈良県	近畿	1,421,310	1,400,728	184,011	875,062	333,746	663,321	737,407	1,386,302	9,255
30	和歌山県	近畿	1,035,969	1,002,198	128,005	594,573	270,846	471,397	530,801	992,144	4,837
31	鳥取県	中国	607,012	588,667	77,951	352,098	153,614	280,701	307,966	582,154	3,596
32	島根県	中国	742,223	717,397	92,218	414,153	207,398	342,991	374,406	708,701	4,779
33	岡山県	中国	1,957,264	1,945,276	264,853	1,178,493	484,718	933,168	1,012,108	1,912,378	18,476
34	広島県	中国	2,876,642	2,860,750	386,810	1,765,036	676,660	1,380,671	1,480,079	2,795,205	31,882
35	山口県	中国	1,492,606	1,451,338	184,049	857,956	404,694	684,176	767,162	1,436,515	12,292
36	徳島県	四国	809,950	785,491	96,596	471,788	209,926	372,710	412,781	776,242	4,076
37	香川県	四国	1,012,400	995,842	131,670	595,451	253,245	479,951	515,891	981,113	6,858
38	愛媛県	四国	1,467,815	1,431,493	185,179	858,991	378,591	673,326	758,167	1,415,381	7,828
39	高知県	四国	796,292	764,456	92,798	447,540	218,148	359,134	405,322	758,057	3,172
40	福岡県	九州・沖縄	5,049,908	5,071,968	684,124	3,227,932	1,123,376	2,393,965	2,678,003	4,986,581	40,317
41	佐賀県	九州・沖縄	866,369	849,788	123,447	515,206	208,096	400,136	449,652	843,877	3,594
42	長崎県	九州・沖縄	1,478,632	1,426,779	193,428	857,416	369,290	665,899	760,880	1,414,600	6,498
43	熊本県	九州・沖縄	1,842,233	1,817,426	249,606	1,093,440	463,266	853,514	963,912	1,798,586	7,624
44	大分県	九州・沖縄	1,209,571	1,196,529	155,634	717,319	316,750	564,890	631,639	1,183,206	8,841
45	宮崎県	九州・沖縄	1,153,042	1,135,233	158,588	680,854	291,301	533,035	602,198	1,127,597	3,802
46	鹿児島県	九州・沖縄	1,753,179	1,706,242	233,379	1,016,150	449,692	796,896	909,346	1,693,314	5,490
47	沖縄県	九州・沖縄	1,361,594	1,392,818	246,313	897,960	240,507	683,328	709,490	1,377,248	7,651

付録３　関数名

以下は，本書で解説した関数及び各種検定試験等で出題されることが多い関数である。

関数名	
SUM	数値を合計する
AVERAGE	数値の平均値を求める
MAX	数値の最大値を求める
MIN	数値の最小値を求める
COUNT	数値の個数を求める
COUNTA	空白でないセルの個数を求める
COUNTBLANK	空白セルの個数を求める
COUNTIF	条件に一致するデータの個数を求める
AVERAGEIF	条件に一致するデータの平均値を求める
SUMIF	条件に一致するデータの合計を求める
ROUND	指定した桁数で四捨五入する
ROUNDDOWN	指定した桁数で切り捨てる
ROUNDUP	指定した桁数で切り上げる
RANK.EQ	範囲内の順位（昇順・降順）を求める
PHONETIC	ふりがなを取り出す
NOW	現在の日付と時刻を求める
TODAY	現在の日付を求める
IF	条件（論理式）の真偽により別の結果を表示する
AND	すべての条件が満たされているかを調べる
OR	いずれかの条件が満たされているかを調べる
NOT	条件が満たされていないことを調べる
VLOOKUP	範囲を縦方向に検索して一致する値を求める
HLOOKUP	範囲を横方向に検索して一致する値を求める
RIGHT	末尾から指定した文字数を取り出す
LEFT	先頭から指定した文字数を取り出す
MID	指定した位置から指定した文字数を取り出す
TRIM	各単語間のスペースは１つ残し，不要なスペースをすべて削除する
UPPER	文字列中の英字をすべて大文字に変換する
LOWER	文字列中の英字をすべて小文字に変換する
PROPER	文字列中の各単語の先頭文字を大文字に変換する
CONTENATE	２つ以上の文字列を１つの文字列に結合する
IFERROR	エラーの場合に返す値を指定する
STDEV.P	範囲内の標準偏差を求める

付録4　ショートカットキー

以下はWindowsおよびExcelで使用することができるショートカットキーである。

Windows共通ショートカットキー

Ctrl+S	上書き保存
Ctrl+X	切り取り
Ctrl+C	コピー
Ctrl+V	貼り付け
Ctrl+Z	直前操作を元に戻す
Ctrl+Y(F4)	直前の操作を繰り返す
Ctrl+N	新規作成
Ctrl+O	ファイルを開く
Ctrl+P	印刷
F12	名前を付けて保存

Excelのショートカットキー

Ctrl+:	現在の時刻を入力する
Ctrl+;	現在の日付を入力する
Ctrl+1	［セルの書式設定］画面を表示する
Ctrl+Enter	選択した複数セルに同じデータを入力する
Alt+Enter	セル内改行（セルの編集中）
Shift+Ctrl+@	数式の表示/非表示
Shift+Ctrl+方向キー	入力済みデータの範囲選択
Ctrl+方向キー	入力済みデータの末尾に移動
Shift+方向キー	セル範囲の選択，拡大，縮小
Shift+Ctrl+*	表全体の選択（テンキーの場合はShift+*）

付録 5　ローマ字一覧表

あ	い	う	え	お
A	I	U	E	O
ぁ	ぃ	ぅ	ぇ	ぉ
LA	LI	LU	LE	LO

か	き	く	け	こ
KA	KI	KU	KE	KO
が	ぎ	ぐ	げ	ご
GA	GI	GU	GE	GO

さ	し	す	せ	そ
SA	SI	SU	SE	SO
ざ	じ	ず	ぜ	ぞ
ZA	ZI	ZU	ZE	ZO

た	ち	つ	て	と
TA	TI	TU	TE	TO
だ	ぢ	づ	で	ど
DA	DI	DU	DE	DO

な	に	ぬ	ね	の
NA	NI	NU	NE	NO

は	ひ	ふ	へ	ほ
HA	HI	HU	HE	HO
ば	び	ぶ	べ	ぼ
BA	BI	BU	BE	BO
ぱ	ぴ	ぷ	ぺ	ぽ
PA	PI	PU	PE	PO

ま	み	む	め	も
MA	MI	MU	ME	MO

や		ゆ		よ
YA		YU		YO

ら	り	る	れ	ろ
RA	RI	RU	RE	RO

わ				を
WA				WO

ん				
NN				

きゃ	きぃ	きゅ	きぇ	きょ
KYA	KYI	KYU	KYE	KYO
ぎゃ	ぎぃ	ぎゅ	ぎぇ	ぎょ
GYA	GYI	GYU	GYE	GYO

しゃ	しぃ	しゅ	しぇ	しょ
SYA	SYI	SYU	SYE	SYO
じゃ	じぃ	じゅ	じぇ	じょ
JYA	JYI	JYU	JYE	JYO

ちゃ	ちぃ	ちゅ	ちぇ	ちょ
CHA	CHI	CHU	CHE	CHO
ぢゃ	ぢぃ	ぢゅ	ぢぇ	ぢょ
DYA	DYI	DYU	DYE	DYO

ひゃ	ひぃ	ひゅ	ひぇ	ひょ
HYA	HYI	HYU	HYE	HYO
ぴゃ	ぴぃ	ぴゅ	ぴぇ	ぴょ
PYA	PYI	PYU	PYE	PYO
びゃ	びぃ	びゅ	びぇ	びょ
BYA	BYI	BYU	BYE	BYO

索　引

Memorandum

Memorandum

Memorandum

【著者紹介】

松山恵美子（まつやま　えみこ）
淑徳大学総合福祉学部 教授

黄 海湘（こう　かいしょう）
獨協大学経済学部 非常勤講師
淑徳大学総合福祉学部 非常勤講師
流通経済大学経済学部 非常勤講師

八木英一郎（やぎ　えいいちろう）
東海大学政治経済学部 教授

黒澤敦子（くろさわ　あつこ）
東海大学政治経済学部 非常勤講師

石野邦仁子（いしの　くにこ）
淑徳大学総合福祉学部 非常勤講師

堀江郁美（ほりえ　いくみ）
獨協大学経済学部 准教授

情報活用とアカデミック・スキル
Office 2016
Information Utilization &
Academic Skills
Office 2016

2018年 2 月25日　初版 1 刷発行
2021年 1 月20日　初版 7 刷発行

著　者　松山恵美子・黄 海湘
　　　　八木英一郎・黒澤敦子　© 2018
　　　　石野邦仁子・堀江郁美

発行者　南條光章

発　行　**共立出版株式会社**
東京都文京区小日向 4-6-19（〒112-0006）
電話　03-3947-2511（代表）
振替口座　00110-2-57035
www.kyoritsu-pub.co.jp

印　刷
製　本　星野精版印刷

一般社団法人
自然科学書協会
会　員

検印廃止
NDC 007
ISBN 978-4-320-12429-5

Printed in Japan